普通高等教育艺术设计类新形态教材

环境艺术设计制图与透视

（第三版）

Environmental Art Design
Drawing and Perspective
（The 3rd Edition）

屈 张 汤留泉 **主编**

中国轻工业出版社

图书在版编目（CIP）数据

环境艺术设计制图与透视/屈张，汤留泉主编.
3 版. --北京：中国轻工业出版社， 2025. 6. --ISBN
978-7-5184-5045-9

Ⅰ. TU204； TU-856

中国国家版本馆 CIP 数据核字第 2024GY7265 号

责任编辑：李　争　　责任终审：李建华　　设计制作：锋尚设计
策划编辑：王　淳　王　玓　　责任校对：朱燕春　　责任监印：张　可

出版发行：中国轻工业出版社（北京鲁谷东街 5 号，邮编：100040）
印　　刷：天津裕同印刷有限公司
经　　销：各地新华书店
版　　次：2025 年 6 月第 3 版第 1 次印刷
开　　本：870×1140　1/16　印张：16. 25
字　　数：400 千字
书　　号：ISBN 978-7-5184-5045-9　定价：55. 80 元
邮购电话：010-85119873
发行电话：010-85119832　010-85119912
网　　址：http://www.chlip.com.cn
Email：club@chlip.com.cn

231326J1X301ZBW

前言 PREFACE

习近平总书记在党的二十大报告中指出，教育、科技、人才是全面建设社会主义现代化国家的基础性、战略性支撑。必须坚持科技是第一生产力、人才是第一资源、创新是第一动力，深入实施科教兴国战略、人才强国战略、创新驱动发展战略，开辟发展新领域新赛道，不断塑造发展新动能新优势。

环境艺术设计制图对国家建设发展起着重要推动作用，标准化图纸教学是培养新型设计人才的重要组成部分，设计制图表现力求简洁、明了，一方面符合这个时代公众的普遍需求，满足时代大潮流的发展，经济、实用；另一方面方便设计人员和施工人员之间的沟通，也方便各施工工种之间的交流。

环境艺术设计一直都是热门学科，在实际运用的过程中出现了很多有关识读与制图的问题，如制图形式烦琐、制图尺寸不规范、透视方法掌握不到位等。大多数专业设计师对设计图的认知程度并不一致，对于设计图也没有那么重视，图纸从某种角度上来说决定了施工质量。大部分企业的施工人员都是根据设计图和以往的施工经验来进行具体的施工工作。由于教育背景与教育环境不同，大部分设计从业人员接受教育的程度与质量存在着比较大的差距，这也导致了他们在工程实施过程中对于同一项工程会有不同的施工想法，最后形成的施工结果也会有所不同。因此，在实际工作中需要一本完整和标准的指导性图书来规范他们的工作。

传统设计制图主要包括三视图、轴测图、剖面图、大样图等图式，能比较清晰地反映设计与施工情况。国家制图规范制定后，传统的表现形式逐渐被各个行业所认可，在高端设计作品中，不断创造出新的制图形式，按表现方式可以分为装配图与透视图。如今，环境艺术设计更加需要创造具有时代鲜明特色的制图形式，需要有自己的设计体系。

本书从实际情况出发，全面讲述环境艺术设计识图与制图，包括总平面图、平面布置图、地面铺装平面图、顶棚平面图、给排水图、管道轴测图、电气图、热水暖通图、中央空调图、立面图、剖面图、构造节点图、大样图、轴测图、透视图、阴影图等。本书可用于对环境艺术设计师与施工员进行快速职业技能培训，使其能快速上手，同时，本书也以简练的语言、直观的图解和典型的装修案例，向读者展示设计图纸绘制基本方法和规范，非常适合设计师快速掌握识图与制图技巧，也是施工技术人员快速提升读图、识图能力的一本行业参考书，同时还可供一些投资业主自主学习。

本书自 2012 年第一版出版发行以来，深受各院校师生欢迎，根据读者需要， 2017 年我们对第一版进行了修订工作，第二版增补了全新的国家制图标准。本书第三版在第二版的基础上再次修订，修订内容包括：进一步更新了诸多国家制图标准，与时俱进替换了设计方案，修改了课件 PPT，增加了大量视频微课和相关思政内容。其内容新颖，系统全面，图文并茂，兼顾专业与普及两个方面。第三版编写过程中，湖北工业大学张葳老师，同济大学吴尤、汤佩佩给予极大的支持，在此表示感谢。

由于时间仓促，内容或有不足和疏漏，敬请广大读者批评指正。

编者

目录 CONTENTS

第1章

设计制图基础

识读难度：★☆☆☆☆
核心概念：传统图学、施工图纸、制图规范、绘图工具

章节导读：

环境艺术设计图有很鲜明的特点，图纸需要切实指导设计师与客户交流、设计师与施工员交流。在现有国家制图标准规范体系下，只有开发出更多形式的设计图，并借鉴中国传统图学原理，才能将现代图纸多样化、立体化、唯美化地呈现，才能不断地提高行业水平，发挥设计的影响力和推动力。

1.1 设计图变革与发展

了解我国传统设计图的起源和发展，引入中国传统设计图学，规范制图与识读概念，分析现代环境艺术设计制图原理，能为学习环境艺术设计制图奠定良好的基础。

1.1.1 设计图变革

1. 图形的演变

在文字出现以前，我国古代劳动人民就已经开始使用图形了，图形一直是人们认识自然、交流思想的重要工具。

随着人类文明的发展，制图用于各种工程活动，中国古代有关制图的名词一般分为地图（图1-1）、机械图（图1-2）、建筑图（图1-3）、耕织图（图1-4）四个方面，其中建筑制图的影响最广，对人类社会发展起到了举足轻重的作用。

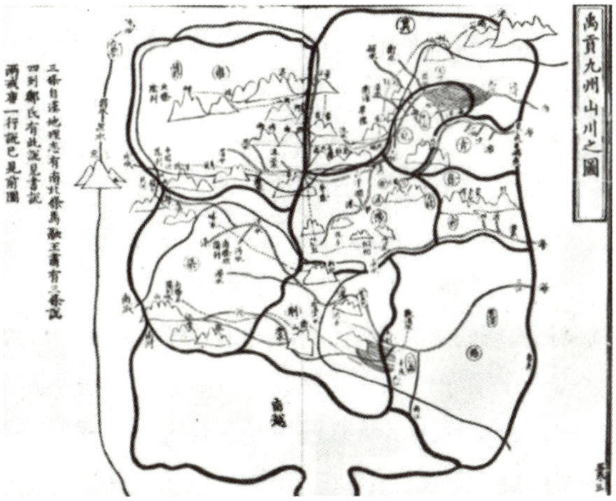

图1-1 禹贡九州山川之图（1185年）

图1-1：图线有明显的粗细之分，能清晰概括出图面内容，将区域界定明确。

“建筑”一词在西方通称“Architecture”，中文的翻译，引自现代日本，而后约定俗成。中国古

图 1-2 《农书》中的水排图（元 王祯）

图 1-2：采用立体轴测图的形式表现设备构造与空间关系，搭配人物来衬托设备的体量，在图面上采取分页版式，识读有连贯性。

图 1-4 《佩文斋耕织图》（清 焦秉贞）

图 1-4：图面详细表述了土地之间的分隔关系，图中人物表现出真实的劳作状态，同时增强了图面的空间感。

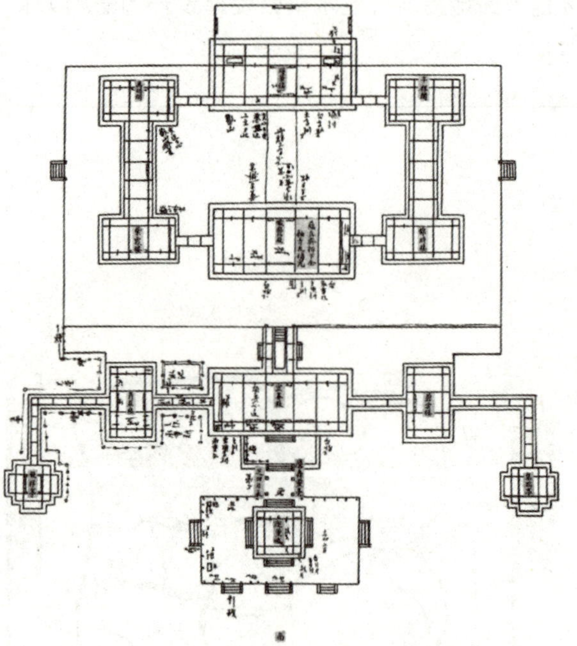

图 1-3 圆明园方壶胜境平面图（清 样式雷）

图 1-3：平面图中绘制出建筑立柱位置，立柱形成网格形态，由此延伸出建筑占地与主要造型。同时增加了文字标识，强化了图纸的表意功能。

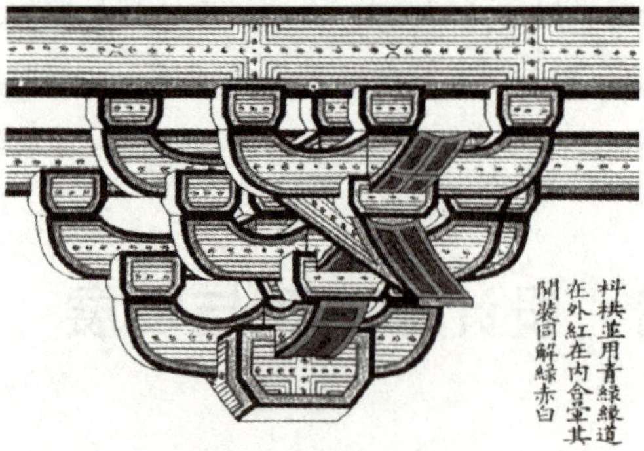

图 1-5 《营造法式》中的斗拱图样

图 1-5：斗拱图样强化粗细线条对比，让图面具有强烈的视觉对比效果，图面右下方标示文字，辅助说明图面设计内容。

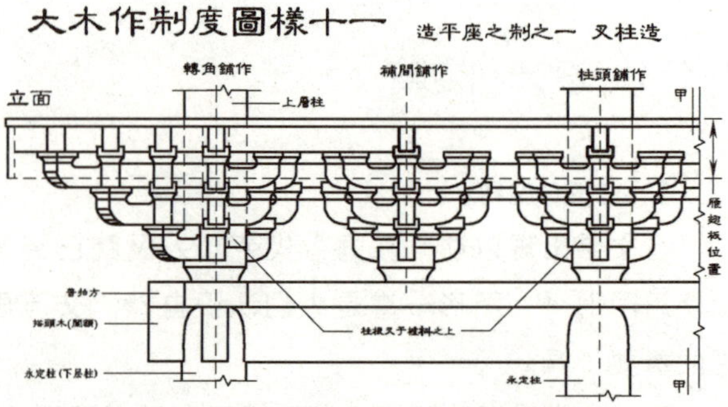

图 1-6 《营造法式》中的大木作制度图样

图 1-6：图纸中除了表现出详细的立面构造外，还对局部构造通过引线标注名称，进一步增强了图纸的表意功能。

代对于建筑一词的解释则是“大匠之学”“营造学”，或称为“匠学”或“匠作学”。中国宋代李诫（1035—1110 年）编撰的《营造法式》，包含有各种建筑构造的制作详图，书中的图案统称图样。《营造法式》中还记录着有关建筑制图的专业术语，例如“正样”“图样”（图 1-5、图 1-6）“侧样”“杂样”等，其定义准确，实用性强，在建筑技术工

★补充要点——我国古代图像媒介

我国古代壁画留存下来的真迹较多，唐代敦煌壁画中有反映古代建筑群落的建筑图（图 1-7）。将建筑图绘制在墙壁上便于保存，有相当的体量，以供观摩。印刷术推广以后，雕版印刷可以批量印制建筑图，版雕图一般用于表现专著。清代《工程做法则例》通过印刷出版，作为全国通用建筑施工书籍。

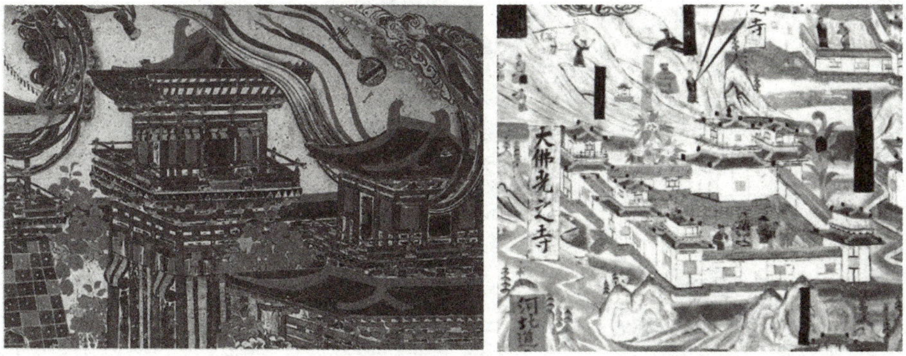

(a) 阁楼　　(b) 庭院

图 1-7　敦煌壁画局部

图 1-7（a）：阁楼建筑的细节丰富，表现出高超的建筑技术，图面色彩具有层次感，能区分出构架的逻辑关系。

图 1-7（b）：建筑造型与人物比例关系存在失真，但是注重表现人物活动，重在传达宗教文化思想。

程中一直沿用至今。

2. 古代建筑图样的种类

我国古代一直都在使用图线来表现设计对象，尤其是在建筑工程上应用最广泛，作为现代环境艺术设计制图的起源，主要有以下几种形式。

（1）兆域图

兆域图为古代墓地设计图样，“兆”字意为“葬地”。战国时期中山王陵出土的兆域图是至今世界上罕见的早期建筑图样，其线分粗细，规整划一，有关建筑图的名词术语甚多，且分类翔实（图 1-8）。

（2）界画

界画又称为界图，是中国绘画中很有特色的一个门类，在作画时通常会使用界尺引线来描绘建筑，

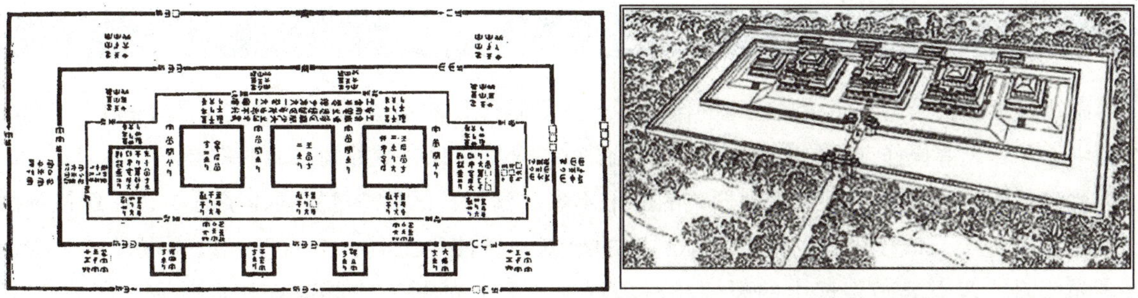

(a) 基础平面图　　(b) 复原透视图

图 1-8　中山王墓兆域图

图 1-8（a）：基础平面图中线条粗细变化丰富，搭配文字说明，让建筑之间的空间关系特别明确。

图 1-8（b）：图面内容丰富，具有一定纵深感，建筑形体关系明确，周边绿化与山地形成簇拥环绕，这是基础平面图的复原透视图。

画风精确细腻。界画起源很早，晋代顾恺之（344—405年）就非常擅长绘制界画，到了隋唐时期，界画已经画得相当好，北宋张择端的《清明上河图》流芳百世，除了使用严谨的尺度来约束建筑形态以外，对人物表情和心理的表现也是惟妙惟肖（图1-9）。

界画的主要绘制工具是界尺，在界画和建筑图绘制时用以作出直线和平行线，界尺就是平行尺，是一种平行运动的机构，传统界尺由相等的上下二尺与等长的两条木杆或铜片杆铰接而成（图1-10）。

(a) 街景住房

(b) 宫城围墙

图1-9 《清明上河图》局部（宋 张择端）

图1-9(a)：小型建筑轮廓体积明确，近远景层次分明，适当搭配绿化穿插其中，形成明暗色彩对比，人物均匀分布，营造出热闹的街景氛围。

图1-9(b)：宫城围墙采用尺类工具绘制，形体笔直，且具有近大远小的透视感，建筑之间连通长廊、步道方向统一，显得精致细腻。

图1-10 明代铜质界尺

图1-10：现保存有明代的铜质界尺，按住下尺移动上尺或改变铜杆与直尺的夹角，即可得出上尺平行于下尺的许多直线，这对于绘制有大量平行直线的图来说十分方便。

★补充要点——界画

界画在我国历史上起到了举足轻重的作用，一直影响了传统绘画的表现形式（图1-11），尤其是在绘画中加入界尺等操作工具的应用，具有较高的技术含量，只有少数画家能够掌握。

现代建筑设计图纸以界画为表现形式的应用不多，清代样式雷*对界画作了总结，在建筑制图中逐渐以轴测图着色，取代界画的应用，轴测图的绘制需要使用工具，然而仅仅只表现设计对象，尤其是建筑本身，没有界画表现中的配景和材质区分。界画的得道之处就在于既使用了绘图工具界尺，保持规整严谨的绘图之风，又加入了人文景观和环境氛围，极大地提高了设计对象的审美情调。

---

* 样式雷是对清代从事皇家建筑设计的雷氏家族的誉称。

图 1-11　《明皇避暑宫图》局部（宋　郭忠恕）

图 1-11：界画中用了尺规工具，但是并没有以尺规工具为主，工具只是辅助绘制，没有完全取代徒手制图，并且也没表现严谨的透视关系，反而绘制出近小远大的视觉效果，更要突出远处主体建筑的高耸巍峨。

1.1.2　古今设计图对比

1. 古代识读规范与影响

设计图纸所传达的信息应该能被制图者和阅图者接受，保证信息传达无误，这样就需要统一的规范。2000 多年来，中国制图学的进步就在于将图形不断精确化，线型不断丰富化，标准不断规范化。

（1）文字体例

中国文字的书写体例，一般是自上而下、自右而左的竖写格式。近代以来，开始采用自上而下、自左而右的横写格式。中国书法的创作格式，一直保留直书形式（图 1-12）。

现代建筑图的文字体例有国家制定的标准参照，GB/T 50001—2017《房屋建筑制图统一标准》中对字体提出，图样及说明中的汉字，宜采用长仿宋体字型，并对不同大小文字的长宽比例提出要求。因此，在全球使用频率最高的建筑制图软件 AutoCAD 上可以更改标注字体的长宽比例（图 1-13）。

（2）线型应用

线条是构成设计图最基本的几何要素，图形主要依靠线条来组织，图线按其用途，有不同的宽度

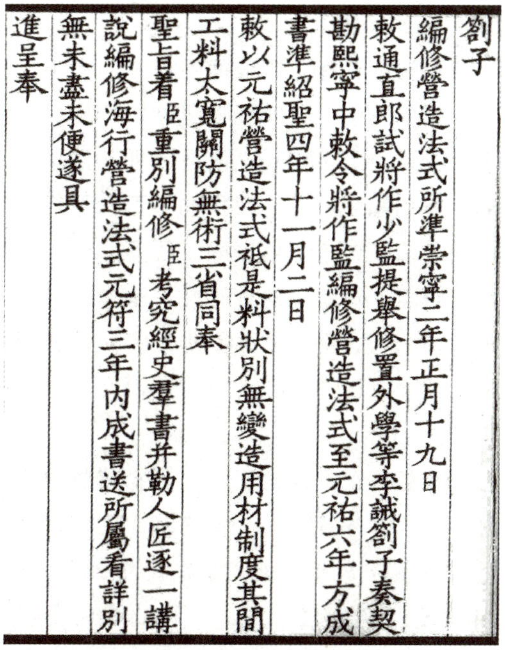

劄子
編修營造法式所準崇寧二年正月十九日
敕通直郎試將作少監提舉修置外學等李誡劄子奏契
勘熙寧中敕令將作監編修營造法式至元祐六年方成
書準紹聖四年十一月二日
敕以元祐營造法式祗是料狀別無變造用材制度其間
工料太寬關防無術三省同奉
聖旨着臣重別編修臣考究經史羣書并勒人匠逐一講
說編修海行營造法式元符三年內成書送所屬看詳別
無未盡未便遂具
進呈奉

图 1-12　《营造法式》中的文字体例

图 1-12：宋代盛行版雕印刷，刻书时所选用的字体方正匀称，后人称其为宋体，《营造法式》中所附的图样基本上有文字标题，均位于图样右侧，自上而下，自右而左竖向书写文字。从右向左一直都是我国传统的书写体例。

和线型。中国古代工程制图所采用的线型一般为细实线和粗实线两种。

① 线型发展。先秦时期的工程制图中可见到两种线型并用的实例，两宋时，制图中多用一种线型，即细实线，这种图绘线型的传统一直延续到清代末期。中国古代制图线型特点是，在同一张图样中，粗实线和细实线并用时，线型各自一致，重点突出；构件采用局部涂黑处理，以示突出。

② 线型宽度。中国古代工程图样中，无论粗实线与细实线都是用来描述建筑、设计器物的轮廓，其他线型不复多见，但也有一些特殊的例子。现代制图均以一个粗实线常量 B 来表示线型宽度，其余线型宽度可设置为 $0.5B$、$0.25B$ 等，图线的宽度 B 可以根据图纸大小和图面复杂程度来设置，但没有具体指出线型的宽度 B 取值，以及 B 与图纸大小之间的关系。

环境艺术设计制图与透视

图 1-13　计算机所绘制的现代建筑图文字体例

图 1-13：国标 GB 2312 是基于 1980 年发布的《信息交换用汉字编码字符集　基本集》，是中国国家标准简体中文字符集。仿宋是字体名称，GB 2312 是字符编码名称，属简体中文编码的一种，简体中文自 1980 年以来通常使用中华人民共和国国家标准总局公布的 GB 2312。

（3）幅面安排

图样的幅面安排，要根据图样本的大小规格来把握，图样的名称，如同今日所称的标题，都位于幅面右上方。中国古代工程图在长期实践中，形成了普遍通行的幅面形式，图样的幅面和图框的尺寸符合书籍的装帧要求。早期的工程图样尚有横式幅面，而后随着书籍装订的规范化，基本采用立式幅面。宋代的《考古图》《宣和博古图》的幅面形式都是立式幅面（图 1-14）。

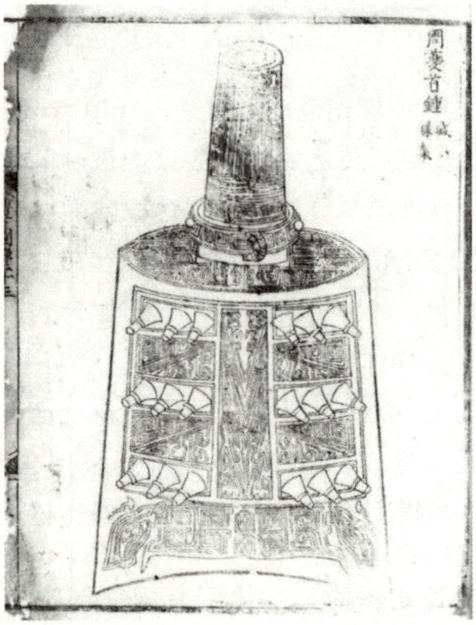

图 1-14　《宣和博古图》中的幅面形式（1528 年）

图 1-14：图样上所供绘图的范围边线，即图框线多用细实线加粗实线表示。

（4）尺寸标注

图形只能表达物体的形状，而物体的大小还必须通过标注尺寸才能确定，制造加工时，物体的真实大小应以图样上所注的尺寸数值为依据，与图形的大小及绘图的准确度无关。中国古代工程制图尺寸的标注方法，多在图样之外，另作说明。除尺寸之外，包括技术要求和其他说明，都在所附文字说明中注明，如宋代《新仪象法要》即是如此（图 1-15）。

（5）尺度比例

比例尺亦称缩尺，是指图样中图形与物体相应要素的线性尺寸之比。比例是工程制图的基本要素。中国古代制图采用比例作图，最早可上溯到春秋战国时代。战国兆域图为我国古代工程制图中比例的运用提供了可靠的实物例证，墓地享堂的位置和大小都是根据兆域图所绘的内容按图施工的。图上三堂每边长约 4 寸（1 寸约等于 3.3cm），堂间距 2 寸，而兆域图铜板上三堂的边长，图上注记为

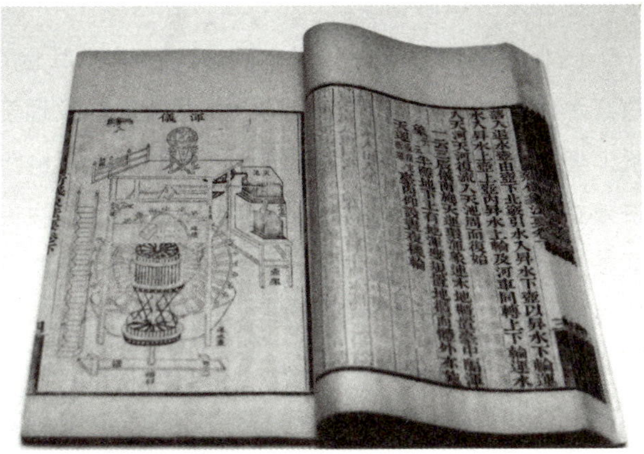

图 1-15　宋代《新仪象法要》

图 1-15：图样上标注多种文字，用于说明图样，内容丰富，构图饱满，是我国古代图纸的重要形式。

图 1-17　圆明园局部烫样（样式雷）

图 1-17：烫样是一种建筑模型，将设计完成的建筑造型用纸张、板材制作成型，具有一定比例，是具有真实感的立体模型。

"方二百尺"，将出土的建筑遗迹与兆域图上图形校核，可知这是按比例绘制的。今天的制图比例要求严格，在 AutoCAD 中不需要计算比例的问题，按照实际尺寸绘制即可，但是要根据不同的图面来设置不同比例尺，力求打印出图后达到统一的效果。

（6）标准图样

样与式是中国古代工程图的表达方式之一，也是现代设计制图的重要组成部分。式样是指格式、样子、形状。样与式是中国古代科学技术与产品制造的重要表述形式，具有形象性和综合性的特点。清代宫廷雷氏家族（样式雷）的设计样式独树一帜。样式雷图档内容丰富，其中数量最多的是各个阶段的设计图（图 1-16）与烫样（图 1-17），体现出设计方案的科学性和艺术性。

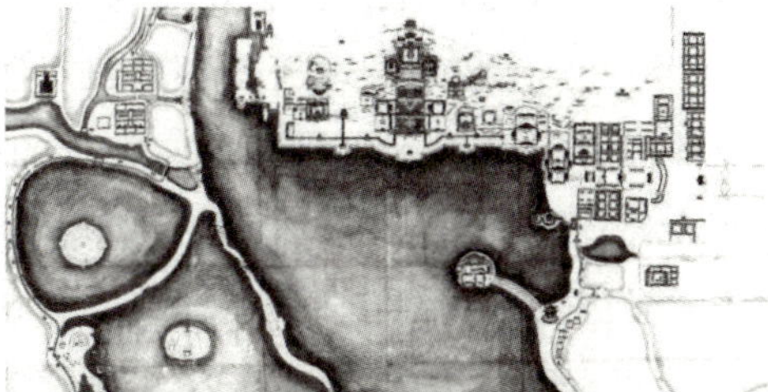

图 1-16　清漪园行宫全图（样式雷）

图 1-16：将独立设计的建筑平面图重新组合，形成全新的布局，结合湖泊与山地，形成全新的设计方案。

北宋的工匠李诫主持过许多土木工程，积累了丰富经验，他参考群书，吸取工匠经验完成了《营造法式》的编著，全书共三十四卷，对木结构建筑的叙述特别详细，而且附有图样六卷，记录了古代建筑营造技术（图 1-18）。

图 1-18　《营造法式》图样

图 1-18：《营造法式》是宋崇宁二年（1103）出版的图书，作者是李诫，是李诫在两浙工匠喻皓《木经》的基础上编成的，是北宋官方颁布的一部建筑设计、施工的规范书。《营造法式》是我国古代最完整的建筑技术书籍，标志着中国古代建筑已经发展到了较高水平。

（7）制图规范的表现形式

中国传统制图受到的限制很多，从设计者的个人素质到所处社会的人文环境，都直接影响到制图规范的宣传和普及。从历史记载文献上来看，在宋代以前，还没有一个朝代通过官方机构来统一制图规范。在我国古代，工匠的社会地位很低，世代相传的绘图技法不被人重视，工匠的绘图形式、绘图技法都只为突出设计对象的构造，在逻辑上清晰地表达层次结构。

古代制图不同于绘画创作，仅仅属于少数人掌握的专项技能，绘图的工序很复杂，需要运用界尺等工具，并且绘制的时间也很长，主要设计构造使用图纸来表现，辅助设计构造就配置文字来说明，图文结合。以文字说明来取代图纸的内容在一定程度上会出现理解错误，尤其是表现方位和数量的术语，容易出差错，而图纸在交流中不仅需要让人达成共识，共同来读懂制图，同时也需要学习专业术语，并且世代相传，以免发生混淆。针对大型施工项目，古代制图规范中还设定法式、冠定名称，如正样图、侧样图、分样图等。这些名称在一定程度上方便了工匠之间的沟通，通过名称来理解图纸的表达对象，使人一目了然。

2. 设计图的现状

中华人民共和国成立后，我国的建筑制图和机械制图都在学习苏联的规范模式，但引进的制图规范不完整，缺少很多细节，这些规范细节全凭我国设计师与绘图员自主制定，影响面窄，并没有充分发挥本土特色。

在制图过程中，通常会遇到图纸结构复杂、制图形式单一、设计师与施工员之间缺少沟通等问题。要保证施工顺利进行，就必须解决这些问题。

（1）图纸结构复杂。每张图纸虽然包括 1~2 个施工立面，但是构造节点图、大样图等需另附图纸，查阅时要考虑图纸的逻辑顺序，不利于深入理解设计创意。对于业务素质参差不齐的项目经理和施工员而言，正确、完整地阅读图纸就有很大困难，极易发生理解错误。

（2）制图形式单一。现有的设计图纸基本上是白纸黑线图，少数制图软件虽然提供色彩与纹理配置，但操作复杂，绘图效率低，没有形成广泛的经济效益。除了设计师、项目经理、施工员，现在有更多的人，如使用者、投资者及广大群众，希望能读懂图纸，从而提出自己的意见（图 1-19）。

（3）图面内容烦琐。图纸上的尺度标注、文字标注十分机械，标注引线和文字在图面中相互穿插，容易影响对图纸的识读，审核者和阅读者需要消耗大量的时间和精力来读懂图纸，这对设计的消费者是一种严峻的考验（图 1-20）。

（4）甲乙双方沟通困难。专业性很强的设计图纸只限用于少数设计师与施工员之间沟通，有设计需求的消费者很难读懂，往往需要另附多张彩色效果图，导致设计成本增加。严谨、专业的图纸反而成为甲乙双方交流的障碍。

3. 设计图的分类

现代环境艺术设计制图要求既要丰富表现效果，还需要绘出设计构造的具体形态。环境艺术设计制图的特征应该是清晰表达设计构造，采用简洁的图示图标，渲染设计对象的色彩和质感，图面美观多样，通俗易懂，绘制成本低廉，操作方便快捷，容易修改，能为大多数人群所接受。目前，设计图总体分为方案图、施工图和竣工图三种。

（1）方案图。方案图用于初步表达设计理念及风格样式，表现较为简洁，视觉效果明确（图 1-21）。方案图在设计图领域属于前期图纸，图纸所表达的设计内容需要得到主管部门或客户的认可，要求图面美观、新颖，能遵循大众的审美特点，这一类图纸一般包括三视图和透视效果图。目前在国内，设计方案不再局限于二维图纸，为方便客户理解，可通过计算机软件制作出与二维图纸相对应的三维模型、动画，配置语音介绍和动态文字说明。

（2）施工图。施工图可以算作是方案图的扩展，是用于指导工程施工实施的图纸，绘制详细，全面表达局部的构造设计。施工图的绘制很典型、很传统，白纸黑线所表达的构造非常清晰，图量大，配套全面，可以认为施工图是工程实施的指导说明书（图 1-22）。

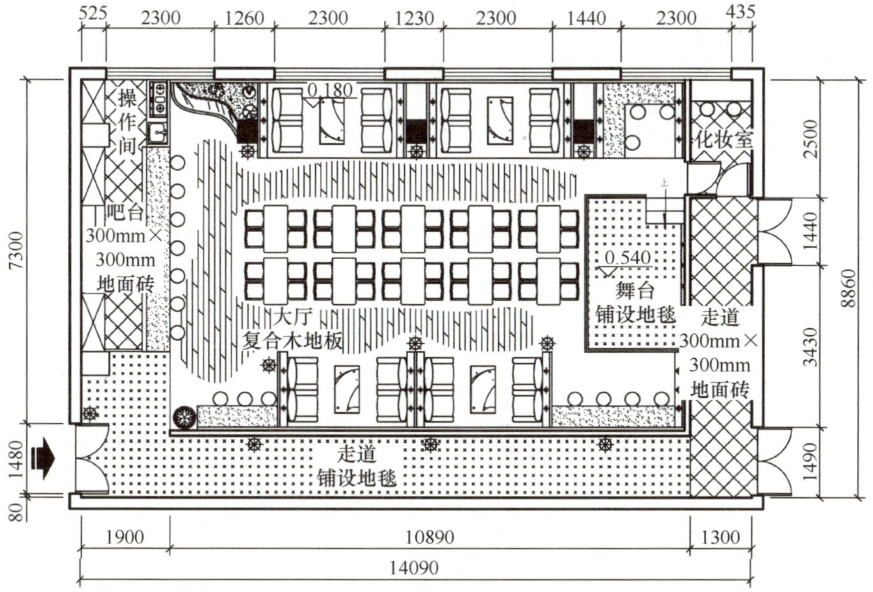

图 1-19　咖啡厅设计平面布置图 *

图1-19：环境艺术设计的核心是平面布置图，是后期各种图纸设计绘制的基础，因此平面布置图应当尽量详细绘制，标注尽量细致的文字与数据，方便后期施工图能深入绘制。

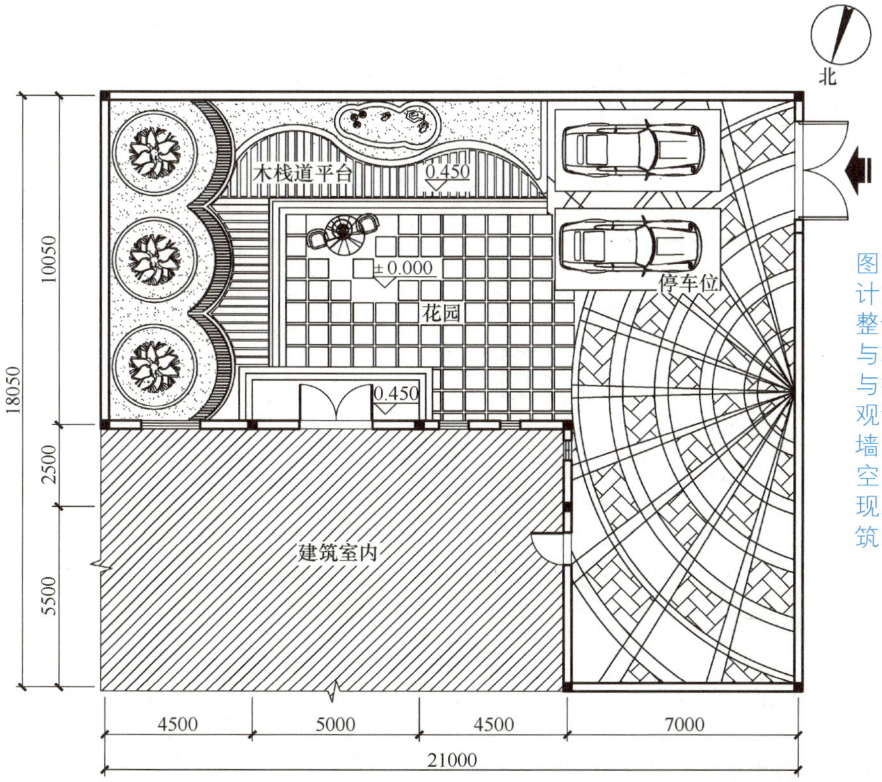

图 1-20　建筑庭院景观设计平面布置图

图1-20：建筑庭院景观设计方案图纸主要标明平面整体布局状况、地面铺装与功能区划分，标出地面与构造的高度，对绿化景观详细绘制。标明建筑外墙门窗，室内无需设计的空间可以采用斜线概括表现。此外还要标明整体建筑的朝向。

* ：本书图片中的尺寸标注单位，如无特别说明，均为 mm。

(a) 客厅和书房

(b) 儿童房

图 1-21 住宅设计方案图

图 1-21（a）：客厅与书房平行布置，方案图选择一点透视进行表现，能囊括开放式空间中的客厅与书房，形成一镜到底的视觉效果。

图 1-21（b）：两点透视将面积较小的儿童房空间表现得充足宽裕。

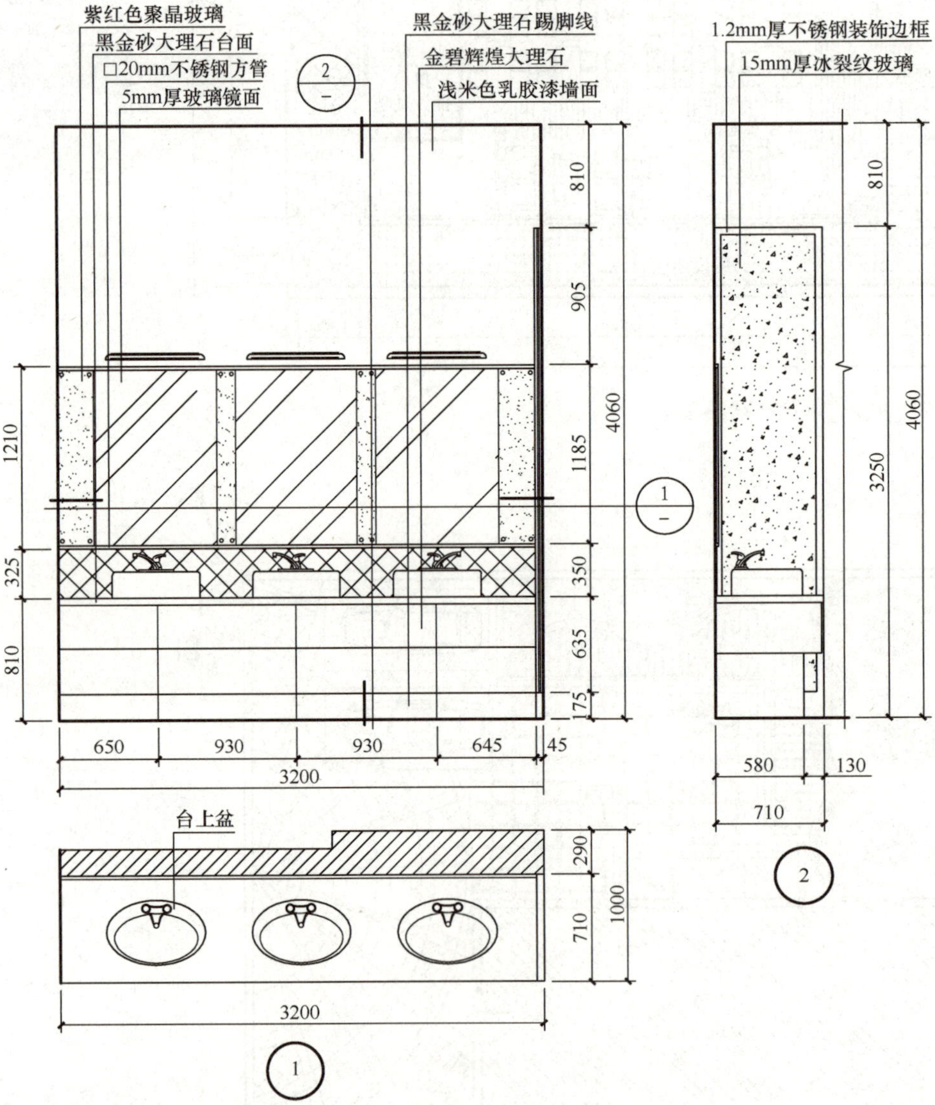

图 1-22 卫生间洗手台施工图

图 1-22：施工图是表示工程项目总体布局，建筑物、构筑物的外部形状、内部布置、结构构造，内外装修、材料做法，以及设备、施工等要求的图纸。施工图具有图纸齐全、表达准确、要求具体的特点，是进行工程施工、编制施工预算和施工组织设计的依据，也是进行技术管理的重要技术文件。一套完整的施工图一般包括建筑施工图、结构施工图、给排水图、采暖通风施工图及电气施工图等专业图纸，也可将给排水、采暖通风和电气施工图合在一起统称设备施工图。图 1-22 细致绘制了洗手台的正立面与两个方向的剖面，能细致表现出洗手台的构造尺寸与工艺做法。在常规施工中，对复杂程度不一的构造，施工图的深入程度也是不同的，这个洗手台造型比较简单，形式比较大众化，属于主流造型，因此施工图不太复杂，能满足正常施工参考使用。

目前，绘制施工图主要采用 AutoCAD 制图软件，设计师或绘图员在绘制这类图纸时需要消耗大量时间。施工图的识读需要经过专业培训，设计师与施工员需要有很好的默契（图 1-23）。

（3）竣工图。竣工图是工程完成后根据实际完工的形态绘制的图纸，用于存档和工程后期维护。工程完工后，需要对最终形态和使用方法作出详细规定，一方面可以指导工程的委托人正确使用设计成果，另一方面也是工程双方的责权申明。大多数竣工图是在施工图的基础上完善得来的，也可以称为施工图的最终版。

环境艺术设计制图有自身的特点，一味沿袭建筑图纸规范，则难以体现自身的特色。制图要切实方便设计师与客户交流、设计师与施工员交流。在现有的行业规范体系下，开发出更多形式的施工图，并沿用中国传统的图学原理，能使现代施工图多样化、立体化、唯美化，提高行业水平，发挥设计的影响力和推动力，促进环境设计行业健康发展。

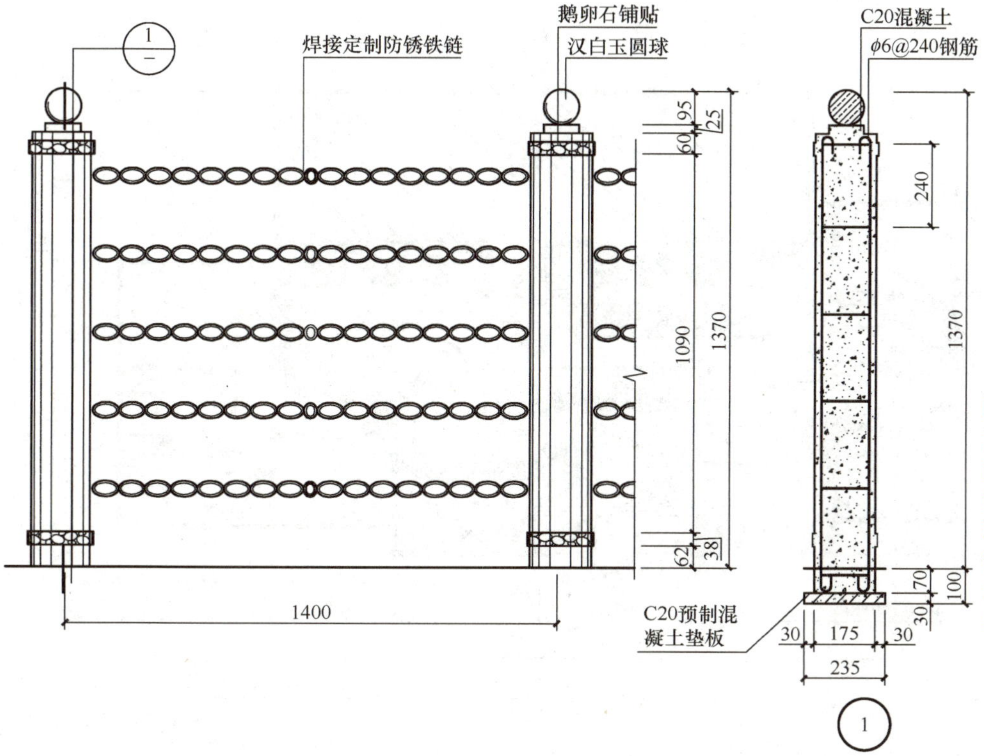

图1-23：立面图大多会延伸出剖面图，甚至构造详图，能全方位表现设计、施工计划，要求绘图者熟悉施工工艺与材料搭配。

图 1-23　景观水岸护栏施工图

1.2　设计图种类

工程施工要表明创意和实施细节，一般需要绘制多种图纸，针对具体设计构造的繁简程度，可能会强化某一种图纸，简化或省略某一种图纸，但是这不影响图纸的完整性。

在初学制图阶段，需要了解相关图纸种类，也需多加练习，可临摹一些具有代表性的图纸。当然，要准确且熟练地绘制各种图纸，还需要了解施工过程中的材料选用和施工构造，这些才是制图的根本。

1.2.1 总平面图

总平面图是表明工程项目总体布置情况的图纸，它是在施工现场的地形图上，将已有的、新建的部分按比例绘制出来的总体平面图（图 1-24）。

总平面图是所有后续图纸的绘制依据，一般要经过全面实地勘测且作详细记录，或向投资方索取原始地形图或建筑总平面图。由于具体施工的性质、规模及所在基地的地形、地貌不同，总平面图所包括的内容有的较为简单，有的则比较复杂，对于复杂的设计项目，还需进行仔细划分（图 1-25）。

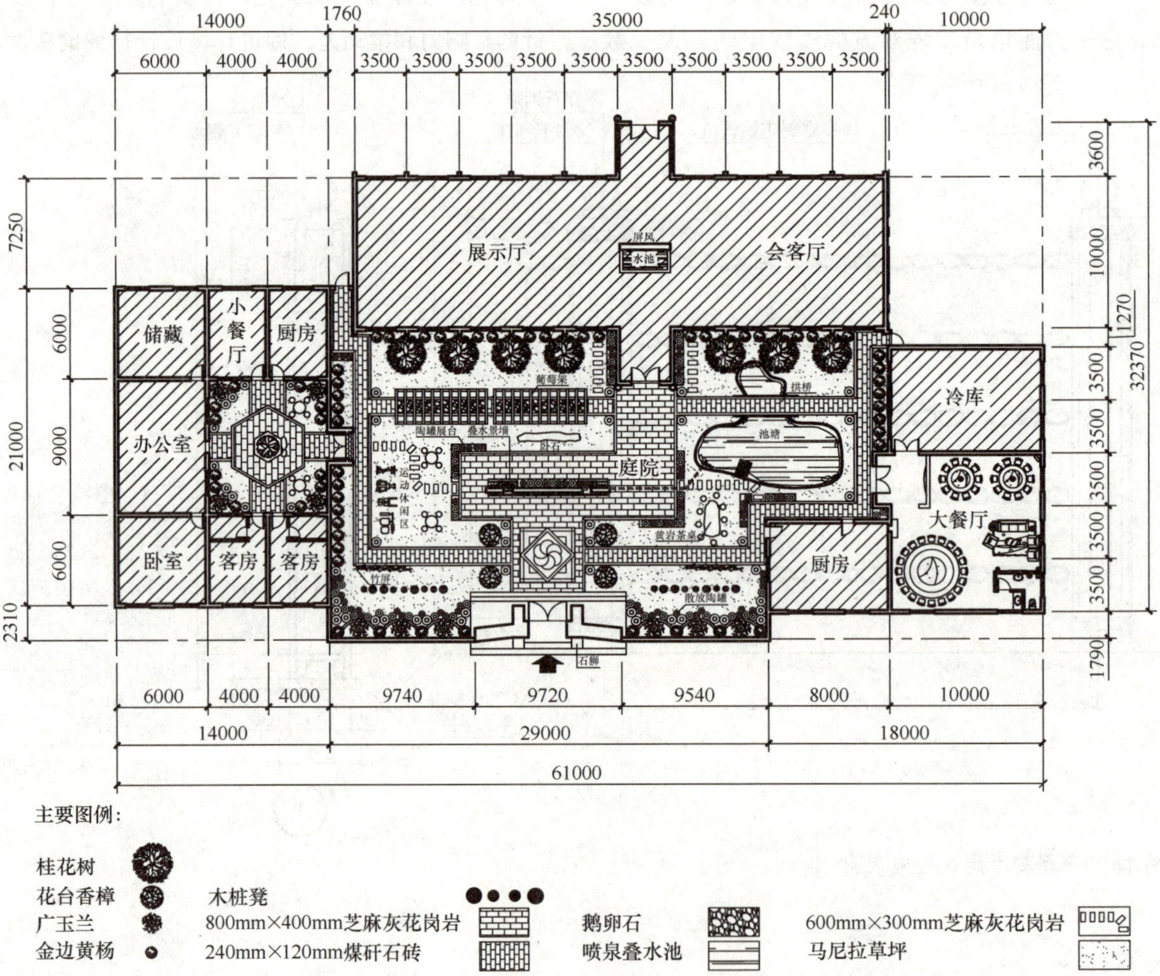

图 1-24 住宅建筑室内与庭院总平面图

图 1-24：总平面图主要表明室内外空间的平面形状、室内外地面标高、室外排水的布置情况，以及原有室内外空间内部结构之间的相互关系等。

1.2.2 平面图

平面图是建筑物、构筑物等的水平剖切图，剖切高度一般为普通建筑 ±0.00m 高度以上 1.5m，在这个高度对建筑物或构筑物作水平剖切，然后分别向下和向上观看，所得到的图形就是底平面图和顶平面图。在常规设计中，绝大部分设计对象都布置在地面上，因此，也可以称底平面图为平面布置图，称顶平面图为顶棚平面图，其中底平面图的使用率最高，因此，通常所说的平面图普遍也被认为是底平面图（图1-26）。

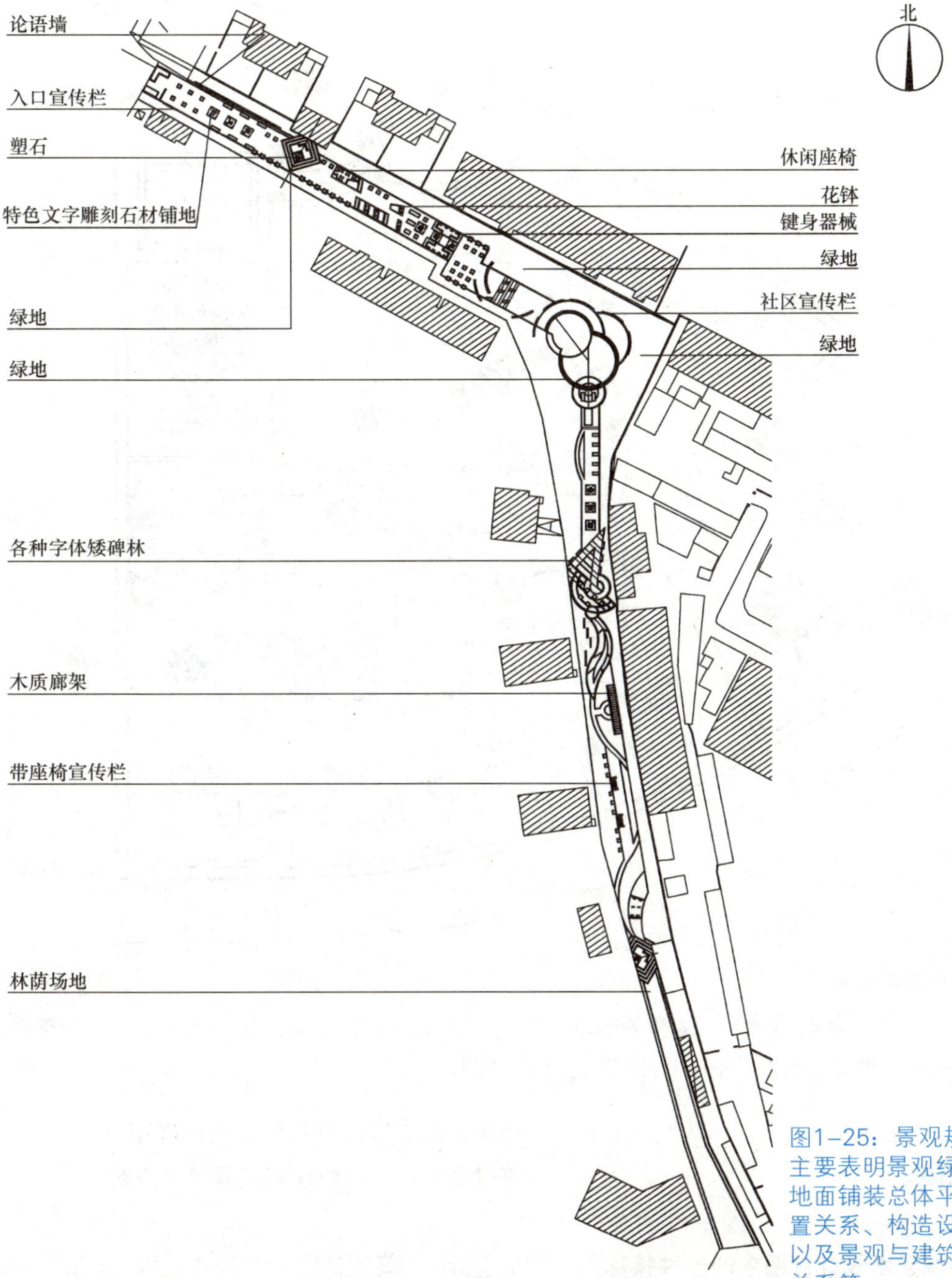

图1-25：景观规划总平面图主要表明景观绿地、设施、地面铺装总体平面形状、位置关系、构造设施布置情况，以及景观与建筑之间的相互关系等。

图 1-25　景观规划总平面图

平面图运用图像、线条、数字、符号和图例等有关图示语言，来表示设计施工的构造、饰面、施工做法及空间各部位的相互关系。在施工图中，平面图主要分为基础平面图、平面布置图、地面铺装平面图和顶棚平面图。这类图纸往往也会显示出自身的绘制特点，如造型上的复杂性和生动感，以及细部艺术处理的灵活表现等。识读的根本依据仍然是土建工程图纸，尤其是平面图，各部分外围尺寸关系、外窗位置、阳台、入户大门、室内门扇以及贯穿楼层的烟道、楼梯和电梯等，均需以土建工程图纸所给出的具体部位和准确的平面尺寸作为依据（图 1-27）。

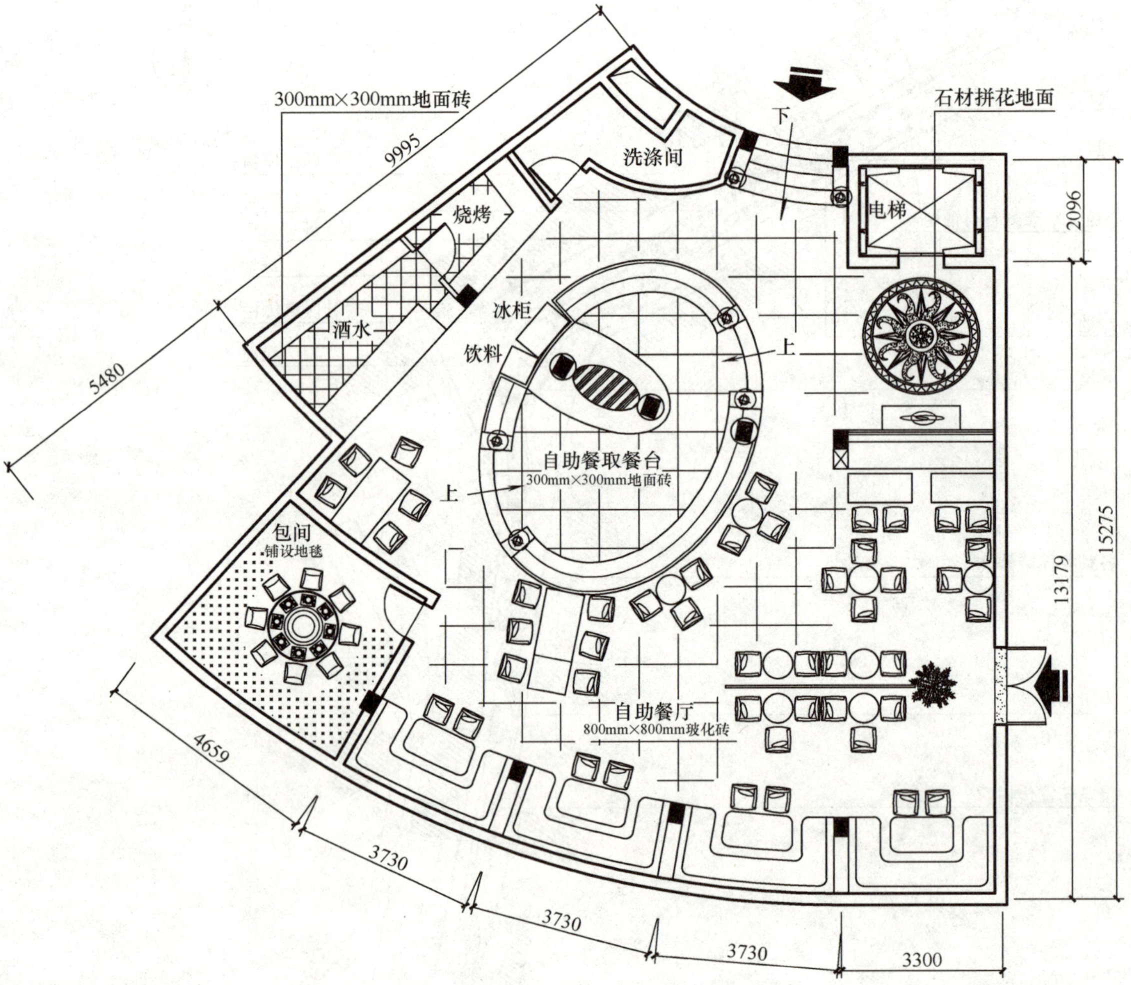

图 1-26　自助餐厅平面图

图 1-26：平面图中绘制的元素最多，如果要表现复杂的设计思想，应当至少绘制出主要家具与构造，对于地面材质可以采取局部填充，不必对每一处地面都填充。

1.2.3　给排水图

给排水图是环境艺术设计制图中的一种特殊的专业，它主要表现设计空间中的给排水管道布置、管道型号、配套设施布局、安装方法等内容，使整体设计功能更加齐备，保证后期给排水施工能顺利进行（图 1-28）。

在实际工作中，给排水图由于绘制起来比较枯燥，很多水路施工员能凭借自身经验，在施工现场边设计边安装，因此很多设计者不够重视，一旦图纸需要严格地交付使用，就很难应对。

1.2.4　电气图

电气图是一种特殊的专业技术图，涉及专业、门类很多，广泛应用于各行各业，既要表现设计构造，又要注重图面美观，还要让各类读图者看懂。因此，绘制电气图要特别严谨，相对给排水图而言，思维需更敏锐、更全面（图 1-29）。

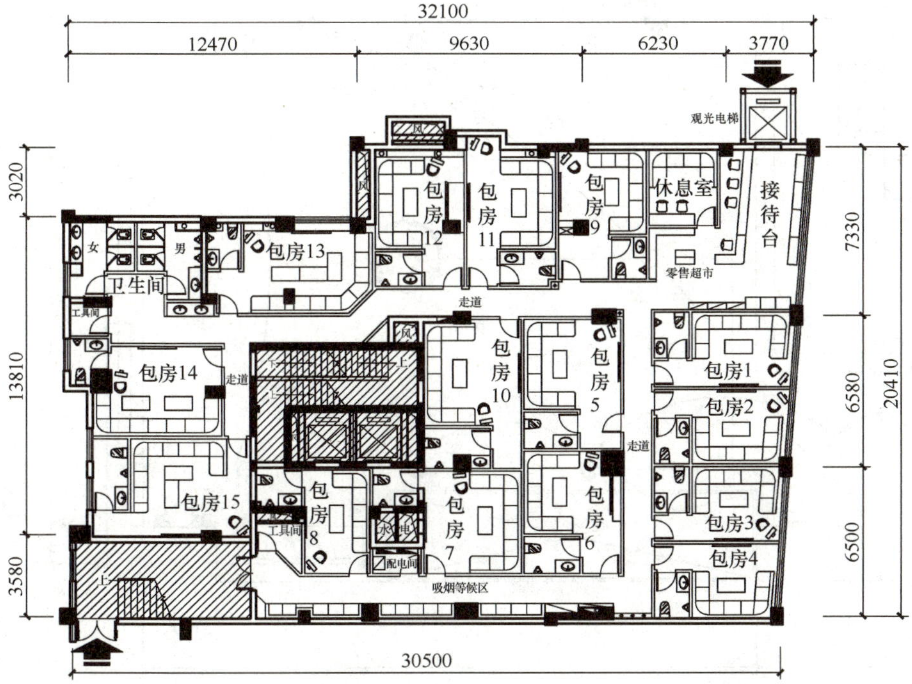

图1-27：于复杂的室内平面图要抓住设计重点，无需设计的公共空间、楼梯间、管线井等部位用斜线填充。室内墙体隔断划分要严谨，对每个局部空间的家具布置都要仔细考虑，承重墙与承重立柱可以全部填充为黑色。

图 1-27　KTV 平面图

图1-28：给排水图要将墙体、门窗等建筑构造线条统一用细实线绘制，将管道、设备等用中实线、粗实线绘制，表现出管线的重要性，当管道交错时要用圆圈框住交错点，剪断位于底部的管道。绘制给排水图不仅要保持缜密的思维，还要熟读国家GB/T 50106—2010《建筑给水排水制图标准》和GB/T 50001—2017《房屋建筑制图统一标准》，以此为参考依据。

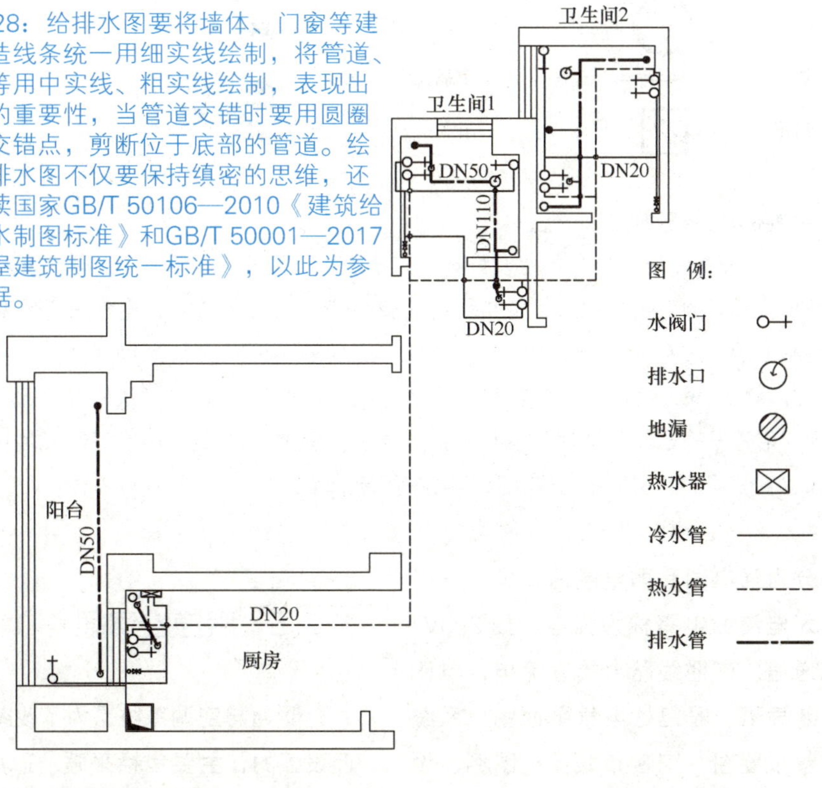

图 1-28　住宅给排水平面图

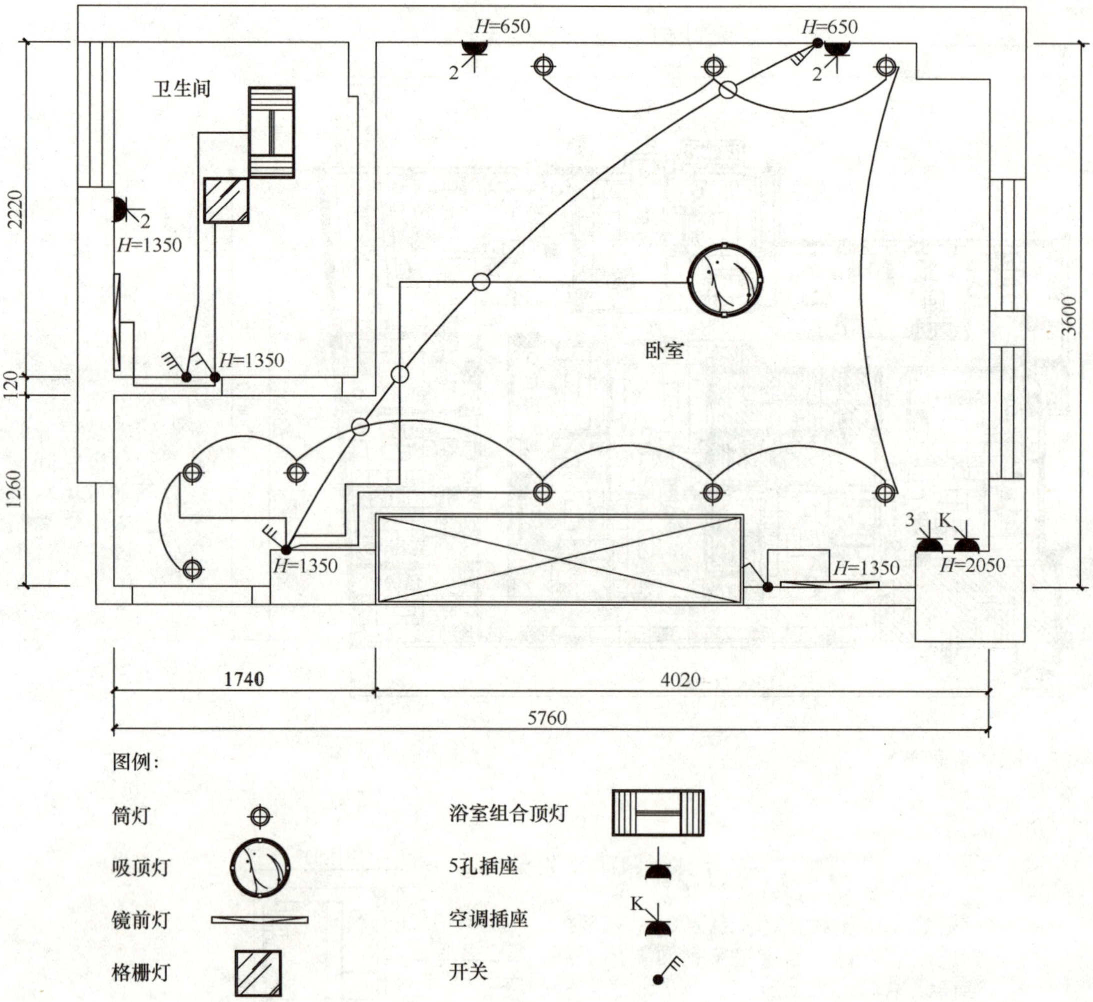

图 1-29　住宅卧室电路平面图

图 1-29：电气平面图需要表现各类照明灯具，配电设备（配电箱、开关），电气装置的种类、型号、安装位置和高度等。为了突出电气设备和线路的安装位置、安装方式，电气设备和线路一般在简化的平面布置图上绘出。图上的墙体、门窗、楼梯、房间等平面轮廓都用细实线严格按比例绘制，但电气设备如灯具、开关、插座、配电箱和导线并不按比例画出它们的形状和外形尺寸，而是用中粗实线绘制的图形符号来表示。导线和设备的空间位置、垂直距离应按建筑不同标高的楼层地面分别画出，并标注安装标高、文字符号和安装代号等信息。

电气图主要分为强电图和弱电图两大类。一般将输出高电压、大电流的电路称为强电，如 220V；弱电一般指直流通信、广播线路上的直流电，电压通常低于 36V。电气图一般包括电气平面图、系统图、电路图、设备布置图、综合布线图、图例、设备材料明细表等。

1.2.5　暖通空调图

暖通与空调系统是为了改善现代生产、生活条件而设置的，主要包括采暖、通风、空气调节等内容。我国北方地区冬季温度较低，为了提高室内温度，通常采用供暖系统向室内供暖。此外，室内污浊的空气需要直接或经过净化后排出室外，同时向内补充新鲜的空气，更高要求的暖通与空调系统还能调节室内空气的温度、湿度、气流速度等指标。

除了日常生活中使用的空调器、取暖器等单体家用电器，在大型住宅和公共空间设计中需要采用集中暖通、空调系统，这些设备、构造的方案实施就需要绘制相应的图纸。虽然暖通、空调系统的工作原理各不相同，但是绘制方法相似，需要根据设计要求分别绘制（图 1-30）。

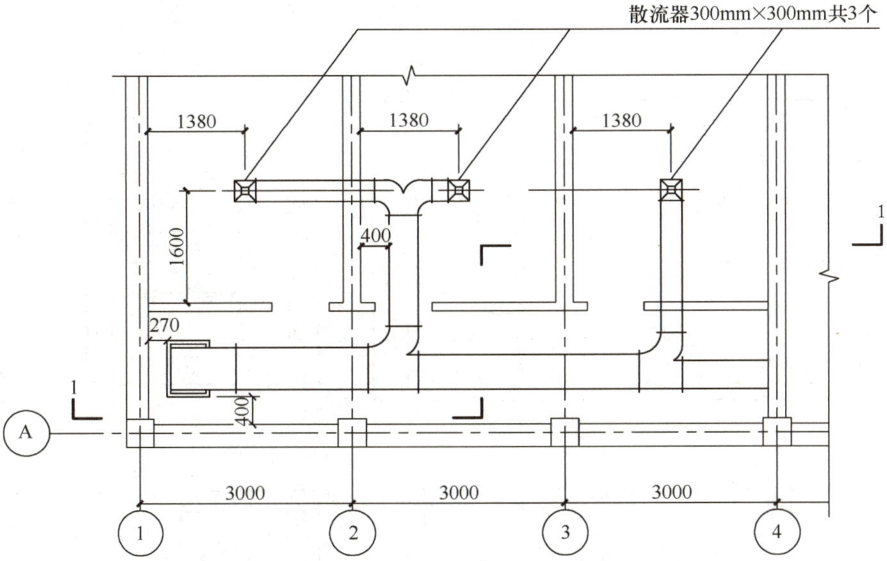

(a) 室内新风管道平面图

图1-30（a）：暖通管道平面图根据设备种类来绘制，对设备的尺寸要熟悉，本书第 6 章会详细介绍。对于这种图，可以参考我们生活中经常去的大型超市卖场与地下车库，这些场所都有这类设备，方便理解。

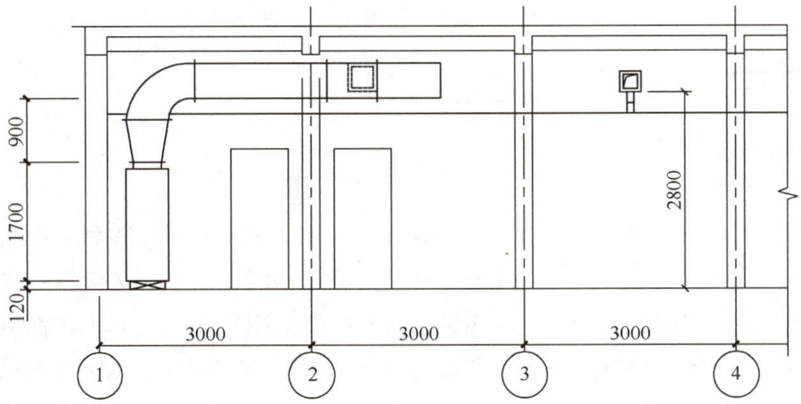

(b) 室内新风管道1—1剖面图

图1-30（b）：暖通管道剖面图根据上述平面图来绘制，主要标明管道高度。工程技术复杂的暖通设计方案才需绘制暖通管道剖面图。

图 1-30　室内新风管道设计图

1.2.6　立面图

立面图是指主要设计构造的垂直投影图，一般用于表现建筑物、构筑物的墙面，尤其是具有设计效果的背景墙、瓷砖铺贴墙、现场制作家具等立面部位，是墙面、固定构造体、装饰造型体的正立面投影视图。立面图适用于表现建筑与设计空间中各重要立面的形体构造、相关尺寸、相应位置和基本施工工艺。

立面图要与总平面图、平面布置图相呼应，绘制的视角与施工后站在该设计对象面前要一样，下部轮廓线条为地面，上部轮廓线条为顶面，左右以主要轮廓墙体为界线，在其中绘制所需要的设计构

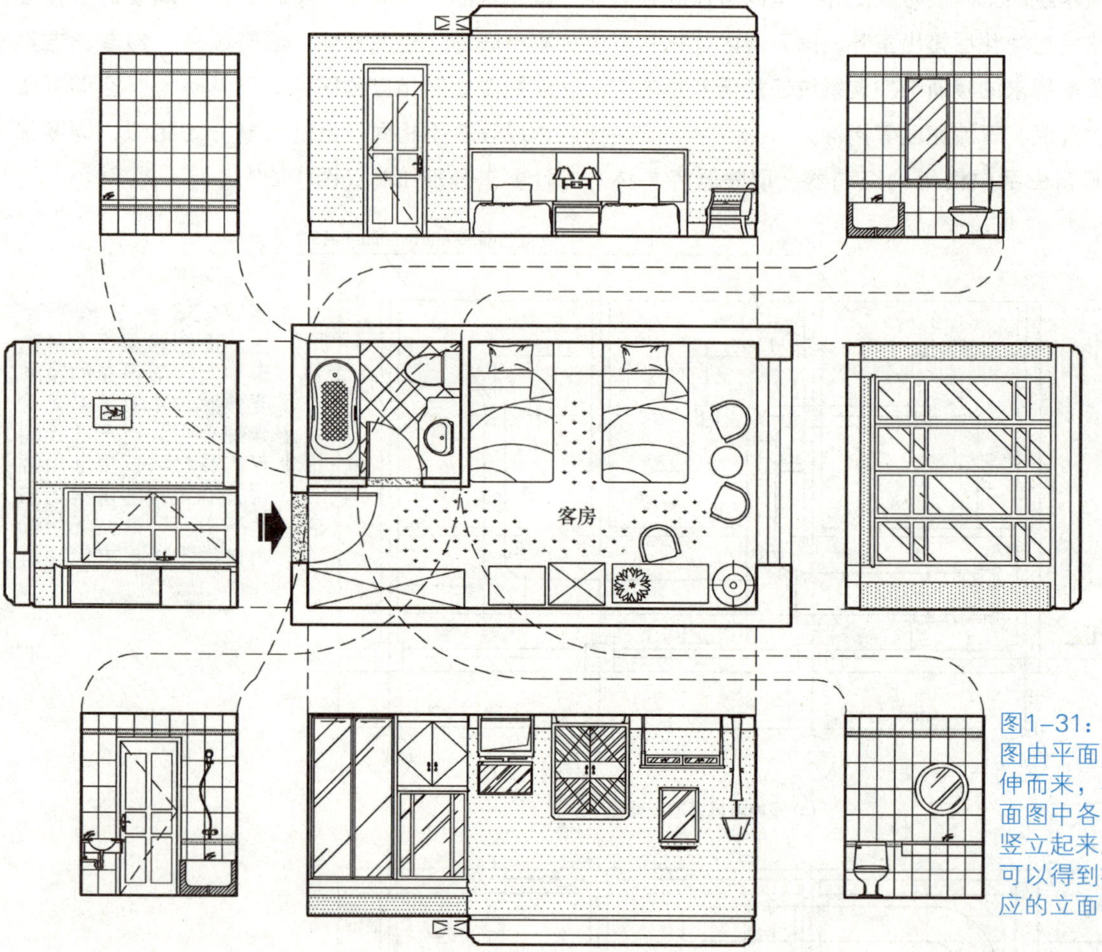

图1-31：立面图由平面图延伸而来，将平面图中各个面竖立起来后就可以得到相对应的立面图。

图 1-31　平面图与立面图的对应关系

造，尺寸标注要严谨，包括细节尺寸和整体尺寸，外加详细的文字说明（图 1-31）。

在一套设计图纸中，立面图的数量可能会比较多，这就要在平面图中署名方位或绘制标识符号，与立面图相呼应，方便查找。为了强化平面图与立面图之间的关系，整体建筑物、构筑物的立面表现一般以方位名称标注图名，如正立面图、东立面图等。如果涉及复杂结构，也需要采用剖面图来表示清楚。而表示室内立面在平面图上的位置，应在平面图上用内视符号注明视点位置、方向及立面编号。

符号中的圆圈应用细实线绘制，根据图面比例，圆圈直径可选择 8~12mm，立面编号宜用拉丁字母或阿拉伯数字（图 1-32）。

立面图画好后要反复核对，避免遗漏关键的设计造型或含糊表达了重点部位，绘制立面图所用的线型与平面图基本相同，只是周边形体轮廓使用中粗实线，地面线使用粗实线，对于大多数构造不是特别复杂的设计对象，也可以统一绘制为粗实线。在复杂设计项目中，立面图可能还涉及原有的设计造型，如果不准备改变或拆除，这部分可以不用绘制，空白或用阴影斜线表示即可（图 1-33、图 1-34）。

1.2.7　构造详图

在施工图中，各类平面图和立面图的比例一般较小，导致很多设计造型、创意细节、材料选用等信息无法表现或表现得不清晰，无法满足设计、施工的需求。因此需要放大比例绘制出更加细致的图

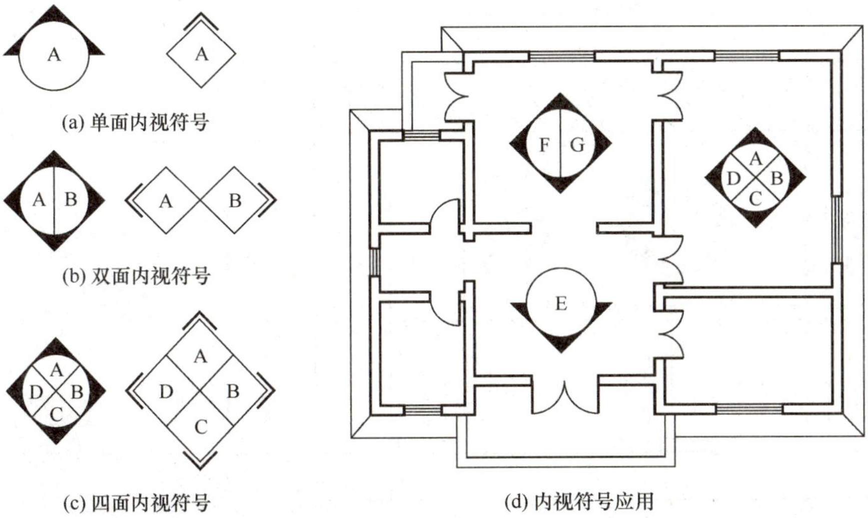

图1-32：左侧两种内饰符号均可使用，注意一套图纸中内饰符号应当统一，符号中可选用字母或数字，但是在逻辑上要统一，不能随意混淆。

图 1-32　平面图上内视符号应用示例

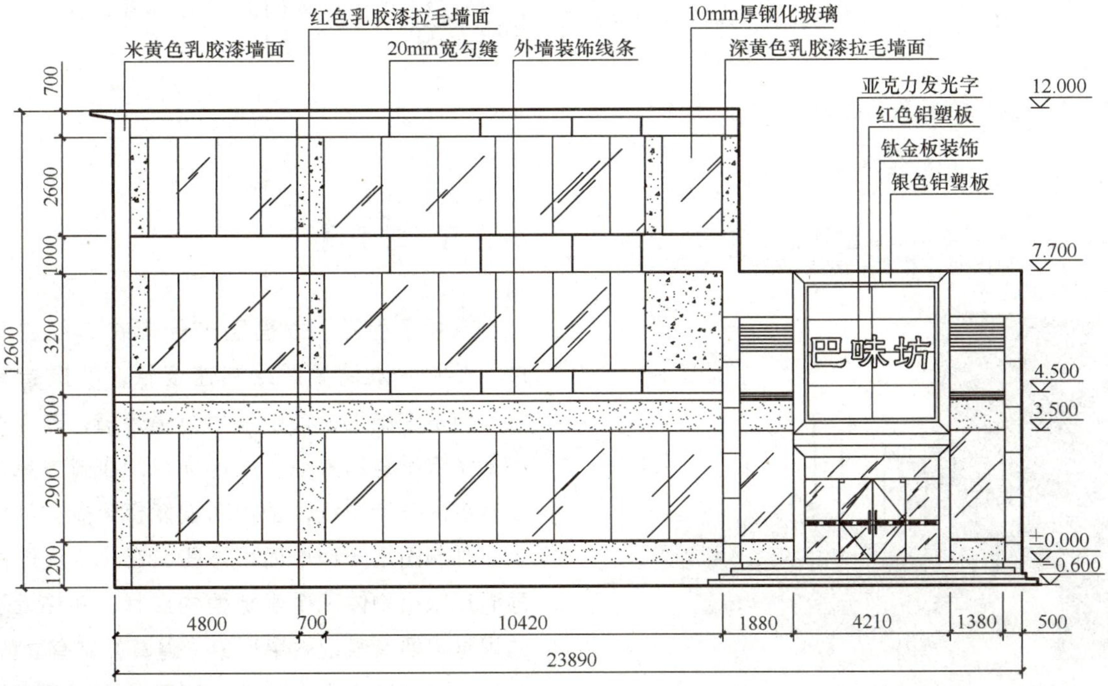

图 1-33　建筑外墙正立面图

图 1-33：建筑外墙立面图主要表明设计构造的形体结构与材料配置，标注尽量详细的尺寸。

纸，一般采用 1∶20、1∶10，甚至 1∶5、1∶2 的比例绘制。

构造详图一般包括剖面图、构造节点图和大样图，绘制时选用的图线应与平面图、立面图一致，只是地面界线与主要剖切轮廓线一般采用粗实线（图 1-35、图 1-36）。

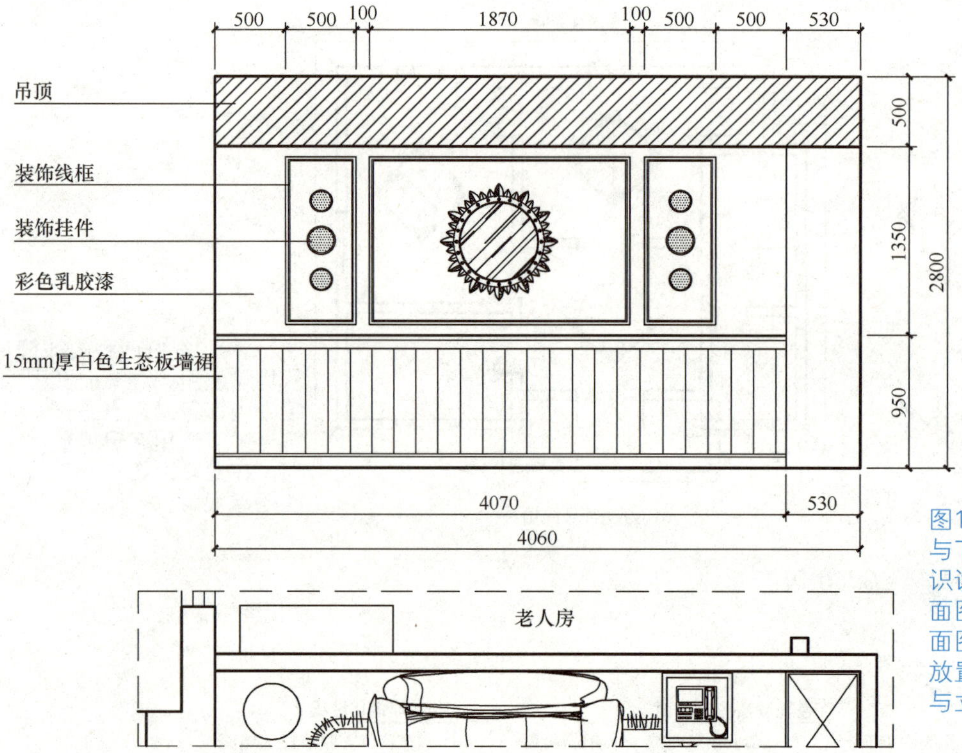

图1-34：上部立面图与下部的平面图对应，识读更直观。绘制立面图可以将对应的平面图局部截取出来，放置在立面图下方并与立面图对齐。

图 1-34　住宅沙发背景墙立面图

图1-35：复杂的节点构造详图在正式绘图之前可以采用三维软件制作基本模型，然后根据三维空间逻辑来绘制构造详图。

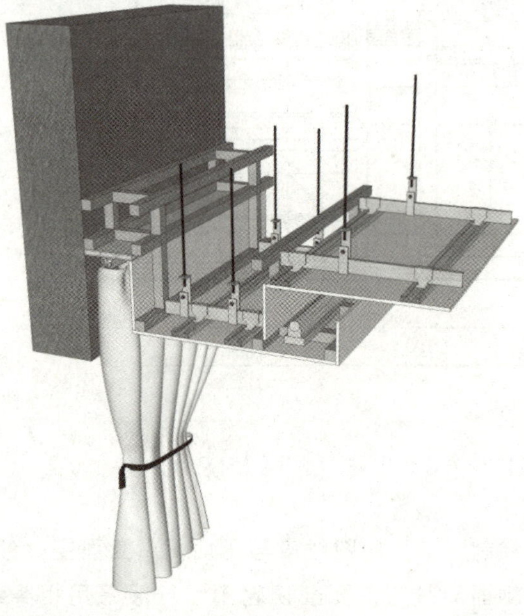

图 1-35　吊顶节点构造三维详图

1.2.8　轴测图

常规平面图、立面图一般都在二维空间内完成，绘制方法简单，绘制速度快，掌握起来并不难，但是在施工设计中适用范围较窄，非专业人员和初学者不容易看懂。设计项目的投资方更需要阅读直观的设计图纸，轴测图就能权衡多方的使用要求。轴测图是一种单面投影图，在一个投影面上能同时反映出物体三个坐标面的形状，并接近于人们的视觉习惯，表现效果形象、逼真并富有立体感。

在设计制图中，常将轴测图作为辅助图样，来说明设计对象的结构、安装和使用等情况。在设计过程中，轴测图还能帮助设计者充分构思，想象物体的形状，以弥补常规投影图的不足（图 1-37、图 1-38）。

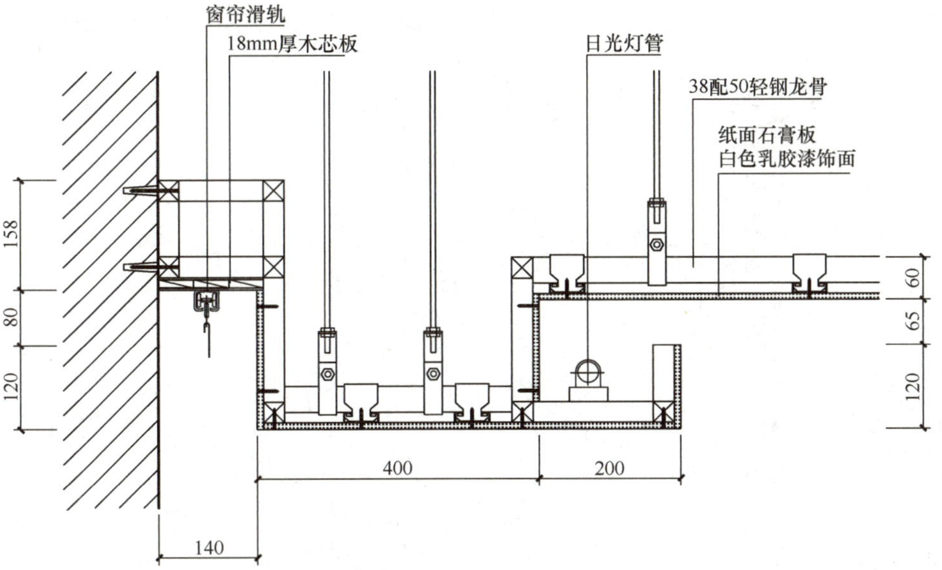

图1-36：构造详图主要表明材料装配的局部形态，仔细标注文字与尺寸。要求具备全面的空间设计能力，并对材料与构造有深入了解。

图 1-36　吊顶节点构造详图

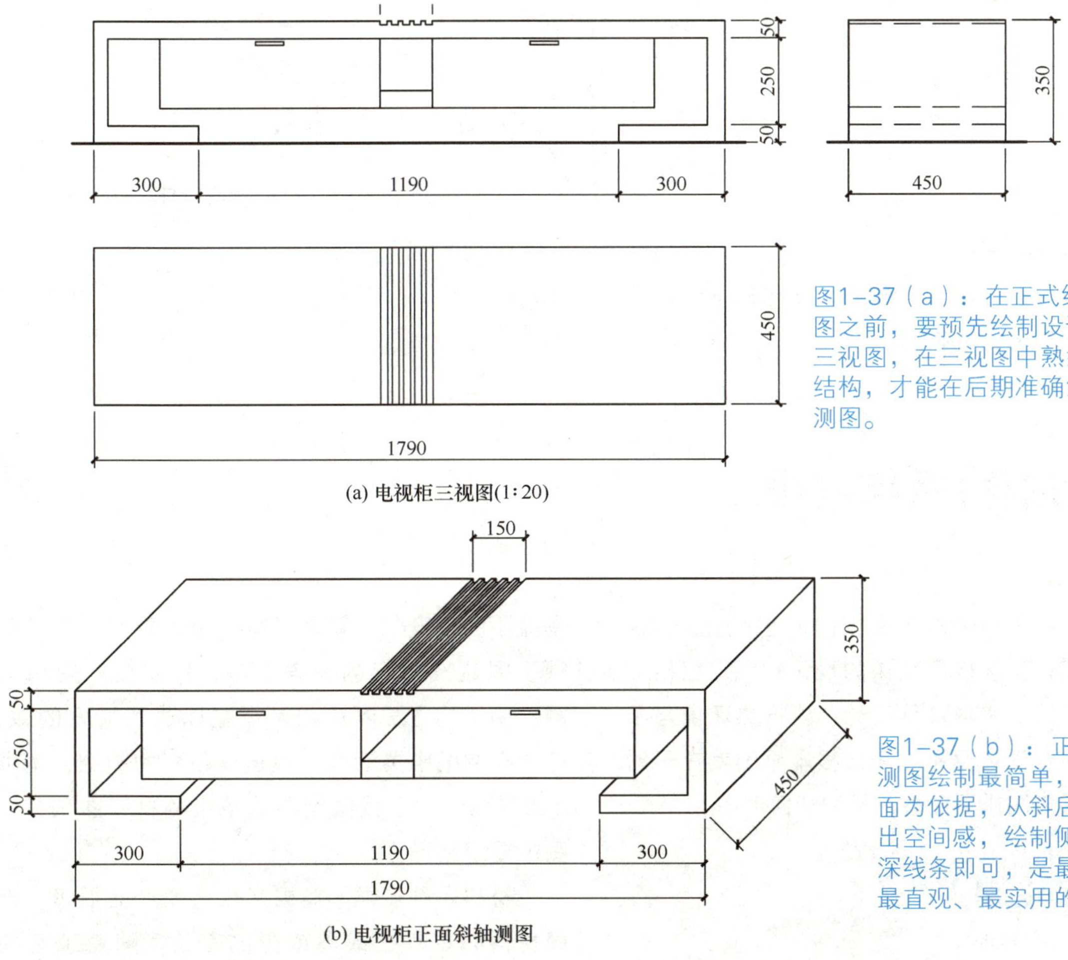

图1-37（a）：在正式绘制轴测图之前，要预先绘制设计对象的三视图，在三视图中熟悉对象的结构，才能在后期准确绘制出轴测图。

图1-37（b）：正面斜轴测图绘制最简单，以正立面为依据，从斜后部延伸出空间感，绘制侧立面纵深线条即可，是最简单、最直观、最实用的轴测图。

图 1-37　电视柜正面斜轴测图绘制

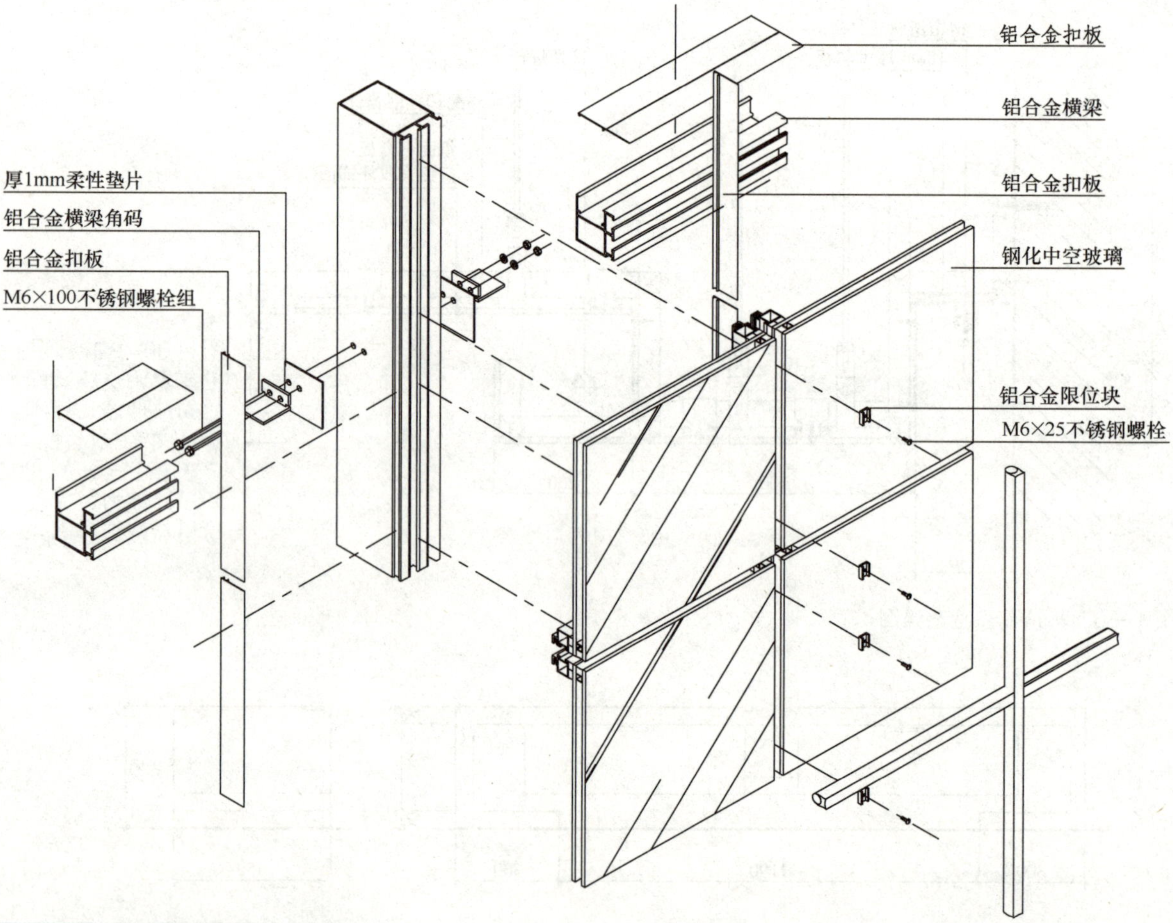

图 1-38　隐形玻璃幕墙斜轴测图

图 1-38：正斜轴测图一般用来表现复杂的设计构造，也适用于装配图，这类图识读简单，但是绘制时要具备强大的逻辑空间思维能力。

1.3　图纸特点与编排

设计师与绘图员刚刚走出校门，进入企业，往往会感到迷茫，在学校里获得的理论知识，包括心理学、设计理论、家具灯具设计、建筑热环境与节能等书本上的知识运用不起来，根本原因就在于对设计图的特点与编排不熟悉，不知从何下手。

1.3.1　材料运用

近年来，科技不断地进步，技术不断地更新，潮流不断地变化，新型材料不断地推出，设计师必须了解这些材料的物理特性、经济性、使用的范围、施工的方法以及如何搭配以达到最好的效果，还需在制图中灵活地运用这些材料的图例，本书第2章详细介绍了我国制图规范中的材料图例，在制图中要严格遵循。

材料多种多样，能相互替代的产品很多，而不同材料必定存在或多或少的差价，随着工艺的进步，能够用价格相对便宜的材料取代价格昂贵的材料。本着客户利益至上的原则，设计师要对材料的经济性充分了解，更好地做到在保证效果、使用安全的前提下，选择使用施工工艺简单的材料，有效地控制工程造价。

设计师要对材料的使用范围有很好的认识。熟悉材料如何应用、应用于什么位置，可以有效控制造价，延长成品的使用寿命。例如，大理石运用于室外空间，容易出现变色、锈迹、风化等现象，而花岗岩则不易发生上述情况。

另外，设计师要经常深入工地，增加现场施工经验，同时不断接触国内外新的工艺、材料、技术。材料的熟悉并不是要进行材料抄袭，而是为了更好地运用材料。只有真正做到熟悉工艺、材料，才能使我们的图纸真正成为指导施工的依据。

1.3.2 制图与工艺规范

目前，我国正在使用的制图标准很多，如GB/T 50001—2017《房屋建筑制图统一标准》、GB/T 50103—2010《总图制图标准》、GB/T 50104—2010《建筑制图标准》，这三套标准为室内外设计识读与制图常用标准，它们的内容基本一致，但是也有很多细节存在矛盾。我们在日常学习、工作中一般应该以GB/T 50001—2017《房屋建筑制图统一标准》为基本标准，认真分析所绘图纸的特点，在国家标准没有规定的方面进行灵活、合理的自由发挥，不能被标准所限制，影响设计师表述思想。制图学的进步就在于将图形不断精确化，线型不断丰富化，标准不断规范化。为了方便学习和工作，应该将国家标准时常带在身边，遇到不解或遗忘时可以随时查阅，保证制图的规范性和正确性。

1.3.3 技术工种协调

环境艺术设计涉及的工种很多，技术要求各有不同。设计与技术工种配合可归纳为：建筑结构；管道设备类有空调、水、电、采暖、消防；厨具办公类有家用电气、办公设备等，种类繁多。这些因素要求设计过程中必须多沟通，多了解上述工种的特点与使用要求，这样才能使设计足够完善。

在项目设计特别是大型公用建筑设计的时候，尤其需要大量的相互协调的工作，牵涉到业主、施工单位、经营管理方、建筑师、室内设计师，结构、水、电、空调工程师以及供货商之间方方面面，相互协调，充分合作，解决复杂工程中的复杂问题，达到各个方面都有满意的结果。

在实际工作中，设计师只有不断地在工程实践中，资料收集阅读，对自己的设计进行反思，学习国内外优秀设计，针对自己的不足，有忧患意识，加强学习，迅速提高设计水准，改变现状，真正认识到施工图纸的重要性，合理提出施工过程中的各项技术要求，才能使工程真正达到较高的艺术效果，满足各方的需求。

★补充要点——施工图概念与应用

设计人员按照国家的建筑方针政策、设计规范、设计标准，结合有关资料以及项目委托人提出的具体要求，在经过批准的初步设计的基础上，运用制图学原理，采用国家统一规定的符号、线条、数字、文字来表示拟建建筑物或构筑物，以及设备各部分之间的空间关系及其实际形状尺寸的图样，并用于拟建项目的施工建造和编制预算的一整套图纸，称为施工图。施工图通常需要的份数较多，所以需要复制。由于复制出来的图纸一般为蓝色，因此通常又把施工图称作蓝图。

用于施工的蓝图称作工程施工图。工程施工图与建筑施工图是不能分开的，除局部部位需要另绘制外，通常都是在建筑施工图的基础上加以标注或说明。工程施工图不仅是建筑单位（业主）委托施工单位进行施工的依据，同时，也是工程造价师（员）计算工程数量、编制工程预算、核算工程造价、衡量工程投资效益的依据。

1.3.4 图纸特点

虽然环境艺术设计制图与建筑施工图在绘图原理和图示标识形式上有许多方面基本一致，但由于专业分工不同，图示内容不同，还是存在一定的差异，其差异反映在图示方法上，主要有以下几个方面。

（1）由于工程涉及面广，它不仅与建筑有关，与水、暖、照明及其他用电设备有关，与家具、陈设及其他各种室内配套产品有关，而且还与钢、铁、铝、铜、木材等不同材质有关。因此，施工图中常出现建筑制图、家具制图和机械制图等多种画法并存的现象。

（2）环境艺术设计施工图所要表达的内容多，它不仅要标明建筑的基本构造，还要表明构造形式。为了表达翔实，符合施工要求，施工图通常都是将建筑图的一部分放大后进行图示，所用比例较大，因而有建筑局部放大图之说。

（3）施工图图例部分无统一标准，多是沿用旧法结合流行画法，各地大同小异，有的还不具有普遍性，需加文字说明。

（4）标准定型化设计少，可采用的标准图不多，致使基本图中大部分局部和配件都需要画详图来表明其构造。

（5）施工图由于所用的比例较大，又多是建筑物某一部位或某一空间的局部图示，细节比较集中，有些细部描绘比建筑施工图更细腻，例如将大理石板画上石材肌理、玻璃或镜面画上反光、金属饰品画上抛光线等，使图像真实、生动，并具有一定的审美，让人一看就懂，构成了施工图自身形式的特点。

1.3.5 图纸编排

环境艺术设计图由效果图、施工图与设备施工图组成。其实，效果图也是施工图的重要组成部分。在施工制作中，它是形象、色彩、材质、光影和氛围等艺术处理的重要依据，是实际工程中所特有的、必备的施工图样。装饰施工图简称饰施，设备施工图简称设施，也可以按工种不同，分为水施、电施与暖施等，这些施工图都应在图纸标题栏内注写自身的简称图别，如饰施 1、设施 1 等。

施工图也分基本图与详图两部分，基本图包括平面图、立面图与剖面图，详图包括构配件详图与节点详图。施工图也要对图纸进行归纳和编排，一般将图纸中未能详细标明或者图样不易标明的内容写成设计说明，将门、窗与图纸目录归纳成表格，并将这些内容放于首页，由于工程是在已经确定的建筑实体上或者其空间内进行的，因而图纸首页一般不安排总平面图。

图纸的编排顺序原则为：表现性图纸在前，技术性图纸在后；施工图在前，室内配套设备施工图在后；基础图在前，详图在后；先施工的图纸在前，后施工图的图纸在后（图 1-39）。

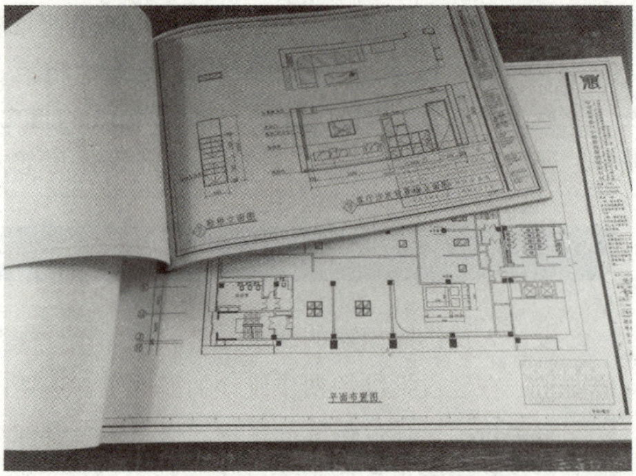

图 1-39 施工图册

图 1-39：施工图装订完毕后要在图纸上统一盖上出图专用章，以表明设计权威性与法律效应，拥有设计资质的企业才有出图专用章，章上信息有企业名称、资质编号、有效期限等信息。

1.4 图纸绘制工具

图纸绘制所需的工具和设备非常复杂，但是随着商品经济的发展，现代制图工具种类更多样，使用起来也更方便。现代制图工具主要分为测量工具、绘图工具和计算机设备三大类。

1.4.1 测量工具

设计制图的前提是测量，只有经过详细测量得到精准的数据，才能为制图奠定良好的基础。要在施工现场进行实地测量，首先要配置必要的工具。

1. 钢卷尺

钢卷尺一般在普通文具店和杂货店都能买到，价格便宜，长度有3m、5m、8m等规格，可以随身携带，主要用于测量室内空间的尺寸（图1-40）。优质钢卷尺价格较高，但是经久耐用。

图1-40　钢卷尺

图1-40：钢卷尺适用于常规室内外空间测量，过长的距离需要多次测量后求和。

2. 塑料卷尺

塑料卷尺的长度规格很大，一般有15m、30m、50m等规格。使用时需要手动收展，可用于测量大面积室内空间，包括各种圆形构件的弧长等（图1-41），使用时需要两人协同操作。优质塑料卷尺的制作材料高档，不会受环境温度影响而发生收缩或膨胀，保证测量精度。

图1-41　塑料卷尺

图1-41：塑料卷尺适用于大型室内空间或室外空间，测量时拉伸力不宜过大，避免产生变形，导致测量数据不准。

3. 测距仪

测距仪是一种新型电子测量设备（图1-42），有激光、超声波和红外线等多种类别，它是通过电子射线反射的原理来测量室内空间尺寸，尤其是针对内空很高、面积很大的住宅，测量起来很方便，具体操作时要平稳。但是低端产品的质量难免会造成一定的测量误差，影响后期的设计、施工。

图1-42　测距仪

图1-42：测距仪多为激光光束测量，测量精准，但是在强光或透光环境下无法正常使用。

4. 测量方法

现场测量是绘图的基础，只有通过测量得到准确的数据才能精确绘图。测量需要严格的技术操作，在实地测量时要注意以下要点。

（1）对齐尺端。单人测量时，要脚踏实处，对每个数据进行测量，先测量后记录，临时记在头脑中的数据不要超过两个，否则容易造成前功尽弃；前后、左右要平整，对齐尺的首端和末端。两人测量比较方便，一人握着卷尺，到墙体末端，读出数据；另一人在墙体首端定位卷尺，并做书面记录。无论哪种测量方式，都要将卷尺对齐精确，保持水平或垂直状态（图 1-43）。

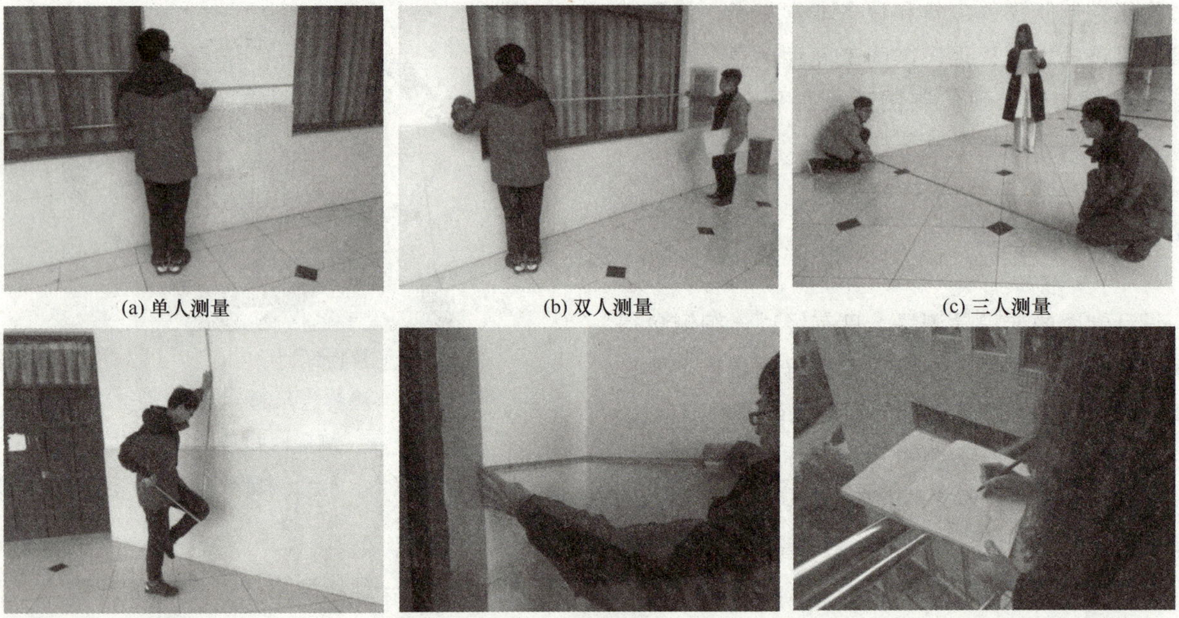

(a) 单人测量　(b) 双人测量　(c) 三人测量

(d) 高度测量　(e) 宽度测量　(f) 书面记录

图 1-43　测量方法

图 1-43（a）：单人测量距离不宜过大，保持尺的平行延伸，将数据记在头脑中，每测量两个数据就需要做好笔录。
图 1-43（b）：双人测量距离可以扩大，仍然要保持尺的平行，将数据及时记在纸上。
图 1-43（c）：三人测量效率最高，读数者声音洪亮清晰，记录者注意力集中，在图纸中详细标注出测量数据。
图 1-43（d）：高度测量时要合理运用四肢，动作协调，将钢卷材顶端送至空间顶角，单人不借用架梯或其他承载工具，最大测量高度为 4000mm。
图 1-43（e）：仔细测量边角宽度，尤其是门框与窄墙的宽度，在设计中直接影响到空间的合理运用。
图 1-43（f）：将测量完毕的数据逐一记录下来，不得有遗漏。

（2）分段拼接。对于过高过宽的墙壁，不能一次测量到位，就需要使用硬铅笔分段做出标记，最后再将分段尺寸相加，记录下来。分段拼接而成的尺寸要审核一遍，分段测量时卷尺两端也应对齐平整，否则测量就不准确。

（3）目测估量。对于横梁等复杂的顶部构造尺寸就不好测量了，除非临时借来架梯等辅助工具，这些结构可以通过眼睛来估测。例如，先测量一下自己的手机长度，一般为 170～190mm，将手机的长度与横梁的高度作比较，仔细比较它们之间的倍数，就可以得出一个相对准确的估量值（图 1-44）。

5. 注意边角

墙体转角处与内凹部分一般容易被忽视，测量时千万不要遗漏，这些边角部位最终会影响到家具柜体的设计与取舍。除了长宽数据以外，还要测量横梁的高度，因为这些复杂的转角部位上方都会有横梁交错，情况较为复杂（图 1-45）。

6. 设备位置

对水电路管线的外露部分进行实地测量，例如，水管超出墙地面的高度和宽度，这些会影响到将来瓷砖的铺贴。此外，门窗的边角也需要作精确测量，尤其是将来会包裹门窗套的部位，得到这些数据可以很方便地进行设计预算。

图1–44（a）：大多数智能手机长度为170～190mm，预先测量这些熟悉的设备，在头脑中注入稳固的尺寸概念。

(a) 测量手机长度

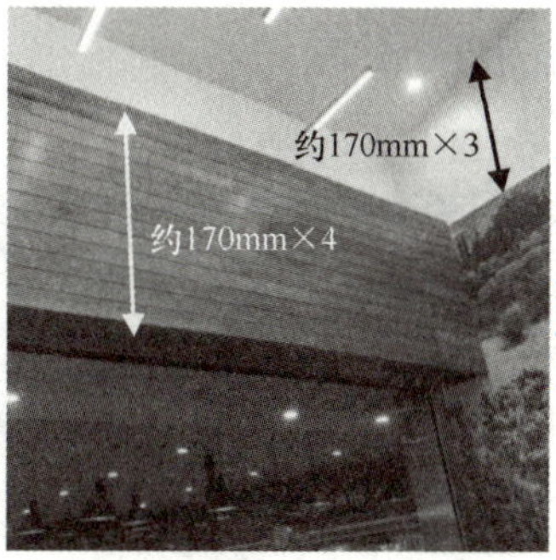

(b) 目测构造高度与手机长度的关系

图1–44（b）：目测存在一定误差，但是多次目测后再用尺校对，能形成较准确的视觉概念，形成目测经验。

图 1–44　目测估量

图1–45：窗台深度与门窗边缘至墙体的宽度是测量重点，直接影响局部储物空间设计与拓展功能的发挥。

(a) 测量窗台深度

(b) 测量内凹空间

图1–45：内凹空间具有较强储物能力，是重点设计对象，需要精确测量。

图 1–45　边角细节尺寸

★补充要点——绘制测量草图

测量得到的数据，经过核对后就可以绘制草图了，绘制草图的目的在于为正式制图提供一份完整的依据。测量完毕后可以在设计现场绘制草图，使用铅笔画在白纸上即可，线条不必挺直，但是空间的位置关系要准确。边绘草图边标注测量得到的数据，并核查是否有遗漏的部位，做到万无一失（图 1–46）。

图 1–46：测量草图中要详细标注各空间墙体长度、门窗宽度、门窗高度。同时记录设计空间现场的真实状况，供深度设计制图参考。

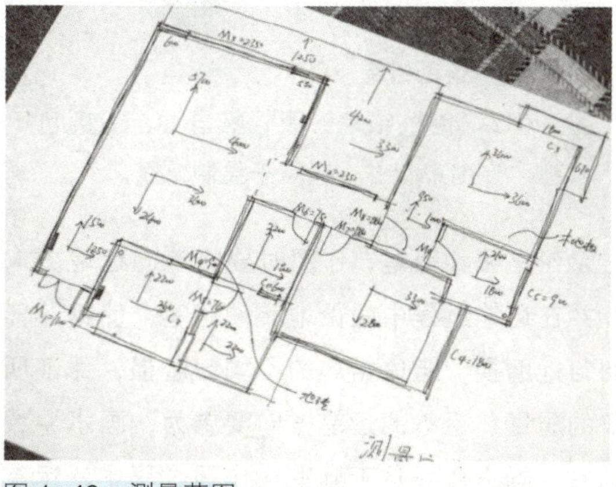

图 1–46　测量草图

1.4.2 手工制图工具

传统手工绘图工具门类复杂，熟练操作需要花费大量的时间才能掌握，现代手工绘图一般只为后期计算机制图打基础，用于绘制草图或较完整的创意稿，其中圆形和弧线都为徒手绘制，这就大大简化了工具的选用。

1. 铅笔

铅笔是绘图的必备工具，传统木质绘图铅笔适用范围很广（图 1-47）。笔芯的质地从硬到软依次为 10H、9H、8H、7H、6H、5H、4H、3H、2H、H、F、HB、B、2B、3B、4B、5B、6B 等 18 个硬度等级，其中 2H 和 H 型比较适合绘制底稿。太硬的铅笔不方便削切，太软的铅笔石墨含量较高，不方便擦除。削切 2H 和 H 型绘图铅笔最好选用长转头的卷笔刀，保持笔尖锐利，能长久使用。为了提高工作效率，也可以使用自动铅笔替代传统木质铅笔，一般应选用规格为 0.35mm 的产品和配套的 H 笔芯（图 1-48）。

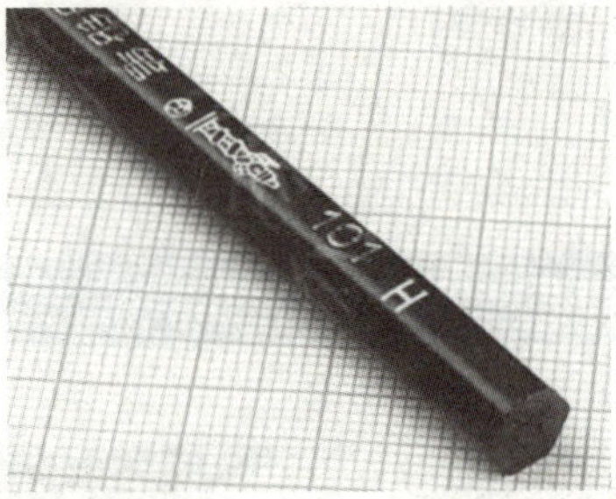

图 1-47　绘图铅笔

图 1-47：传统铅笔绘图轻松自如，笔尖可以削切到满意状态，适用于绘制草图。

无论是哪种铅笔，作图时要将笔向运笔方向稍倾，并在运笔过程中轻微地转动铅笔，使铅芯能相对均匀地磨损，避免铅芯的不均匀磨损，保证所绘线条的质量。铅笔的运笔方向要求为，画水平线从左到右，画垂直线从下到上。作图过程中，运笔应均衡，保持稳定的运笔速度和用力程度，使同一线条深浅一致。同时要避免划伤纸面，导致纸面上的痕迹难以被图纸遮盖或被橡皮擦除。

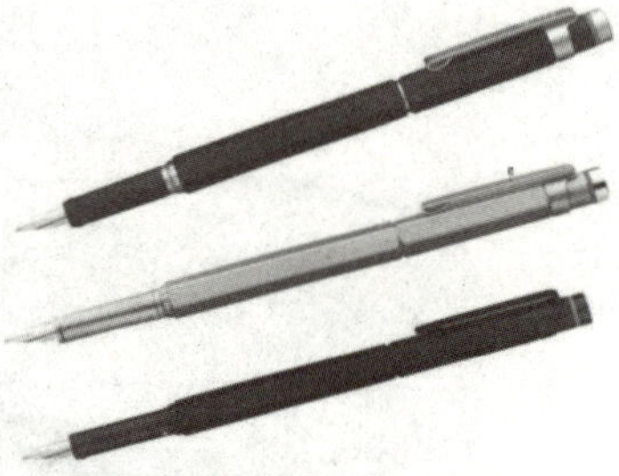

图 1-48　自动铅笔

图 1-48：自动铅笔能保持永恒粗细，适用于绘制底图。

2. 绘图笔

传统绘图笔又称为针管笔，基本工作原理和普通钢笔一样，需要注入墨水，但是笔尖是空心的金属管，中间穿插引水通针，通针上下活动可以让墨水均匀地呈现在纸上，线条挺直有力。为了保证绘图质量和效率，一般应选用专用墨水，使绘出的线条细腻、均衡且能快速干燥。但是传统绘图笔操作要求很严谨，另外配件和耗材也很难购买。现在一般都选用一次性水性绘图笔，这类产品规格为 0.1～2.0mm，每 0.1mm 为一种规格，制作工艺精致，使用流畅（图 1-49）。

图 1-49　绘图笔

图 1-49：绘图笔品种繁多，在自动铅笔绘制完成后用绘图笔描图，形成较规范的最终稿。

在设计制图中至少应备有粗、中、细三种不同粗细的绘图笔，如 0.1mm、0.3mm、0.7mm。绘制线条时，绘图笔笔身应尽量保持与纸面成 80°～90°，以保证画出粗细均匀一致的线条。作图顺序应依照先上后下、先左后右、先曲后直、先细后粗的原则，运笔速度及用力应均匀、平稳。用较粗的绘图笔作图时，落笔及收笔均不应有停顿。绘图笔除了用来作直线段外，还可以借助圆规的附件和圆规连接起来作圆周线或圆弧线。平时宜正确使用和保养绘图笔，以保证其有良好的工作状态及较长的使用寿命。绘图笔要保持运笔流畅，应特别注意在不使用时随时套上笔帽，以免针尖墨水干结、挥发。

3. 尺规

丁字尺、三角尺、直尺、比例尺、曲线尺、模板和圆规是传统绘图的标准工具，配合使用方法要正确，且操作熟练，才能绘出各种曲直结合的图样。

（1）丁字尺、三角尺、直尺。丁字尺要配合专用绘图板来使用，专用绘图板用于固定图纸，作为绘图垫板，最好购买成品专用绘图板，不宜使用其他板材代替，制图时对板面的平整度和边缘的平直度要求很高。使用时，丁字尺要紧靠绘图板的左边缘，上下移动到需要画线的位置，自左向右画水平线。三角板可以配合丁字尺自下而上绘出垂线，此外，丁字尺和三角板搭配还能绘制出与水平线成15°、30°、45°、60°和75°的斜线，这些斜线都是自左向右绘制。当然，绘制其他角度的斜线也可以使用三角尺中的量角器。直尺的功能界于丁字尺与三角尺之间，一般在图纸上只作长距离测量、校对或辅助之用（图1–50、图1–51）。

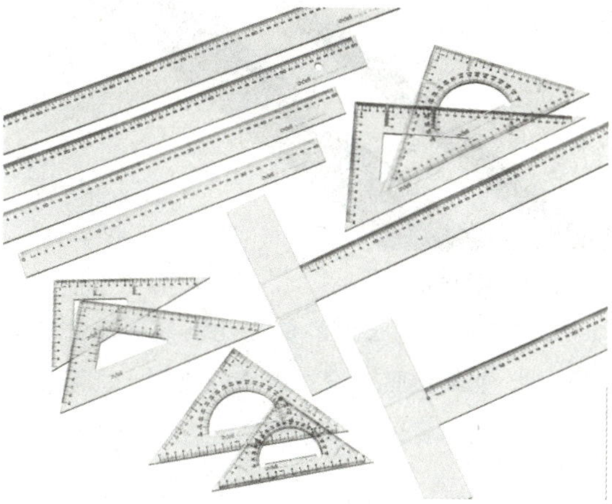

图1–50　丁字尺、三角尺、直尺

图1–50：丁字尺适用于图板基础定位，为图纸获得水平线或垂直线；三角尺在丁字尺的基础上能绘制出多种角度线条；直尺用于两点之间连线，主要用于绘制局部构造。

图1–51（a）：30°与45°线条绘制频率较高，可直接运用三角尺的斜边来获得。

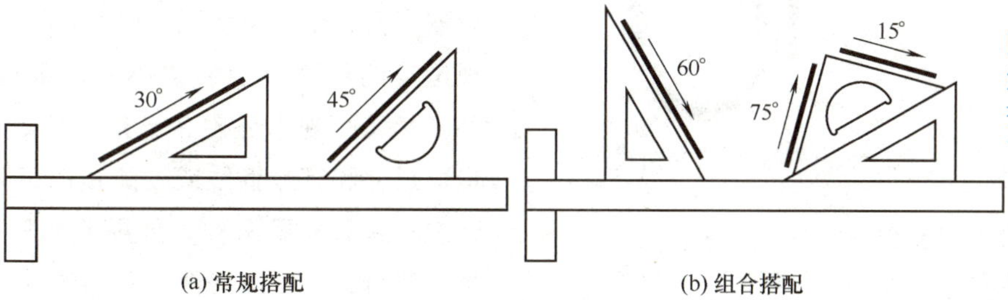

图1–51（b）：经过三角尺组合搭配后，能获得15°、75°的直线。

图1–51　丁字尺与三角尺的使用方法

（2）比例尺。比例尺用于快速绘制按比例缩放的图样，常见的比例尺为三棱形，其6个边缘上分别刻有1：100、1：200、1：250、1：300、1：400、1：500等6种比例，它能提高绘图速度（图1–52）。如果长期使用某一种比例，也可以使用透明胶将写有尺度的纸片贴在直尺上，这样使用会更方便些。

（3）曲线尺。曲线尺（图1–53）又称云形尺，是一种内外均为曲线边缘的薄板，曲线形态、大小不一，用来绘制曲率半径不同的非圆形自由曲线，尤其是绘制少且短的自由曲线。在绘制曲线时，在曲线尺上选择某一段与所拟绘曲线相符的边缘，用笔沿该段边缘移动，即可绘出该段曲线。除曲线尺外，也可用由可塑性材料和柔性金属芯条制成的柔性曲线尺，通常称为蛇形尺（图1–54）。

（4）模板。模板在制图中起到辅助作图、提高工作效率的作用。模板的种类非常多，通常有专业型模板和通用型模板两大类。专业型模板主要包括

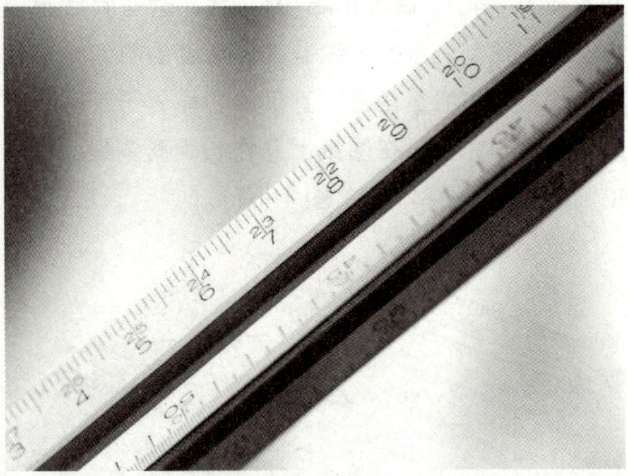

图 1-52　三棱比例尺

图 1-52：三棱比例尺上的刻度比例能满足日常设计制图所需，如果尺面上没有选用的比例，也可以自行制作相关比例刻度，打印后替换粘贴到三棱尺面上。

图 1-53　曲线尺

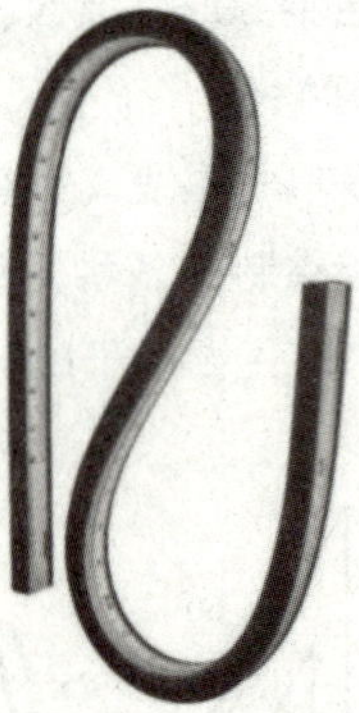

图 1-54　柔性曲线尺

图 1-53：曲线尺上的弧形能满足大部分曲线绘制，多适合 1：10~1：300 图纸中弧线绘制，缺点在于没有标示刻度，不能用于曲线长度的测量。

图 1-54：柔性曲线尺能绘制连贯的自由曲线。使用曲线尺作图比较复杂，为保证线条流畅、准确，应先按相应的作图方法确定出拟绘曲线上足够数量的点，然后用曲线尺连接各点即可。

家具制图模板、厨卫设备制图板等，这些专业型模板以一定的比例刻制了不同类型家具或厨卫设备的平面、立面、剖面形式及尺寸，通用型模板则有圆模板、椭圆模板、方模板、三角形模板等多种样式，上面刻制了不同尺寸、角度的图形。绘图时要根据不同的需求选择合适的模板，用模板作直线时，笔可稍向运笔方向倾斜。作圆或椭圆时，笔应尽量与纸面垂直，且紧贴模板。用模板画墨线图时，应避免墨水渗到模板下而污损图纸（图 1-55）。

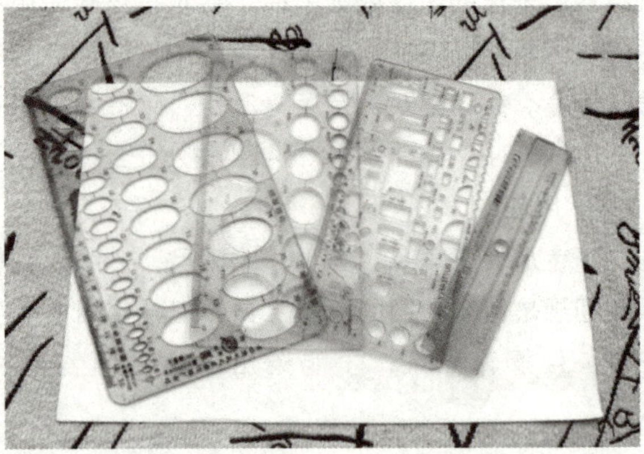

图 1-55　模板

图 1-55：绘图时根据需要选择不同类型模板，能提高基础图形表现效率，规范文字的书写样式。

（5）圆规。圆规为画圆及画圆周线的工具，其形状不一，通常有大、小两类。圆规一侧是固定针脚，另一侧是可以装铅笔及直线笔的活动脚。有画较小半径圆的弹簧圆规及小圈圆规或称点圆规。弹簧圆规的规脚间有控制规脚宽度的调节螺丝，便于量取半径，使其所能画圆的大小受到限制。小圈圆规是专门用来作半径很小的圆及圆弧的工具。此外，套装圆规中还附带分规，它是用来截取线段、量取尺寸和等分直线或圆弧线的工具。分规有普通分规和弹簧分规两种。分规的两侧规脚均为针脚，量取等分线时，应使两个针尖准确落在线条上，不得错开。普通的分规应调整到不紧不松、容易控制的工作状态（图 1-56）。

4. 纸张

现代绘图专用纸张很多，一般以复印纸、绘图纸、硫酸纸为主（图 1-57）。

（1）复印纸。打印机使用的普通白纸就是复印纸，它采用草浆和木浆纤维制作，超市、电脑耗材市场都有出售，是现代学习、工作中最经济的纸张。用于绘制设计初稿和小型打印稿，规格有 A3、A4 两种，规格有 70g/m^2 和 80g/m^2 两种，大型图纸打印机也有采用 A0、A1、A2 卷轴式纸张，幅面

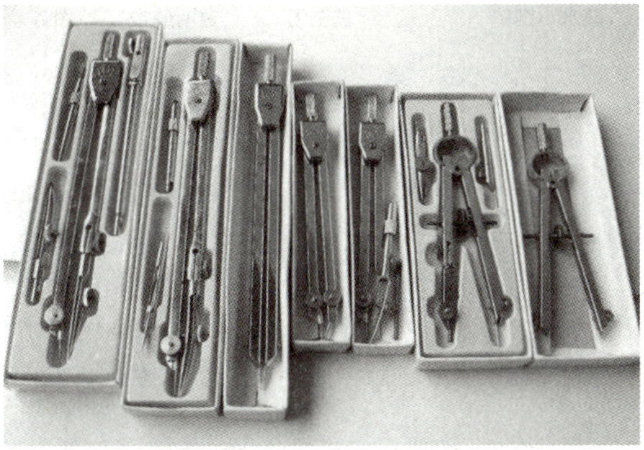

图 1-56　圆规

图 1-56：圆规在画圆时，针尖应固定在圆心上，尽量不使圆心扩大，否则会影响到作图的准确度，应依顺时针方向旋转，规身可略前倾。如遇直线与圆弧相连时，应先画圆弧后画直线，圆及圆弧线应一次画完。

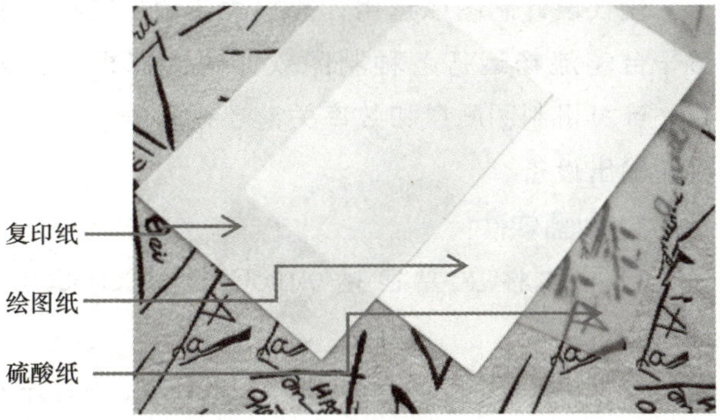

图 1-57　复印纸、绘图纸、硫酸纸

图 1-57：不同的纸张厚度不同，主要使用功能也不同。

大的纸张规格能达到 100g/m^2 或 120g/m^2。复印纸质地较薄，但白度较高，一般用来绘制草图或计算机制图打印输出。

（2）绘图纸。绘图纸是用来绘制工程图、机械图、地形图等的用纸，质地紧密而强韧，无光泽，尘埃度小，具有优良的耐擦性、耐磨性、耐折性。它采用漂白化学木浆或加入部分漂白棉浆或草浆，经打浆、施胶、加填（料）后，在长网造纸机上抄造，再经压光而成，质地较厚，制图一般选择 120g/m^2、150g/m^2、180g/m^2 规格等。绘图纸适合用铅笔、绘图笔绘制，使用时要保持尺规清洁，避免在绘图时与纸面产生摩擦污染图纸。

（3）硫酸纸。硫酸纸又称制版硫酸转印纸，是细微的植物纤维通过互相交织，在潮湿状态下经过游离打浆、不施胶、不加填料，72%的浓硫酸浸泡 2~3s，清水洗涤后以甘油处理，干燥后形成的一种质地坚硬的薄膜型物质。硫酸纸质地坚实、密致而稍微透明，对油脂和水的渗透抵抗力强，不透气，抗拉伸强度大等特点，主要有 65g/m^2、75g/m^2、85g/m^2 等规格。硫酸纸用于计算机制图打印、静电复印等。使用硫酸纸绘图、打印后通过晒图机（图 1-58）复制多张图纸，成本较低，是当今最普及的图纸复制方式。

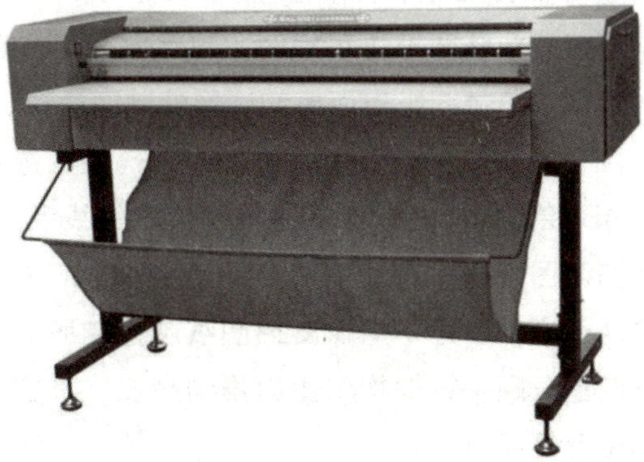

图 1-58　晒图机

图 1-58：晒图机能将硫酸纸上的黑色线条图快速复印成多幅图纸，是低成本复印大幅面图纸的主流设备。

5. 其他绘图工具

要提高绘图效率和设计品质，就需要配置更齐全的工具，除上述绘图工具外，还会用到擦线板、橡皮、墨水、蘸水小钢笔、美工刀、透明胶带及图钉等（图 1-59）。

（1）擦线板。擦线板又称擦图片，是擦去制图过程中不需要的稿线的制图辅助工具。擦线板是由塑料或不锈钢制成的薄片。由不锈钢制成的擦线板

---

* 纸张指标常用每平方米克重表示。

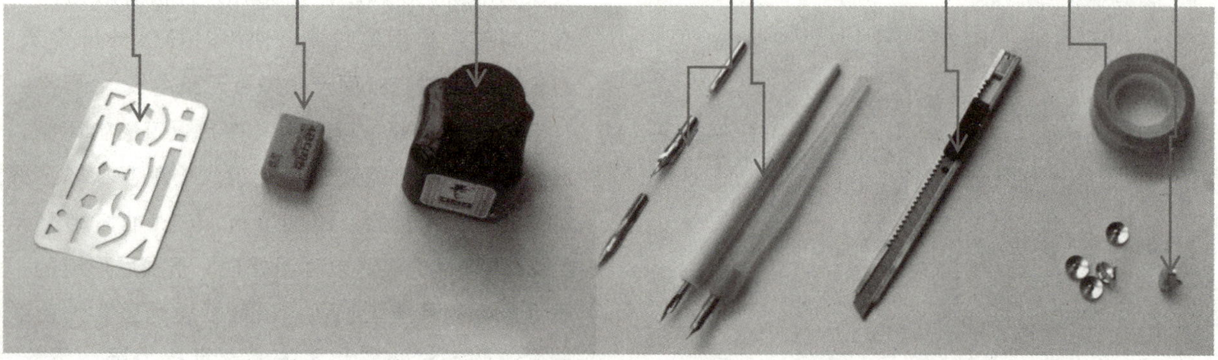

图 1-59　其他绘图工具

图 1-59：用于绘图的辅助工具很多，具体品种以绘图者的习惯确定。这些工具价格低廉，可一次性采购齐全后，尝试练习每种工具的操作方法，选择实用性较强的工具的长期使用。

因柔软性好，使用相对比较方便。使用擦线板时应用擦线板上适宜的缺口对准需擦除的部分，并将不需擦除的部分盖住，用橡皮擦去位于缺口中的线条。用擦线板辅助擦去稿线时，应尽量用最少的擦除次数，以免将图纸表面擦伤，影响制图质量。

（2）橡皮。橡皮要求软硬适中，一般应选择专用的 4B 绘图橡皮，以保证能将需擦去的线条擦净，并不伤及图纸表面和留下擦痕。使用时，应先将橡皮清洁干净，以免不洁橡皮擦图纸越擦越脏。使用橡皮应选一顺手方向均匀用力推动橡皮，不宜在同一部位反复摩擦。

（3）墨水。常用的墨水分为碳素墨水和绘图墨水，碳素墨水较浓，而绘图墨水较淡，最好选用能快速干燥的高档产品。

（4）蘸水小钢笔。通常墨线图上的文字、数字及字母等均用蘸水小钢笔来书写，这样会使笔画转角部位顿挫有力。蘸水小钢笔一般有多种粗细笔尖可换用，满足不同幅面图纸的要求。

（5）美工刀。美工刀主要用来削铅笔及裁切图纸，对于绘制错误的线条也可以轻轻刮除，但是使用要额外小心。

（6）透明胶带及图钉。将图纸固定在图板上时，应采用透明胶带或图钉，对于绘制错误的线条也可以使用透明胶带粘贴清除，操作需格外谨慎，避免影响制图质量。

1.4.3　计算机制图工具

现代设计制图以运用计算机为主流，选购、配置一台能流畅运行各种制图软件的计算机非常重要。计算机制图质量和效率关键还在于制图软件和打印输出设备。

1. 制图软件

制图软件主要包括 AutoCAD、CorelDraw、SketchUp。

（1）AutoCAD。是由美国 Autodesk 公司开发的绘图程序软件包，经过不断的更新，现已经成为国际上广为流行的绘图工具。它可以绘制任意二维和三维图形，并且同传统的手工绘图相比，用 AutoCAD 绘图速度更快、精度更高，而且便于满足个性化需求。AutoCAD 具有良好的用户界面，通过交互菜单或命令行输入指令等方式便可以进行各种操作。它的图形设计环境，让非计算机专业人员也能很快地学会使用，但是着色效果不佳，适用于表现基本方案图和施工图（图 1-60）。

（2）CorelDraw。主要用于绘制彩色矢量图形，是目前最流行的矢量图形设计软件之一。使用 CorelDraw 绘制设计图是最近三五年逐渐兴起的，CorelDraw 绘制图纸的方法与 AutoCAD 类似，但绘制逻辑却完全不同。CorelDraw 的最大特点是可以着色，在设计构造上可以区分色彩，体现质感，操作上也很简便，绘制的图面很精美。但是 CorelDraw 在三维制图上存在缺陷，很难表达出尽善尽美的透视效果（图 1-61）。

（3）SketchUp。是一个表面上极为简单，实际上却令人惊讶且功能强大的构思表达工具，它可以极快的速度很方便地对三维创意进行创建、观察和修改。传统铅笔草图的优雅自如，现代数字科技的速度与弹性，都在 SketchUp 中得到完美体现。SketchUp 绘制速度快，对所有设计构造都可以用透视彩色立体化形态表现，是目前最流行的设计软件（图 1-62）。

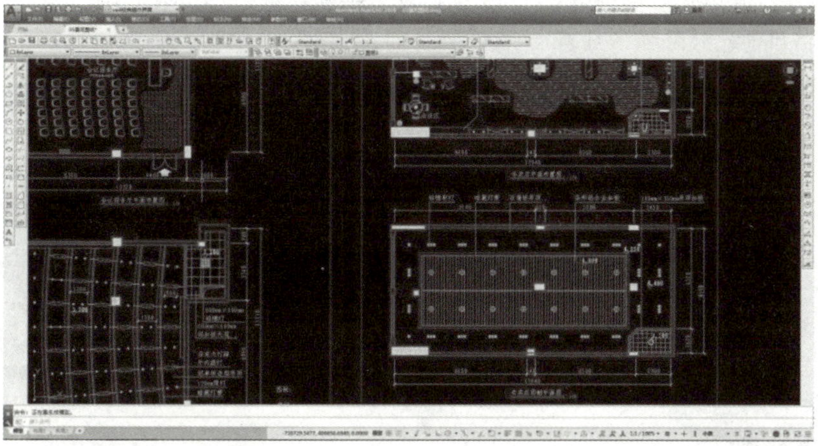

图 1-60　AutoCAD 界面

图1-60：AutoCAD是设计制图的主要软件，功能强大，能快速绘制多种设计图纸，需要一定时间来学习熟悉。

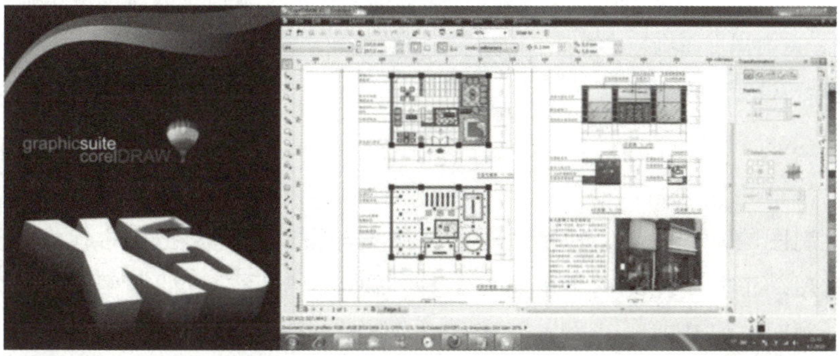

图 1-61　CorelDraw 界面

图1-61：CorelDraw能绘制出AutoCAD的图纸形态与效果，能轻松着色排版，但绘制速度较慢，多适用于重点图纸强化表现或图纸展板设计。

图 1-62　SketchUp 界面

图1-62：SketchUp能快速创建出三维空间模型，是二维图纸向三维转换的必备工具，可配合上述两款软件制作三维设计图。

2. 打印输出设备

（1）打印机。是将计算机的运算结果或中间结果以人所能识别的数字、字母、符号和图形等，依照规定的格式印在纸上的设备。打印机正向轻、薄、短、小、低功耗、高速度和智能化方向发展。打印机的种类很多，用于计算机制图输出的主流产品为激光打印机。激光打印机分为黑白和彩色两种，其中低端黑白激光打印机的价格目前已经降到了几百元，达到了普通用户可以接受的水平（图 1–63）。

图 1–63　激光打印机

图 1–63：激光打印机打印速度快，多为黑白图纸打印，成本低廉，但是打印幅面较小，多为 A4 或 A3 幅面。

（2）绘图仪。是一种优秀的输出设备，与打印机不同，打印机是用来打印文字和简单的图形的。如果需要精确地绘图，并且绘制大幅面图纸，如 A0、A1、A2 等幅面或各种加长图纸，就不能用普通激光打印机了，只能用这种专业的绘图输出设备。目前，彩色喷墨绘图仪输出的图纸规格多，速度快，分辨率高，价格也不贵（图 1–64）。

图 1–64　喷墨绘图仪

图 1–64：喷墨绘图仪多用于大幅面图纸打印，尤其是打印加长图纸和彩色图纸具有优势。

本章小结

本章介绍了环境艺术设计制图的基础知识，包括我国制图历史与现状概述，把握古代设计图与现代设计图之间的关系，扬长避短。正式制图之前要配备好工具、软件，熟悉常见的制图设备，掌握基础测量技术，为后期开展设计制图打好基础。

课后练习

1. 详细描述古代建筑图样的种类。
2. 解释“界画”的意思。
3. 什么是立面图，它与平面图有什么关系？
4. 方案图、施工图、竣工图之间的异同有哪些？
5. 在 A4 幅面中抄绘本章图 1–37，或测量生活中的一件家具，参考图 1–37 绘制轴测图。
6. 图纸特点与编排的核心是什么？
7. 详细描述现场测量的方法以及注意事项。
8. 用相应的测量工具测量教室并画出草图。
9. 上网查阅《清明上河图》原画真迹，分析作品的创作立意，仔细观摩建筑构造中直线的画法有什么特征。

第 2 章

国家制图标准解读

识读难度：★☆☆☆☆
核心概念：国家标准、制图规范、识读要点

章节导读：

环境艺术设计制图与透视应以国家标准为依据，并保证图纸与基础建筑制图相衔接，便于识读、审核和管理。由于环境艺术设计涉及专业范围较广，所以在设计图中常出现建筑制图、家具制图、机械制图和装饰性图案等多种画法并存的现象。设计师不仅要能很精准地识别这些图，更要具备良好的绘图功底，能确切地将自己的设计思想、设计理念表达出来，完美地融合到设计图纸中。

2.1 图纸幅面

图纸所传达的信息应该能被读图者接受，保证信息传达无误，就需要统一的规范。构成图纸的基本要素，主要有图纸幅面规格、图线、字体、比例、符号、定位轴线、图例和尺寸标注等，应符合 GB/T 50001—2017《房屋建筑制图统一标准》的有关规定，该标准适用于三大类工程制图：新建、改建、扩建工程的各阶段设计图及竣工图；原有建筑物、构筑物和总平面的实测图；通用设计图和标准设计图。

一般绘制图纸的原则是保证设计创意能清晰地被表达，此外，还要考虑全部图纸的内容，注重绘图成本。图纸的幅面规格应符合表 2-1 的规定，表中 B 与 L 分别代表图纸幅面的短边和长边的尺寸，在识读与制图中需特别注意。

需要微缩复制的图纸，其一个边上应附有一段准确米制尺度，四个边上均应附有对中标志，米制尺度的总长应为 100mm，分格应为 10mm。对中标志应画在图纸各边长的中点处，线宽应为 0.35mm，应伸入框内 5mm。图纸的短边一般不应加长，长边可以加长，但应符合表 2-2 的规定。

表 2-1　　图纸幅面及图框尺寸　　单位：mm

尺寸代号	幅面代号				
	A0	A1	A2	A3	A4
$B \times L$	841×1189	594×841	420×594	297×420	210×297
C	10			5	
A	25				

表 2-2　　图纸长边加长尺寸　　单位：mm

幅面尺寸	长边尺寸	长边加长后尺寸
A0	1189	1486　1635　1783　1932　2080　2230　2378
A1	841	1051　1261　1471　1682　1892　2102
A2	594	743　891　1041　1189　1338　1486　1635　1783　1932　2080
A3	420	630　841　1051　1261　1471　1682　1892

注：有特殊需要的图纸，可采用 $B \times L$ 为 841mm×891mm 与 1189mm×1261mm 的幅面。

图纸以短边作为垂直边，称为横式，以短边作为水平边，称为立式，一般 A0～A3 图纸宜横式使用，必要时可立式使用（图 2-1、图 2-2），A4 幅面也可用立式图框（图 2-3、图 2-4）。在同一项设计中，每个专业所使用的图纸，一般不宜多于两种幅面。

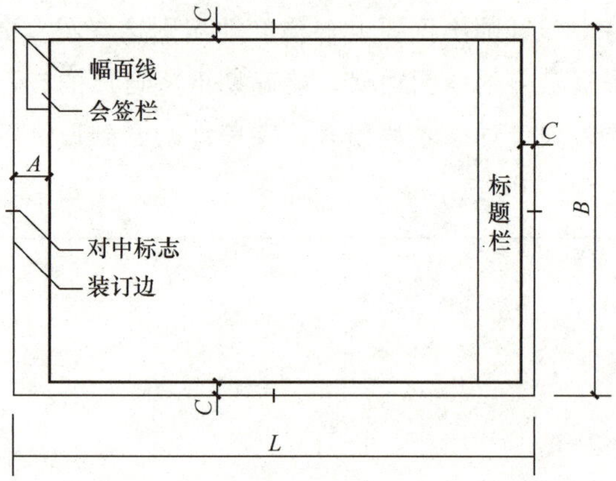

图 2-1　A0～A3 横式幅面图纸

图 2-1：A0～A3 横式幅面图纸中标题栏靠右侧，图面中的绘图区域长宽比约为 4：3，适用于常规设计图纸。

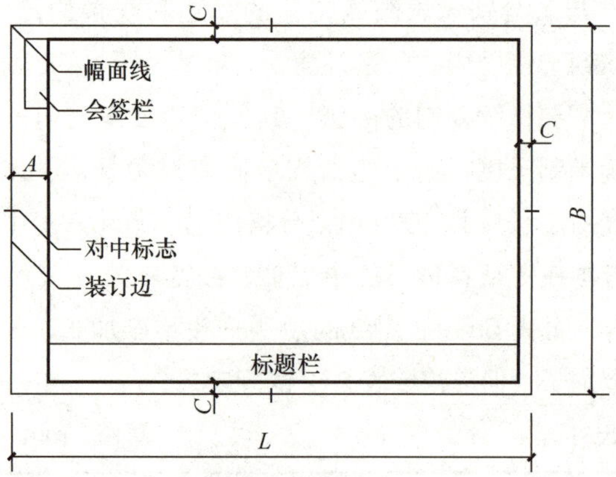

图 2-2　A0～A3 横式幅面图纸

图 2-2：A0～A3 横式幅面图纸中标题栏靠下侧，图面中的绘图区域长宽比约为 7：5，适用于绘制横向尺寸较大的图纸，或需要在标题栏中表述更多图面信息。

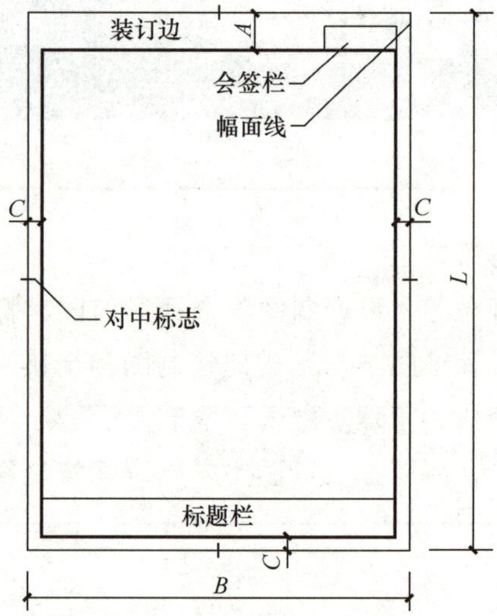

图 2-3　A0～A4 立式幅面图纸

图 2-3：A0～A4 立式幅面图纸中标题栏靠下侧，图面中的绘图区域长宽比约为 3：4，适用于绘制横向尺寸较小，纵向尺寸较大的图纸。

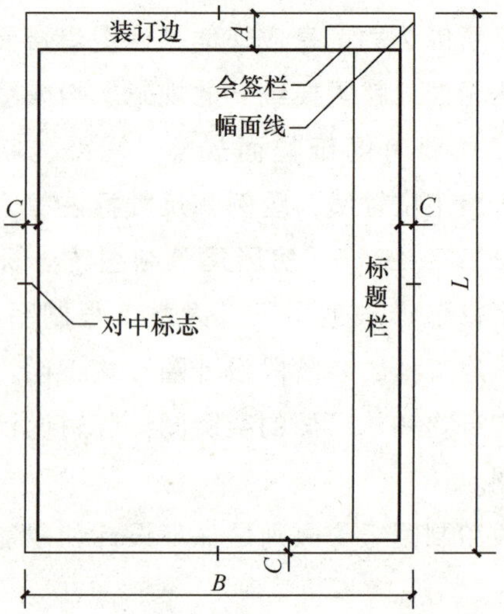

图 2-4　A0～A4 立式幅面图纸

图 2-4：A0～A4 横式幅面图纸中标题栏靠右侧，图面中的绘图区域长宽比约为 5：7，除了适用于横向尺寸较小、纵向尺寸较大的图纸外，还能在标题栏中表述更多图面信息。

图纸标题栏与会签栏是图纸的重要信息传达部位，标题栏通常被简称为“图标”，它与会签栏及装订边的位置一般要符合横式图纸与立式图纸两种使用需求，标题栏应根据工程需要选择，有两种标题栏尺寸规格，分别是 200mm×（30～50）mm 和 240mm×（30～40）mm，涉外工程的标题栏内，各项主要内容的中文下方应附有译文，设计单位的上方或左方，应加“中华人民共和国”字样。

会签栏的尺寸应为 100mm×20mm，栏内应填写会签人员所代表的专业、姓名、日期（年、月、日）。一个会签栏不够，可以另加，两个会签栏应并列，不需会签栏的图纸可不设会签栏（图 2-5、图 2-6）。

图 2-6　横式标题栏（单位：mm）

图 2-6：大多数图纸的横向标题栏与图纸底部宽度相当，很多设计企业在图纸标题栏上精心设计，加入特有的个体信息，如联系方式、微信公众号、二维码、设计施工资质等级编号、广告宣传语等。

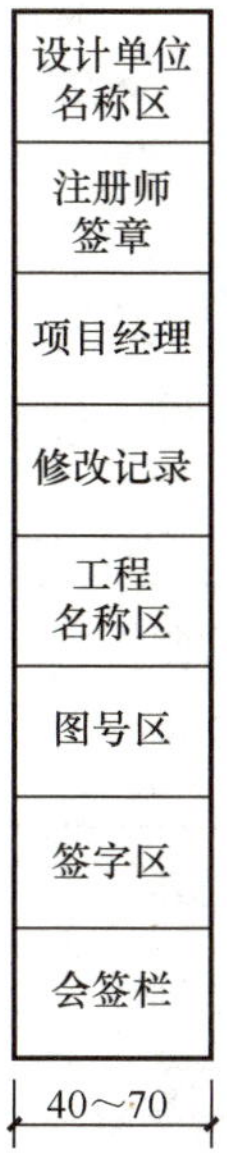

图 2-5　立式标题栏（单位：mm）

图 2-5：图纸标题栏的布局和形式没有强制规定该怎样设计，这里列出的竖向标题栏仅供参考，每家设计企业都有设计自己独特的图纸标题栏。这不仅是图纸的主要说明部分，还是设计企业对外宣传的重要媒介。

2.2　图线

图线是一种连接几何图形的方式。设计图即通过形式和宽度不同的图线，让使用者能够更加清晰、直观地感受到设计师的设计意图。所有线型的图线，其宽度（称为线宽）应按图样的类型和尺寸大小相互形成一定的比例。将一幅图纸中最大的线宽定为 B，其取值范围要根据图形的复杂程度及比例大小酌情而定。中线宽则为 $0.5B$、细线宽为 $0.25B$。图线的宽度 B，宜从 0.35mm、0.5mm、0.7mm、1.0mm、1.4mm、2.0mm 等线宽系列中选取。对于每个图样，应根据其复杂程度、比例大小和图纸幅面来确定基本线宽 B，再选用表 2-3 中相应的线宽组。

表 2-3　图线的线宽组　单位：mm

线宽比	线宽组					
B	2.0	1.4	1.0	0.7	0.5	0.35
$0.5B$	1.0	0.7	0.5	0.35	0.25	0.18
$0.25B$	0.5	0.35	0.25	0.18	—	—

注：1. 需要微缩的图纸，不宜采用 0.18mm 及更细的线宽。
2. 同一张图纸内，相同比例的各图样，应选用相同的线宽组。
3. 同一张图纸内，各不同线宽中的细线，可统一采用较细的线宽组的细线。

一般制图，应选用表 2-4 所示的图线。图纸的图框、标题栏和会签栏，可采用表 2-5 的线宽。相互平行的图线，其间隙不宜小于其中的粗线宽度，且不宜小于 0. 7mm。

表 2-4　　图线

名称		图例	线宽	用途
实线	粗		*B*	主要可见轮廓线
	中粗		0. 7*B*	可见轮廓线
	中		0. 5*B*	可见轮廓线、尺寸线、变更云线
	细		0. 25*B*	图例填充线、家具线
虚线	粗		*B*	见各有关专业制图标准
	中粗		0. 7*B*	不可见轮廓线
	中		0. 5*B*	不可见轮廓线、图例线
	细		0. 25*B*	图例填充线、家具线
单点长划线	粗		*B*	见各有关专业制图标准
	中		0. 5*B*	见各有关专业制图标准
	细		0. 25*B*	中心线、对称线、轴线等
双点长划线	粗		*B*	见各有关专业制图标准
	中		0. 5*B*	见各有关专业制图标准
	细		0. 25*B*	假想轮廓线、成型前原始轮廓线
折断线	细		0. 25*B*	断开界线
波浪线	细		0. 25*B*	断开界线

表 2-5　　图框、标题栏和会签档线宽　　单位：mm

幅面代号	图框线	标题栏外框线	标题栏分格线、会签栏线
A0、A1	1. 4	0. 7	0. 35
A2、A3、A4	1. 0	0. 7	0. 35

虚线与虚线相交、虚线与点划线相交时应以线段相交；虚线与粗实线相交时，不留空隙。虚线、点划线如果是粗实线的延长线，两线相交时应留有空隙（表 2-6）。同一图样中同类图线的宽度应基本一致，虚线、点划线及双点划线的线段长度和间距应各自大致相等。点划线、双点划线有困难时（即在较小图形上绘制点划线或双点划线时），可以用细实线代替。此外，图线的颜色深浅程度要一致。图线不得与文字、数字或符号重叠、混淆，不可避免时，应首先保证文字等的清晰。线的首末两端应是线段，而不是短画；点划线、双点划线的点不是点，而是一个约 1mm 的短线。

表 2-6　　图线相交的画法

序号	图线相交情况	正确	不正确
1	两粗实线或两虚线相交		
2	虚线与虚线或其他图线相交		
3	虚线是实线的延长线	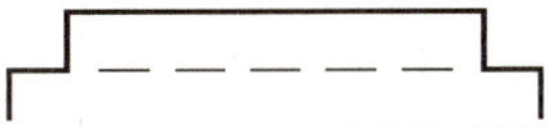	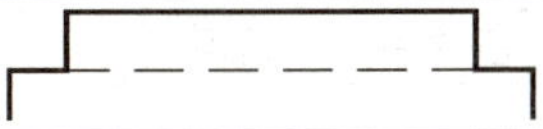
4	两单点长划线相交		

2.3　字体

图纸上所需书写的文字、数字或符号等，均应笔画清晰、字体端正、排列整齐。字宽为字高的 2/3，标点符号应清晰正确。图纸上书写的文字高度，应从 3. 5mm、5mm、7mm、10mm、14mm、20mm 六级中选用。如需书写更大的字，其高度应按 2 的倍数递增（表 2-7）。

表 2-7　　长仿宋体字的高宽关系　单位：mm

字体	尺寸					
字高	20	14	10	7	5	3. 5
字宽	14	10	7	5	3. 5	2. 5

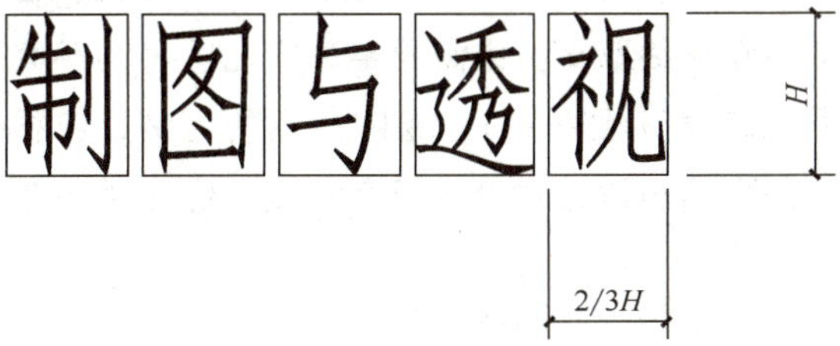

图 2-7　长仿宋体汉字

图 2-7：长仿宋体的字体基础为 GB 2312 仿宋体，宽高比为 2∶3。

2. 3. 1　汉字

图样及说明中的汉字，宜采用长仿宋体。大标题、图册封面、地形图等所用汉字，也可书写成其他字体，但应易于辨认。汉字的简化字书写，必须符合国务院公布的《汉字简化方案》和其他有关规定（图 2-7）。

2. 3. 2　字母和数字

拉丁字母、阿拉伯数字与罗马数字的书写与排列，应符合表 2-8 的规定。拉丁字母、阿拉伯数字与罗马数字如果需要写成斜体字，其斜度应是从字的底线逆时针向上倾斜 75°。斜体字的高度和宽度应与相应的正体字相等。拉丁字母、阿拉伯数字与罗马数字的字高，应不小于 2. 5mm。

数值注写，应采用正体阿拉伯数字。各种计量单位凡前面有量值的，均应采用国家颁布的单位符号注写。单位符号应采用正体字母。分数、百分数和比例数的注写，应采用阿拉伯数字和数学符号，例如 3/4、25%、1∶20。当注写的数字小于 1 时，必须写出个位的“0”，小数点应采用圆点，齐基准线书写。

表 2-8　　拉丁字母、阿拉伯数字与罗马数字的书写规则

书写格式	一般字体	窄字体
大写字母高度	*H*	*H*
小写字母高度(上下均无延伸)	7/10*H*	10/14*H*
小写字母伸出的头部或尾部	3/10*H*	4/14*H*
笔画宽度	1/10*H*	1/14*H*
字母间距	2/10*H*	2/14*H*
上下行基准线最小间距	15/10*H*	21/14*H*
词间距	6/10*H*	6/14*H*

2.4　比例

图纸的比例，应为图形与实物相对应的线性尺寸之比。比例的大小，是指其比值的大小，如 1：50、1：100。比例宜注写在图名粗横线右侧，基准线应与粗横线取平；比例的字高宜比图名的字高小一号或二号（图 2-8）。绘图所用的比例，应根据图样的用途与被绘对象的复杂程度，优先采用常用比例（表 2-9）。

一般情况下，一个图样应选用一种比例，根据专业制图需要，同一图样可选用两种比例，特殊情况下也可自选比例，这时除应注出绘图比例外，还必须在适当位置绘制出相应的比例尺。

图2-8（a）：图名下的粗横线一般出现在一张图纸中的总图名下方，如果一张图纸中有多个图样，多个图样的图名下不用加粗横线。

图2-8（b）：特别注意比例数字之间的符号是比号（:），而不是冒号（：）。

(a) 主图图名　　(b) 索引图图名

图 2-8　比例的注写

表 2-9　　绘图所用的比例

比例种类	比例数据
常用比例	1：1，1：2，1：5，1：10，1：20，1：50，1：100，1：150，1：200，1：500，1：1000，1：2000
可用比例	1：3，1：4，1：6，1：15，1：25，1：30，1：40，1：60，1：80，1：250，1：300，1：400，1：600，1：5000，1：10000，1：20000，1：50000，1：100000，1：200000

2.5　符号

符号是文字的简化表现形式，需要熟悉符号的寓意，灵活运用符号。

2.5.1　剖切符号

在剖面图中，剖切符号是用于表示剖切面剖切位置的图线，由剖切位置线及剖视方向线组成，均应以粗实线绘制。剖切位置线宜长 6～10mm；剖视方向线应垂直于剖切位置线，长度应短于剖切位置线，宜为 4~6mm（图 2-9），即长边的方向表示切的方向，短边的方向表示看的方向。绘制时，剖面的剖切符号不应与其他图线相接触。剖视剖切符号的编号宜采用阿拉伯数字，按顺序由左至右、由下至上连续编排，并应注写在剖视方向的端部。需要转折的剖切位置线，应在转角的外侧加注相同的编号。建（构）筑物剖面图的剖切符号，宜注在 ±0. 00 标高的平面图上。

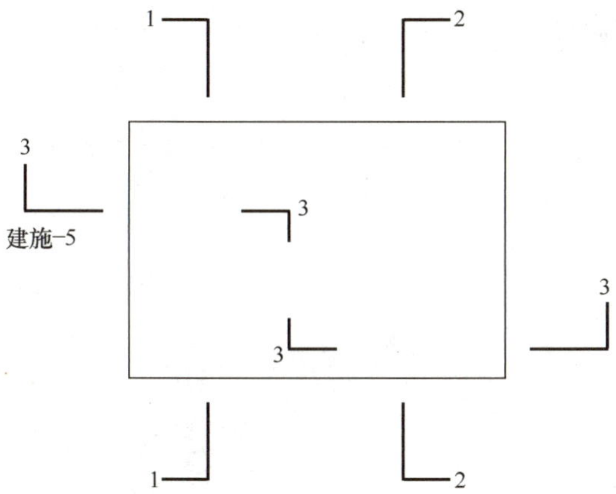

图 2-9　剖面的剖切符号

图 2-9：剖面是将设计构造剖切后，绘制剖切构造的形态，包括剖切后的构造轮廓与周边能看到的各种结构，可连续绘制。剖面图的观看方向由剖切符号中的短边来确定，短边的指向即是剖面图的观看方向。

断面的剖切符号应只用剖切位置线表示，并应以粗实线绘制，长度宜为 6～10mm。断面剖切符号的编号按顺序连续编排，并应注写在剖切位置线的一侧，编号所在的一侧应为该断面剖视方向（图 2-10）。剖面图或断面图如与被剖切图样不在同一张图内，可在剖切位置线的另一侧注明所在图纸的编号，也可在图上集中说明。

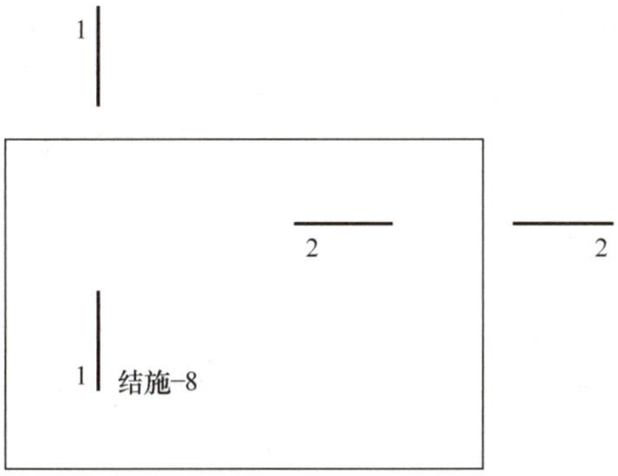

图 2-10　断面的剖切符号

图 2-10：断面是将设计构造剖切后，只绘制剖切构造的形态，不绘制周边结构，剖切后断开的两个面构造形态相同，不存在观看方向的差异。断面图更加局部微观，因此断面符号更简洁。

2.5.2　索引符号和详图符号

图样中的某一局部或构件，如需另见详图，应以索引符号索引（图 2-11）。

索引符号如用于索引剖面详图，应在被剖切的部位绘制剖切位置线，并以引出线引出索引符号，引出线所在的一侧应为投射方向（图 2-12）。

零件、钢筋、杆件、设备等的编号，以直径为 4~6mm（同一图样应保持一致）的细实线圆表示，其编号应用阿拉伯数字按顺序编写（图 2-13）。

详图的位置和编号，应以详图符号表示。详图符号的圆，应以直径为 14mm 的粗实线绘制。详图与被索引的图样同在一张图纸内时，应在详图符号内用阿拉伯数字注明详图的编号（图 2-14）。

详图与被索引的图样不在同一张图纸内，应用细实线在详图符号内画一水平直径，在上半圆中注明详图编号，在下半圆中注明被索引图纸的编号（图 2-15）。

2.5.3　引出线

引出线为直线，或经转折后为水平线。文字说明宜注写在水平线的上方，或注写在水平线的端部。索引详图的引出线，应与水平直径相连接（图 2-16）。

(a) 图形基础画法　(b) 在本张图中的第5号详图　(c) 在第2张图中的第5号详图　(d) 本详图来自图册

图 2-11　索引符号

图 2-11（a）：索引符号由直径为 10mm 的圆和水平直径组成，圆及水平直径均应以细实线绘制。

图 2-11（b）：索引出的详图如果与被索引的图样同在一张图纸内，应在索引符号的上半圆中用阿拉伯数字注明该详图的编号，并在下半圆中间标上短线。

图 2-11（c）：索引出的详图如果与被索引的图样不在同一张图纸内，应在索引符号的上半圆中用阿拉伯数字注明该详图的编号，在索引符号的下半圆中用阿拉伯数字注明该详图所在图纸的编号。

图 2-11（d）：如果采用标准图，应在索引符号水平直径的延长线上加注该标准图册的编号。

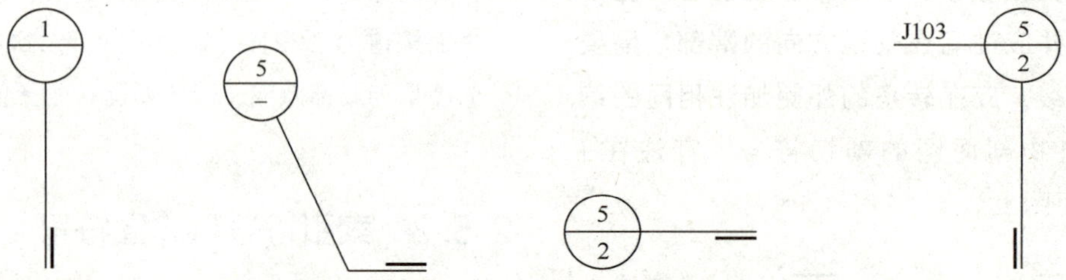

(a) 图形基础画法　(b) 在本张图中的第5号详图　(c) 在第2张图中的第5号详图　(d) 本详图来自图册

图 2-12　用于索引剖面详图的索引符号

图 2-12（a）：剖切线为粗实线，索引线为细实线，剖切线与索引线之间的位置关系很重要，索引线位于剖切线右侧，是指剖切后向右方观察。

图 2-12（b）：索引线位于剖切线下方，是指剖切后向下方观察。

图 2-12（c）：剖切图旁有空白空间，可缩短索引线长度。

图 2-12（d）：如采用标准图，应在索引符号水平直径的延长线上加注该标准图册的编号。

图 2-13　零件、钢筋等的编号

图 2-14　在本张图中的第 5 号详图

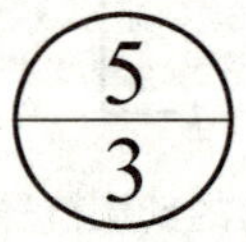

图 2-15　在第 3 张图中的第 5 号详图

图 2-13：零件、钢筋等形体较小，采用符号较小的编号。

图 2-14：与被索引图样同在一张图纸内的详图符号。

图 2-15：与被索引图样不在同一张图纸内的详图符号。

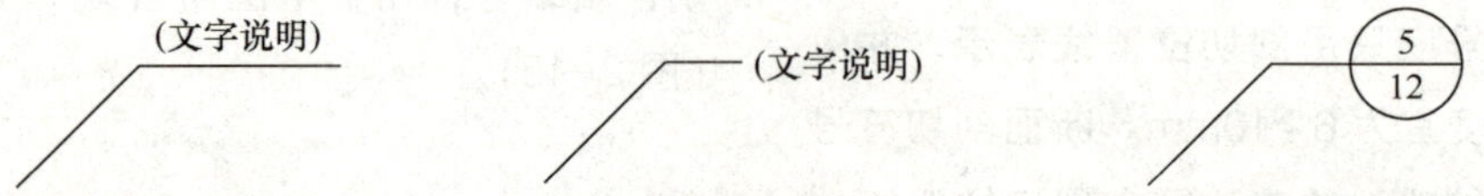

(a) 文字说明在线上　(b) 文字说明在线旁　(c) 在第12张图中的第5号详图

图 2-16　引出线

图 2-16（a）：文字说明在线上多用于排版紧凑的图面，可整齐排列多项文字说明。

图 2-16（b）：文字说明在线旁多用于排版宽松的图面，仅为少量文字说明。

图 2-16（c）：将图中的细节引出至其他部位，绘制更详细的图纸。

同时引出几个相同部分的引出线，宜相互平行，也可画成集中于一点的放射线（图2-17）。

多层构造或多层管道共用引出线，引出线应通过被引出的各层。文字说明宜注写在水平线的上方，或注写在水平线的端部；说明的顺序应由上至下，并应与被说明的层次相一致；如层次为横向排序，则由上至下的说明顺序应与自左至右的层次相一致（图2-18）。

2.5.4 其他符号

其他符号主要包括对称符号、连接符号和指北针（图2-19~图2-21）。

图2-17 共用引出线

图2-17（a）：引出线平行多用于大量文字说明。
图2-17（b）：引出线汇集多用于少量文字说明。

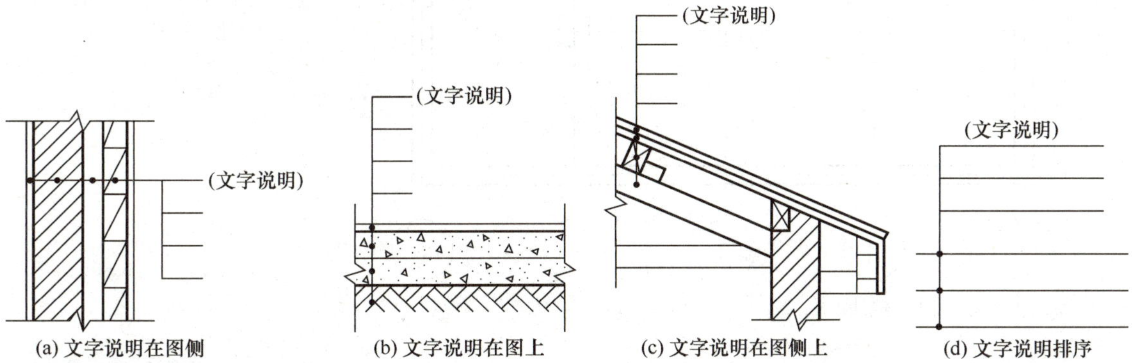

图2-18 多层构造引出线

图2-18（a）：文字说明在图侧，上端文字为图中最左侧黑点所指内容。
图2-18（b）：文字说明在图上，上端文字为图中最上方黑点所指内容。
图2-18（c）：文字说明在图侧上，上端文字为图中最左上方黑点所指内容。
图2-18（d）：文字说明在图侧上，上端文字为图中最左上方黑点所指内容。

图2-19 对称符号

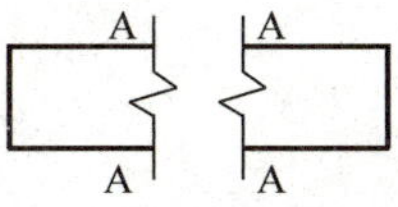

图2-20 连接符号

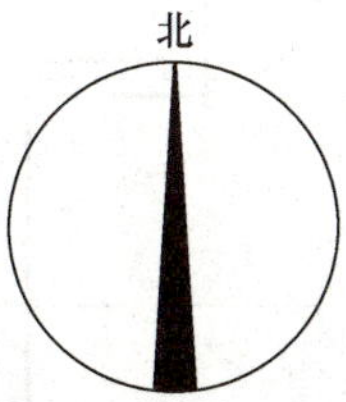

图2-21 指北针

图2-19：对称符号由对称线和两端的两对平行线组成，对称线用细点划线绘制，平行线用细实线绘制，其长度宜为6~10mm，每对平行线的间距宜为2~3mm，对称线平分且垂直于两对平行线，两端宜超出平行线2~3mm。

图2-20：连接符号应以折断线表示需连接的部位，两部位相距过远时，折断线两端靠图样一侧应标注大写拉丁字母表示连接编号，两个被连接的图样必须用相同的字母编号。

图2-21：指北针其圆的直径宜为24mm，用细实线绘制，指针尾部的宽度宜为3mm，指针头部应注“北”或“N”字。需绘制较大指北针时，指针尾部宽度宜为直径长度的1/8。

2.6 定位轴线

定位轴线应用细点划线绘制，一般应编号，编号注写在轴线端部的圆内，圆应用细实线绘制，直径为8~10mm。定位轴线圆的圆心，应在定位轴线的延长线上或延长线的折线上。

2.6.1 定位轴线编号

平面图上定位轴线的编号，宜标注在图样的下方与左侧。拉丁字母的I、O、Z不得用作轴线编号，如字母数量不够使用，可增用双字母或单字母加数字注脚，如 A_A、B_A……Y_A 或 A_1、B_1……Y_1（图2-22、图2-23）。

2.6.2 附加定位轴线编号

附加定位轴线编号以分数形式表示，并应按下

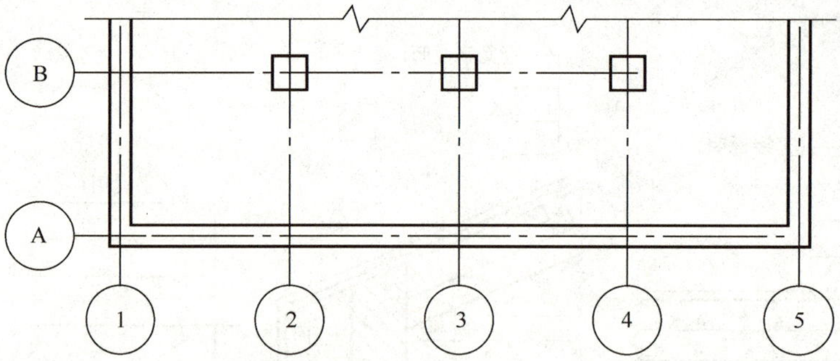

图2-22：横向编号应用阿拉伯数字，从左至右顺序编写，竖向编号应用大写拉丁字母，从下至上顺序编写。

图2-22 定位轴线的编号顺序

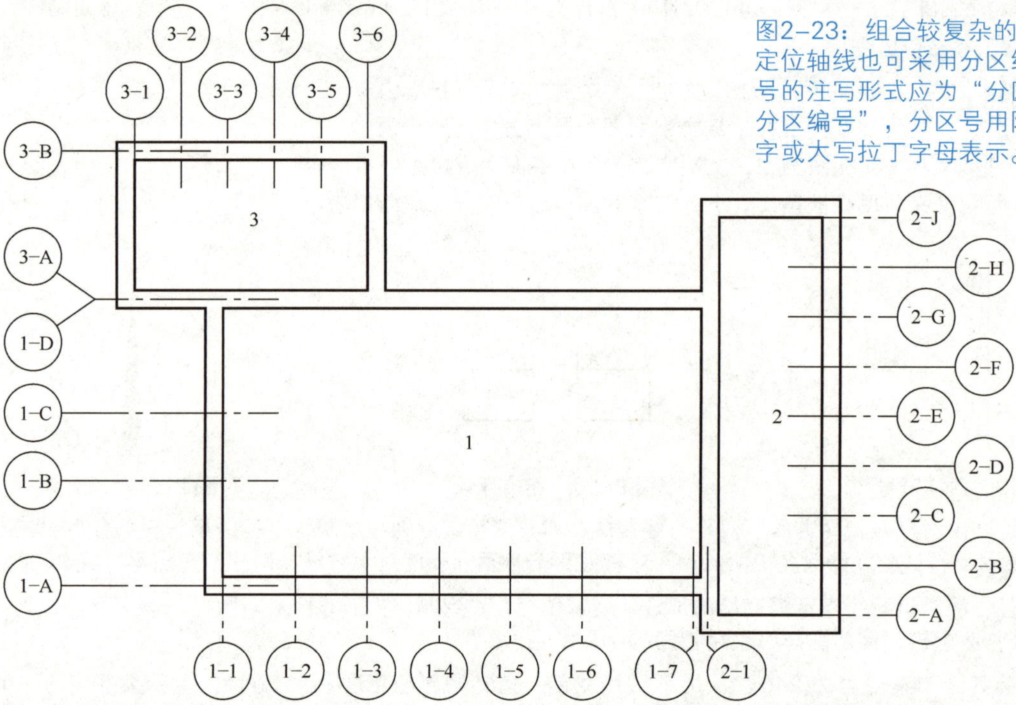

图2-23：组合较复杂的平面图中定位轴线也可采用分区编号，编号的注写形式应为“分区号—该分区编号”，分区号用阿拉伯数字或大写拉丁字母表示。

图2-23 定位轴线的分区编号

列规定编写。两根轴线间的附加轴线，应以分母表示前一轴线的编号，分子表示附加轴线的编号，编号宜用阿拉伯数字顺序编写。

例如：1/2表示 2 号轴线之后附加的第一根轴线；3/C表示 C 号轴线之后附加的第三根轴线。

1 号轴线或 A 号轴线之前的附加轴线的分母应以 0A 或 01 表示。

例如：1/01表示 1 号轴线之前附加的第一根轴线；3/0A表示 A 号轴线之前附加的第三根轴线。

2.6.3 其他图样轴线编号

一个详图适用于几根轴线时，应同时注明各有关轴线的编号（图 2-24）。通用详图中的定位轴线，应只画图，不注写轴线编号。圆形平面图中定位轴线的编号，其径向轴线宜用阿拉伯数字表示，从左下角开始，按逆时针顺序编写；其圆周方向轴线宜用大写拉丁字母表示，从外向内顺序编写（图 2-25）。折线形平面图中定位轴线的编号，按图 2-26 的形式编写。

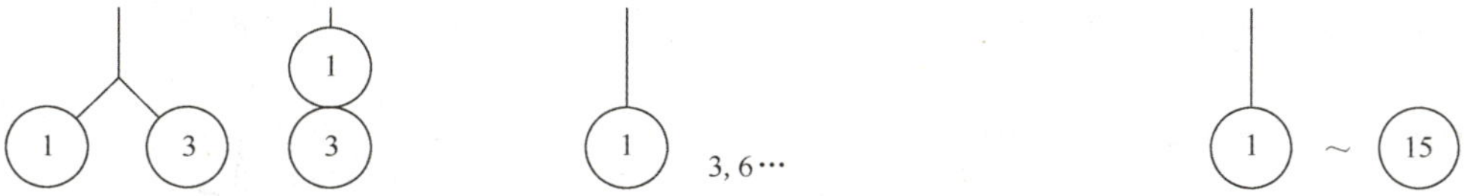

(a) 适用于2根轴线　　(b) 适用于3根或3根以上轴线　　(c) 适用于3根以上连续编号的轴线

图 2-24　详图轴线编号

图 2-24（a）：详图适用于 2 根轴线，可将线分叉指引，或串联指引。

图 2-24（b）：详图适用于 3 根或 3 根以上轴线，可将第 2 个轴标与其后的轴标写在旁边。

图 2-24（c）：详图适用于 3 根以上连续编号的轴线，可用“～”连贯指引。

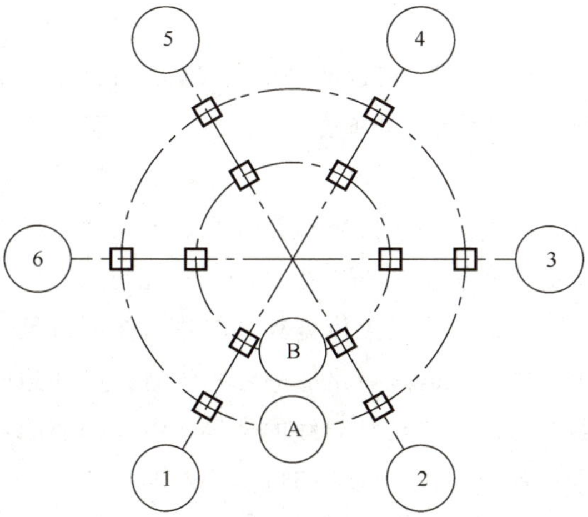

图 2-25　圆形平面定位轴线编号

图 2-25：圆形平面定位轴线编号，以逆时针方向排序。

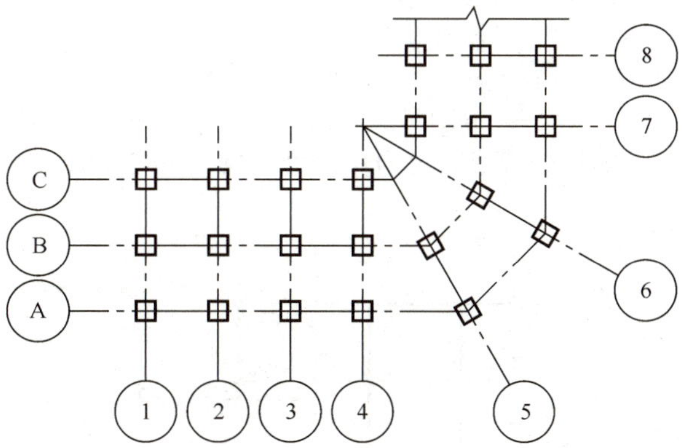

图 2-26　折线形平面定位轴线编号

图 2-26：折线形平面定位轴线编号，注意排序的延伸方向，右侧数字与左侧字母要有区分。

2.7 尺寸标注

尺寸标注是图纸识读与绘制的重点，细节要求较多，数字要避免与图线相混淆。

2.7.1 尺寸界线、尺寸线和尺寸起止符号

图样上的尺寸组成包括尺寸界线、尺寸线、尺寸起止符号和尺寸数字（图2-27）。尺寸界线应用细实线绘制，一般应与被注长度垂直，其一端应离开图样轮廓线不小于2mm，另一端宜超出尺寸线2~3mm。

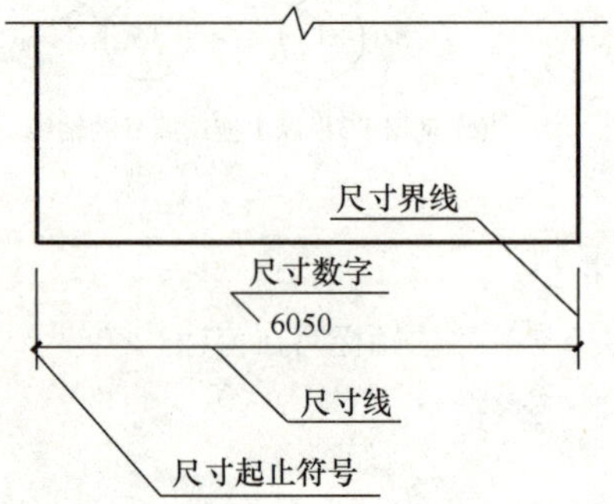

图2-27　尺寸的组成

图2-27：完整的尺寸组成包括尺寸数字、尺寸线、尺寸界线、尺寸起止符号，彼此间保持有序、平齐、居中的状态。

图样轮廓线亦可用作尺寸界线（图2-28）。尺

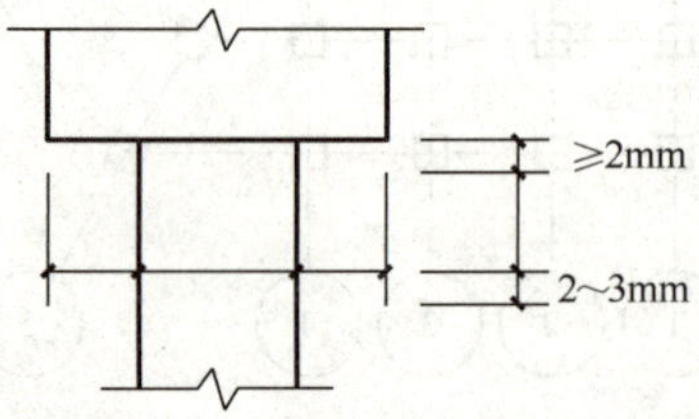

图2-28　尺寸界线

图2-28：尺寸界线的细节尺寸多为2~3mm，这个尺寸是图纸打印在纸上的实际尺寸。

寸线应用细实线绘制，应与被注长度平行。图样本身的任何图线均不得用作尺寸线。

尺寸起止符号一般用中粗斜短线绘制，其倾斜方向应与尺寸界线成顺时针45°，长度宜为2~3mm。半径、直径、角度和弧长的尺寸起止符号，宜用箭头表示（图2-29）。

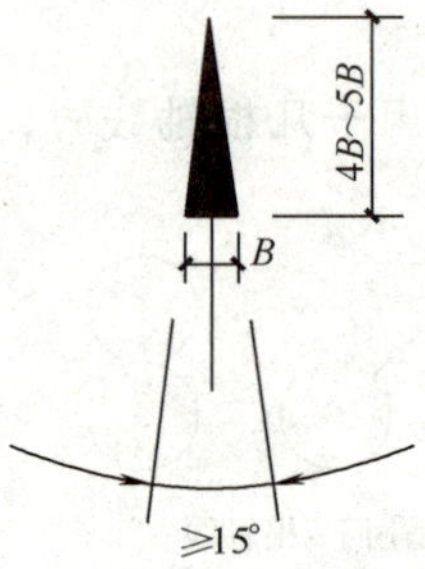

图2-29　箭头尺寸起止符号

图2-29：箭头的长度是宽度的4~5倍，箭头的夹角要求≥15°。

2.7.2 尺寸数字

图样上的尺寸应以尺寸数字为准，不得从图上直接量取。图样上的尺寸单位，除标高及总平面以米（m）为单位外，均以毫米（mm）为单位。尺寸数字的方向，按图2-30（a）规定注写。若尺寸数字仅标注一处，宜按图2-30（b）的形式注写。

尺寸数字一般应依据其方向注写在靠近尺寸线的上方中部。若没有足够的注写位置，最外边的尺寸数字可注写在尺寸界线的外侧，中间相邻的尺寸数字可错开注写（图2-31）。

2.7.3 尺寸的排列与布置

尺寸宜标注在图样轮廓以外，尺寸数字不宜与

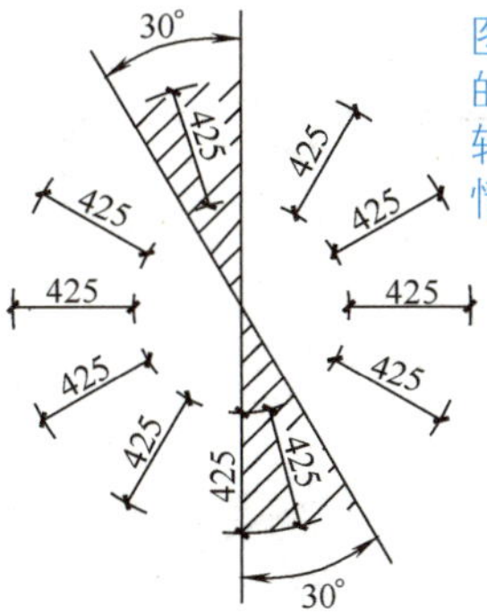

(a) 倾斜角度与标注方向

图2-30（a）：倾斜标注的尺寸数据应保持30°旋转间隔，尺寸数据大多数情况下都位于尺寸线上方。

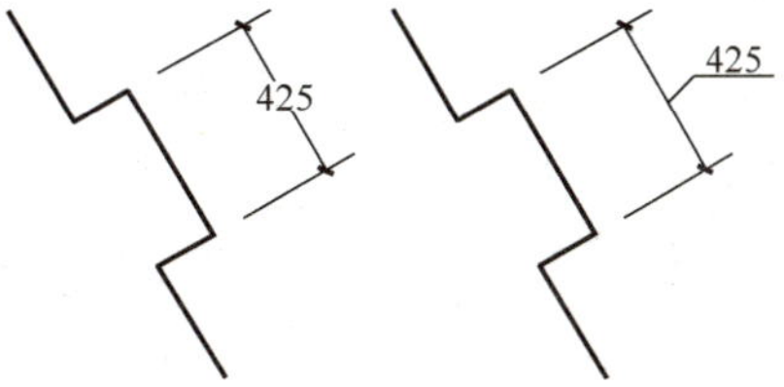

(b) 倾斜标注数据位置

图2-30（b）：单独的标注图形倾斜，但是数据不倾斜。

图 2-30　尺寸数字的注写方向

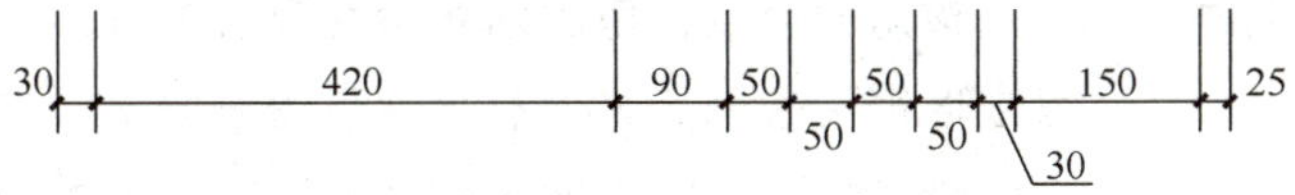

图 2-31　尺寸数字的注写位置

图2-31：数据不可与标注图形发生交错，应当尽量错开，并在最大程度上保持整齐一致。

图线、文字及符号等相交（图 2-32）。

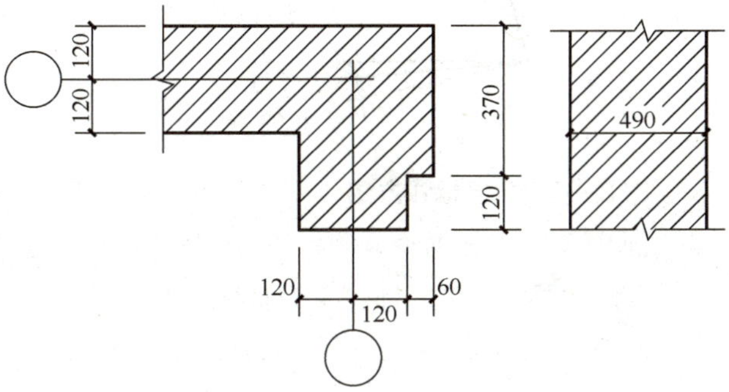

图 2-32　尺寸标注及尺寸数字的注写

图 2-32：在填充区域中的数字，应当将周边填充图形删除或修剪，形成空白区域，用于正确、清晰地展示数据。

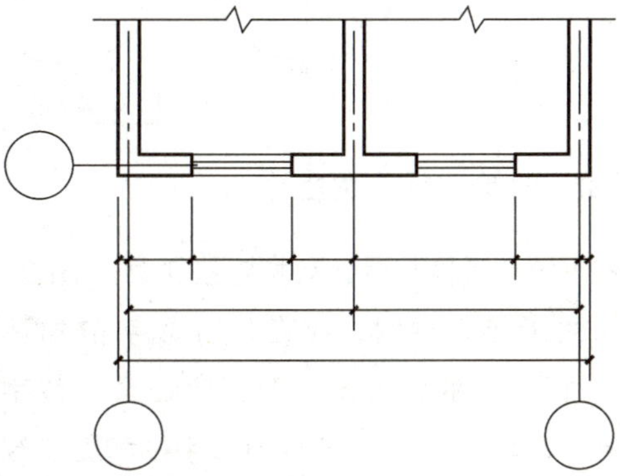

图 2-33　尺寸的排列

图 2-33：尺寸线之间的间距应保持一致，分项标注在内，总和标注在外。

互相平行的尺寸线，应从被注写的图样轮廓线由近向远整齐排列，较小的尺寸应离轮廓线较近，较大的尺寸应离轮廓线较远。图样轮廓线以外的尺寸界线，距图样最外轮廓之间的距离，不宜小于 10mm。平行排列的尺寸线的间距，宜为 7～10mm，并保持一致。总尺寸的尺寸界线应靠近所指部位，中间的分尺寸的尺寸界线可稍短，但其长度应相等（图 2-33）。

2.7.4　半径、直径、球的尺寸标注

半径尺寸线应一端从圆心开始，另一端画箭头指向圆弧。半径数字前应加注半径符号“*R*”（图 2-34）。

较小圆弧的半径，可按图 2-35 的形式标注。较大圆弧的半径，可按图 2-36 的形式标注。标注圆的直径尺寸时，直径数字前应加直径符号“Φ”。

图2-34：当图面大小合适时，应将数据标注在图形内部。

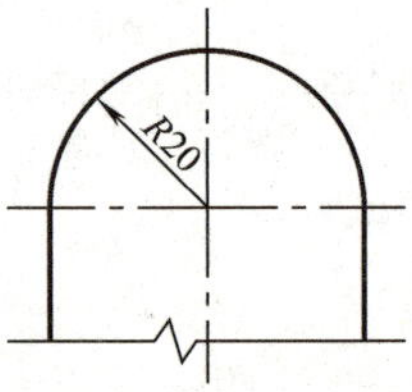

图 2-34　半径标注方法

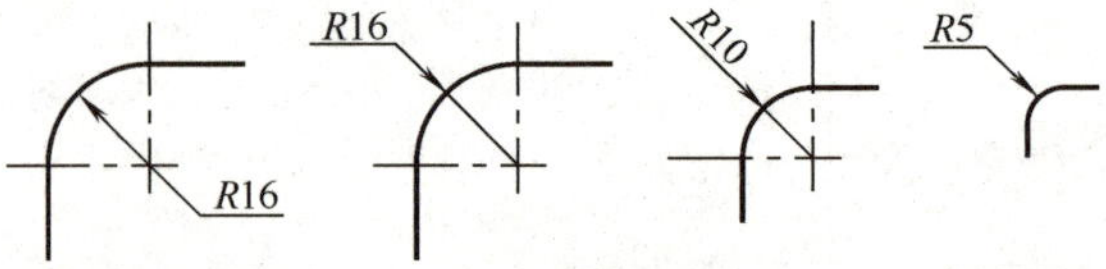

图2-35：当图面较小时，应将数据引出至图形外部标注。

图 2-35　小圆弧半径的标注方法

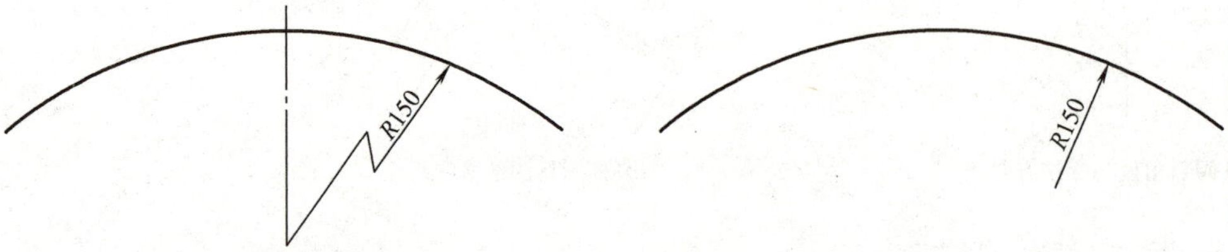

图2-36：大圆弧半径的端点可以不在真实的圆心上，采用折线来标识，或用断开线来标识。

图 2-36　大圆弧半径的标注方法

在圆内标注的直径尺寸线应通过圆心，两端画箭头指至圆弧（图 2-37）。

图2-37：当图面大小合适时，应将数字标注在图形内部，或按常规标注在外部。

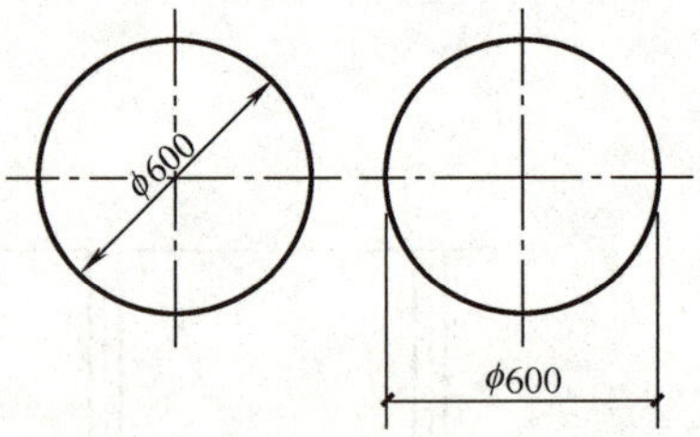

图 2-37　圆直径的标注方法

较小圆的直径尺寸，可标注在圆外（图 2-38）。标注球的半径尺寸时，应在尺寸数字前加注符号"*SR*"。标注球的直径尺寸时，应在尺寸数字前加注符号"*S*Φ"。注写方法与圆弧半径和圆直径的尺寸标注方法相同。

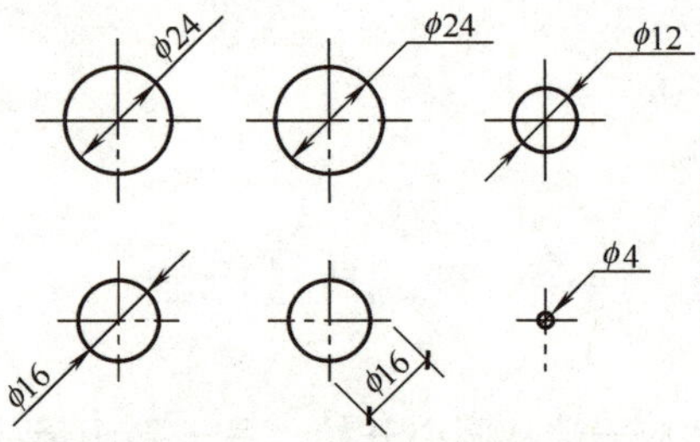

图2-38：当图面较小时，应将数字引出至图形外部标注。

图 2-38　小圆直径的标注方法

2.7.5　角度、弧度和弧长的标注

角度的尺寸线，应以圆弧表示，该圆弧的圆心应是该角的顶点，角的两条边为尺寸界线。起止符号应以箭头表示。若没有足够位置画箭头，可用圆点代替，角度数字应按水平方向注写（图 2-39）。

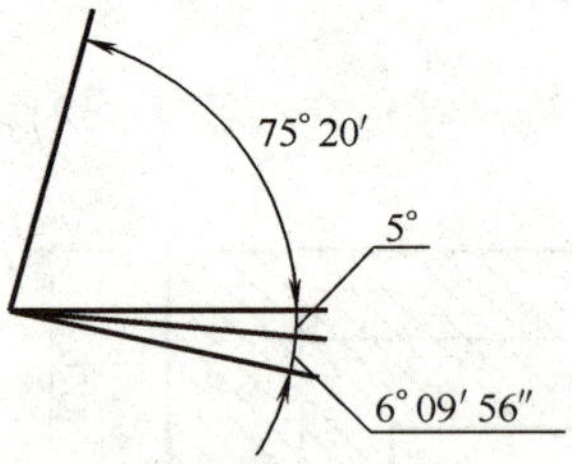

图 2-39　角度标注方法

图 2-39：当图面空间允许时，数字应标注在角度弧线中央外部。当图面空间狭窄时，应在角度弧线中央向外引出标注角度。

标注圆弧的弧长时，尺寸线应以与该圆弧同心的圆弧线表示，尺寸界线应垂直于该圆弧的弦，起止符号用箭头表示，弧长数字上方应加注圆弧符号"⌒"（图 2-40）。

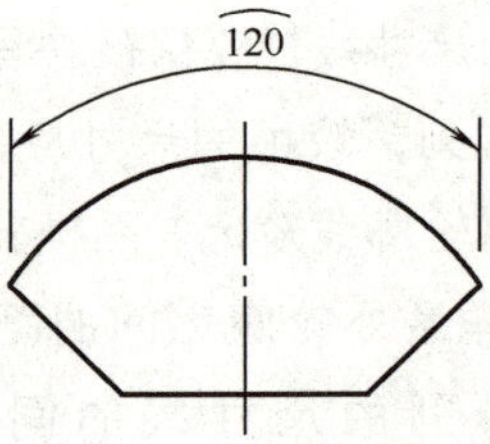

图 2-40　弧长标注方法

图 2-40：弧长标注的尺寸线应当与被标注弧线保持平行。

标注圆弧的弦长时，尺寸线应平行于该弦，尺寸界线应垂直于该弦，起止符号用中粗斜短线表示（图 2-41）。

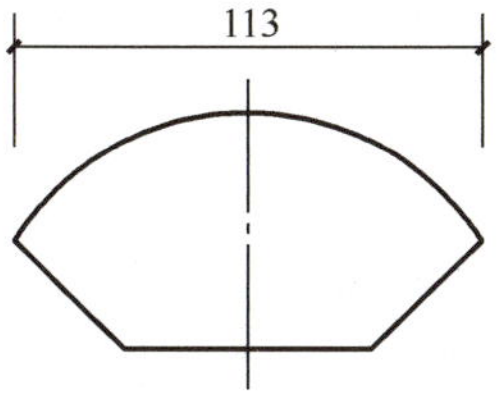

图 2-41　弦长标注方法

图 2-41：弦长标注的尺寸线应当平行于弦。

图2-42：薄板厚度标注用引出线引出标注，大多数标注应在图形的上方或侧上方。

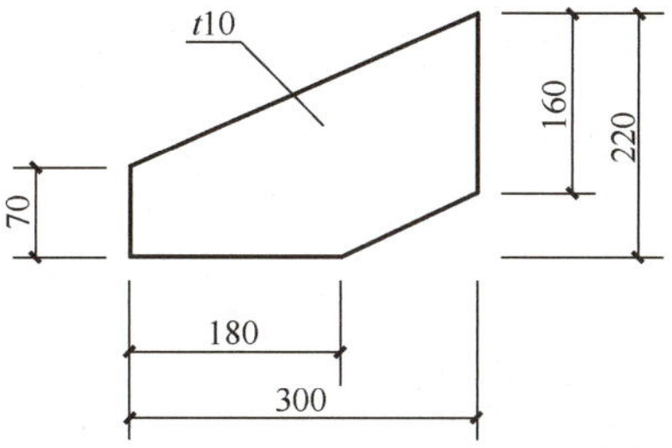

图 2-42　薄板厚度标注方法

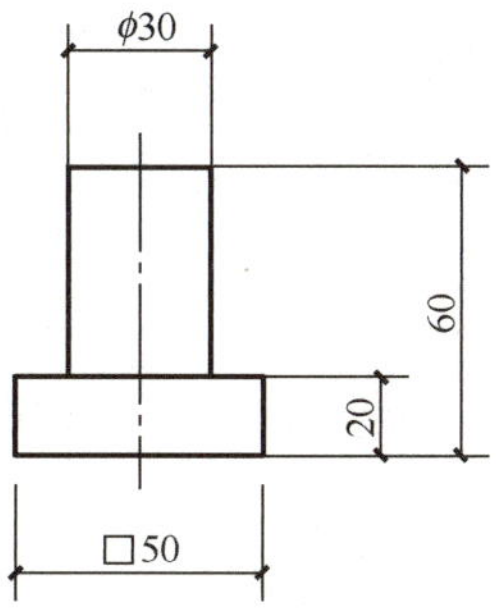

图 2-43　标注正方形尺寸

图2-43："□"表示底边为正方形，"□"后面的数字为边长。

2.7.6　薄板厚度、正方形、坡度、曲线等标注

在薄板板面标注板厚尺寸时，应在厚度数字前加注厚度符号"*t*"（图 2-42）。正方形的尺寸标注，可用"边长×边长"的形式；也可在边长数字前加正方形符号"□"（图 2-43）。

坡度标注时加注坡度符号"⇀"［图 2-44（a）、（b）］，该符号为单面箭头，箭头应指向下坡方向。坡度也可用直角三角形的形式标注［图 2-44（c）］所示。

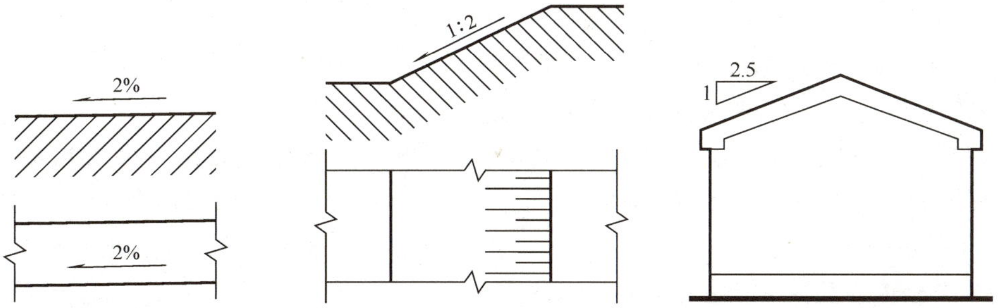

(a) 常规坡度标注　(b) 比例坡度标注　(c) 三角形坡度标注

图 2-44　坡度标注方法

图 2-44（a）：坡度符号的倾斜度与实际坡度一致。

图 2-44（b）：将坡度的长、高比例记录下来。

图 2-44（c）：通过三角形符号来记录坡度的长、高比例。

外形为非圆曲线的构件，可用坐标形式标注尺寸（图 2-45）。复杂的图形，还可以采用网格形式标注尺寸，网格的大小根据实际情况来划分，一般以正方形为单元（图 2-46）。

图2-45：复杂且有规律的曲线可以采用定位分段的形式标注。在纵向与横向上均有标注数据。

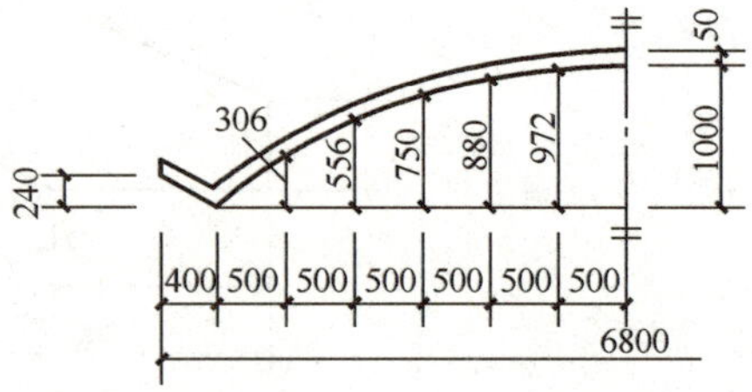

图 2-45　坐标法标注曲线尺寸

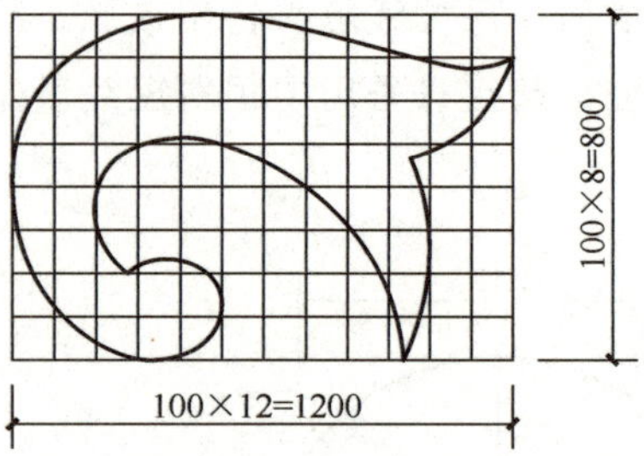

图 2-46　网格法标注曲线尺寸

图2-46：复杂且无规律的曲线可以采用坐标网格的形式标注。这种方式多用于大样图，满足材料放样加工需要。

★补充要点——尺寸数据标注要点

尺寸数据标注是现代环境艺术设计图的灵魂，没有尺寸数据的图纸是无法用于施工的，在标注过程中应当注意以下要点：

1. 标注的尺寸数据应当真实可靠，数据来自真实测量与设计构思，绘制图纸时应当根据这些数据绘制图线，尤其在现代计算机制图中，不能随意变更尺寸数据。

2. 在平面图、立面图中的尺寸数据尾数一般为 5 或 0，以 0 为佳，不用其他数据结尾，否则不便于施工测量。而在其他大样图、详图中没有这类要求，但是尾数也应当以 5 或 0 为佳。

3. 总标数据与分标数据应当一致，分标之和应当等于总标。

2.7.7　尺寸简化标注

杆件或管线的长度，在单线图（桁架简图、钢筋简明图、管线简图等）上，可直接将尺寸数字沿杆件或管线的一侧注写（图 2-47）。

连续排列的等长尺寸，可用“个数×等长尺寸=总长”的形式标注（图 2-48）。构配件内的构造因素（例如孔、槽等）如相同，可仅标注其中一个因素的尺寸（图 2-49）。

对称构配件与相似构配件在标注时可简化标注或图形（图 2-50、图 2-51）。

数个构配件，如仅某些尺寸不同，这些变化的尺寸数字可用拉丁字母注写在同一图样中，另列表写明其具体尺寸（图 2-52、表 2-10）。

2.7.8　标高

标高符号应以直角等腰三角形表示，应当按图 2-53（a）所示形式用细实线绘制；如标注位置不够，也可按图 2-53（b）所示形式绘制。

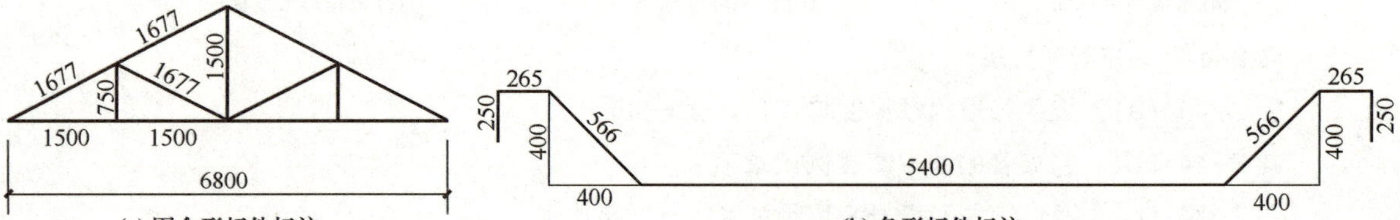

(a) 围合形杆件标注　(b) 条形杆件标注

图 2-47　单线图尺寸标注方法

图 2-47（a）：在围合空间中有序排列标注数据。
图 2-47（b）：标注数据在图形旁，主要数据的位置尽量贴近图形，并位于图形上方，左侧图形的标注数据靠左，右侧图形的标注数据靠右。

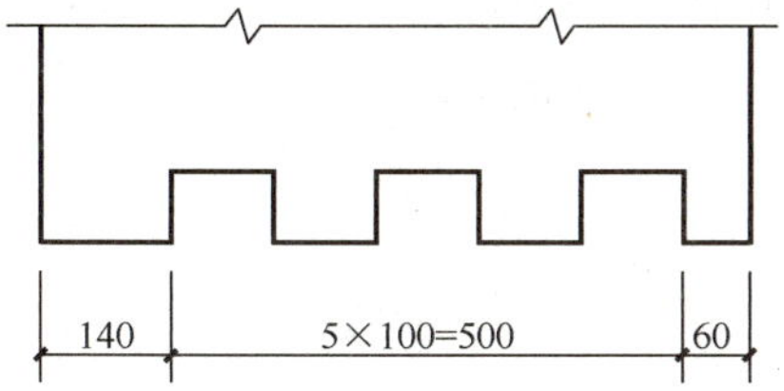

图 2-48　等长尺寸简化标注方法

图 2-48：采用乘法算式标注具有规律性的构造，但是标注空间要允许。

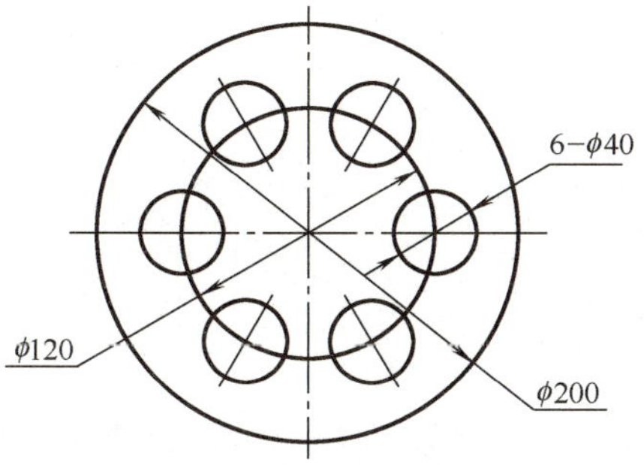

图 2-49　相同要素尺寸标注方法

图 2-49：相同造型可选择有代表性的构造标注，注意错开标注，避免数据与图形产生混淆、重合。

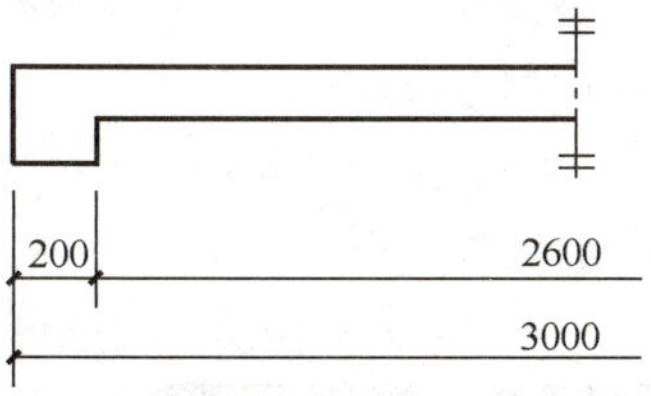

图 2-50　对称构配件尺寸标注方法

图 2-50：对称构配件采用对称省略画法时，该对称构配件的尺寸线应超过对称符号，仅在尺寸线一端画尺寸起止符号，尺寸数字按整体全尺寸注写，其注写位置与对称符号对齐。

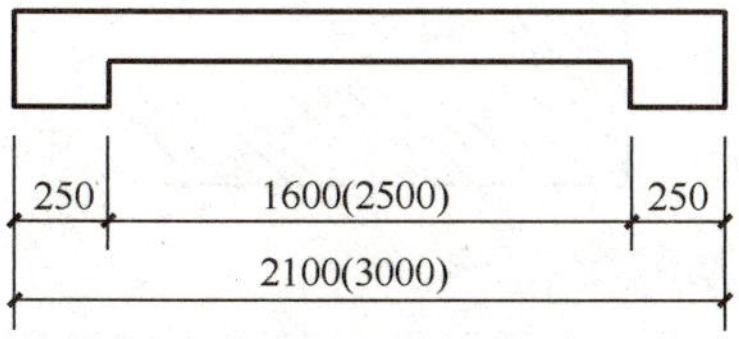

图 2-51　相似构配件尺寸标注方法

图 2-51：两个形体相似的构配件只有个别尺寸数字不同时，可在同一图样中将其中一个构配件的不同尺寸数字注写在括号内，该构配件的名称也应写在相应的括号内。

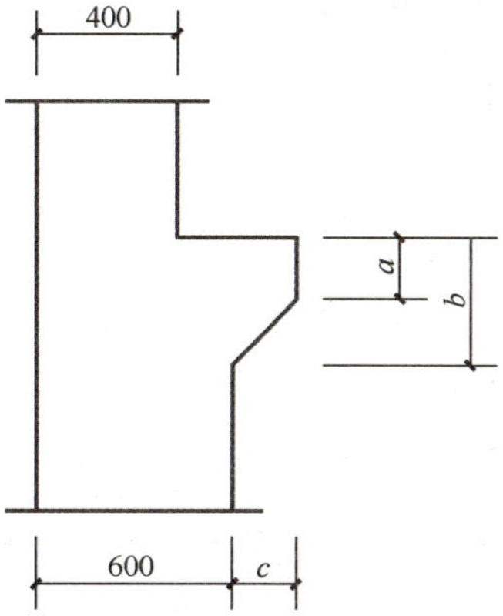

图 2-52　相似构配件尺寸表格式标注方法

图 2-52：对于较复杂的构造，可采用表格与代数的形式来标注，表格中的数据应与图样中的数据与代号相符。

表 2-10　　标注数据　　单位：mm

构件编号	a	b	c
Z-1	200	200	200
Z-2	250	450	200
Z-3	200	450	250

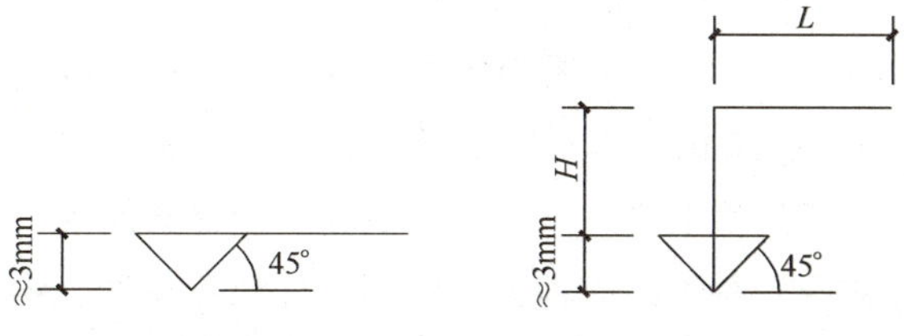

(a) 常规标高符号　　(b) 引线标高符号

图 2-53　标高符号

图 2-53（a）：常规标高符号为倒置的等腰直角三角形。

图 2-53（b）：引线标高符号中，L 取适当长度注写标高数字，H 根据需要取适当高度。

总平面图室外地坪标高符号，宜用涂黑的三角形表示，如图 2-54 所示。

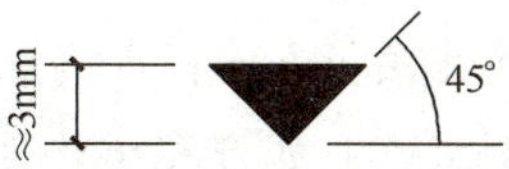

图 2-54　总平面图室外地坪标高符号

图 2-54：总平面图室外地坪标高符号无数据延伸线，等腰直角三角形中填黑。

标高符号的尖端应指至被注高度的位置，尖端一般向下，也可向上（图 2-55）。标高数字应注写在标高符号的左侧或右侧。标高数字应以米为单位，注写到小数点以后第三位，在总平面图中，可注写到小数点以后第二位。

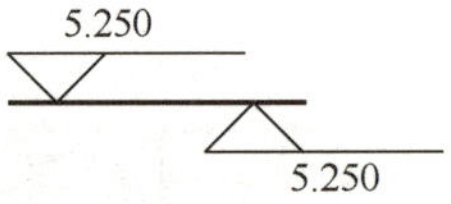

图 2–55　标高的指向

图 2–55：对同一个标高，在不同构造上可错开正向、反向同时标注。

零点标高应当注写成±0. 000，正数标高无需注“+”，负数标高应当注“–”，例如：3. 000、–0. 600。

在图样的同一位置需表示几个不同标高时，标高数字可按图 2–56 的形式注写。

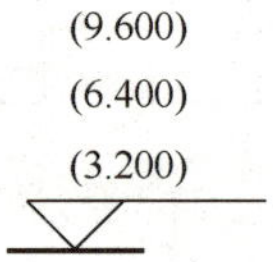

图 2–56　同一位置注写多个标高数字

图 2–56：同一位置注写多个标高数字时，可堆积标高数据，按从低到高、从小到大排列数据，本图中的构造数据不用括号，本图中没有显示的构造数据用括号。

2. 8　图例识读与应用

为了方便识别，任何设计制图都有相应的图例，在施工图中也需要用到建筑制图中的部分图例，这些图例来自国家制图标准，本节节选了 GB/T 50001—2017《房屋建筑制图统一标准》和 GB/T 50104—2010《建筑制图标准》中的部分图例，它们的适用性很广，能满足环境艺术设计制图的大多数需要。关于其他种类的制图，如总平面图、给排水图、电气图、暖通图中的图例，见后面相关章节。

GB/T 50001—2017《房屋建筑制图统一标准》中只规定常用建筑材料的图例画法，对其尺度比例不作具体规定。使用时，应根据图样大小而定。图例线应间隔均匀，疏密适度，做到图例正确，表示清楚。不同品种的同类材料使用同一图例时，如某些特定部位的石膏板必须注明是防水石膏板时，应在图上附加必要的说明。两个相同的图例相接时，图例线宜错开或使倾斜方向相反（图 2–57）。两个相邻的涂黑图例之间，如混凝土构件、金属件，应留有空隙，其宽度不得小于 0. 7mm（图 2–58）。

一张图纸内的图样只用一种图例时，或图形较小无法画出建筑材料图例时，可不加图例，但应加文字说明。需画出的建筑材料图例面积过大时，可在断面轮廓线内，沿轮廓线作局部表示（图 2–59）。当选用国家标准中未包括的建筑材料时，可自编图例，但不得与国家标准所列的图例重复。绘制时，应在适当位置画出该材料图例，并加以说明。

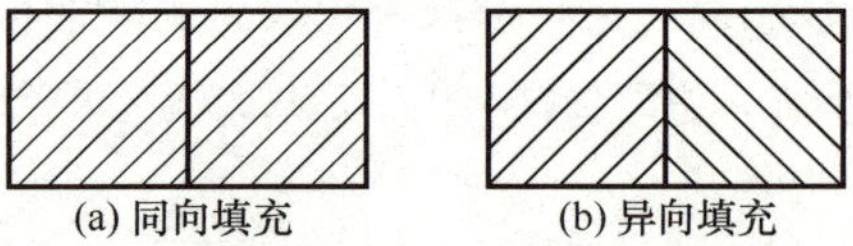

图 2–57　相同图例相接时的画法

图 2–57（a）：同向填充的图形、图线应当错开，表明是两项独立的构造。

图 2–57（b）：异向填充的图形、图线可以对接。

图 2–58　相邻涂黑图例的画法

图 2–58：两件相邻的构件涂黑时，要保持间距，避免混淆为同一构件。

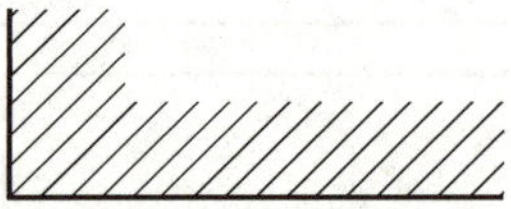

图 2–59　局部表现图例

图 2–59：局部表现图例时可在一定范围内填充，无需作不必要的延伸或扩大。

常用建筑材料应按表 2–11 所示图例画法绘制。GB/T 50104—2010《建筑制图标准》中规定了构造及配件图例（表 2–12）。

表 2-11　　常用建筑材料图例

序号	名称	图例	备注
1	自然土壤		包括各种自然土壤
2	夯实土壤		一般指有密实度的回填土，用于较大型建筑图样中
3	砂、灰土		靠近轮廓线部位画较密的点
4	砂砾石、碎砖三合土	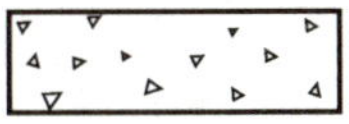	内部填充小三角，依据实际情况调节比例
5	石材		包括大理石、花岗岩、水磨石和合成石
6	毛石	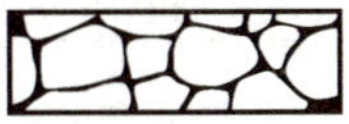	一般指不成形的石料，主要用于砌筑基础、勒脚、墙身、堤坝
7	普通砖	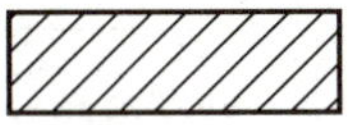	包括实心砖、多孔砖、砌块等砌体；断面较窄不易绘出图例线时，可涂红
8	耐火砖	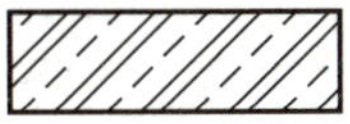	包括耐酸砖等砌体
9	空心砖		指非承重砖砌体
10	饰面砖	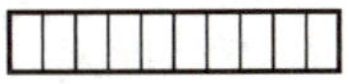	包括铺地砖、马赛克、陶瓷锦砖、人造大理石等
11	焦渣、矿渣	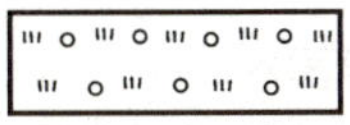	包括与水泥、石灰等混合制成的材料
12	混凝土	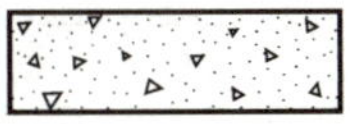	1. 本图例指能承重的混凝土及钢筋混凝土； 2. 包括各种强度等级、骨料、添加剂的混凝土； 3. 断面图形小，不易画出图例线时，可涂黑
13	钢筋混凝土		
14	多孔材料		包括水泥珍珠岩、沥青珍珠岩、泡沫混凝土、非承重加气混凝土、软木、蛭石制品等
15	纤维材料	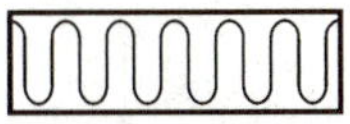	包括矿棉、岩棉、玻璃棉、麻丝、木丝板、纤维板等
16	泡沫塑料材料	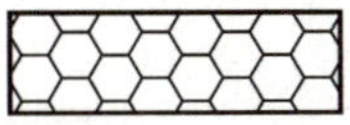	包括聚苯乙烯、聚乙烯、聚氯乙烯、聚氨酯等发泡聚合物材料
17	木材		1. 上图为横断面，上左图为垫木、木砖或木龙骨材料图例； 2. 下图为纵断面
18	胶合板	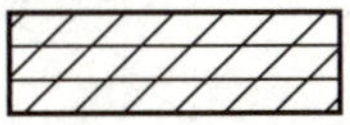	应注明为×层胶合板及特种胶合板名称

续表

序号	名称	图例	备注
19	石膏板	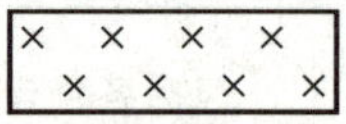	包括圆孔、方孔石膏板及防水石膏板等
20	金属	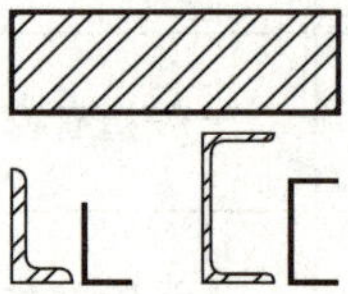	1. 包括各种金属； 2. 图形小时，可涂黑
21	网状材料		1. 包括金属、塑料网状材料； 2. 应注明具体材料名称
22	液体	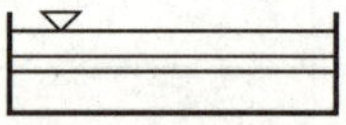	应注明具体液体名称
23	玻璃		包括平板玻璃、磨砂玻璃、夹丝玻璃、钢化玻璃、中空玻璃、夹层玻璃、镀膜玻璃等
24	橡胶		应注明其种类和具体特性
25	塑料		包括各种软、硬塑料及有机玻璃等
26	防水材料	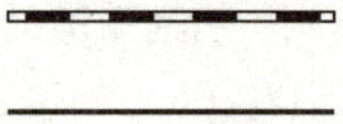	构造层次多或比例大时，采用上面的图例
27	粉刷		本图例采用较稀疏的点

注：序号 1、2、5、7、8、13、14、18、19、20、24、25 图例中的斜线、短斜线、交叉斜线等，一律为 45°。

表 2-12　构造及配件图例　单位：mm

序号	名称	图例	备注
1	墙体	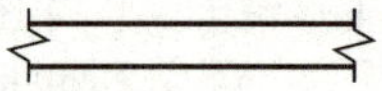	应加注文字或填充图例表示墙体材料，在项目设计图纸说明中列材料图例给予说明
2	隔断		1. 包括板条抹灰、木制、石膏板、金属材料等隔断； 2. 适用于到顶与不到顶隔断
3	栏杆		
4	楼梯	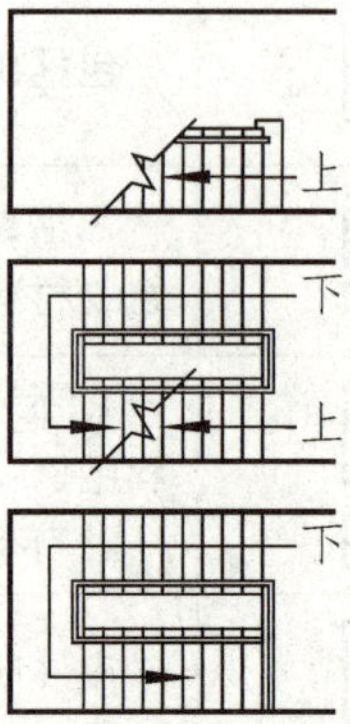	1. 上图为底层楼梯平面，中图为中间层楼梯平面，下图为顶层楼梯平面； 2. 楼梯及栏杆扶手的形式和梯段步数应按实际情况绘制

续表

序号	名称	图例	备注
5	自动扶梯	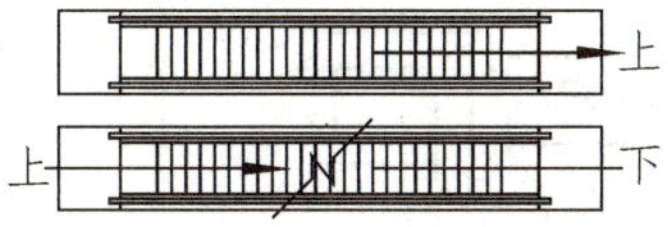	1. 自动扶梯和自动人行道、自动人行坡道可正逆向运行，箭头方向为设计运行方向； 2. 自动人行坡道应在箭头线段尾部加注“上”或“下”
6	自动人行道及自动人行坡道	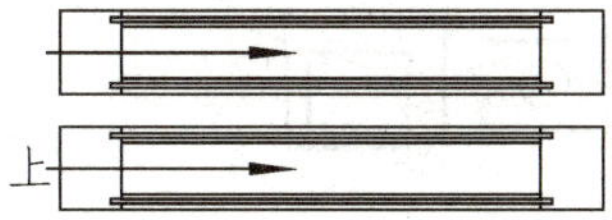	
7	电梯	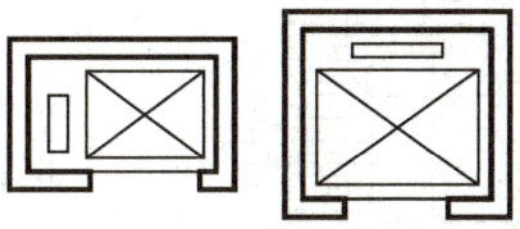	1. 电梯应注明类型，并画出门和平衡锤的实际位置； 2. 观景电梯等特殊类型电梯应参照本图例实际情况绘制
8	坡道	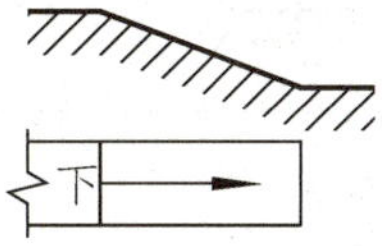 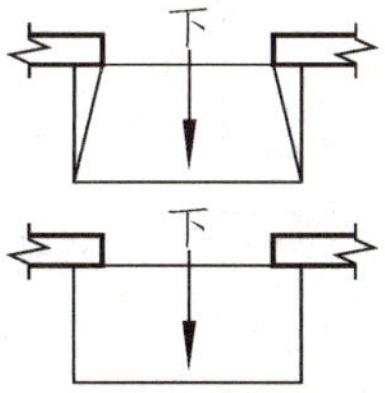	上图为长坡道，下图为门口坡道
9	平面高差	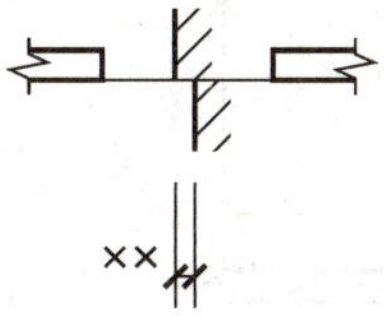	适用于高差小于100的两个地面或楼面相接处
10	检查孔		左图为可见检查孔；右图为不可见检查孔
11	孔洞		阴影部分可以涂色代替
12	坑槽		
13	墙预留洞	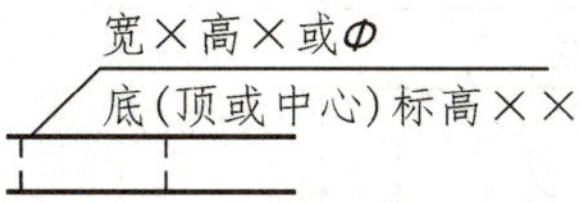	1. 以洞中心或洞边定位； 2. 宜以涂色区别墙体和留洞位置
14	墙预留槽	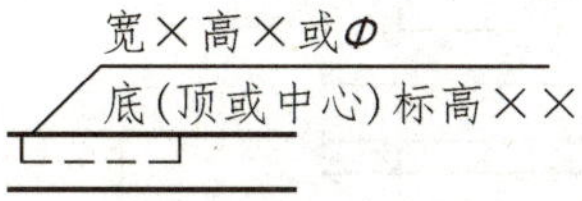	

续表

序号	名称	图例	备注
15	烟道	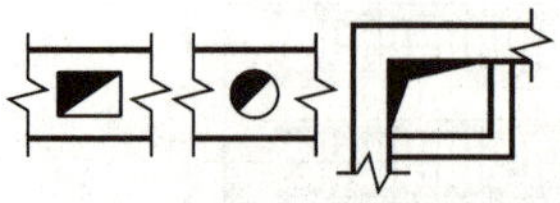	1. 阴影部分可以涂色代替; 2. 若烟道与墙体为同一材料,其相接处墙身线应断开
16	通风道	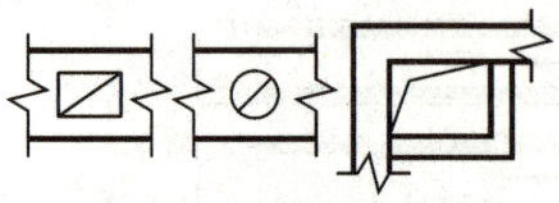	
17	新建的墙和窗	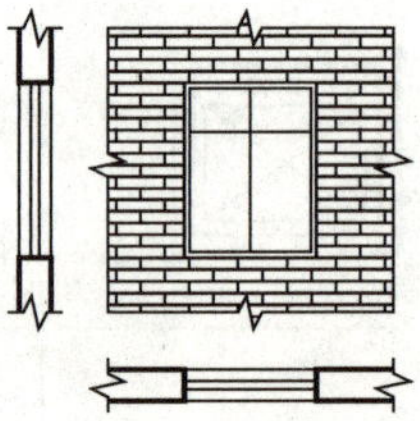	1. 本图以小型砌块为图例,绘图时应按所用材料的图例绘制;不易以图例绘制的,可在墙面上以文字或代号注明; 2. 小比例绘图时,平、剖面窗线可用单粗实线表示
18	改建时保留的原有墙和窗	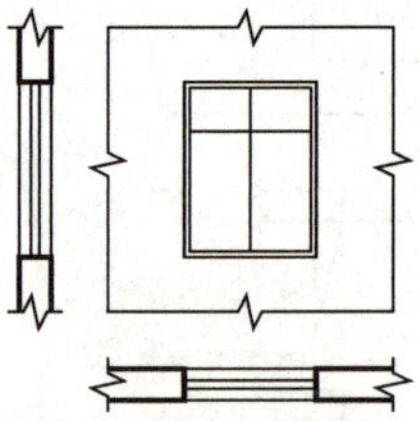	在AutoCAD中绘制墙体和窗时,二者线宽需进行区分,线型颜色也需要有所区分
19	应拆除的墙	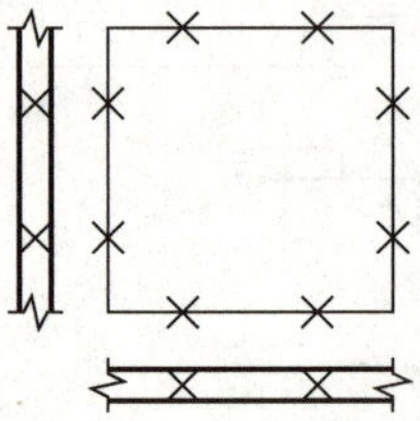	
20	在原有墙或楼板上新开的窗	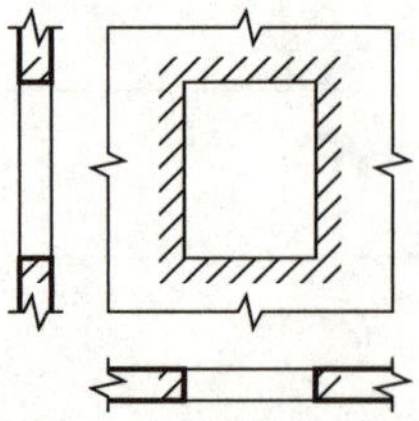	
21	在原有洞旁扩大的洞	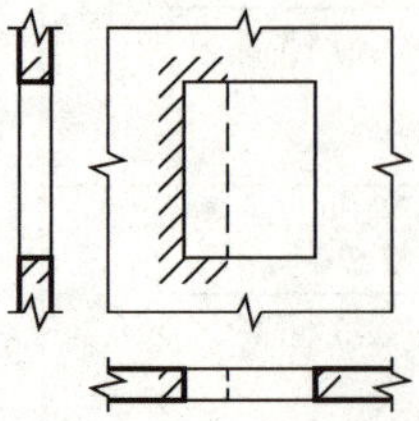	

续表

序号	名称	图例	备注
22	在原有墙或楼板上全部填塞的洞	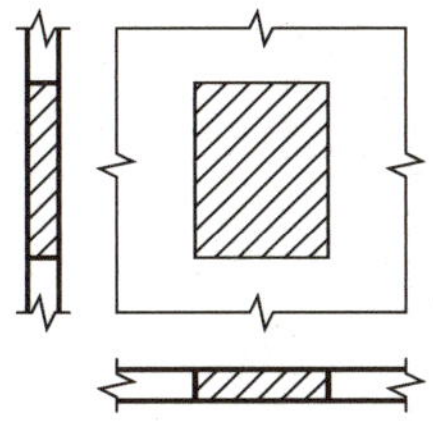	
23	在原有墙或楼板上局部填塞的洞	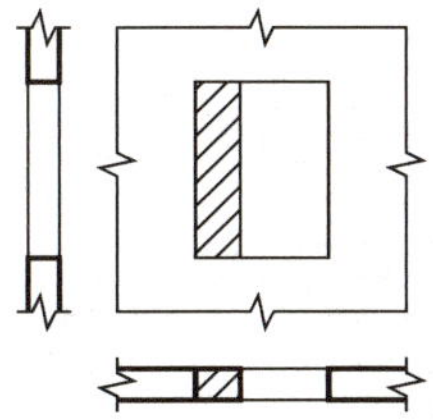	
24	空门洞	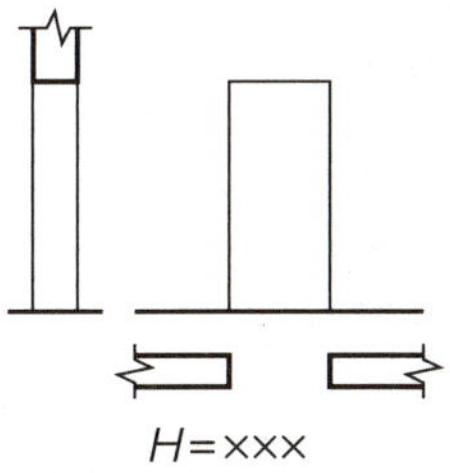	H 为门洞高度
25	单扇门（包括平开或单面弹簧门）	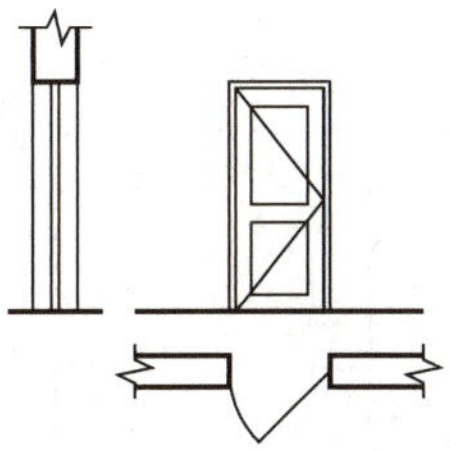	1. 门的名称代号用 M； 2. 图例中剖面图左为外、右为内，平面图下为外、上为内； 3. 立面图上开启方向线交角的一侧为安装合页的一侧，实线为外开、虚线为内开； 4. 平面图上门线应 90°或 45°开启，开启弧线宜绘出； 5. 立面图上的开启线在一般设计图中可不表示，在详图及室内设计图上应表示； 6. 立面形式应按实际情况绘制
26	双扇门（包括平开或双面弹簧门）	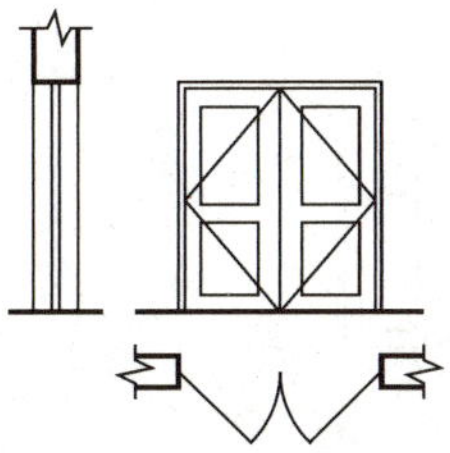	
27	对开折叠门	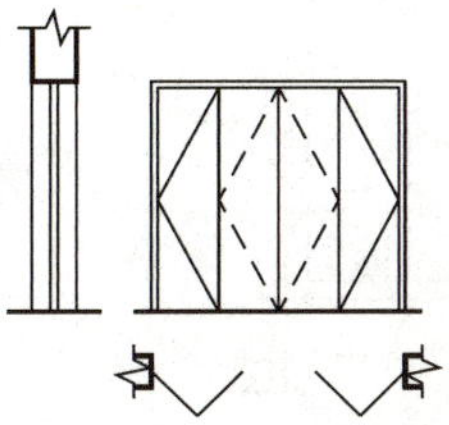	

续表

序号	名称	图例	备注
28	推拉门	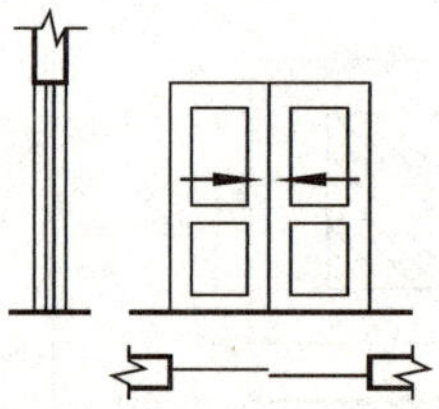	1. 门的名称代号用 M; 2. 图例中剖面图左为外、右为内,平面图下为外、上为内; 3. 立面形式应按实际情况绘制; 4. 绘制时需用箭头标出门的推拉方向 (注:本表序号 28~32 均同此说明)
29	墙外单扇推拉门	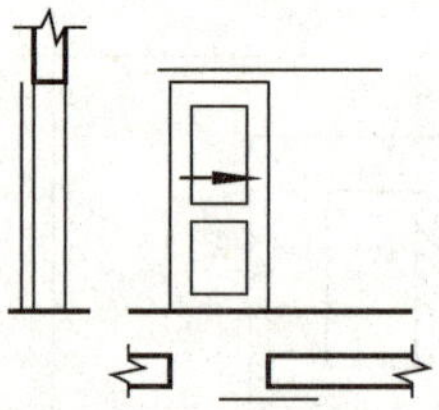	
30	墙外双扇推拉门	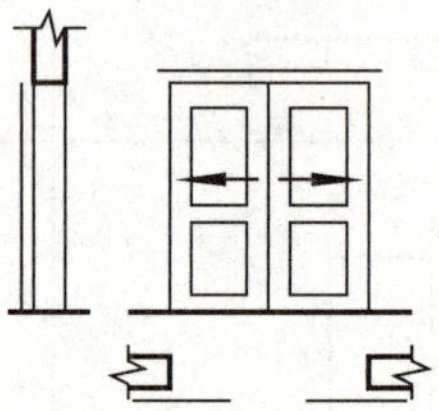	
31	墙中单扇推拉门	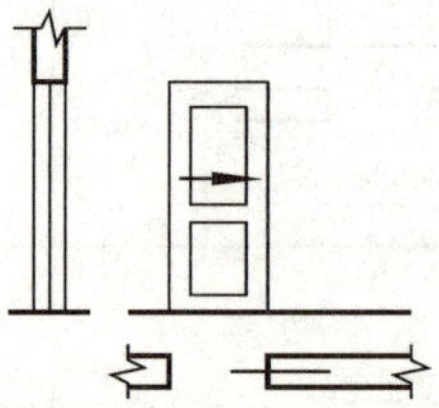	
32	墙中双扇推拉门	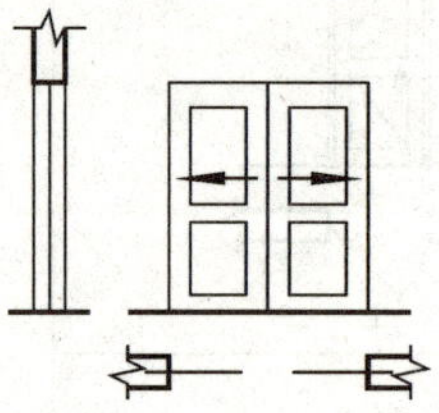	
33	单扇双面弹簧门	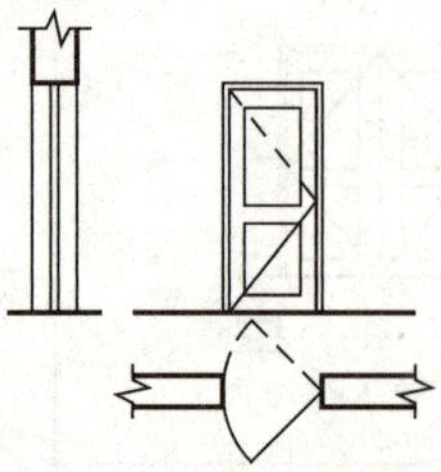	1. 门的名称代号用 M; 2. 图例中剖面图左为外、右为内,平面图下为外、上为内; 3. 立面图上开启方向线交角的一侧为安装合页的一侧,实线为外开、虚线为内开; 4. 平面图上门线应 90°或 45°开启,开启弧线宜绘出; 5. 立面图上的开启线在一般设计图中可不表示,在详图及室内设计图上应表示; 6. 立面形式应按实际情况绘制 (注:本表序号 33~36 均同此说明)
34	双扇双面弹簧门	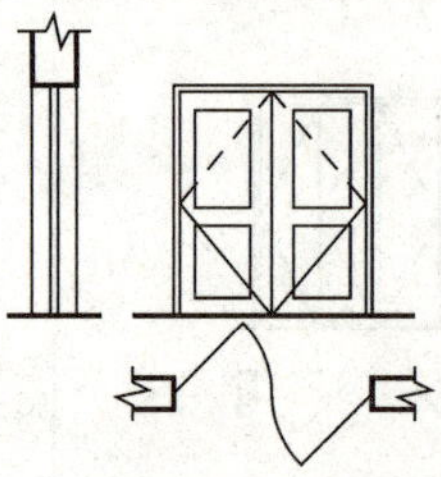	

续表

序号	名称	图例	备注
35	单扇内外开双层门（包括平开或单面弹簧门）	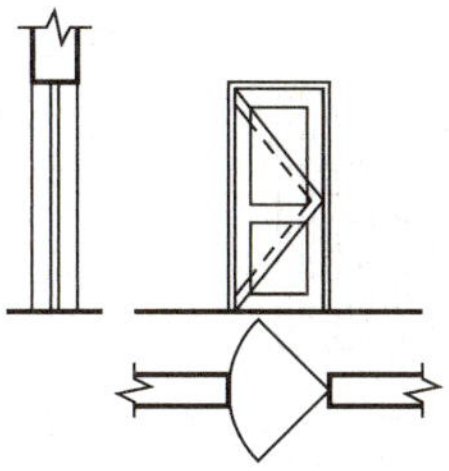	绘制时用弧线表示开关门的行走路径，用以确定门外走道空间是否充足，确保行走流畅
36	双扇内外开双层门（包括平开或双面弹簧门）	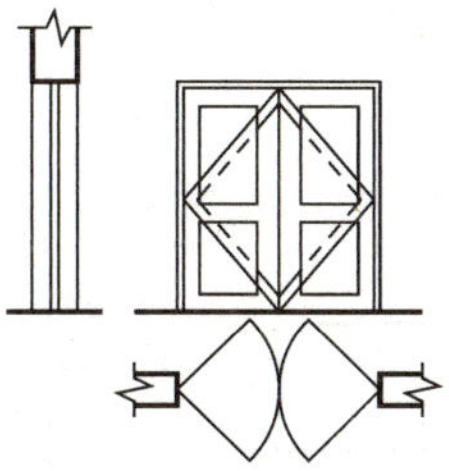	
37	转门	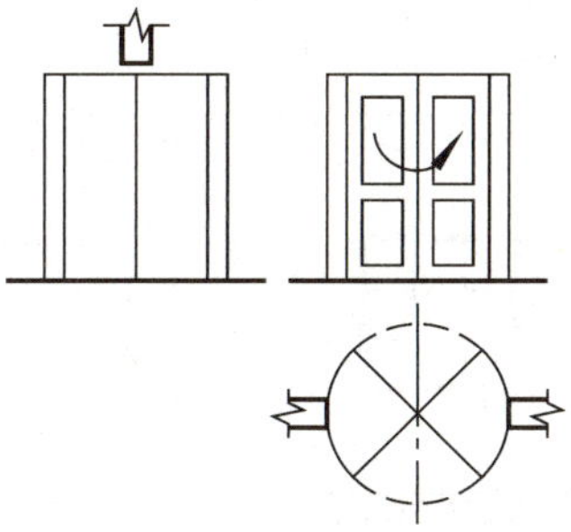	1. 门的名称代号用 M； 2. 图例中剖面图左为外、右为内，平面图下为外、上为内； 3. 平面图上门线应 90°或 45°开启，开启弧线宜绘出； 4. 立面图上的开启线在一般设计图中可不表示，在详图及室内设计图上应表示； 5. 立面形式应按实际情况绘制
38	自动门	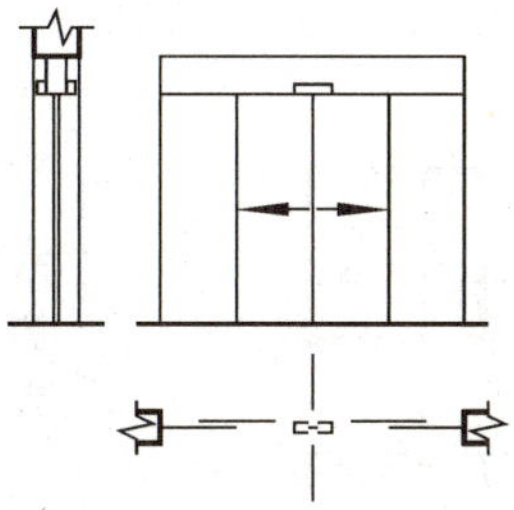	1. 门的名称代号用 M； 2. 图例中剖面图左为外、右为内，平面图下为外、上为内； 3. 立面形式应按实际情况绘制
39	折叠上翻门	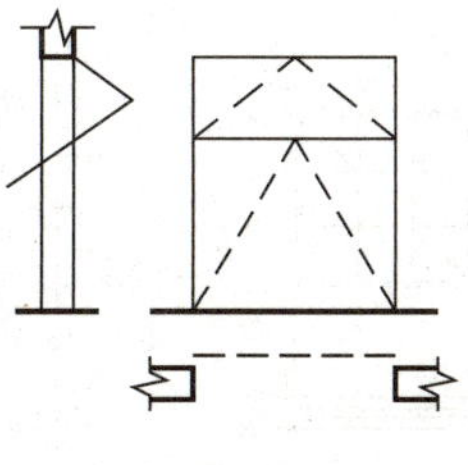	1. 门的名称代号用 M； 2. 图例中剖面图左为外、右为内，平面图下为外、上为内； 3. 立面图上的开启线在一般设计图中可不表示，在详图及室内设计图上应表示； 4. 立面图形式应按实际情况绘制； 5. 立面图上的开启线设计图中应表示
40	竖向卷帘门	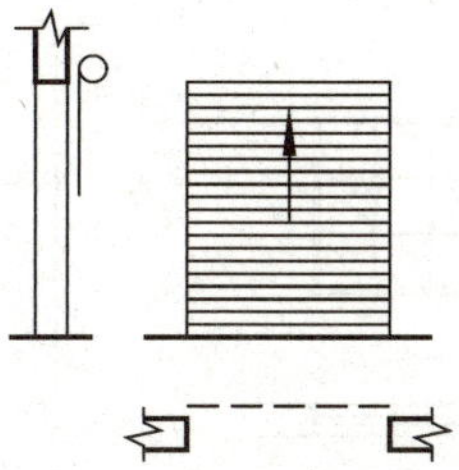	1. 门的名称代号用 M； 2. 图例中剖面图左为外、右为内，平面图下为外、上为内； 3. 立面形式应按实际情况绘制

续表

序号	名称	图例	备注
41	横向卷帘门	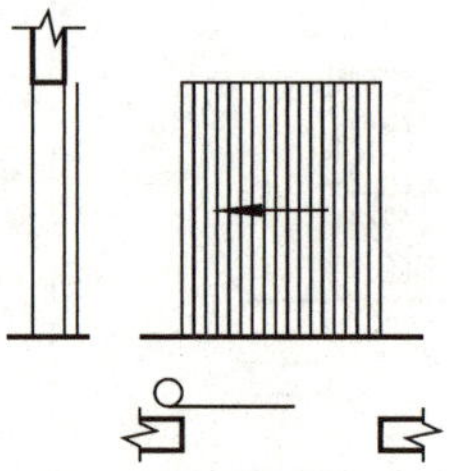	1. 门的名称代号用 M； 2. 图例中剖面图左为外、右为内，平面图下为外、上为内； 3. 立面形式应按实际情况绘制
42	提升门	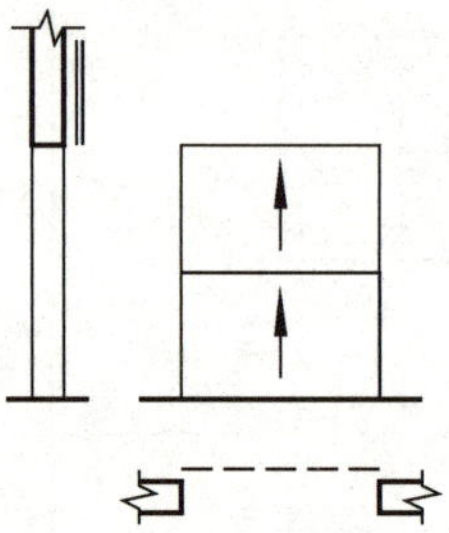	
43	单层固定窗	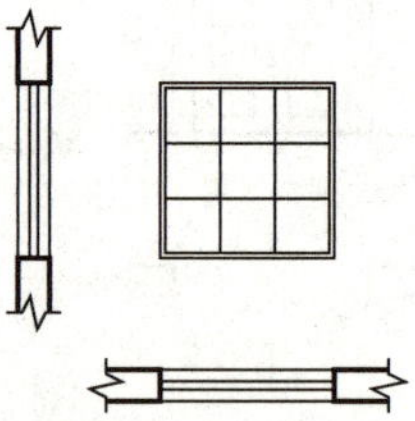	1. 窗的名称代号用 C 表示； 2. 立面图中的斜线表示窗的开启方向，实线为外开、虚线为内开；开启方向线交角的一侧为安装合页的一侧，一般设计图中可不表示； 3. 图例中，剖面图所示左为外、右为内，平面图下为外、上为内； 4. 平面图和剖面图上的虚线仅说明开关方式，在设计图中不需表示； 5. 窗的立面形式应按实际绘制； 6. 小比例绘图时平、剖面的窗线可用单粗实线表示 （注：本表序号 43~50 均同此说明）
44	单层外开上悬窗	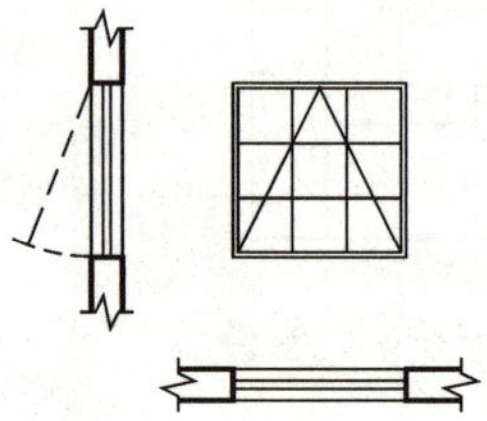	
45	单层中悬窗	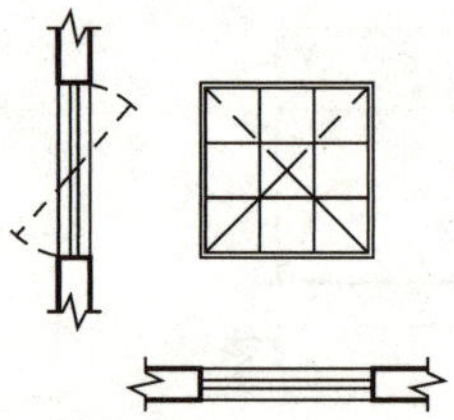	
46	单层内开下悬窗	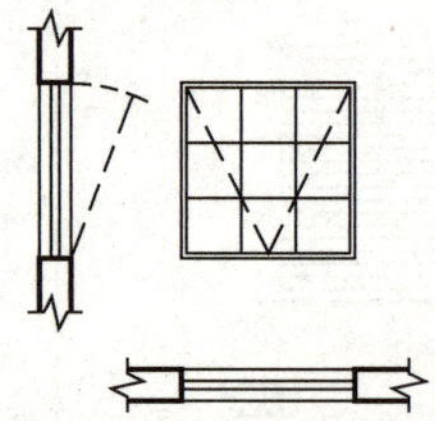	

续表

序号	名称	图例	备注
47	立转窗	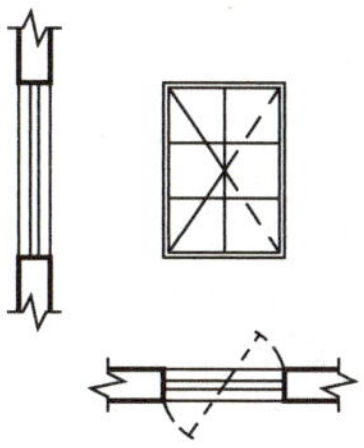	1. 窗的名称代号用C表示; 2. 立面图中的斜线表示窗的开启方向,实线为外开、虚线为内开;开启方向线交角的一侧为安装合页的一侧,一般设计图中可不表示; 3. 图例中,剖面图所示左为外、右为内,平面图下为外、上为内; 4. 平面图和剖面图上的虚线仅说明开关方式,在设计图中不需表示; 5. 窗的立面形式应按实际绘制; 6. 小比例绘图时平、剖面的窗线可用单粗实线表示 (注:本表序号43~50均同此说明)
48	单层外开平开窗	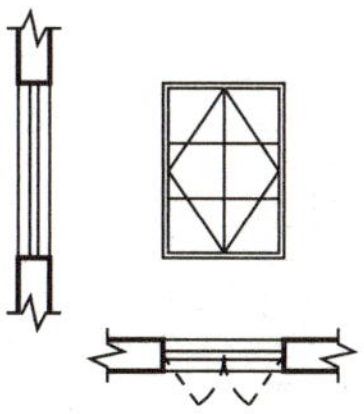	
49	单层内开平开窗	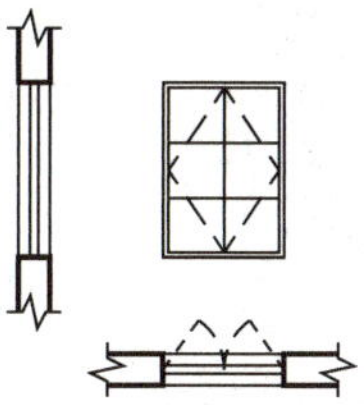	
50	双层内外开平开窗	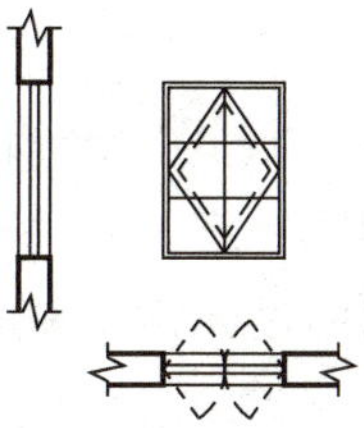	
51	推拉窗	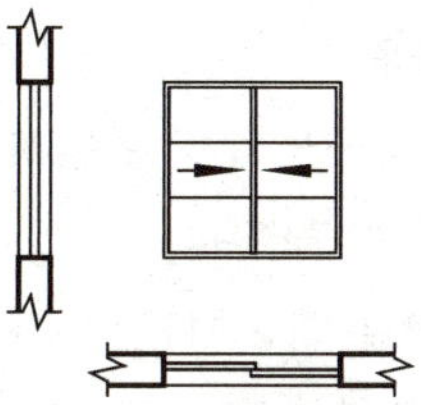	1. 窗的名称代号用C表示; 2. 图例中,剖面图所示左为外、右为内,平面图下为外、上为内; 3. 窗的立面形式应按实际绘制; 4. 小比例绘图时平、剖面的窗线可用单粗实线表示
52	上推窗	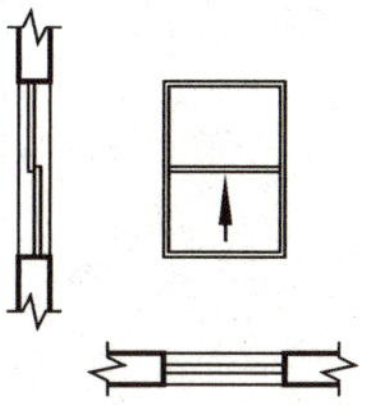	

续表

序号	名称	图例	备注
53	百页窗（百叶窗）	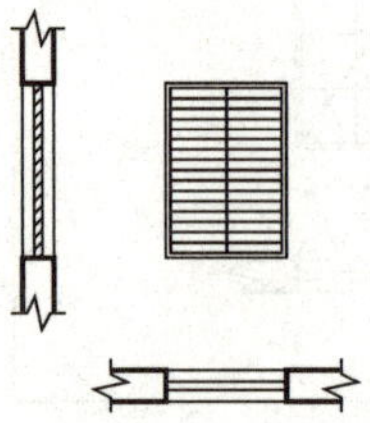	1. 窗的名称代号用 C 表示； 2. 立面图中的斜线表示窗的开启方向，实线为外开、虚线为内开；开启方向线交角的一侧为安装合页的一侧，一般设计图中可不表示； 3. 图例中，剖面图所示左为外、右为内，平面图下为外、上为内； 4. 平面图和剖面图上的虚线仅说明开关方式，在设计图中不需表示； 5. 窗的立面形式应按实际绘制
54	高窗	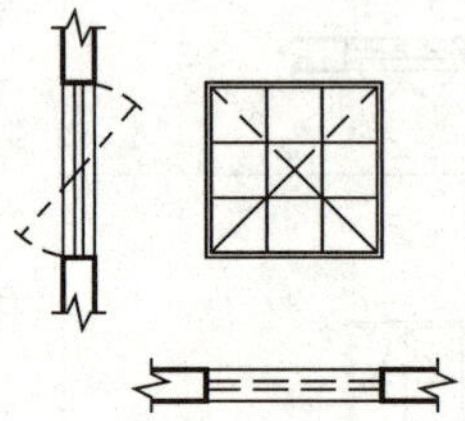 H=×××	1. 窗的名称代号用 C 表示； 2. 立面图中的斜线表示窗的开启方向，实线为外开、虚线为内开；开启方向线交角的一侧为安装合页的一侧，一般设计图中可不表示； 3. 图例中，剖面图所示左为外、右为内，平面图下为外、上为内； 4. 平面图和剖面图上的虚线仅说明开关方式，在设计图中不需表示； 5. 窗的立面形式应按实际绘制； 6. H 为窗底距本层楼地面的高度

本章小结

本章主要介绍了 GB/T 50001—2017《房屋建筑制图统一标准》，适用于环境艺术设计制图，这套标准与本书后续章节中的其他标准相互依托、相互补充，针对不同图纸专业门类来表述制图规范。虽然规范很严格，但是目的却很明确，就是让更多的设计师、施工员能通过图纸所表达的设计信息来达成工作的一致性。

课后练习

1. 熟记表 2-4 图线的一般用途。
2. 默写、默画出国家标准中关于尺寸标注的章节内容。
3. 使用 A4 幅面图纸临摹本章中表 2-4。
4. 使用 A4 幅面图纸临摹本章中图 2-17、图 2-18。
5. 熟记常用建筑材料图例和构造及配件图例。
6. 熟读并比较 GB/T 50001—2017《房屋建筑制图统一标准》和 GB/T 50104—2010《建筑制图标准》。

第3章

总平面图

识读难度：★☆☆☆☆
核心概念：总平面图、地形、标高、植物

章节导读：

总平面图是所有后续图纸的绘制依据，它是表明一项设计项目总体布置情况的图纸，同时总平面图也被称为总体布置图，按一般规定比例绘制，表示建筑物、构建物的方位、间距等，由于具体施工性质、规模不同，总平面图所包含的内容有的较为简单，有的较为复杂。在初学制图过程中，除了要强化理论知识之外，还需勤学勤练，多实践。

3.1 国家标准规范

总平面图既是表明新建房屋所在基础有关范围内的总体布置，也是房屋及其设施施工的定位、土方施工以及绘制水、暖、电路管线总平面图和施工总平面图的依据。

3.1.1 图线和比例

1. 图线

GB/T 50103—2010《总图制图标准》中对总平面图的绘制作了详细规定。总平面图的绘制还应符合 GB/T 50001—2017《房屋建筑制图统一标准》以及国家现行的有关强制性标准的规定（表3-1），这相对于 GB/T 50103—2010《总图制图标准》而言，作了进一步细化深入。

2. 比例

总平面图制图所采用的比例，也应该符合一定的规定，一个图样宜选用一种比例（表3-2）。

表3-1 图线

名称		图例	线宽	用途
实线	粗	————	*B*	1. 新建建筑物±0.00高度的可见轮廓线； 2. 新建的铁路、管线

续表

名称		图例	线宽	用途
实线	中		0.5B	1. 新建构筑物、道路、桥涵、边坡、围墙、露天堆场、运输设施、挡土墙的可见轮廓线； 2. 场地、区域分界线、用地红线、建筑红线、尺寸起止符号、河道蓝线； 3. 新建建筑物±0.00 高度以外的可见轮廓线
	细		0.25B	1. 新建道路路肩、人行道、排水沟、树丛、草地、花坛的可见轮廓线； 2. 原有（包括保留和拟拆除的）建筑物、构筑物、铁路、道路、桥涵、围墙的可见轮廓线； 3. 坐标网线、图例线、尺寸线、尺寸界线、引出线、索引符号等
虚线	粗		B	新建建筑物、构筑物的不可见轮廓线
	中		0.5B	1. 计划扩建建筑物、构筑物、预留地、铁路、道路、桥涵、围墙、运输设施、管线的轮廓线； 2. 洪水淹没线
	细		0.25B	原有建筑物、构筑物、铁路、道路、桥涵、围墙的不可见轮廓线
单点长划线	粗		B	建筑的可见轮廓线；总图中原有建筑物和构筑物的可见轮廓线；制图中的各种标注线
	中		0.5B	建筑的不可见轮廓线；总图中原有建筑物和构筑物的不可见轮廓线
	细		0.25B	中心线、定位轴线
粗双点长划线			B	地下开采区塌落界线
折断线			0.5B	断开界线
波浪线			0.5B	

注：应根据图样中所表示的不同重点，确定不同的粗细线型。如绘制总平面图时，新建建筑物采用粗实线，其他部分采用中线和细线；绘制管线综合图或铁路图时，管线、铁路采用粗实线。

表 3-2 比例

图名	比例
地理、交通位置图	1∶200000~1∶25000
总体规划、总体布置、区域位置图	1∶2000，1∶5000，1∶10000，1∶25000，1∶50000
总平面图、竖向布置图、管线综合图、土方图、排水图、绿化平面图	1∶300，1∶500，1∶1000，1∶2000
场地断面图	1∶100，1∶200，1∶500，1∶1000
详图	—

3.1.2 其他标准

1. 计量单位

总平面图中的坐标、标高、距离宜以米为单位，并应至少精确至小数点后两位，不足时以“0”补齐。详图是对建筑的部分结构用大于原图的比例画出来图样，以毫米（mm）为单位，如不以毫米为单位，应另加说明。建筑物、构筑物方位角（或方向角）的度数，宜注写到“秒”（″），特殊情况，应另加说明。道路纵坡度、场地平整坡度、排水沟沟底纵坡度宜以百分（%）计，并应精确至小数点后一位，不足时以“0”补齐。

2. 坐标注法

总平面图应按上北下南方向绘制，根据场地形状或布局，可向左或右偏转，但不宜超过45°，图中还应绘制指北针或风玫瑰图（图3-1）。坐标网格应以细实线表示。测量坐标网应画成交叉十字线，坐标代号宜用“*X*、*Y*”表示；建筑坐标网应画成网格通线，坐标代号宜用“*A*、*B*”表示（图3-2）。

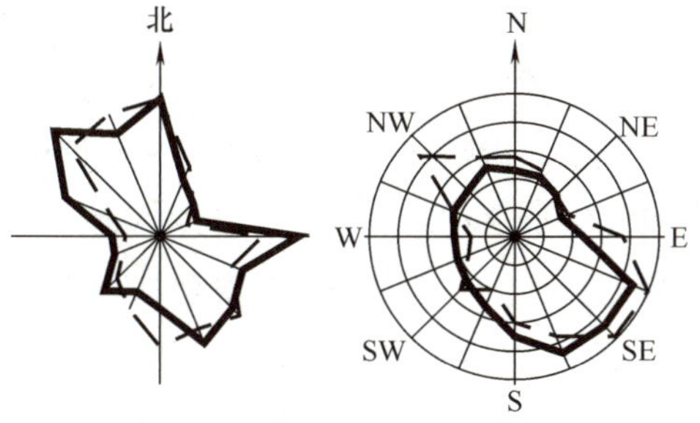

图3-1 风玫瑰图

图3-1：风玫瑰图也称为风向频率玫瑰图，它是根据某一地区多年平均统计的各方风向和风速的百分数值，并按一定比例绘制，一般多用8个或16个罗盘方位表示，由于该图的形状形似玫瑰花朵，故名风玫瑰图。风玫瑰图上所表示风的吹向（即风的来向），是指从外面吹向该地区中心的方向。风玫瑰图只适用于一个地区，特别是平原地区，是风气候的直观反映。图中线段最长者，即外面到中心的距离越大，表示风频越大，其为当地主导风向，外面到中心的距离越小，表示风频越小，其为当地最小风频。总平面图布局时注意风向对工程位置的影响，如把清洁的建筑物布置在主导风向的上风向；污染建筑物布置在主导风向的下风向，最小风频的上方向。消防监督部门会根据国家有关消防技术规范在图纸审核时查看风玫瑰图，风玫瑰图与相关数据则一般由当地气象部门提供。

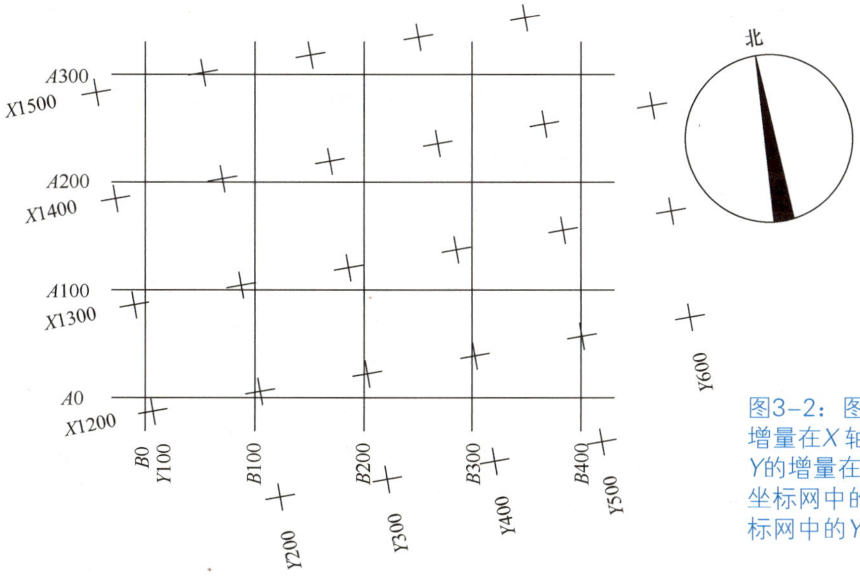

图3-2 坐标网格

图3-2：图中*X*为南北方向轴线，*X*的增量在*X*轴线上；*Y*为东西方向轴线，*Y*的增量在*Y*轴线上。*A*轴相当于测量坐标网中的*X*轴，*B*轴相当于测量坐标网中的*Y*轴。

坐标值为负数时，应注“-”号，为正数时，“+”号可省略。总平面图上有测量和建筑两种坐标系统时，应在附注中注明两种坐标系统的换算公式。表示建筑物、构筑物位置的坐标，宜注其三个角的坐标，如建筑物、构筑物与坐标轴线平行，可注其对角坐标。

在一张图上，主要建筑物、构筑物用坐标定位时，较小的建筑物、构筑物也可用相对尺寸定位。建筑物、构筑物、道路、管线等应标注下列部位的坐标或定位尺寸：建筑物、构筑物的定位轴线（或外墙面）或其交点；圆形建筑物、构筑物的中心；皮带走廊的中线或其交点；管线（包括管沟、管架或管桥）的中线或其交点；挡土墙墙顶外边缘线或转折点。

坐标宜直接标注在图上，如果图面无足够位置，也可列表标注。在一张图上，如坐标数字的位数太多，可将前面相同的位数省略，其省略位数应在附注中加以说明。

3. 标高注法

标高注法应以含有±0.00标高的平面作为室内总图平面，图中标注的标高应为绝对标高，如标注相对标高，则应注明相对标高与绝对标高的换算关系（图3-3、图3-4）。

图3-3：建筑物室内地坪，标注建筑图中±0.00处的标高；对不同高度的地坪，分别标注其标高。

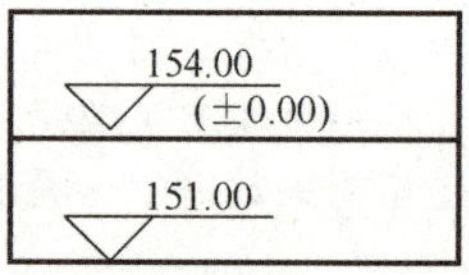

图3-3　地坪标高

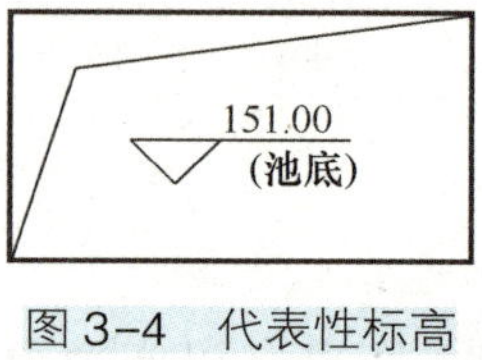

图3-4　代表性标高

图3-4：建筑物室外散水，标注建筑物四周转角或两对角的散水坡脚处的标高；构筑物标注其有代表性的标高，并用文字注明标高所指的位置。

道路要标注路面中心交点及变坡点的标高；挡土墙要标注墙顶和墙趾标高，路堤、边坡要标注坡顶和坡脚标高，排水沟要标注沟顶和沟底标高；场地平整要标注其控制位置标高，铺砌场地要标注其铺砌面标高。标高符号应按GB/T 50001—2017《房屋建筑制图统一标准》中“标高”一节的有关规定标注。

4. 名称和编号

总平面图上的建筑物、构筑物应注写名称，名称宜直接标注在图上。当图样比例小或图面无足够位置时，也可编号列表标注在图内。当图形过小时，可标注在图形外侧附近处。一个工程中，整套总图图纸所注写的场地、建筑物、构筑物、道路等的名称应统一，各设计阶段的上述名称和编号应一致。

5. 图例

总平面图例内容很多，这里列举部分常用图例（表3-3），全部图例可以查阅GB/T 50103—2010《总图制图标准》相关章节。

表3-3　**总平面图中的常用图例**

序号	名称	图例	备注
1	新建的道路	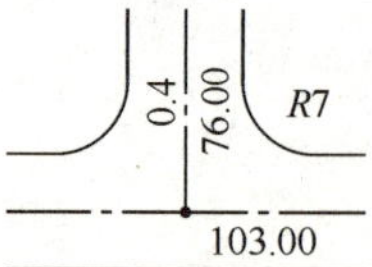	“$R7$”表示道路转弯半径为7m，“103.00”为路面中心的交叉点标高，“0.4”表示0.4%的纵向坡度，“76.00”表示变坡点间距离
2	原有道路	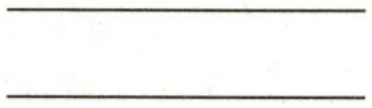	
3	计划扩建的道路		
4	拆除的道路	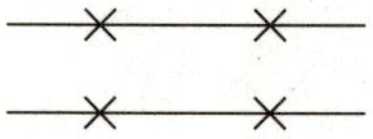	
5	人行道	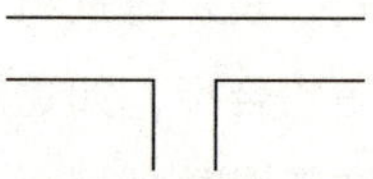	

续表

序号	名称	图例	备注
6	道路曲线段	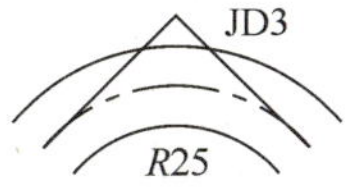	“Jd3”为曲线转折点编号；“R25”表示道路中心曲线半径为25m
7	新建建筑物	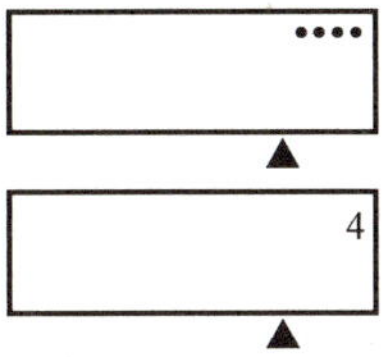	1. 需要时，可用▲表示出入口，可在图形内右上角用点数或数字表示层数； 2. 建筑物外形(一般以±0.00高度处的外墙定位轴线或外墙面为准)用粗实线表示。需要时，地面以上建筑用中粗实线表示，地面以下建筑用粗虚线表示
8	原有建筑物	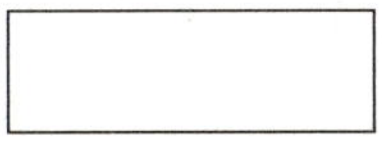	用细实线表示
9	计划扩建的预留地或建筑物		用中虚线表示
10	拆除的建筑物	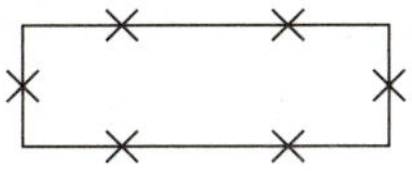	用细实线表示
11	铺砌场地	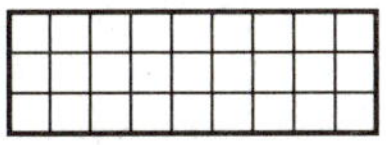	
12	敞棚或敞廊	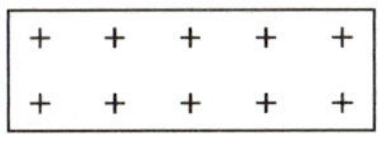	
13	围墙及大门	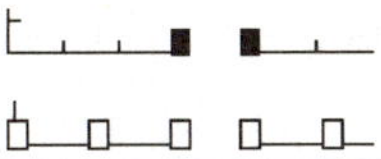	上图为实体性质的围墙，下图为通透性质的围墙，若仅表示围墙时不画大门
14	坐标	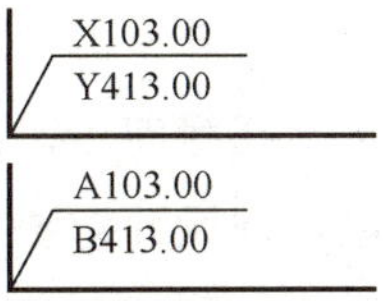	上图表示测量坐标，下图表示建筑坐标
15	填挖边坡	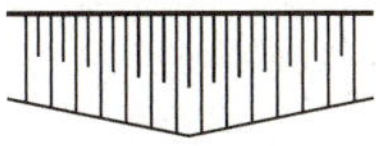	边坡较长时，可在一端或两端局部表示，下边线为虚线时，表示填方
16	护坡	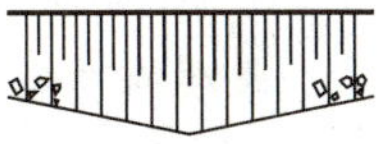	
17	雨水口与消火栓井	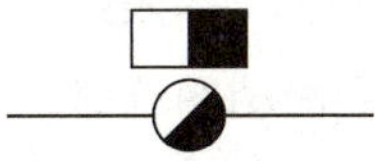	上图表示雨水口，下图表示消火栓井
18	室内标高	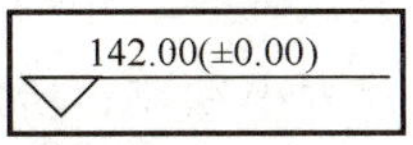	
19	管线	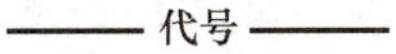	管线代号按国家现行有关标准的规定标注
20	地沟管线	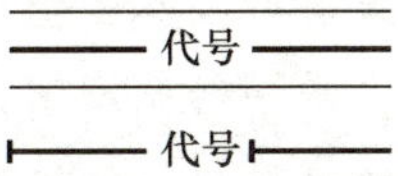	1. 上图用于比例较大的图面，下图用于比例较小的图面； 2. 管线代号按国家现行有关标准的规定标注
21	常绿针叶乔木	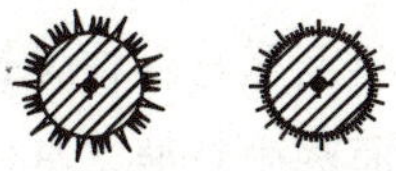	

续表

序号	名称	图例	备注
22	常绿阔叶乔木	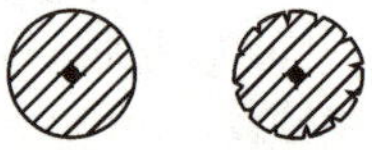	
23	常绿阔叶灌木		
24	落叶阔叶灌木		
25	草坪	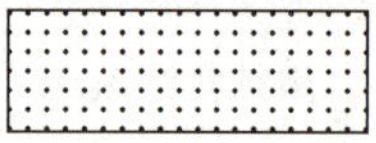	
26	花坛	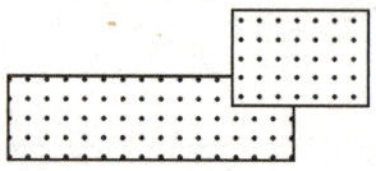	

3.2　总平面图要素

要能全面地绘制出总平面图，首先需要了解清楚总平面图的内容和用途。总平面图是对原有地形、地貌的改造和新的规划，图中应该标明规划用地的现状和范围，且需要依照比例表示出规划用地范围内各景观组成要素的位置和外轮廓线。总平面图还能反映出规划用地范围内景观植物的种植位置，对于植物的种类要能有所区分。

1. 地形

在总平面图中，地形的高低变化和分布情况通常用等高线来表示，表现设计地形的等高线要用细实线绘制，表现原地形的等高线要用细虚线绘制，一般只标注设计地形，不标注高程。

2. 水体

水体一般用两条线表示，外面的线用特粗实线绘制，表示水体边界线即驳岸线，里面的线用细实线绘制，表示水体的常水位线。

3. 山石

山石的绘制方法可以采用其水平投影轮廓线概括表示，一般以粗实线绘制出边缘轮廓并以细实线概括性地绘制出山体的皴纹即可。

4. 道路

在总平面图中，道路一般情况下只需用细实线画出路缘即可，但在一些大比例图纸中为了更明确地表现设计意图，可以按照设计意图对路面的铺装形式、图案进行简略的表示，可配上相关的注解文字。

5. 植物

景观植物由于种类繁多，姿态各异，平面图中无法详尽表达，一般采用图例概括表示，绘制植物平面图图例时，要注意曲线过渡自然，图形应该形象、概括，树冠的投影、大小要按照成龄以后的树冠大小绘制，所绘图例必须区分出针叶树、阔叶树、常绿树、落叶树、乔木、灌木、绿篱、花卉、草坪以及水生植物等。

一般情况下，在总平面图中不会要求具体到植物的品种，但是规划面积较小的简单设计，会将总平面图与种植设计平面图合二为一，此时，在总平面图中就要求具体到植物的品种（图3-5）。

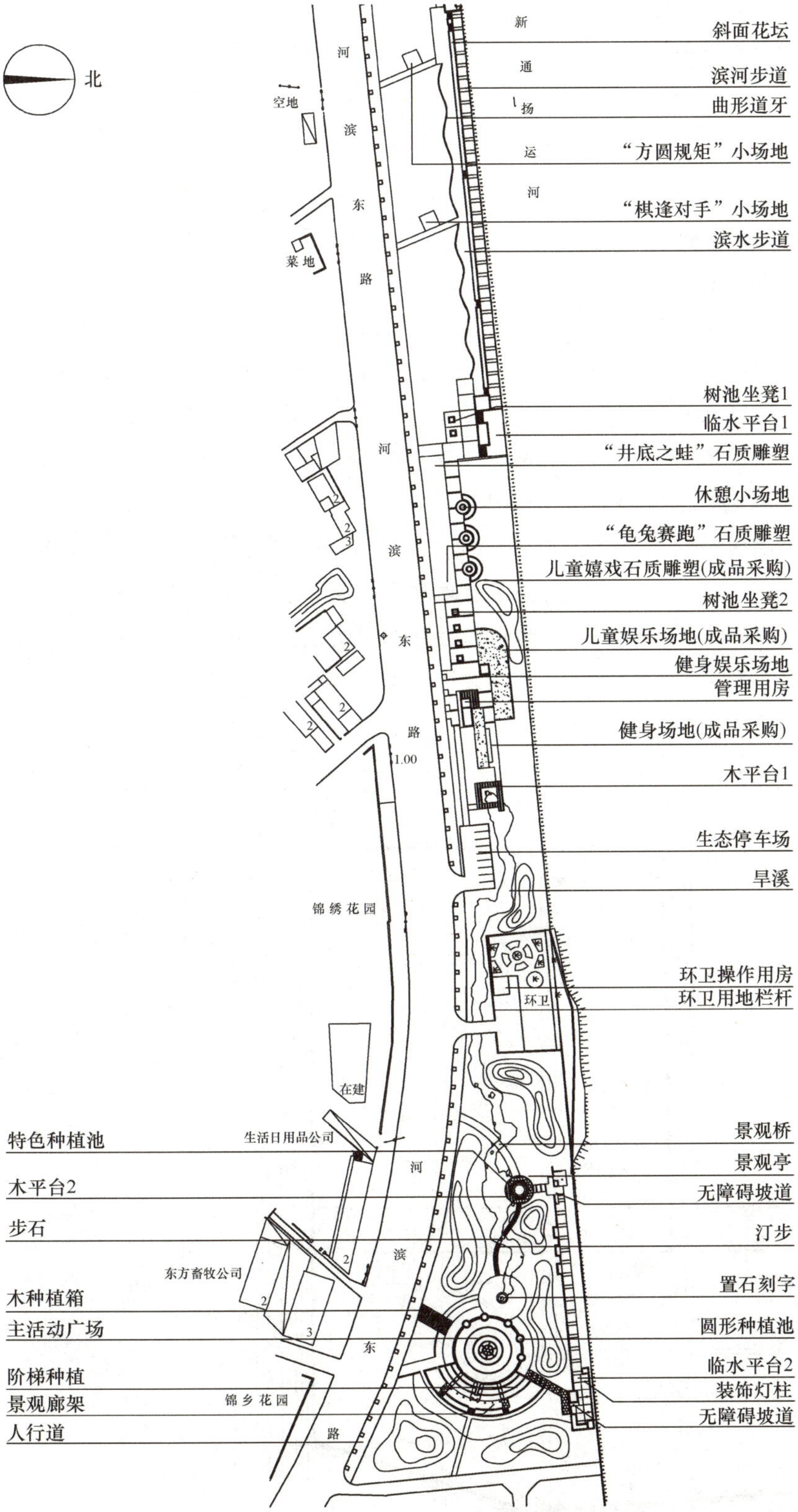

图3-5　某河滨公园总平面图（1：2000）

图3-5：总平面图由于设计对象不同而有不同的绘制内容。以景观为主的总平面图会更多表现景观构造与绿化，面积大的总平面图会更倾向于标注道路设施。在施工图中，总平面图更多倾向于材料、构造的标注，而对于整体尺寸可以在后期施工图中表现。

3.3　总平面图绘制方法

在施工图中所需绘制的总平面图一般涉及绿化布置、景观布局等方面，或者作为室内平面图的延伸，一般不涉及建筑构造和地质勘测等细节。总平面图需要表述的是道路、绿化、小品、构件的形态和尺寸，对于需要细化表现的设计对象，也可以增加后续平面图和大样图作为补充。设计师要绘制出完整、准确的总平面图，关键在于获取第一手的地质勘测图或建筑总平面图，有了这些资料，再加上几次实地考察和优秀的创意，绘制高质量的总平面图就不难了。

下面列举两套总平面图，具体绘制方法可以各分为三个步骤。

3.3.1　科技园区总平面图

1. 确定总体图纸框架

(1) 经过详细现场勘测后绘制出总平面图初稿，并携带初稿再次赴现场核对，最好能向投资方索要地质勘测图或建筑总平面图，这些资料越多越好。

(2) 对于设计面积较大的现场，还可以参考网络卫星地图来核实。总平面图初稿可以是手绘稿，也可以是计算机图稿，图纸要能正确绘制出设计现场的设计红线、尺寸、坐标网格和地形等高线，准

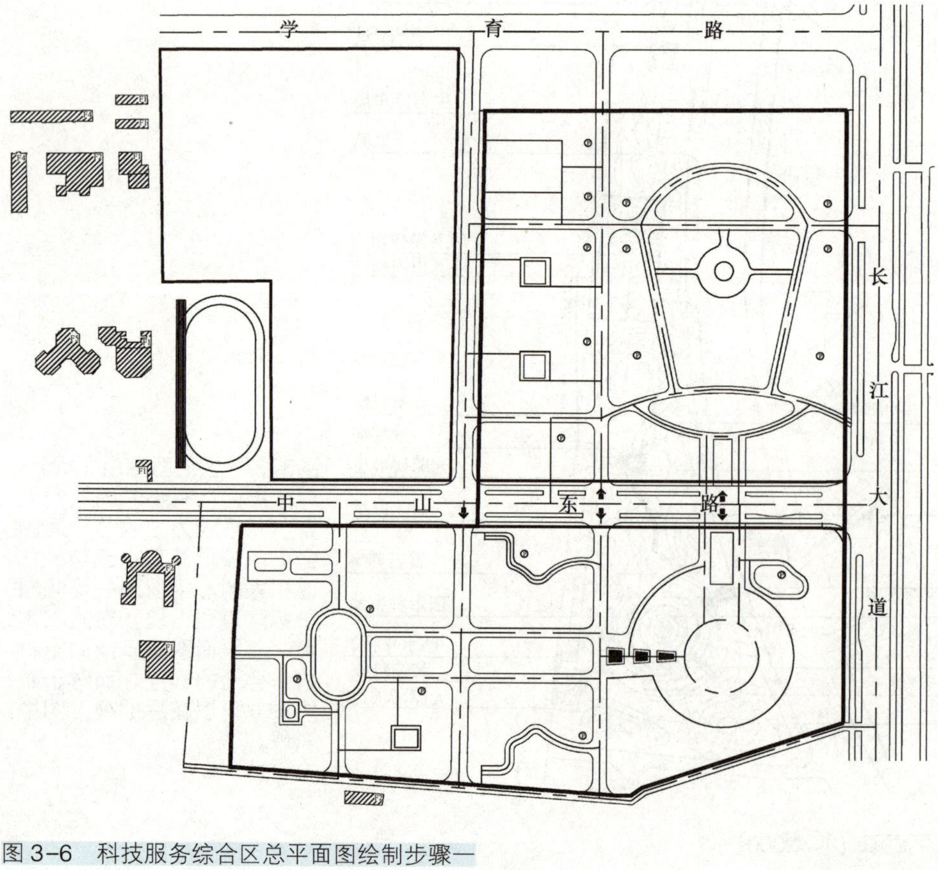

图3-6：绘制出基础框架，这些形体的尺寸数据来源于设计院或档案馆，也可以现场测量。对周边环境进行简要表现。

图 3-6　科技服务综合区总平面图绘制步骤一

确标出建筑所在位置。

（3）经过至少两次核实后，应该将这种详细的框架图纸单独描绘一遍，保存下来，方便随时查阅。

（4）总平面图的图纸框架可简可繁，对于大面积住宅小区和公园，由于地形地貌复杂，图纸框架必须很详细，而小面积户外广场或住宅庭院则比较简单，无论哪种情况，都要认真对待，它是后续设计的基础（图3-6）。

2. 表现设计对象

（1）总平面图的基础框架出来后可以复印或描绘一份，使用铅笔或彩色中性笔绘制创意草图，经过多次推敲、研究后再绘制正稿。

（2）总平面图的绘制内容比较多，没有一份较完整的草图会导致多次返工，影响工作效率。具体设计对象主要包括需要设计的道路、花坛、小品、建筑构造、水池、河道、绿化、围墙、围栏、台阶、地面铺装等。

（3）一般先绘制固定对象，再绘制活动对象；先绘制大型对象，再绘制小型对象；先绘制低海拔对象，再绘制高海拔对象；先绘制规则形对象，再绘制自由形对象等。总之，要先易后难，使绘图者的思维不断精密后再绘制复杂对象，这样才能使图面更加丰富完整（图3-7）。

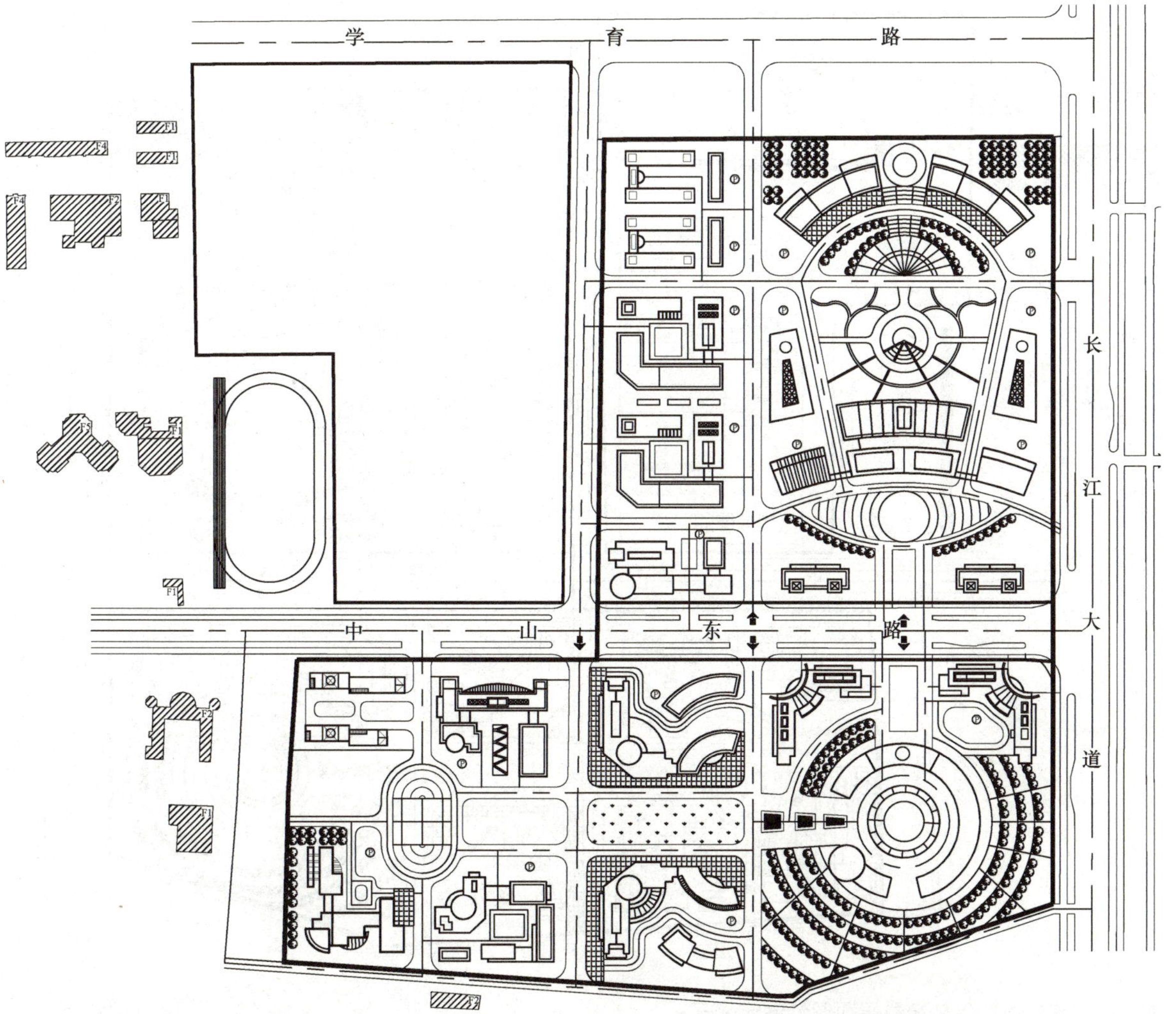

图3-7　科技服务综合区总平面图绘制步骤二

图3-7：细致绘制绿化景观、建筑造型，并对建筑结构、设施等基本形体进行填充，绘制出绿化物等细节。

3. 加注文字与数据

（1）当主要设计对象绘制完毕后，就加注文字和数据，这主要包括建筑构件名称、绿化植物名称、道路名称、整体和局部尺寸数据、标高数据、坐标数据、中轴对称线。

（2）小面积总平面图可以将文字通过引出线引出到图外加注，大面积总平面图要预留书写文字和数据的位置，对于相同构件可以只标注一次，但是两构件相距太远时，也需要重复标明。此外，为了丰富图面效果，还可以加入一些配饰，如车辆、水波等，最后加入风玫瑰图和方向定位。

（3）加注的文字与数据一定要有据可依，不能凭空臆想，同时，这个步骤也是检查、核对图纸的关键，很多不妥的设计方式或细节错误都是在这个环节发现并加以更正的。

（4）当文字和数据量较大时，应该从上到下或自左向右逐个标注，避免遗漏，对于非常复杂的图面，还应该在图外编写设计说明，强化图纸的表述能力。只有图纸、文字、数据三者完美结合，才能真实、客观地传达设计思想，体现制图品质（图3-8）。

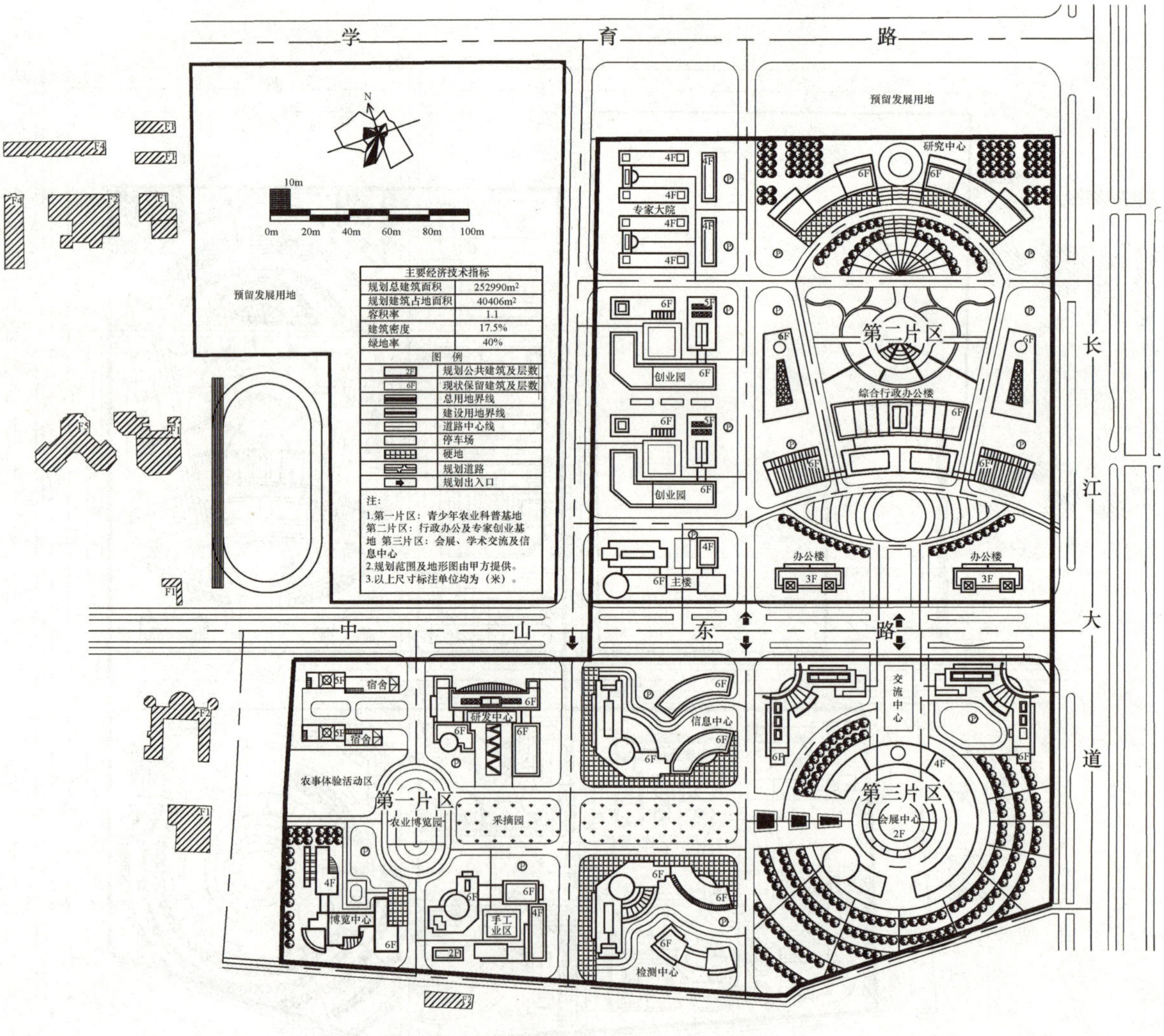

图 3-8　科技服务综合区总平面图绘制步骤三

图 3-8：加注文字与设计细节，不要遗漏任何有实际功能的图形元素，最后进行整体调整，增补设计说明文字与数据信息。

3.3.2 生态庭院规划总平面图

1. 确定总体图纸框架

（1）经过详细现场勘测后绘制出总平面图初稿，携带初稿再次赴现场核对，可向投资方询问相关地质勘测图或建筑总平面图，最好能查看这些图纸，以便总平面图的绘制。

（2）对于设计面积较大的现场，还可以参考网络地图来核实。总平面图初稿可以是手绘稿，也可以是计算机图稿，图纸要能正确绘制出设计现场的设计红线、尺寸、坐标网格和地形等高线，准确标出建筑所在位置，加入风玫瑰图和方向定位。

（3）经过至少两次核实后，应该将这种详细的框架图纸单独描绘一遍，保存下来，方便日后随时查阅。

（4）总平面图的图纸框架可简可繁，地形地貌比较复杂的区域，图纸框架必须很详细（图 3–9）。

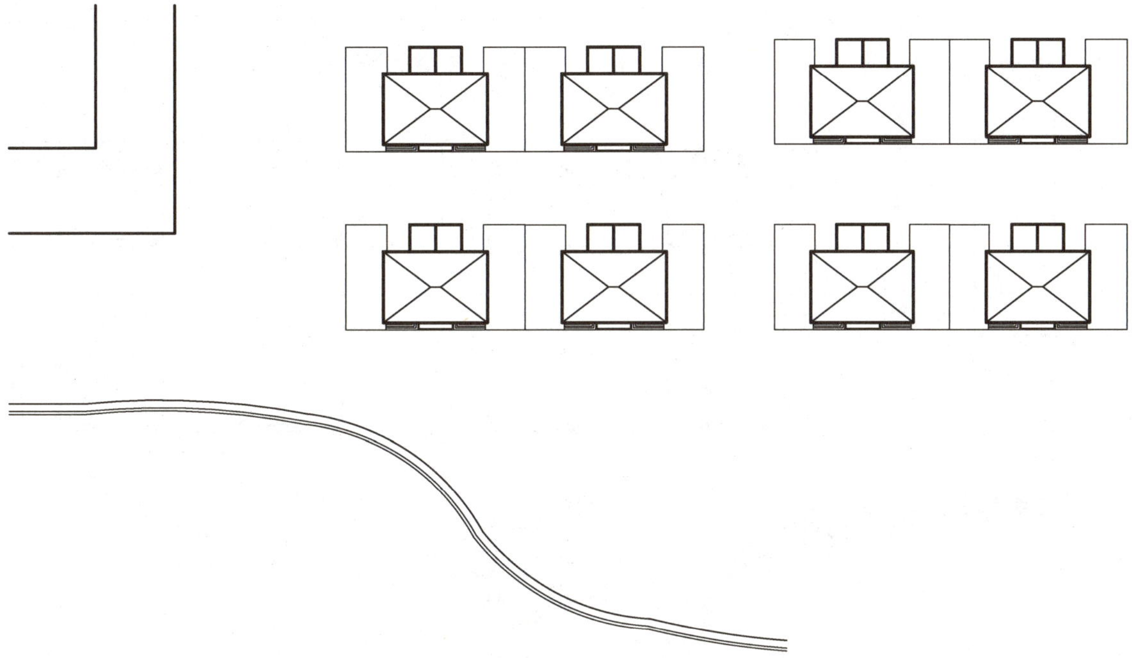

图 3–9　生态庭院规划总平面图绘制步骤一

图 3–9：根据测量数据绘制出基本平面布置，包括建筑、绿化、道路的基本轮廓，注意用线要区分粗、中、细三个层次。

★补充要点——如何制图美观

1. 如果绘制平行且距离不大的两条线（同一物质），必须一粗一细。
2. 多行文字标注要展开，文字标注与尺寸标注也需展开。
3. 在整张图纸中，所有引出线必须全部平行。
4. 字体若打印出来太小，可调大些，可参考 10 号字，另外，图纸的编号用 6 号字。
5. 尺寸标注线用最细的，尺寸标注线上的数字以及文字标注可采用加粗字体。
6. 网格放样图中的字体和原点可相对比同比例的图里的字体大一些。

7. 同一张图中的标注必须全部统一。

8. 在一项设计里，若水流经过的组团大于或者等于 5 个，则必须为水流界限单独画一张网格放样图。

2. 表现设计对象

（1）总平面图的基础框架绘制完成后可以复印或描绘一份，可使用铅笔或彩色中性笔绘制创意草图，经过多次复核、研究后再绘制正稿。

（2）总平面图的绘制内容比较多，没有一份较完整的草图会导致多次返工，影响工作效率。具体设计对象主要包括需要设计的道路、花坛、小品、建筑构造、树池、水池、河道、绿化、围墙、围栏、台阶以及地面铺装等。

（3）一般先绘制固定对象，再绘制活动对象；先绘制大型对象，再绘制小型对象；先绘制低海拔对象，再绘制高海拔对象；先绘制规则形对象，再绘制自由形对象等。总之，要先易后难，使绘图者的思维不断缜密后再绘制复杂对象，这样才能使图面更加丰富完整（图 3–10）。

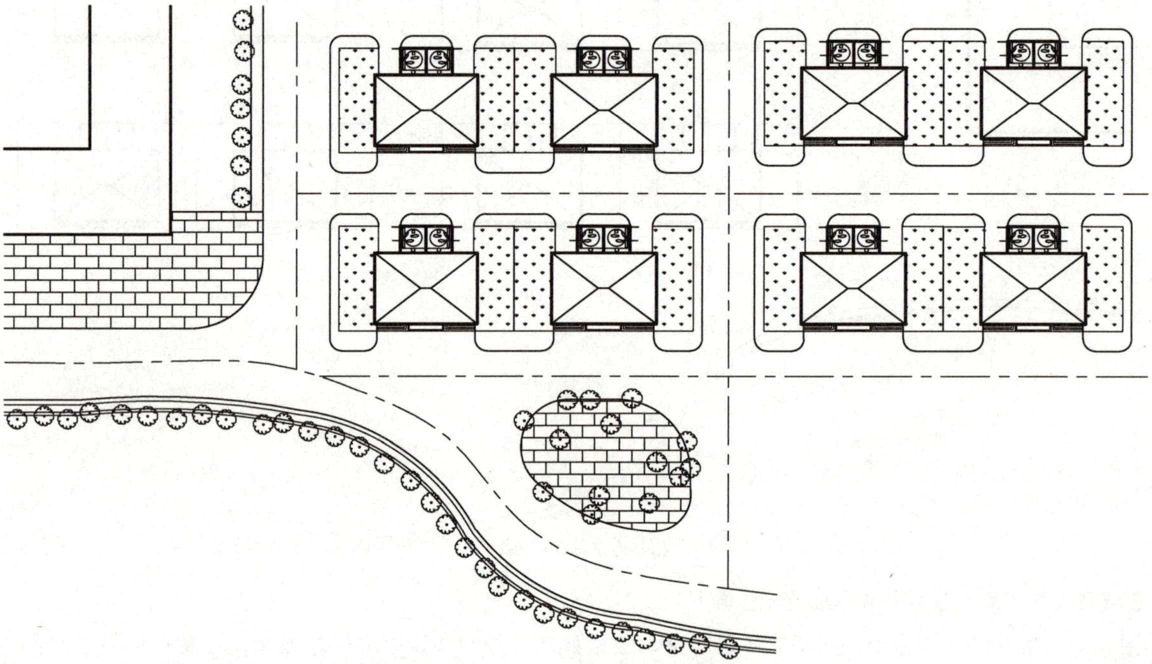

图 3–10　生态庭院规划总平面图绘制步骤二

图 3–10：绘制地面道路轴线与相关地面材质填充，补充绿化植物等细节。

★补充要点——建筑红线

建筑红线又称为建筑控制线，是指在城市规划管理中，控制城市道路两侧沿街建筑物或构筑物（如外墙、台阶等）靠临街面的界线，任何临街建筑物或构筑物均不得超过建筑红线。

建筑红线由道路红线和建筑控制线组成，道路红线是城市道路含居住区及道路等用地的规划控制线，而建筑控制线是建筑物基底位置的控制线。基底邻近道路一侧，一般以道路红线为建筑控制线，根据城市规划需要，主管部门可在道路红线以外另订建筑控制线，任何建筑都不得超越已给定的建筑红线。

3. 加注文字与数据

（1）当主要设计对象绘制完毕后，可开始加注文字和数据，主要包括建筑物或构筑物名称、绿化植物名称、道路名称、整体和局部尺寸数据、标高数据、坐标数据、中轴对称线、入口符号以及河道名称等。

（2）小面积总平面图可以将文字通过引出线进行图外加注，大面积总平面图要预留文字和数据的位置，对于相同构件可以只标注一次，但是两构件相距太远时，依旧需要重复标明。此外，为了丰富图面效果，还可以加入一些配饰，如车辆、水波等。

（3）加注的文字与数据一定要有据可依，不能凭空臆想，同时，这个步骤也是检查、核对图纸的关键。

（4）当文字和数据量较大时，应该从上到下或自左向右逐个标注，避免遗漏，对于非常复杂的图面，还应该在图外编写设计说明，强化图纸的表述能力。只有图纸、文字、数据三者完美结合，才能真实、客观地传达设计思想，体现制图品质（图3-11）。

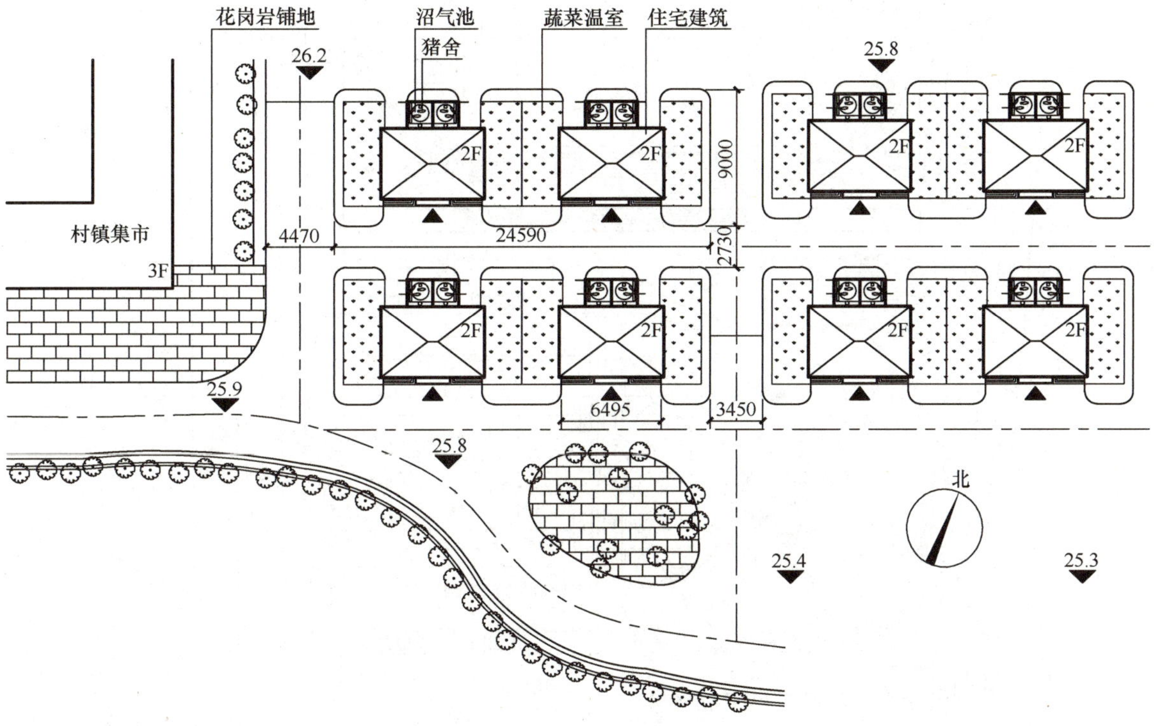

图3-11 生态庭院规划总平面图绘制步骤三

图3-11：补充各种文字信息，标高信息来源于现场勘测，需要结合勘测实践才能获得准确数据，标高统一为海拔高度，道路宽度一般为设计尺寸。

3.4 总平面图案例

在环境艺术设计制图中，总平面图起到的作用是统领全局，将后期设计对象与细节进行预先表述，后期设计图纸的深入程度与总平面图无关，但是后期设计图纸的参考依据却是总平面图。因此，总平面图收纳的信息较少，图纸幅面较小，一般不超过 A2，而建筑设计中的总平面图信息较多，图纸幅面较大，一般会超过 A2。

在绘制总平面时要注意文字、数据信息表述，尤其是要认清海拔标高，这对后期设计建筑或景观外墙立面施工很重要（图 3-12）。

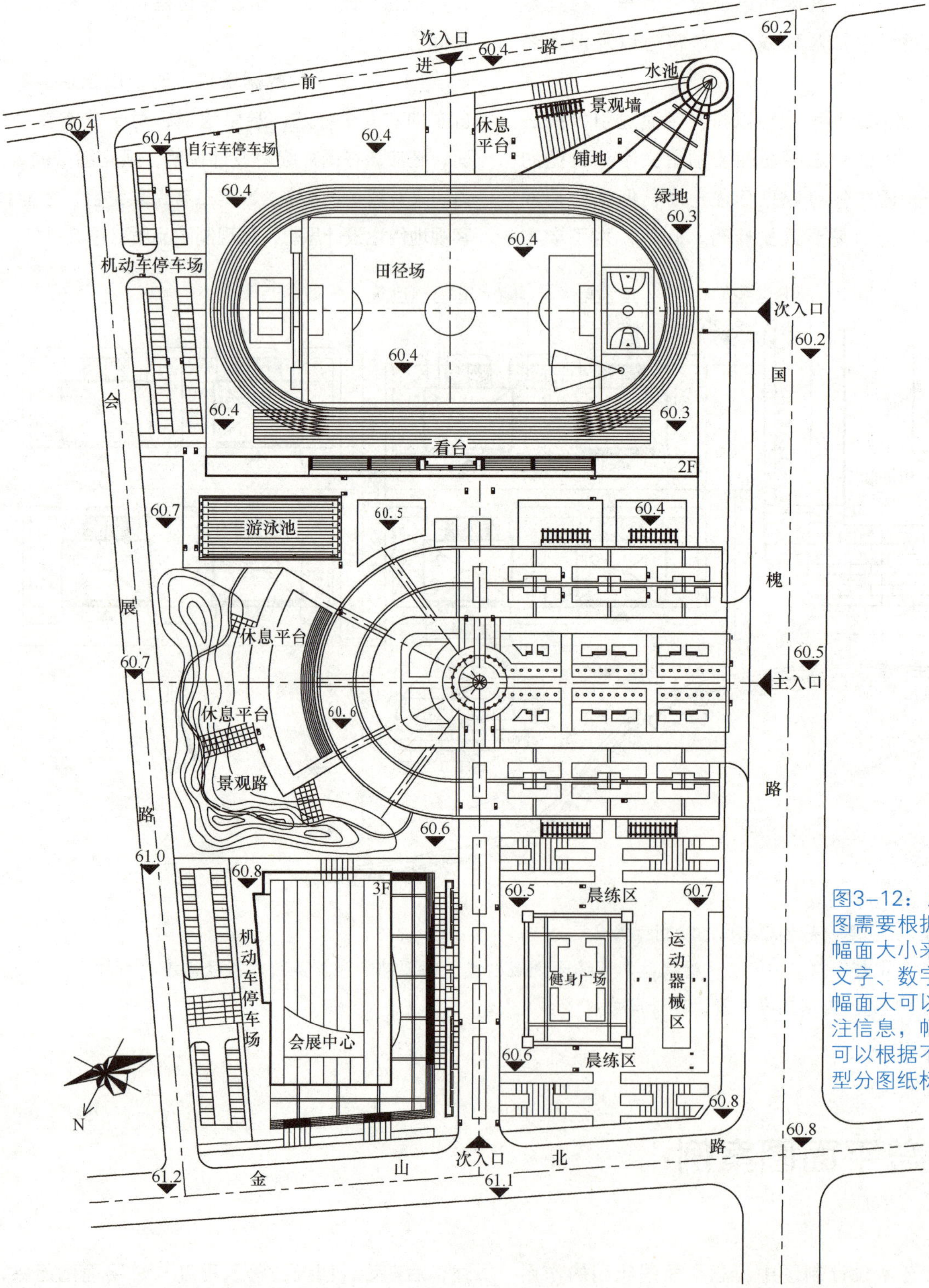

图3-12：总平面图需要根据图纸幅面大小来安排文字、数字信息，幅面大可以多标注信息，幅面小可以根据不同类型分图纸标注。

图 3-12　会展活动中心总平面图

本章小结

在开始绘制总平面图之前，要提前将周边环境了解清楚，建筑的具体尺寸也要测量清楚，哪些构造可以改建，哪些构造不可以改建也要提前弄清楚。此外，绘图时的线型也要提前设定好，这样也能方便后期的绘制和更改。

课后练习

1. 总平面图绘制的常用比例有哪些?
2. 使用 A4 幅面图纸临摹本章图 3-1。
3. 总平面图要素有哪些?
4. 上网搜索 3~5 套建筑规划总平面图，分析其中主要图纸元素。
5. 初步测量学校操场或教学楼区域尺寸，结合网络卫星地图，绘制一幅完整的校园局部总平面图。

第4章

平面图

识读难度：★★☆☆☆

核心概念：基础平面图、平面布置图、地面铺装平面图、顶棚平面图

章节导读：

平面图是建筑物、构筑物等在水平面上投影得到的图形，它运用图像、线条、数字、符号和图例等有关图示语言，遵循国家标准的规定，既表示建筑物在水平方向各部分之间的组合关系，又反映其与各环境空间及围合它们的垂直构件之间的相互关系。

4.1 基础平面图与户型结构

基础平面图又称为原始平面图，是指设计对象现有的布局状态图，包括现有建筑与构造的实际尺寸，墙体分隔、门窗、烟道、楼梯、给排水管道位置等信息，并且要在图上标明能够拆除或改动的部位，为后期设计奠定基础。平面图又分为基础平面图、平面布置图、地面铺装平面图和顶棚平面图。绘制平面图时，可以根据 GB/T 50001—2017《房屋建筑制图统一标准》和实际情况来定制图线的使用（表 4-1）。

有的投资方还想得知各个空间的面积数据，以便后期计算材料的用量和施工的工程量，还需在上

表 4-1　　图线

名称		图例	线宽	用途
实线	粗	————	B	室内外建筑物、构筑物主要轮廓线，墙体线，剖切符号等
	中	————	$0.5B$	主要设计构造的轮廓线，门窗、家具轮廓线，一般轮廓线等
	细	————	$0.25B$	设计构造内部结构轮廓线，图案填充，文字、尺寸标注线、引出线等
细虚线		— — — — — — —	$0.25B$	不可见的内部结构轮廓线
细单点长划线		——— · ——— · ———	$0.25B$	中心线、对称线等
折断线		———⋀∨———	$0.25B$	断开界线

面标注相关的文字信息。基础平面图也可以是房产证上的结构图或地产商提供的原始设计图，这些资料都可以作为后期设计的基础。绘制基础平面图之前要对设计现场作细致的测量，将测量信息记录在草图上。具体绘制一般可以分为两个步骤。下面介绍两套基础平面图的绘制方法。

4.1.1 住宅室内基础平面图

1. 绘制基础框架

（1）根据土建施工图所标注的数据绘制出墙体中轴线，中轴线采用细点划线。如果设计对象面积较小，且位于建筑中某一局部，相对独立，可以不用标注轴标。

（2）再根据中轴线定位绘制出墙体宽度，绘制墙体时注意保留门、窗等特殊构造的洞口，最后根据墙线标注尺寸。

（3）注意不同材料的墙体相接时，需要绘制边界线来区分，即需要断开以示区分；相同材料的墙体相交的部位墙线不宜出头，对柱体和剪力墙应作相关填充。

（4）墙体绘制完成后要注意检查，及时更正出现的错误，尤其要认真复核尺寸，以免导致大批量返工（图4-1）。

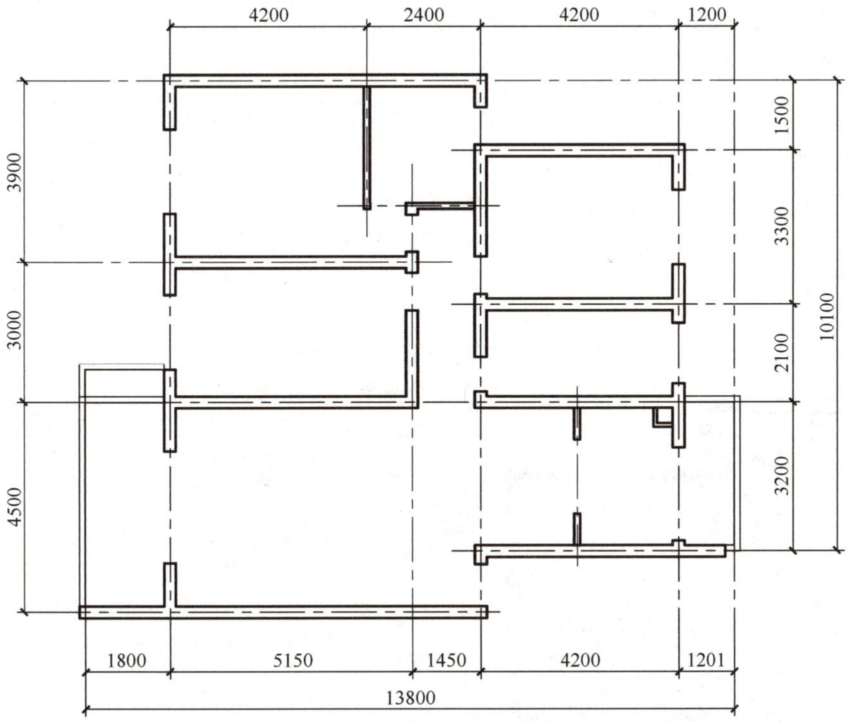

图4-1：从轴线开始绘制平面图，大多是借用建筑图纸开始绘制，这样绘制尺寸比较精确，但是需留意墙体厚度。理论上的墙体厚度为240mm，这指的是传统的砌筑红砖墙体厚度，如今砌筑砖块规格多样，从轴线开始绘制平面图的尺寸与实际施工尺寸可能存在较大差距，但是从轴线开始绘制能准确把握好建筑结构之间的关系。

图4-1 住宅室内基础平面图绘制步骤一

★补充要点——图纸绘制与装订顺序

设计图纸一般根据人们的阅读习惯和图纸的使用顺序来装订，从头到尾依次为图纸封面、设计说明、图纸目录、总平面图（根据具体情况增减）、平面图（包括基础平面图、平面布置图、地面铺装平面图、顶棚平面图等）、给排水图、电气图、暖通空调图、立面图、剖面图、构造节点图、大样图等，根据需要可能还会在后面增加轴测图、装配图和透视效果图等。

不同设计项目的侧重点不同，这也会影响图纸的数量和装订顺序。例如，追求图面效果的商业竞标方案可能会将透视效果图放在首端，而注重施工构造的家具设计方案可能全部以轴测图的形式表现，这样就没有其他类型的图纸了。总之，图纸绘制数量和装订方式要根据设计趋向来定，目的在于清晰、无误地表达设计者和投资方的意图。

2. 标注基础信息

（1）墙体确认无误后就可以添加门、窗等原始固定构造了，边绘制边标注门窗尺寸，绘制在设计中需要拆除或添加的墙体隔断，记录顶棚横梁，并标明尺寸和记号。

（2）记录水电管线及特殊构造的位置，方便后期继续绘制给排水图和电路图，标注室内外细节尺寸，越详细越好，方便后期绘制各种施工图。

（3）设计者无法获得原始建筑平面图时，只能到设计现场去考察测量，测量的尺寸一般是室内或室外的成型尺寸，而无法测量到轴线尺寸。为此，在绘制基础平面图时，也可以不绘制轴线，直接从墙线开始，并且只标注墙体和构造的净宽数据，具体尺寸精确到厘米（cm）。

（4）绘制基础平面图的目的是为后期设计提供原始记录，当一个设计项目需要提供多种设计方案时，基础平面图就是修改和变更的原始依据，所绘制的图线应当准确无误，标注的文字和数据应当有据可依（图4-2）。

4.1.2 住宅建筑室内与庭院基础平面图

1. 绘制基础轮廓线

（1）根据资料绘制出建筑墙体中轴线，中轴线

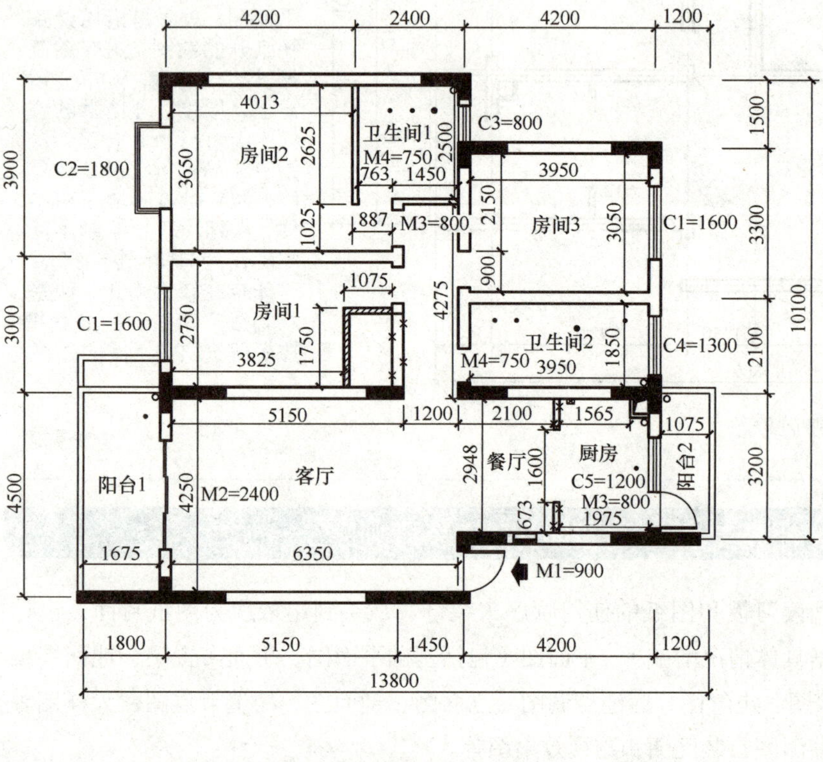

图4-2：在室内空间平面图中标注尺寸尽量详细，全面覆盖各墙面的宽度，但是尽量控制标注数据彼此之间不要相互叠压，以免造成混淆不清。对拆除与新砌筑的墙体要标明，此外还要标出门窗宽度，方便后期设计细节与工程预算。

图4-2 住宅室内基础平面图绘制步骤二

采用细单点长划线。

（2）根据中轴线定位和之前测量的实地尺寸，绘制出门、窗等，需留意线型的不同。

（3）标注外部尺寸与入口方位，注意检查，及时更正出现的错误，尤其要认真复核尺寸，以免导致大批量返工（图4-3）。

2. 标注文字和尺寸标注

（1）基本轮廓线绘制结束即可标注文字，图中应标明各个空间的具体名称，字体应一致，个别会有不同的要求，文字高度也应保持一致，绘制出指北针，确定庭院的朝向。

（2）绘制拆除墙体与新建墙体，细致标注出建筑内部各墙体尺寸，标注室内外标高数据，具体尺寸精确到厘米（cm）。

（3）对部分不进行后期设计的室内空间，可以用斜线填充，以免对后期设计识读与绘制新图纸产生干扰。

（4）仔细检查各种绘制与标注信息，确认无误即可完成（图4-4）。

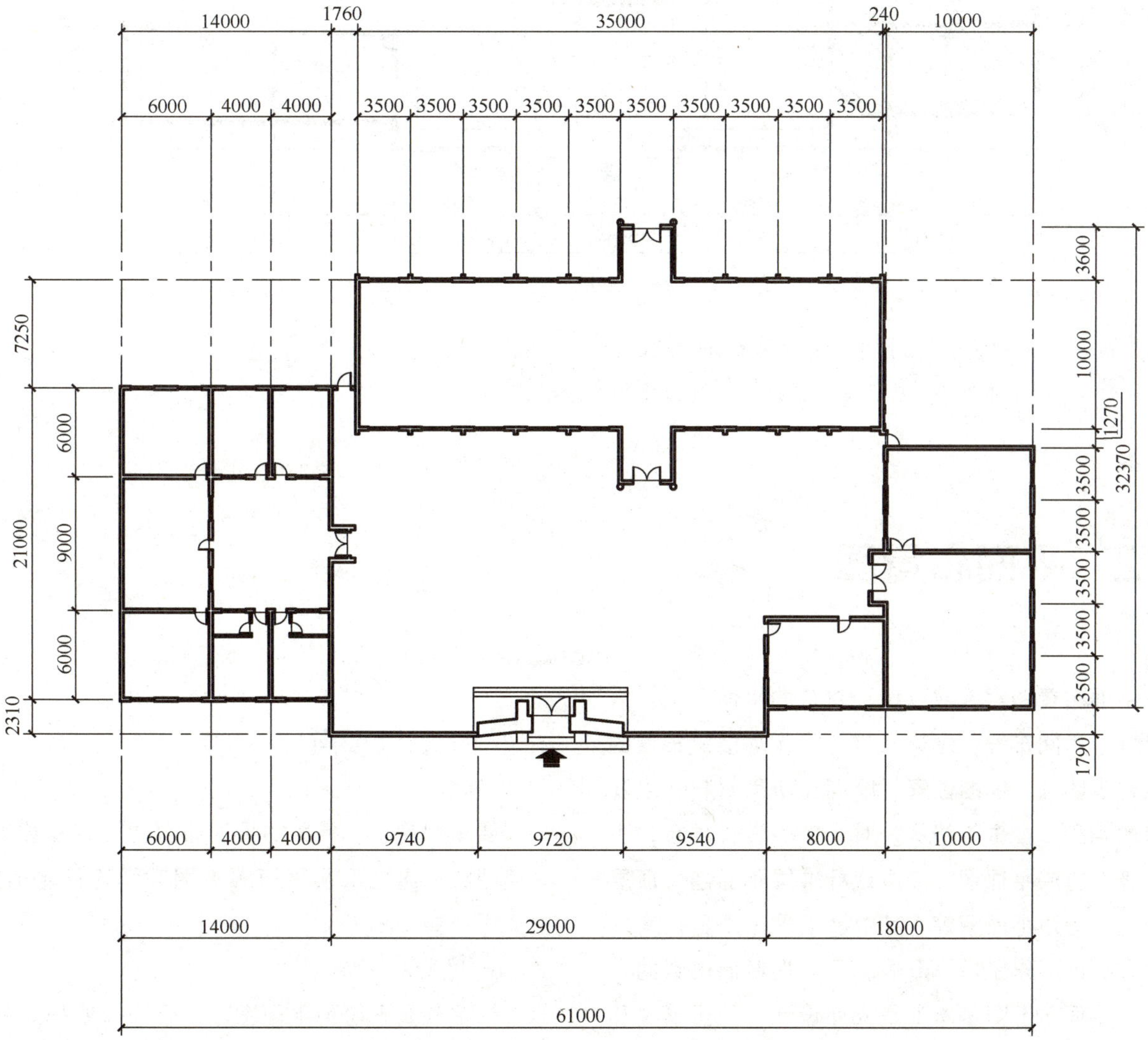

图4-3　住宅建筑室内与庭院基础平面图绘制步骤一

图4-3：注意门窗位置绘制准确，这是后期设计的基本元素。

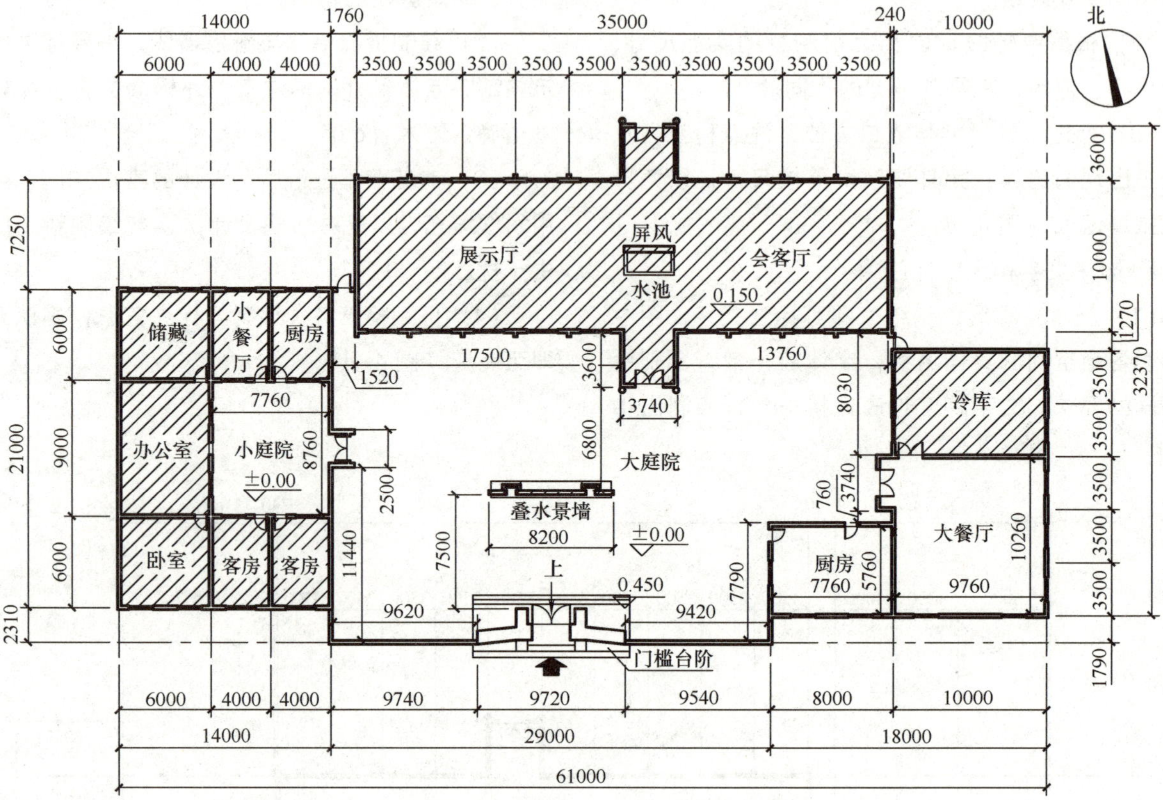

图 4-4　住宅建筑室内与庭院基础平面图绘制步骤二

图 4-4：对于本次设计中无需考虑的空间可以采用斜线填充。

4.2　平面布置图

平面布置图需要表示设计对象的平面形式、大小尺寸、房间布置、建筑入口、门厅及楼梯布置的情况，表明墙、柱的位置、厚度和所用材料，以及门窗的类型、位置等情况。对于多层设计项目，主要图纸有首层平面图、二层或标准层平面图、顶层平面图、屋顶平面图等。其中屋顶平面图是在房屋的上方，向下作屋顶外形的水平正投影而得到的平面图。平面布置图基本上是立面设计、地面铺装和空间分隔等施工的统领性依据，它代表了设计者与投资者已确认的基本设计方案，也是其他分项图纸的重要依据。

4.2.1　识读要点

要绘制完整、精美的平面布置图，就需要大量阅读图纸，通过识读平面布置图来学习绘图方法，主要识读要点如下。

1. 图形的演变

认定其属于何种平面图，了解该图所确定的平面空间范围、主体结构位置、尺寸关系、平面空间的分隔情况等。了解建筑结构的承重情况，对于标有轴线的，应明确结构轴线的位置及其与设计对象的尺寸关系。

2. 熟悉各种图纸文字说明

阅读图纸的文字说明，明确该平面图所涉及的其他工程项目类别。

3. 分析空间设计

通过对各分隔空间的种类、名称及其使用功能的了解，明确为满足设计功能而配置的设施种类、构造数量和配件规格等，并与其他图纸相对照，作出必要研究后制定加工及购货计划。

4. 文字标注

通过该平面布置图上的文字标注，确认地面及其他可知部位饰面材料的种类、品牌和色彩要求，了解饰面材料的相关信息。

5. 尺寸

对于平面图上纵横交错的尺寸数据，要注意区分建筑尺寸和设计尺寸。在设计尺寸中，要查清其中的定位尺寸、外形尺寸和构造尺寸，由此可确定各种应用材料的规格尺寸、材料之间以及与主体结构之间的连接方法。

（1）定位尺寸用来确定施工面或造型在既定空间平面上的位置，定位尺寸的基准通常是建筑结构面。

（2）外形尺寸是施工面或造型在既定空间平面上的外边缘或外轮廓形状尺寸，其位置尺寸取决于设计划分、造型的平面形态及其同建筑结构之间的位置关系。

（3）构造尺寸是指施工面或造型的组成构件及其相互间的尺寸关系。

6. 符号

通过图纸上的投影符号，明确投影面编号和投影方向，进而顺利查出各投影部位的立面图（投影视图），了解该立面的设计内容。通过图纸上的剖切符号，明确剖切位置及其剖切后的投影方向，进而查阅相应的剖面图、构造节点图或大样图，了解该部位的施工方式（图4-5）。

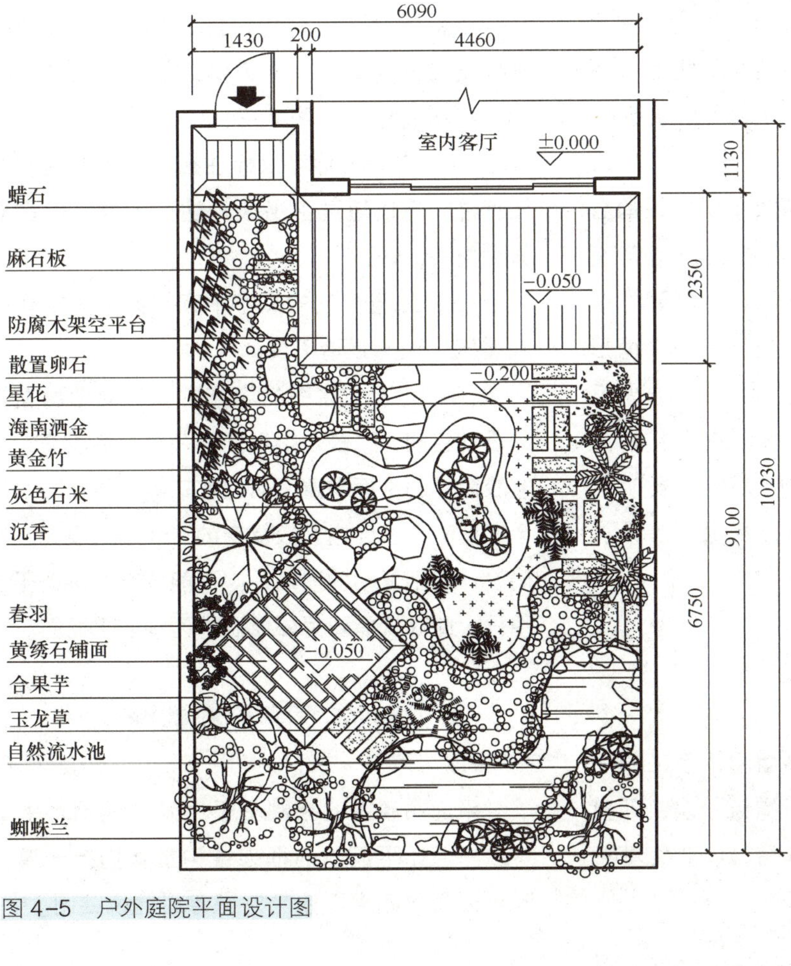

图4-5　户外庭院平面设计图

图4-5：不同设计部位的平面图，设计的侧重点是不一样的，以户外庭院设计为主的平面图，重点在于表现绿化植物与景观道路的分布。多样的 绿化植物需要通过不同的图形来表现，如果能通过各种图形来表现，可以不必再设计图例，但是要配合指引文字来标识。

4.2.2 绘制内容

1. 形状与尺寸

平面布置图需表明设计空间的平面形状和尺寸，建筑物在图中的平面尺寸分三个层次，即工程所涉及的主体结构或建筑空间的外包尺寸、各房间或各种分隔空间的设计平面尺寸、局部细节及工程增设装置的相应设计平面尺寸。

（1）对于较大规模的平面布置图，为了与主体结构明确对照，并利于审图和识读，尚需标出建筑物的轴线编号及其尺寸关系，甚至标出建筑柱位编号。

（2）平面布置图还应该标明设计项目在建筑空间内的平面位置，及其与建筑结构的相互尺寸关系，表明设计项目的具体平面轮廓和设计尺寸。

2. 细节图示

平面布置图需表明地面装饰材料、拼花图案、工艺做法和工艺要求；表明各种设施、设备、固定家具的安装位置；表明它们与建筑结构的相互关系尺寸，并说明其数量、材质和制造（或商用成品）。

3. 设计功能

平面布置图应该表明与该平面图密切相关的各立面图的视图投影关系，尤其是视图的位置与编号；表明各剖面图的剖切位置、详图及通用配件等的位置和编号；表明各种房间或分隔空间的平面形式、位置和使用功能；表明走道、楼梯、防火通道、安全门、防火门或其他流动空间的位置和尺寸；表明门、窗的位置尺寸和开启方向；表明台阶、水池、组景、踏步、雨篷、阳台及绿化等设施和小品的平面轮廓与位置尺寸。

4.2.3 住宅平面布置图

平面布置图的绘制基于基础平面图，手工制图可以将基础平面图的框架结构重新描绘一遍，计算机制图可以将基础平面图复制保存后，以此为基础继续绘制。

1. 修整基础平面图

根据设计要求去除基础平面图上细节尺寸和标注，对于较简单的设计方案，也可以不绘制基础平面图，直接从平面布置图开始绘制，具体方法与绘制基础平面图相同。此外，要将墙体构造和门、窗的开启方向根据设计要求重新调整，尽量简化图面内容，为后期绘制奠定基础，并对图面作二次核对（图 4–6）。

2. 绘制构造与家具

在墙体轮廓上绘制需要设计的各种造型，如各种凸出或内凹的墙体、隔断；然后再绘制家具，家具绘制比较复杂，可以调用、参考各种图库或资料集中所提供的家具模块，尤其是各种时尚家具、电器、设备等最好能直接调用（图 4–7）。如果图中有投资方即将购买的成品家具，可以只绘制外轮廓，并标上文字说明。

3. 标注与填充

当主要设计内容都以图样的形式绘制完毕后，就需要在其间标注文字说明，如空间名称、构造名称、材料名称等（图 4–8）。

（1）空间名称可以标注在图中，其他文字如无法标注，可以通过引出线标注在图外，但是要注意排列整齐。

（2）注意标注的文字不宜与图中的主要结构相互叠压，避免混淆不清。

（3）平面布置图的填充主要针对图面面积较大的设计空间，一般是指地面铺装材料的填充，设计内容较简单的平面布置图可以在家具和构造的布局间隙全部填充，设计内容较复杂的可以局部填充，对于布局设计特别复杂的图纸，则不能填充，避免干扰主要图样，此时就需要另外绘制地面铺装平面图。

4.2.4 屋顶花园平面布置图

平面布置图的绘制基于原始平面图，手工制图可以将原始平面图的框架结构重新描绘一遍，制图时可以将原始平面图复制保存后继续绘制。

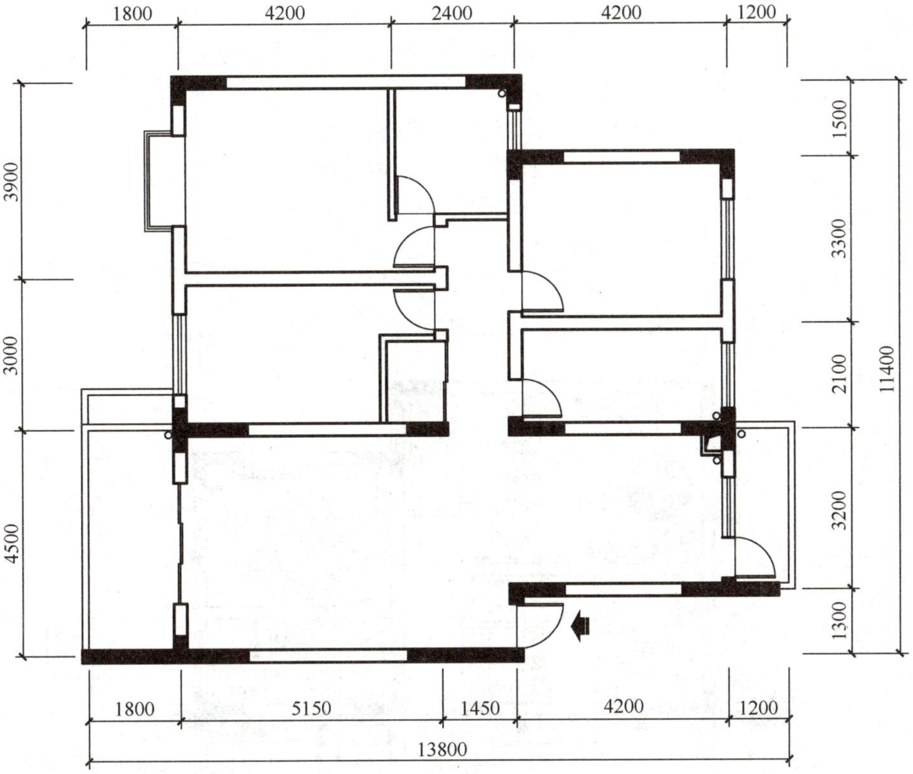

图 4-6　住宅平面布置图绘制步骤一

图 4-6：剪力墙是建筑的主要承载结构，要区别于其他墙体，应当根据设计填黑。

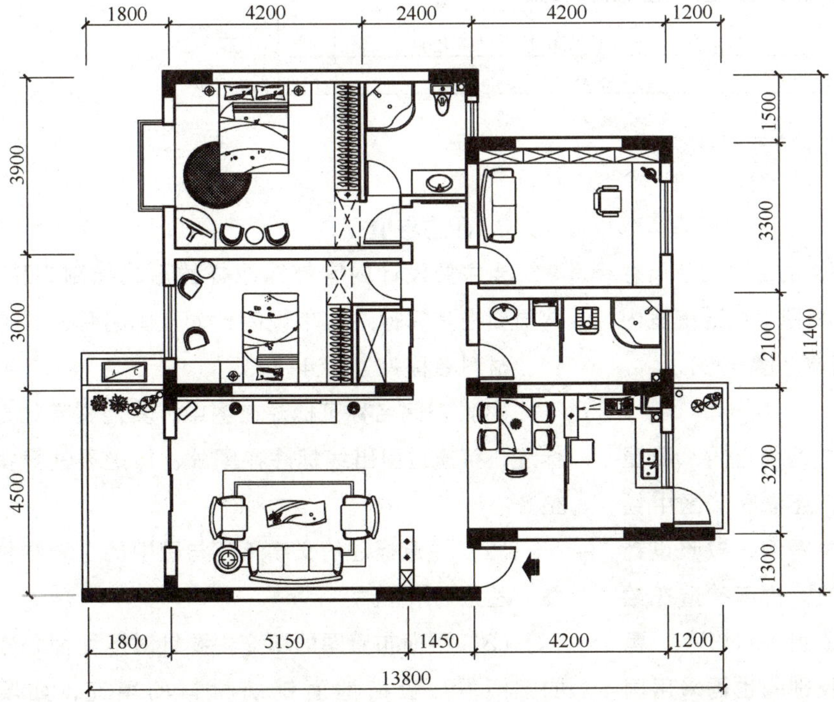

图4-7：家具摆放操作简单，直接从模型图库中调取到图中即可，但是要注意家具尺寸不能随意放大或缩小，要根据实际尺寸来摆放。

图 4-7　住宅平面布置图绘制步骤二

图4-8：在图中标注的文字应当尽量摆放在空余的地面中央，如果地面材料填充与文字相重叠，一定要文字优先，让填充图案局部空白。在平面布置图中，地面材料无明确要求时，可以不绘制，待后期地面铺装图中再单独绘制。

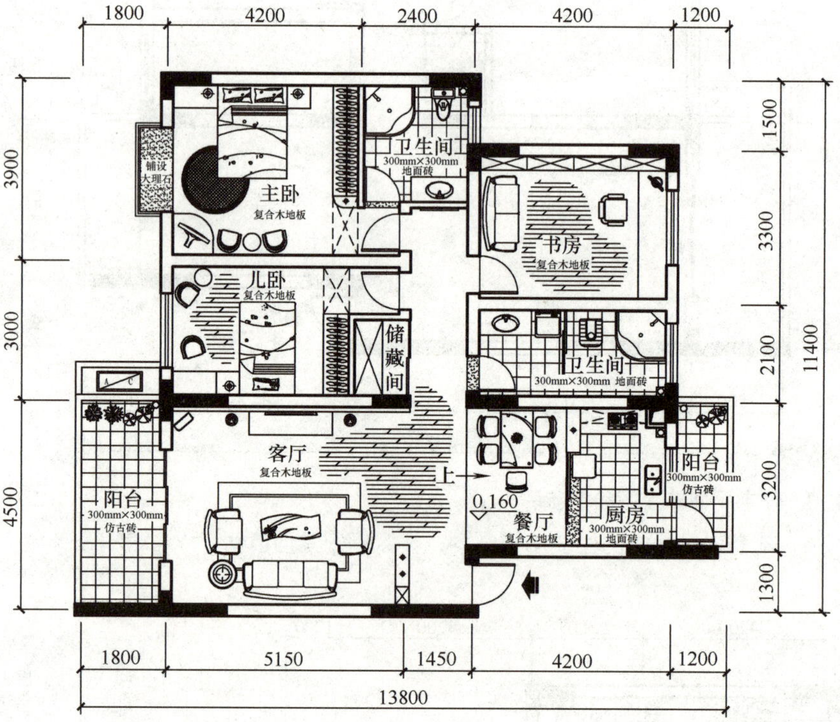

图 4-8　住宅平面布置图绘制步骤三

1. 修整原始平面图

根据设计要求去除原始平面图上的部分细节尺寸和标注，绘制好门窗与建筑主体，保留中央建筑室内空间的开门方向，绘制线条应当简洁（图 4-9）。

2. 绘制内部构造

根据设计方案在平面布置图中绘制台阶、雕塑小品、喷泉、亭子以及其他设施，还需在分区中绘制所需的构造，从图库中调取植物图例，按照设计要求放入平面布置图中（图 4-10）。内部构造在绘制时，要控制好比例，不可过大，也不可过小，需参考物体的实际比例绘制，同种类别的也需采用同种图线。

3. 标注与填充

当主要设计内容都以图样的形式绘制完毕后，就需要在其间标注文字说明，如空间名称、构造名称、材料名称等（图 4-11）。

（1）空间名称可标注在图中，其他文字如无法标注，可通过引出线标注在图外，但是要注意排列整齐。

（2）注意标注的文字不宜与图中的主要结构重叠，避免混淆不清。

（3）平面布置图的填充主要针对图面面积较大的空间，一般指地面铺装材料的填充，如填充草坪。

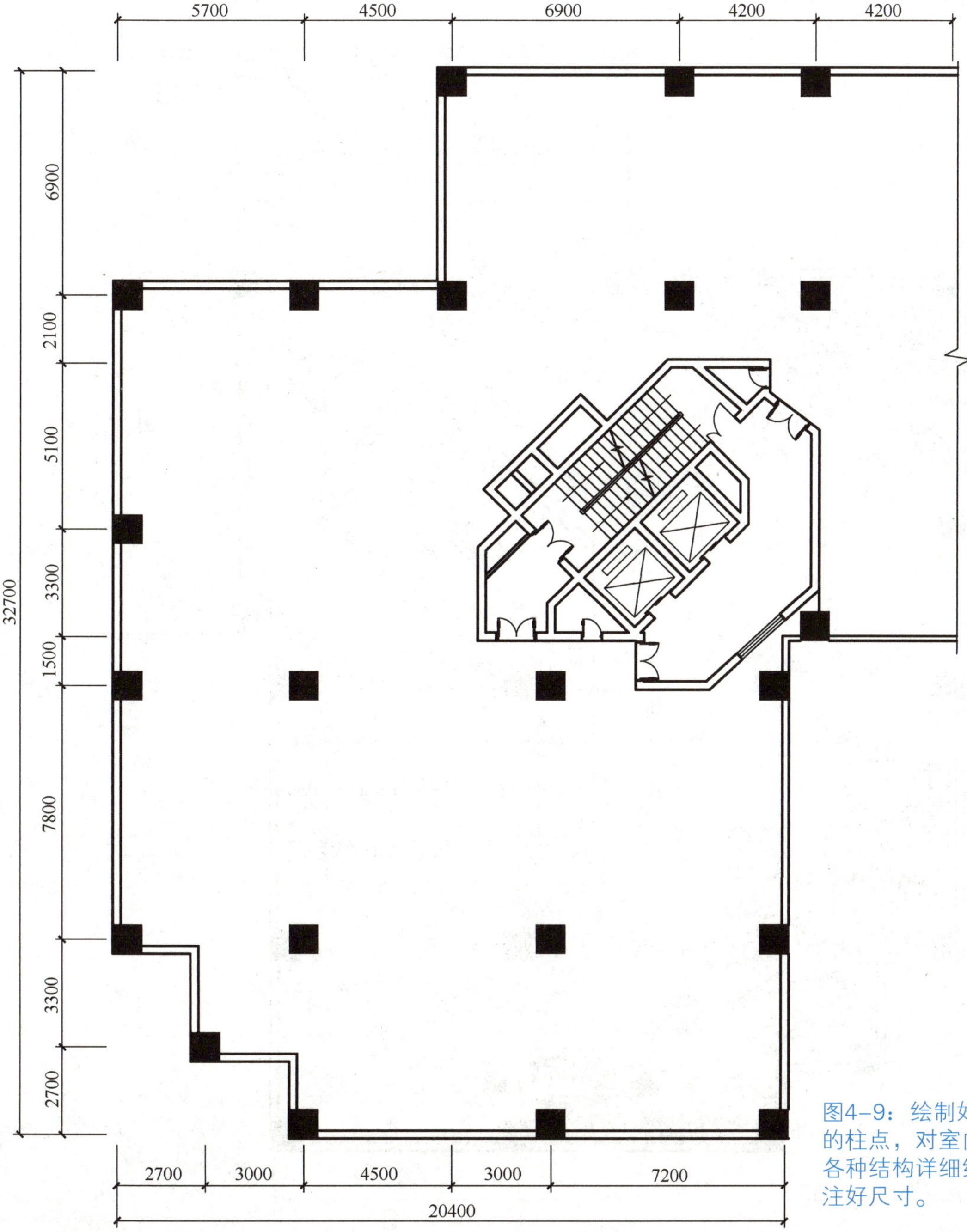

图4-9：绘制好建筑中的柱点，对室内空间的各种结构详细绘制，标注好尺寸。

图 4-9　屋顶花园平面布置图绘制步骤一

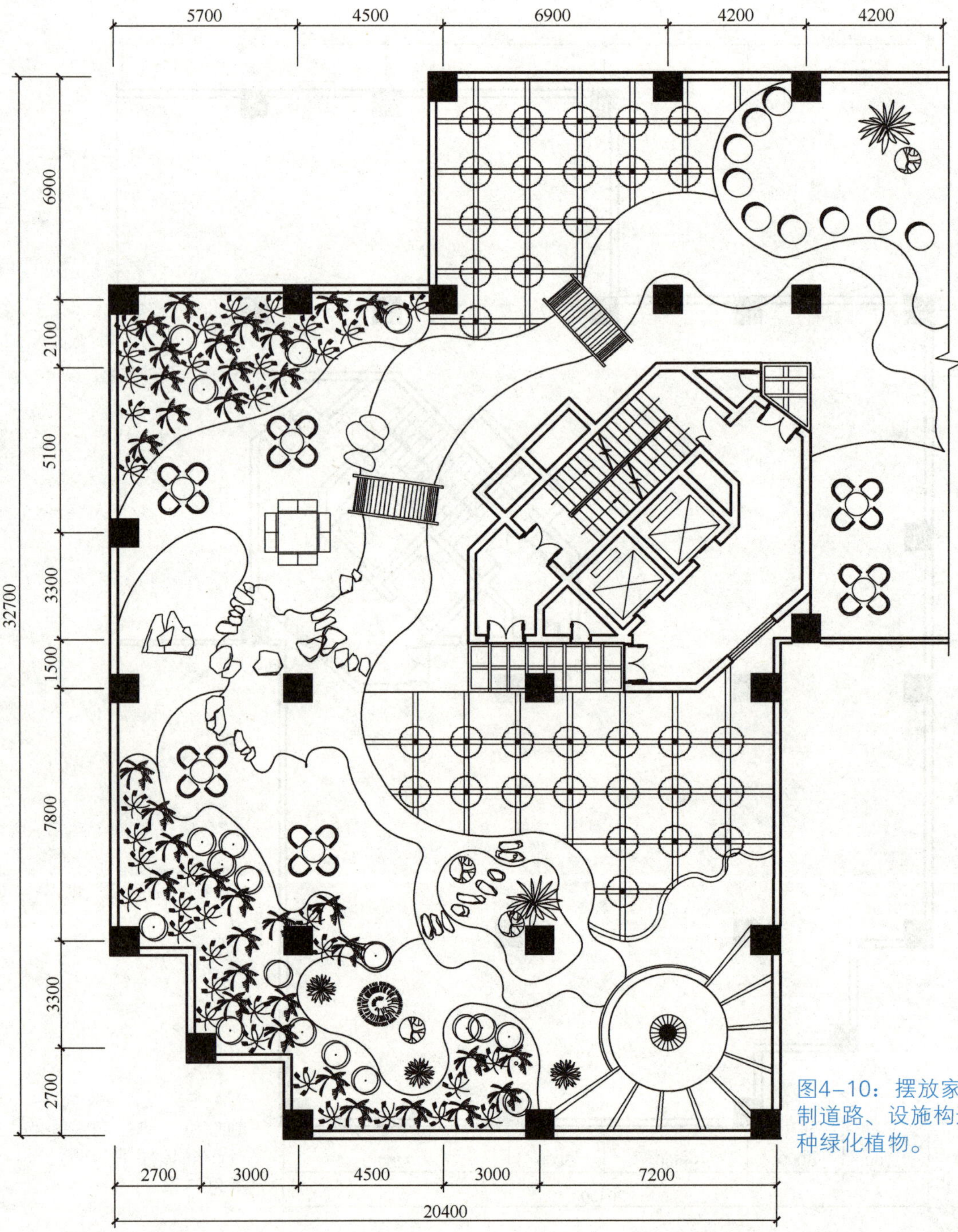

图4-10：摆放家具，绘制道路、设施构造与各种绿化植物。

图 4-10　屋顶花园平面布置图绘制步骤二

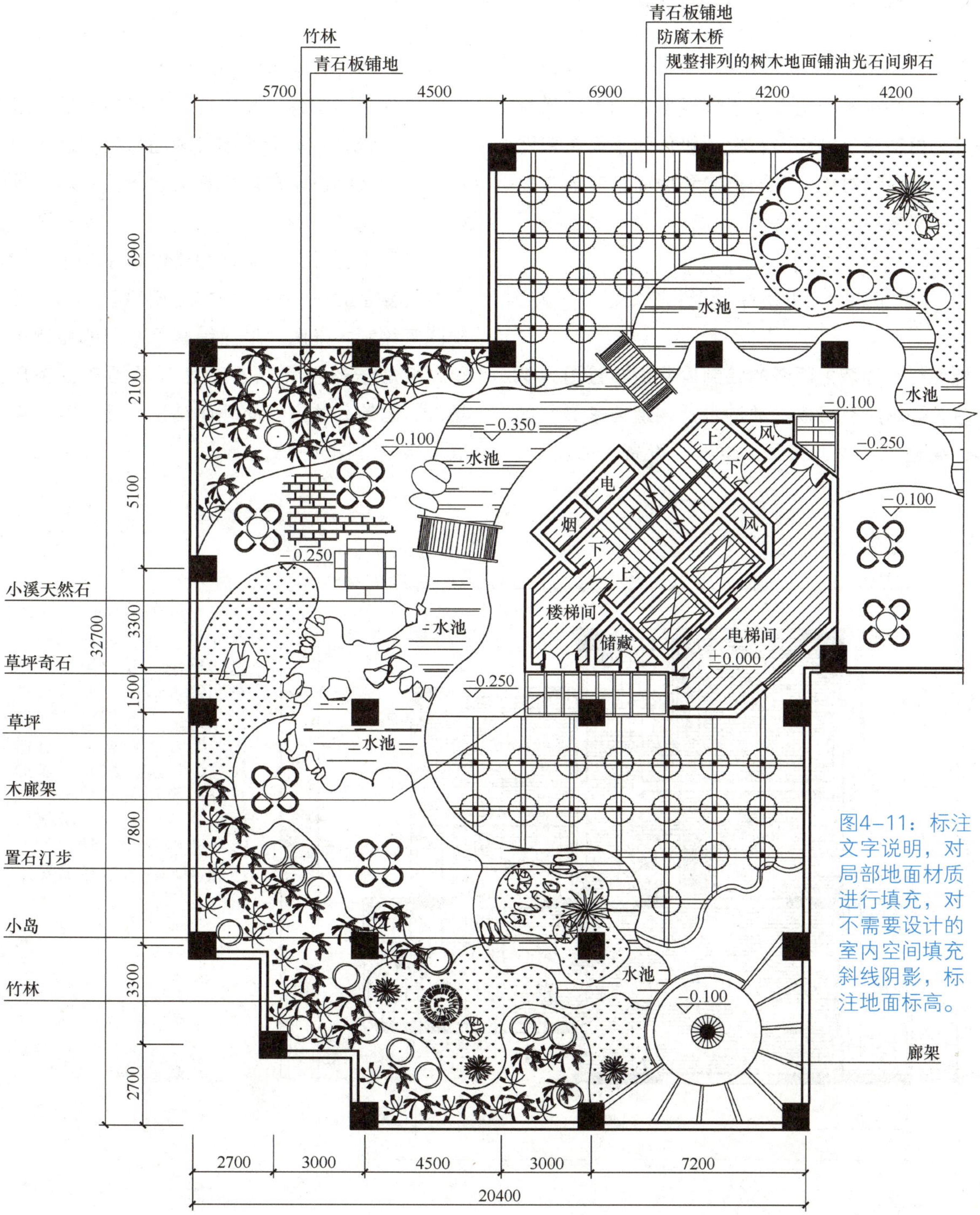

图 4-11　屋顶花园平面布置图绘制步骤三

图4-11：标注文字说明，对局部地面材质进行填充，对不需要设计的室内空间填充斜线阴影，标注地面标高。

4.3 地面铺装平面图

地面铺装平面图主要用于表现平面图中地面构造设计和材料铺设的细节，它一般作为平面布置图的补充。当设计对象的布局形式和地面铺装非常复杂时，就需要单独绘制该图。

4.3.1 地面材料铺装平面图

地面材料铺装平面图的绘制以平面布置图为基础，首先去除所有可以移动的设计构造与家具，如门扇、桌椅、沙发、茶几、电器、设备、饰品等，但是需保留固定件，如隔墙、入墙柜体等，因为这些设计构造表面不需要铺设地面材料。然后给每个空间标明文字说明，环绕着文字来绘制地面铺装材料图样（图4-12）。

对于不同种类的石材需要作具体文字说明，对于特别复杂的石材拼花图样需要绘制引出符号，另附图纸绘制大样图。地面铺装平面图的绘制相对简单，但是一般不可缺少，尤其是酒店、餐厅、广场、公园等公共空间的地面铺设，设计时要翔实地表现出来（图4-13）。

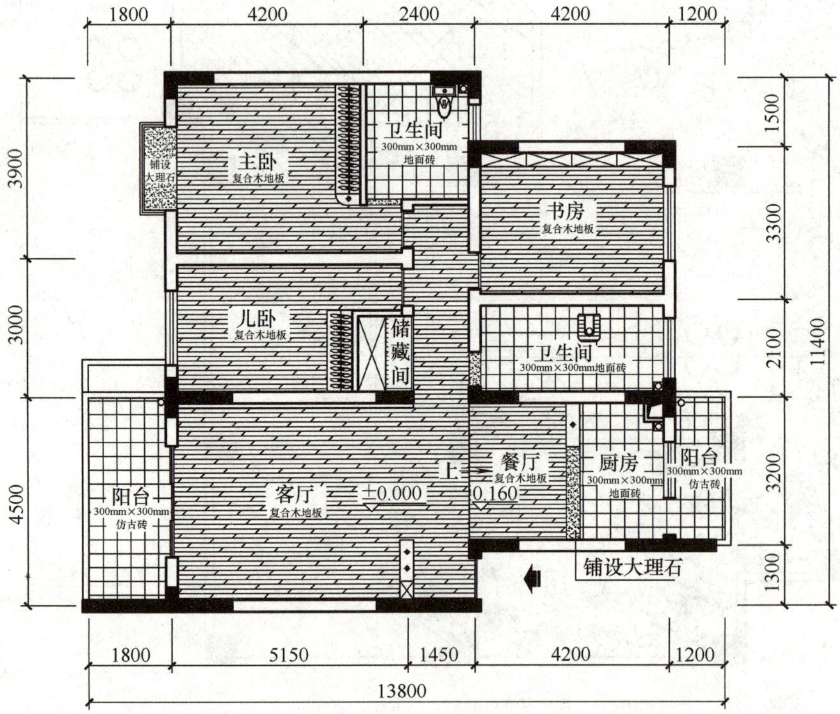

图4-12：地面铺装图绘制需注意，填充图案必须与施工现场一致，要注意填充图案的规格、表面纹样和角度。大面积拼花广场铺装时，应该有具体规格、尺寸、角度、厚度、表面纹样以及铺装的放样；大面积拼花广场的沉降缝也需要明确标明，既要考虑功能，又要考虑与拼花结合的美观。

图4-12　住宅地面铺装平面图

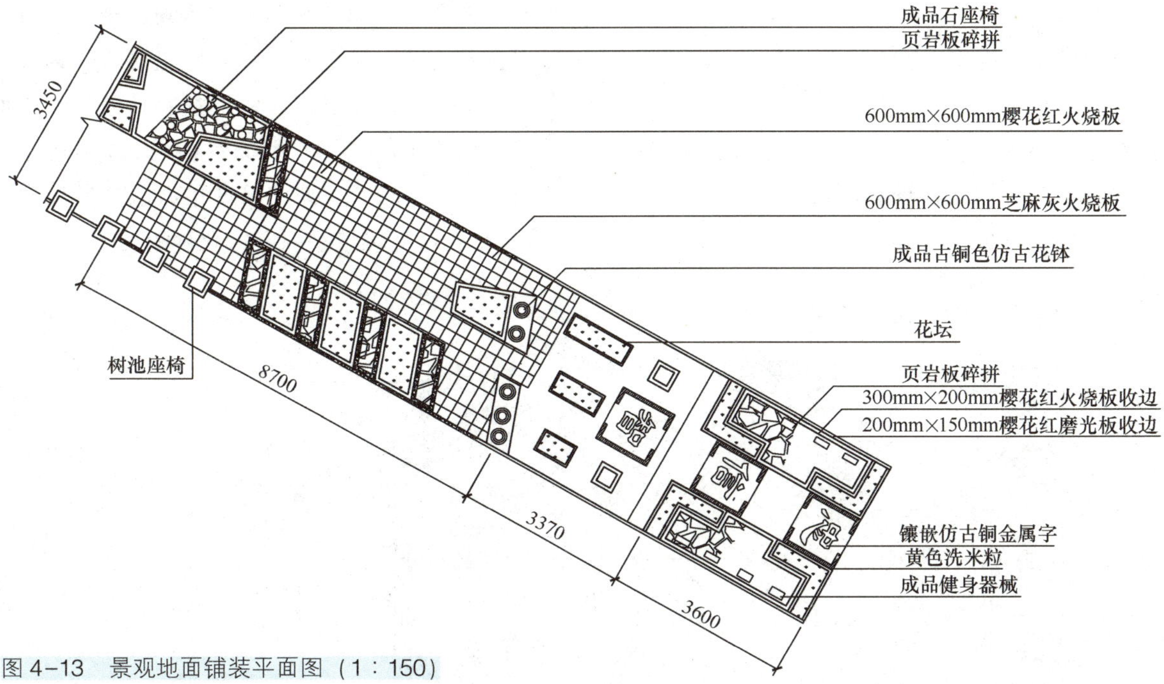

图 4-13　景观地面铺装平面图（1：150）

图 4-13：设计面积较大的铺装平面图时，要注意绘图比例，图例注意比例不宜过小，否则植物与地面铺装材料纹理看不清楚。

★补充要点——图库与图集

在图纸绘制中，一般需要加入大量的家具、配饰、铺装图案等元素，以求得完美的图面效果，而临时绘制这类图样会消耗大量的时间和精力。为了提高图纸品质和绘图者的工作效率，可以在日常学习、工作中不断搜集相关图样，将时尚、精致的图样归纳起来，并加以修改，整理成为个人或企业的专用图库，方便随时调用，无论对于手绘还是计算机绘制，这项工作都相当有意义。如果要绘制更高品质的商业图，追求唯美的图面效果，获得投资方青睐，可以通过专业书店或网络购买成品图库与图集，使用起来会更加得心应手（图 4-14）。

图4-14：本书附带图纸模型库，读者用手机扫本书勒口二维码下载，在AutoCAD中打开，复制至图纸中使用。

图 4-14　平面图图库

4.3.2 植物铺装平面图

植物铺装平面图（图4–15）是植物种植施工、工程预结算、工程施工监理和验收的依据，它能准确表达出种植设计的内容和意图，可以反映规划用地范围内所设计植物的种类、数量、规格、种植位置、配置方式、种植形式以及种植要求，为绿化种植工程施工提供依据。在绘制植物种植设计平面图时可以参考CJJ/T 91—2017《风景园林基本术语标准》、CJJ/T 85—2017《城市绿地分类标准》和03J012–2《环境景观——绿化种植设计》。

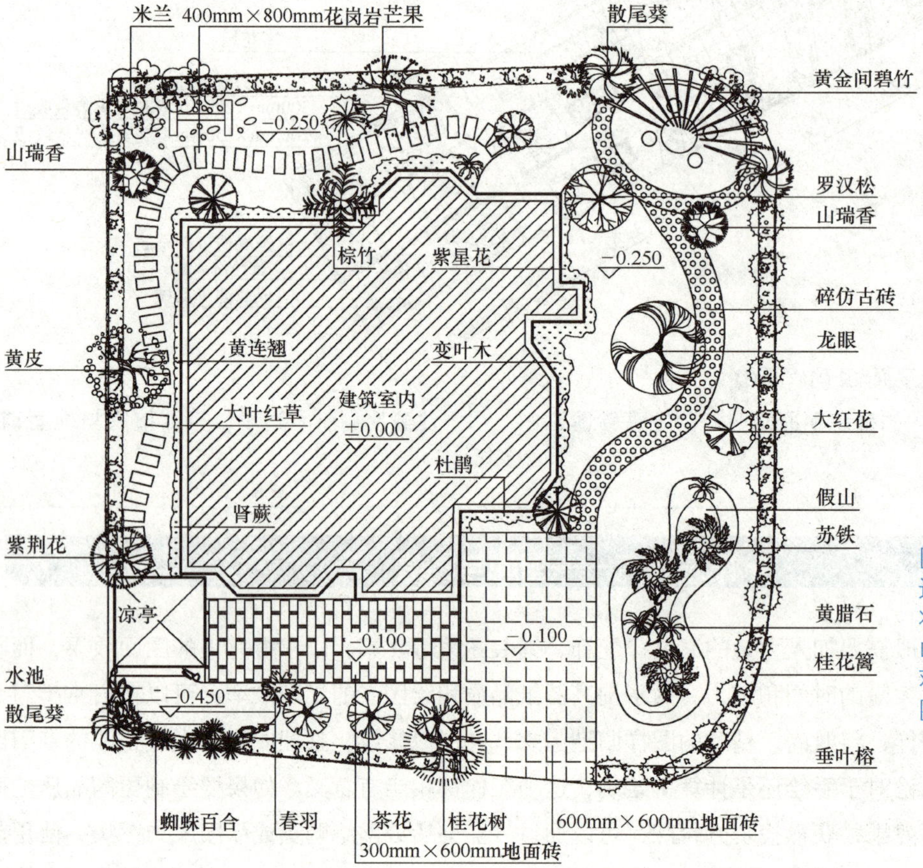

图4–15：绘制出其他造园要素的平面位置，将建筑、道路、广场、山石、水体及其他景观设施平面位置按绘图比例绘制在图纸上。

图 4–15　庭院植物铺装平面图

1. 数字和文字分类标注

植物种植形式可分为点状种植、片状种植和草皮种植三种类型，对不同的种植形式，可选择不同的方法进行数字和文字标注。

（1）点状种植。点状种植有规则式与自由式种植两种。规则式可用尺寸标示出株行距，始末树种植点与参照物的距离；自由式，如孤植树，则可用坐标标注清楚种植点的位置或采用三角形标注法进行标注。植物采用点状种植时，应在施工图中表达清楚，可用DQ、DG加阿拉伯数字分别表示点状种植的乔木、灌木；植物的种植修剪和造型代号可用罗马数字Ⅰ、Ⅱ、Ⅲ、Ⅳ等标示，分别代表自然生长形、圆球开形、圆柱形以及圆锥形等。

（2）片状种植。片状种植是指在特定的边缘界线范围内成片种植乔木、灌木和草本植物的种植形式，但草皮除外。要表现片状种植，施工图应绘出清晰的种植范围边界线，标明植物名称、规格、密度等。对于边缘线呈规则的几何形状的片状种植，可用尺寸标注方法标注，而边缘线呈不规则的自由线的片状种植，应绘制方格网放线图加以辅助，可用 PQ、PG 加阿拉伯数字来分别表示片状种植的乔木、灌木。

（3）草皮种植。草皮是在点状种植和片状种植以外的绿化种植区域种植，图例是用打点的方法表示，标注应标明草坪名、规格和种植面积（图 4-16）。

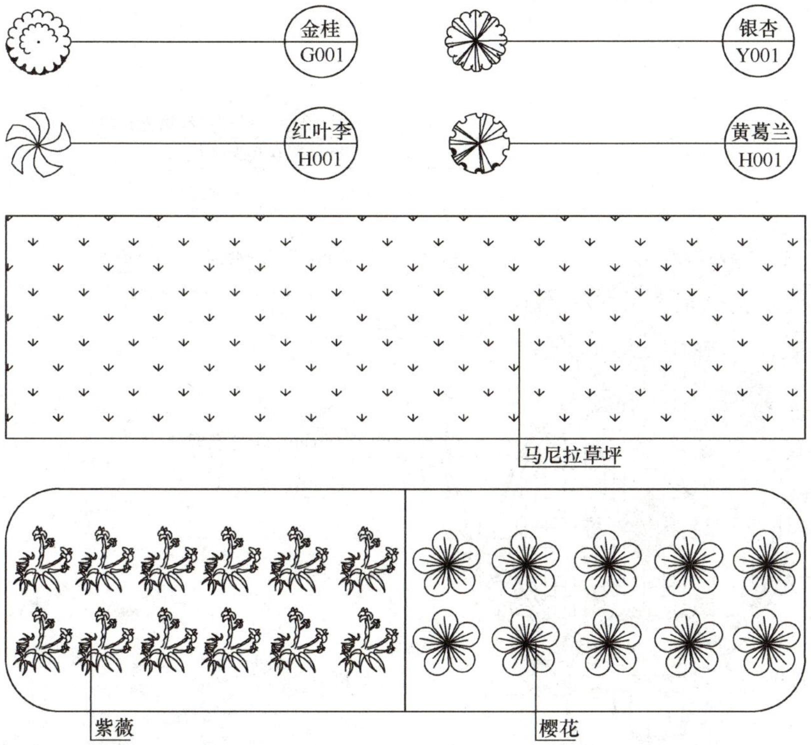

图 4-16 植物表示方式

图4-16：注意苗木的图例要统一，苗木可配合图面的植物进行编号标注，可标明植物名称；可在图中标明植物的拉丁学名，避免由于同名异物而造成误解，还可规定种植施工所采用的苗木规格、造型要求、种植面积、密度和数量等，因此其内容格式一定要统一，这样识读也会比较快捷。

2. 识读

（1）查看标题栏、比例、指北针及设计说明。了解工程名称、性质、所处方位及主导风向，明确工程目的、设计范围、设计意图，并了解绿化施工后应达到的效果。

（2）查看植物图例、编号、苗木统计表及文字说明。根据图纸中的各植物编号，对照苗木统计表及技术说明，了解植物的种类、名称、规格、数量等。

（3）查看植物的种植规格和定位尺寸，明确定点放线的基准，并仔细阅读植物种植详图，明确具体种植要求，合理地组织种植施工。

（4）查看图纸中植物种植位置及配置方式。根据植物种植位置及配置方式，分析种植设计方案是否合理，植物栽植位置与建筑、构筑物和市政管线之间距离是否符合技术要求。

（5）查阅其他优秀图纸，并结合平面布置图和地面铺装图进行对比分析。

3. 绘制要求

（1）在景观植物种植设计平面图中，需要绘制出植物、建筑、水体、道路及地下管线等的位置，其中植物要用细实线表示；水体边界驳岸要用粗实线表示，沿水体边界线内侧可用细实线表示出水面；构筑物和建筑物要用中实线绘制；道路要用细实线；地下管道或构筑物则用中虚线。

（2）在景观植物种植设计平面图中，需将各种植物按平面图中的图例，绘制在所设计的种植位置上，并以圆点表示出树干位置，树冠大小按成龄后效果最好时的冠幅绘制，并将不同树种统一编号，标注在树冠图例内。

（3）同一树种尽量以粗实线连接，并用索引符号对树种进行逐一编号，索引符号要用细实线绘制，圆圈的上半部注写植物编号，下半部注写数量，图面应排列整齐使图面清晰。在规则式的种植设计图中，对单株或丛植的植物要以网点表示种植位置；对蔓生和成片种植的植物，要以细实线绘制出种植范围；草坪则用小网点表示，小网点应绘制得有疏有密，在道路、建筑物、山石、水体等边缘处应绘制得更细密，而距离越远越稀疏（图 4-17）。

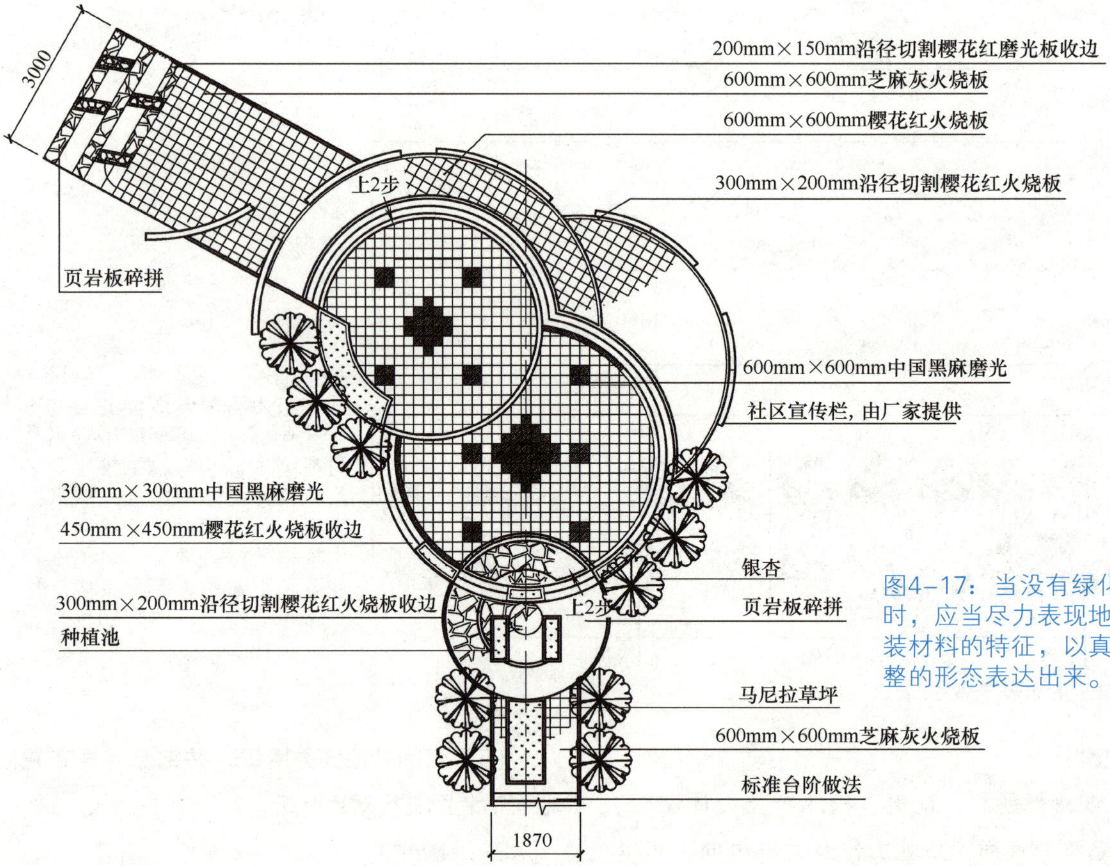

图4-17：当没有绿化植物时，应当尽力表现地面铺装材料的特征，以真实完整的形态表达出来。

图 4-17　景观地面植物种植铺装平面图

4.4　顶棚平面图

顶棚平面图又称为天花平面图，是以镜像投影法绘制的顶棚平面图，用来表现设计空间顶棚的平面布置状况和构造形态。顶棚平面图一般在平面布置图之后绘制，也属于常规图纸之一，它与平面布置图的功能一样，除了反映顶棚设计形式外，主要为绘制后期图纸奠定基础（图 4-18）。

4.4.1　识读要点

1. 尺寸构造

了解既定空间内顶棚的设置类型和尺寸关系，明确平顶处理及悬吊顶棚的分布区域和位置尺寸，了解顶棚设计构造与建筑主体结构的衔接关系。

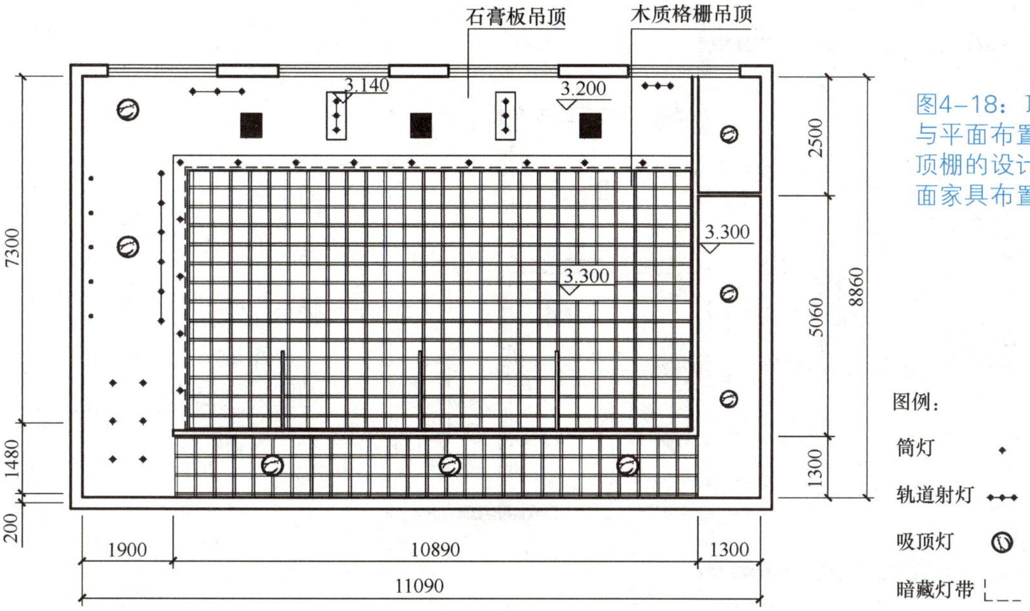

图4-18：顶棚平面图与平面布置图相对应，顶棚的设计形态与地面家具布置保持统一。

图 4-18　咖啡厅顶棚平面图

2. 材料与工艺

熟悉顶棚设计的构造特点、各部位吊顶的龙骨种类、罩面板材质、安装施工方法等。通过查阅相应的剖面图及节点详图，明确主、次龙骨的布置方向和悬吊构造，明确吊顶板的安装方式。如果有需要，还要标明所用龙骨主配件、罩面装饰板、填充材料、增强材料、饰面材料以及连接紧固材料的品种、规格、安装面积、设置数量，以确定加工订制及购货计划。

3. 设备

了解吊顶内的设备、管道和布线情况，明确吊顶标高、造型形式和收边封口处理。通过顶棚其他系统的配套图纸，确定吊顶空间构造层及吊顶面所设音响、空调送风、灯具、烟感器和喷淋头等设备的位置，明确隐蔽或明露要求以及各自的安装方法，明确工种分工、工序安排和施工步骤。

4.4.2　绘制内容

顶棚平面图需要表明顶棚平面形态及其设计构造的布置形式和各部位的尺寸关系；表明顶棚施工所选用的材料种类与规格；表明灯具的种类、布置形式与安装位置；表明空调送风、消防自动报警、喷淋灭火系统以及与吊顶有关的音响等设施的布置形式和安装位置。对于需要另设剖面图或构造详图的顶棚平面图，应当表明剖切位置、剖切符号和剖切面编号。

4.4.3　顶棚平面图

顶棚平面图是指将建筑空间距离地面 1.5m 的高度水平剖切后向上看到的顶棚平面布置状态，可以将平面布置图的基本结构描绘或复制一份，去除中间的家具、构造和地面铺装图形，保留墙体、门窗位置（去除门扇），在上面继续绘制顶棚平面布置图。

1. 绘制构造与设备

首先，根据设计要求绘制出吊顶造型的形态轮廓，区分不同高度上的吊顶层面；然后，绘制灯具和各种设备，注意具体位置应该与平面布置图中的功能分区相对应，灯具与设备的样式也可以从图库中调用，尽量具体细致，这样就无需另附图例说明，经过再次核对后才能进行下一步（图 4-19）。

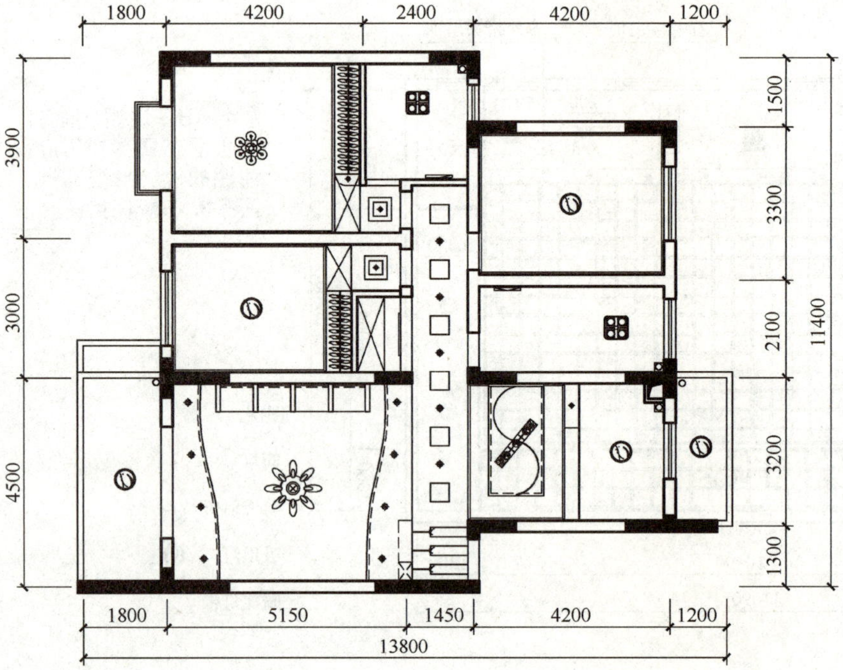

图4–19：顶棚平面图的基础构件是由平面布置图修改而来的，删除平面图中的开门，将门洞封闭为墙体，但是窗户一般不作变化，因为顶棚平面图是从地面起1.5m的高度向上观察的结果，此外，还需绘制吊顶轮廓造型与灯具布置。

图 4–19　住宅顶棚平面图绘制步骤一

2. 标注与填充

当主要设计内容都以图样的形式绘制完毕后，也需要在其间标注文字说明，这主要包括标高和材料名称。注意标高三角符号的直角端点应放置在被标注的层面上，相距较远或被墙体分隔的相同层面需要重复标注。对于特殊电器、设备，可以采用引出线引到图外标注，但是要注意排列整齐，其他要点同平面布置图（图 4–20）。

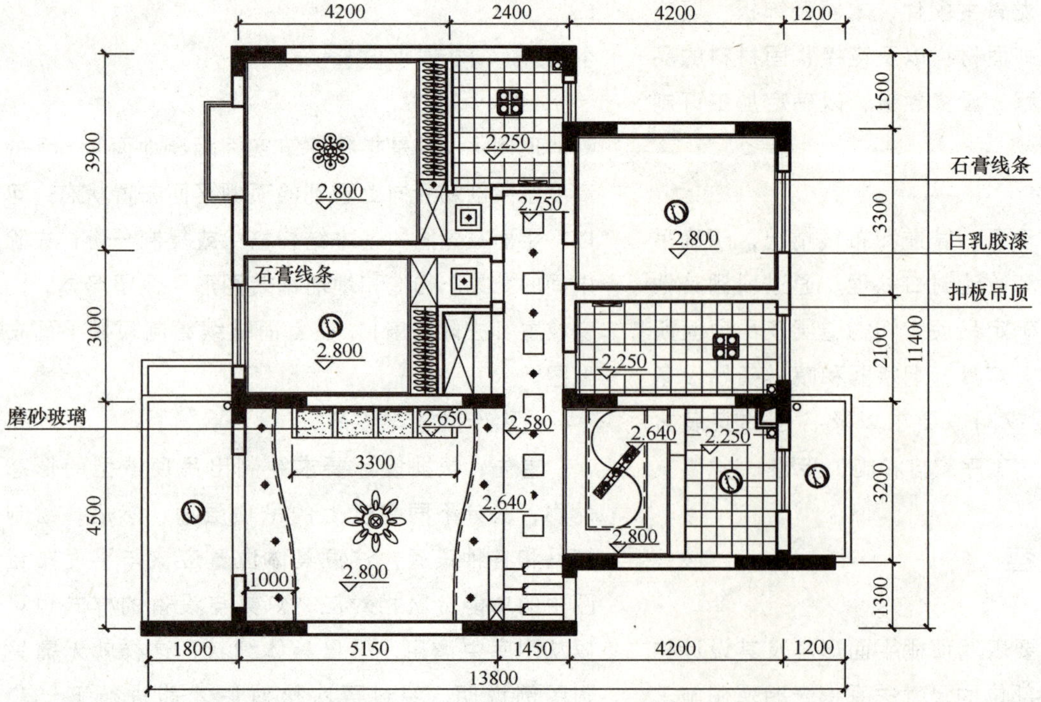

图4–20：标注吊顶高度，在必要的构造上填充图形来表明吊顶材料，当图形密度较大时，文字说明标注在图形以外，用引出线连接。

图 4–20　住宅顶棚平面图绘制步骤二

★补充要点——设计说明的编写方法

1. 介绍设计方案。简要说明设计项目的基本情况，如所在地、建筑面积、周边环境、投资金额、投资方要求、联系方式等，表述这些信息时，措辞不宜过于机械、僵硬。

2. 提出设计创意。设计创意是指布局形式、风格流派和设计者的思维模式。提出布局形式能很好地表述空间功能，需要逐个表述空间的形态、功能、装饰手法。

3. 材料配置。提出在该设计项目中运用到的特色材料，说明材料特性、规格、使用方法。

4. 施工组织。阐述各主要构造的施工方法，重点表述近年来较流行的新工艺，提出质量保障措施和施工监理，最好附带施工项目表。

5. 设计者介绍。除了说明企业、设计师和绘图员等基本信息外，还需简要地表明工作态度和决心，获取投资方更大信任。

4.5 平面图案例

除了上述4种平面图外，在实际工作中，可能还需要细化并增加其他类型的平面图，如结构改造平面图、绿化配置平面图等，它们的绘制要点和表现方式都要以明确表达设计思想为目的，每一张图纸都要真正体现出自身作用，在实际绘制过程中还可以参考其他同类型的优秀图纸（图4-21~图4-28）。

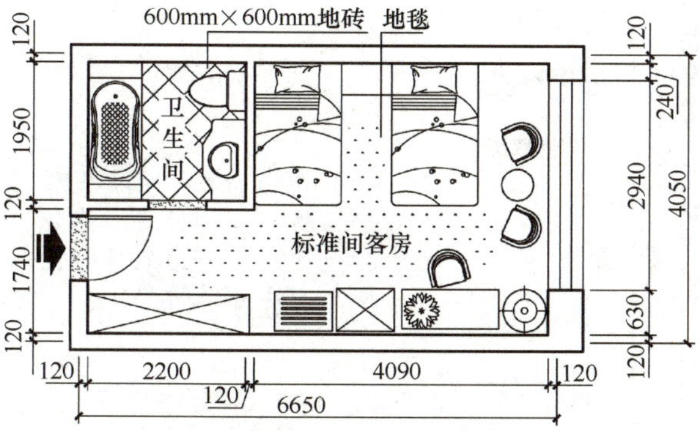

(a) 酒店标准间平面布置图

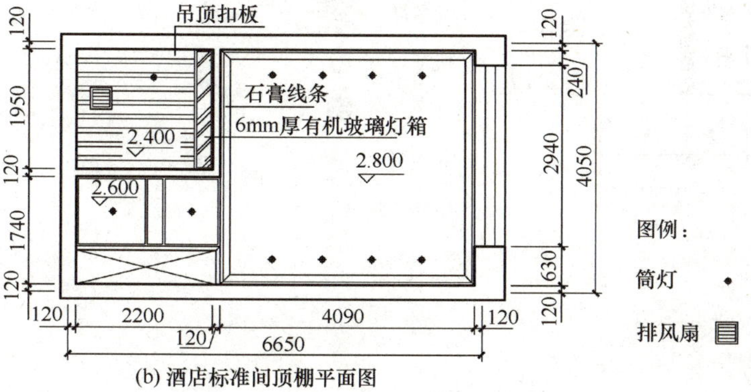

(b) 酒店标准间顶棚平面图

图4-21 酒店标准间平面图

图4-21（a）：最常见的平面图是指平面布置图，如果图纸的幅面够大，可以将图纸放大显示并打印输出，这样能在图纸中绘制和注明更多信息，如材质填充与各种文字说明等，保证1~2张图纸能满足多张图纸的表达需要。

图4-21（b）：顶棚平面布置图是平面图的重要组成部分，与平面布置图搭配，反映出设计空间的基本面貌，要将吊顶、灯具等构造设施都绘制出来。在形体结构上要与平面布置图对应。

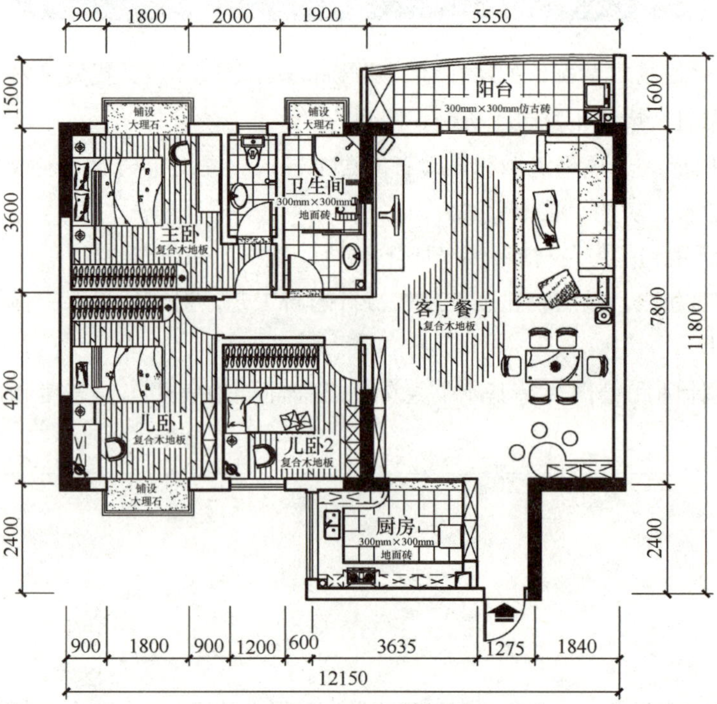

(a) 住宅平面布置图

图4-22（a）：客厅餐厅的轮廓造型复杂，家具配置丰富，为了避免地面材料填充图线与家具图线发生矛盾，可对地面区域进行局部填充，表明地面铺装材料存在。

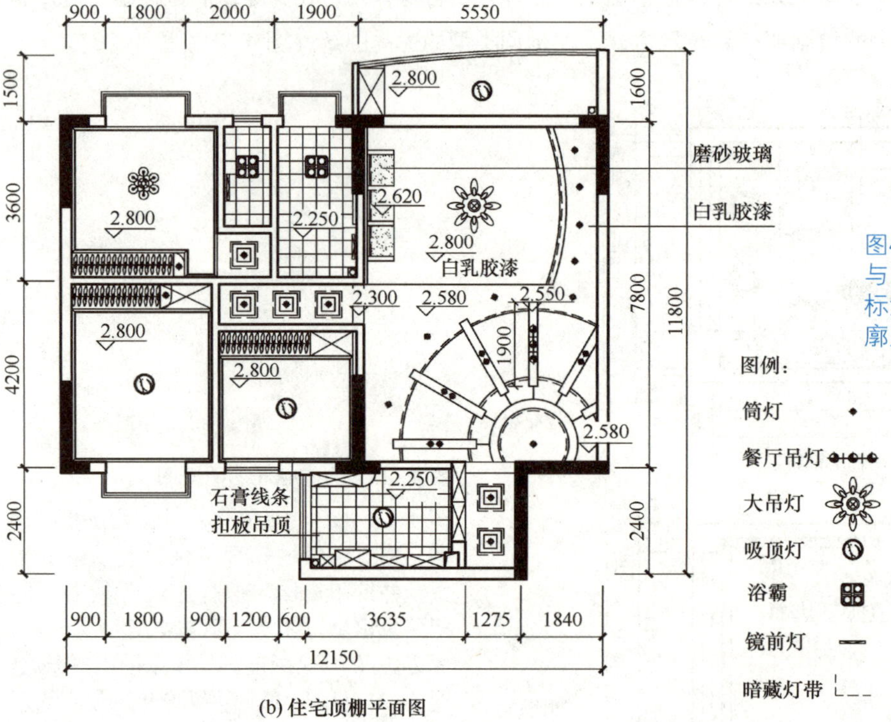

(b) 住宅顶棚平面图

图4-22（b）：吊顶造型与家具布置相呼应，需要标注出吊顶构造的基础轮廓尺寸与构造标高。

图 4-22　住宅平面图（一）

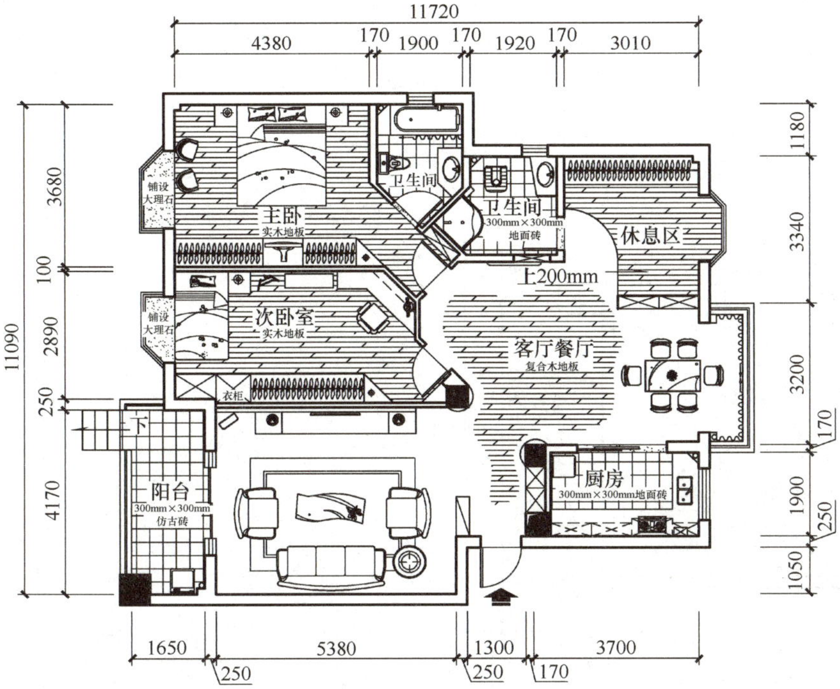

(a) 住宅平面布置图

图4-23（a）：在大多数情况下，地板铺装的方向应当与建筑外窗平面保持垂直，当室外光线投射到室内，能有效减弱地板缝隙阴影，让地面铺装的视觉效果更平整。

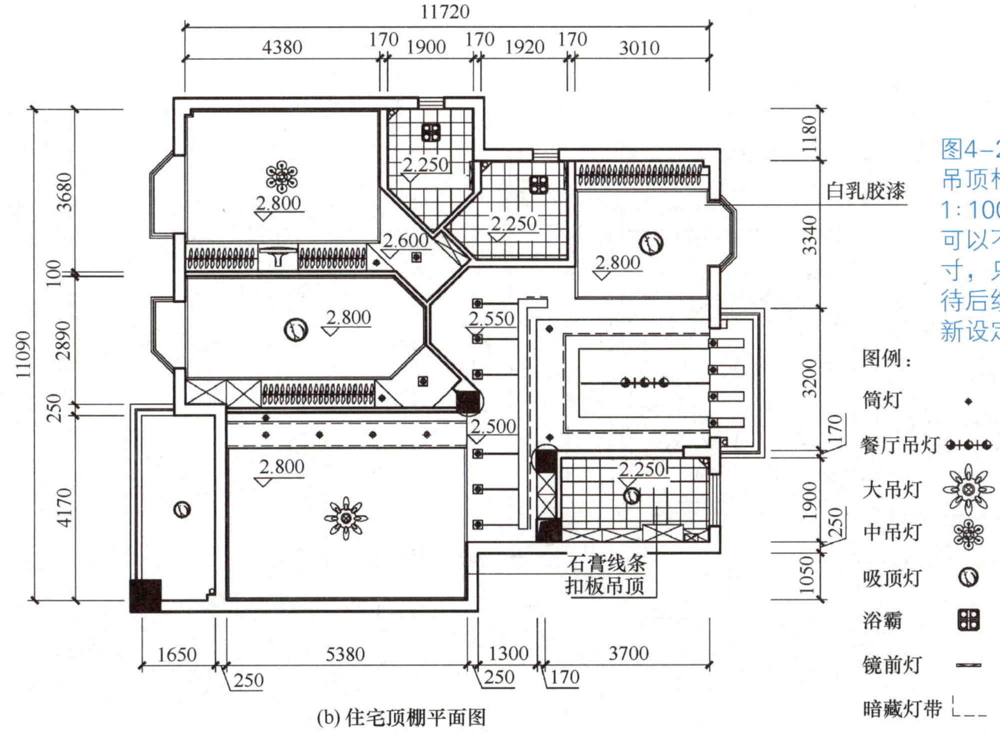

(b) 住宅顶棚平面图

图4-23（b）：如果吊顶构造较复杂，比1∶100更小的图纸中可以不必标注细节尺寸，只需标注标高，待后续图纸放大后重新设定比例再标注。

图 4-23　住宅平面图（二）

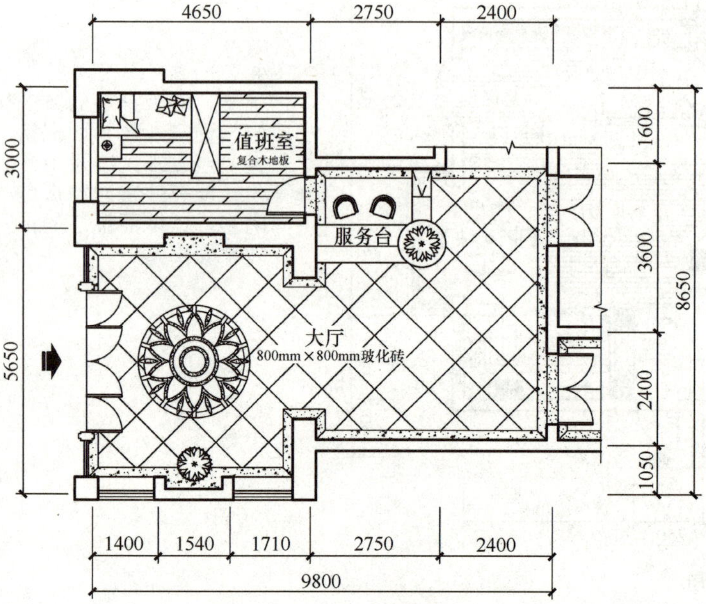

(a) 酒店大堂平面布置图

图4-24（a）：地面铺装的砖材与石材拼花应当设计精确，玻化砖的铺贴中缝或交点应对齐入口大门中轴。石材拼花应当位于区域中央。

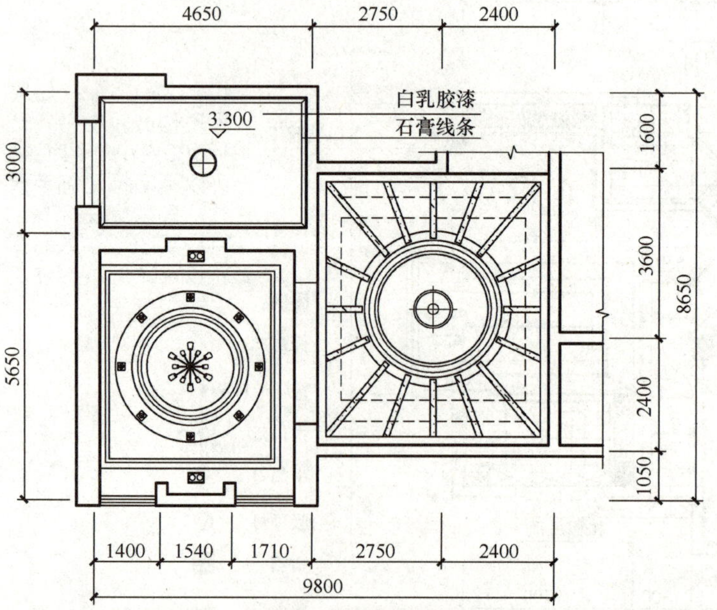

(b) 酒店大堂顶棚布置图

图4-24（b）：放射形吊顶要精确计算角度，让每个放射造型都具有严格的规范感。圆形与方形相结合，形成外方内圆的分区造型，更符合建筑结构与大众审美。

图例：

筒灯

大吊灯

中吊灯

吸顶灯

联组射灯

暗藏灯带

图 4-24　酒店大堂平面图

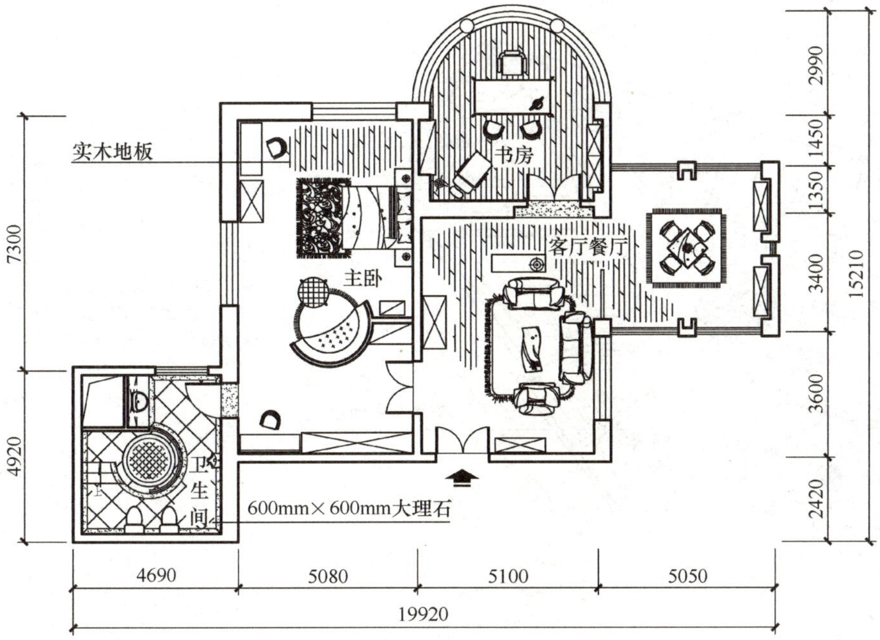

(a) 酒店套房平面布置图

图4–25（a）：复杂空间的门窗形态丰富，要确定每个门窗的宽度尺寸，据实绘制。家具布置较分散，家具图线可进一步细化。

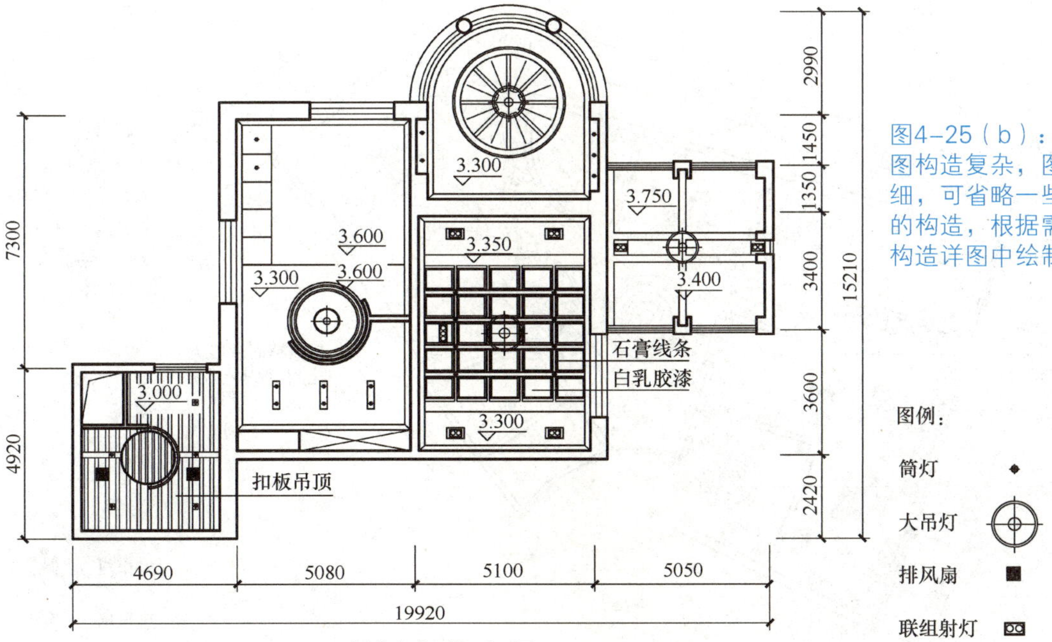

(b) 酒店套房顶棚平面图

图4–25（b）：顶棚平面图构造复杂，图线选用较细，可省略一些过于精细的构造，根据需要在后续构造详图中绘制。

图 4–25　酒店套房平面图

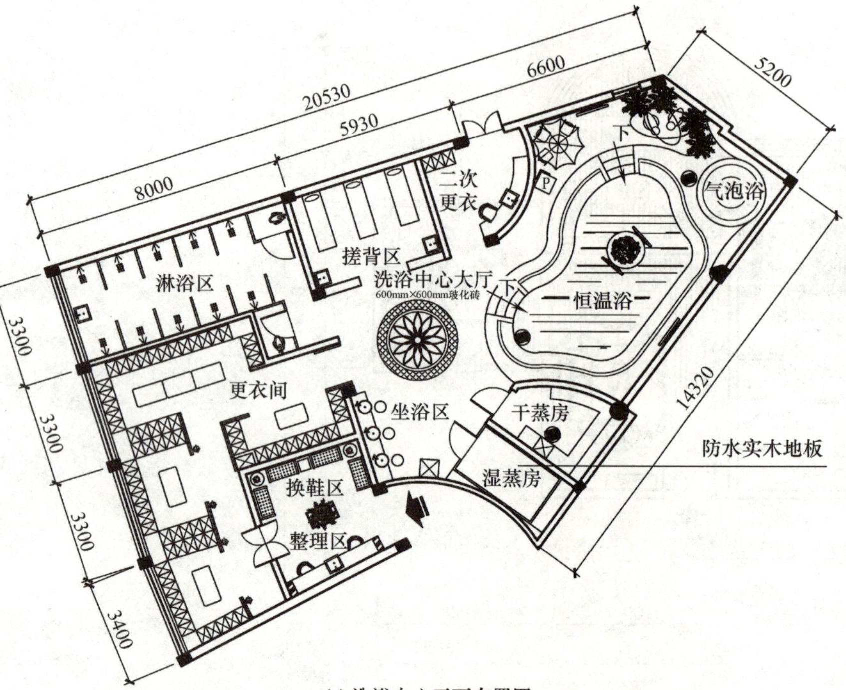

(a) 洗浴中心平面布置图

图4–26（a）：异形空间平面布置图要以主体建筑的总平面图为依据。绘制角度要符合原总平面图，所有构造与家具可根据统一角度旋转后再移动到对应的部位。

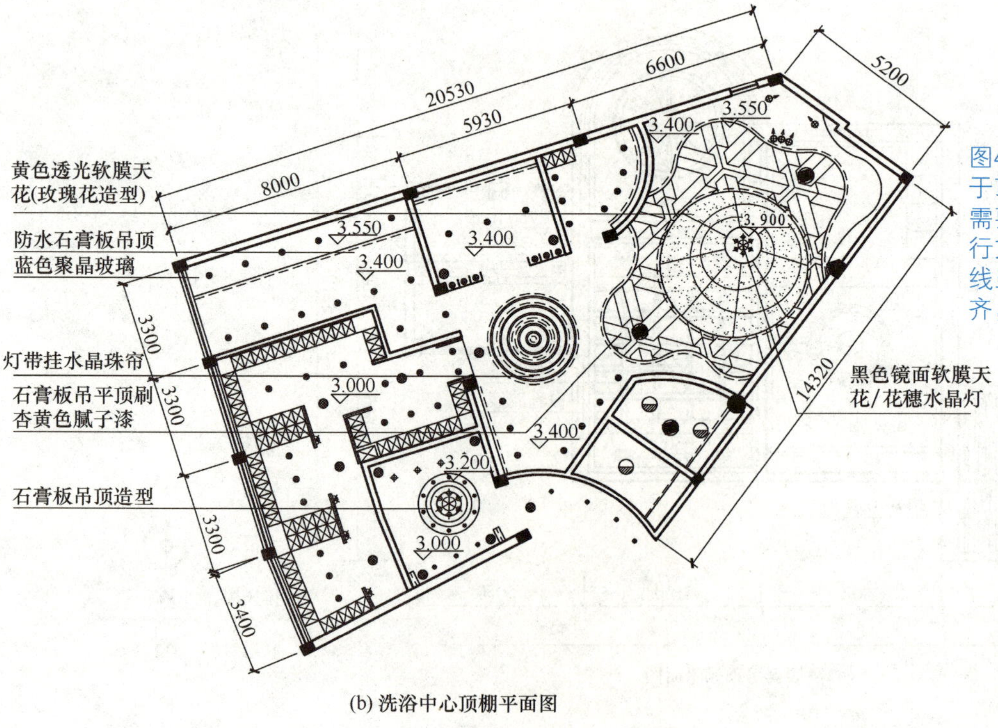

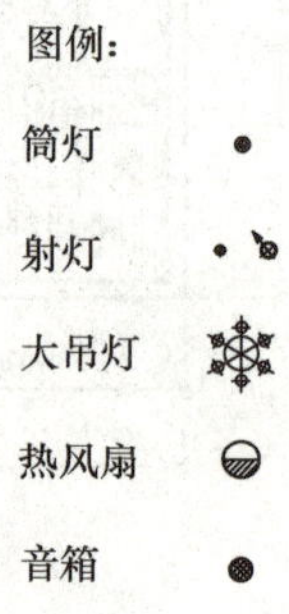

图4–26（b）：由于顶面造型丰富，需要对每种材料进行文字说明，引出线虽长但是序列整齐，清晰明了。

(b) 洗浴中心顶棚平面图

图 4–26　洗浴中心平面图

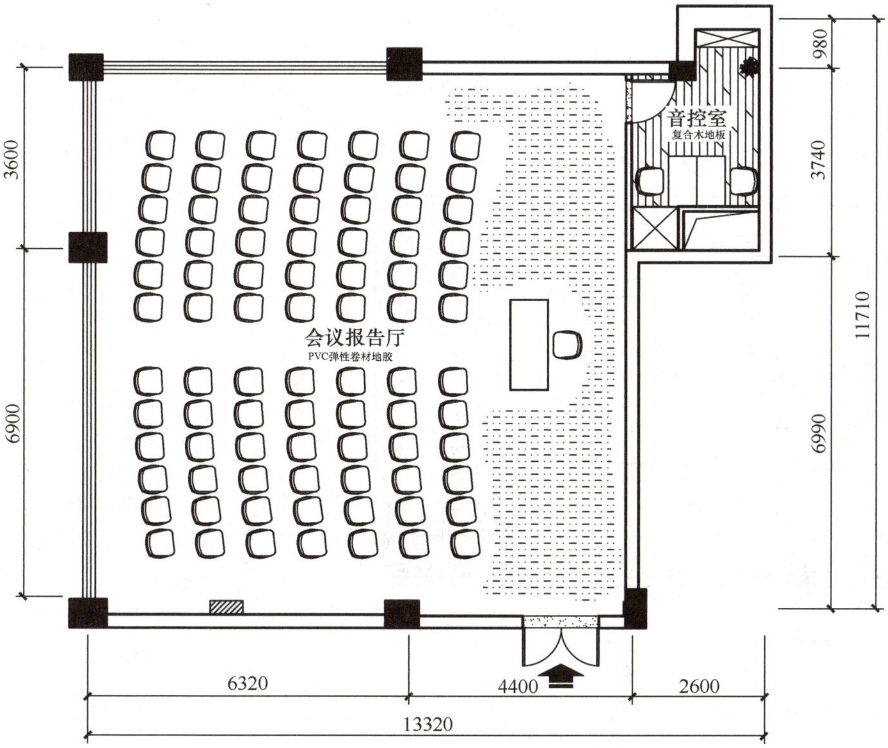

(a) 会议中心平面布置图

图4-27（a）：略带有弧形的座椅排列，需要细微旋转后移动摆放。摆放好一组后再进行定位复制，形成整齐的图面效果。

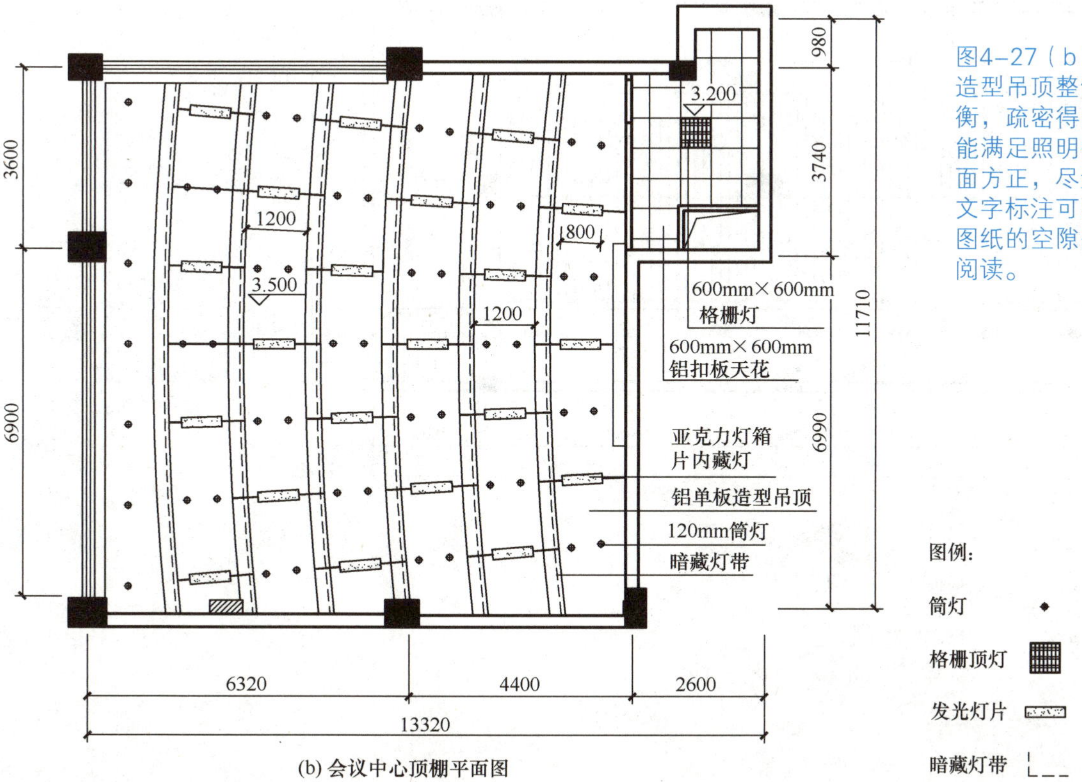

(b) 会议中心顶棚平面图

图4-27（b）：轻微放射造型吊顶整体造型应当均衡，疏密得当，灯具分布能满足照明需求。由于图面方正，尽量放大比例，文字标注可以集中布置在图纸的空隙处，方便集中阅读。

图 4-27　会议中心平面图

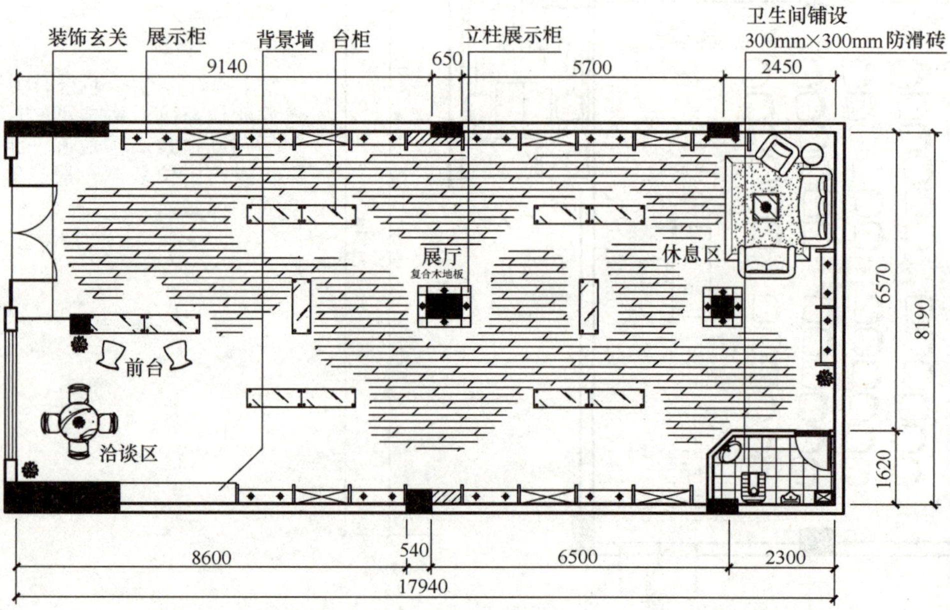

(a) 专卖店平面布置图

图4-28（a）：商业家具布局复杂，地面铺装材料单一，图案填充可作环绕状，由于是横向构造，文字说明统一向上引出标注，填充图纸的空白空间。

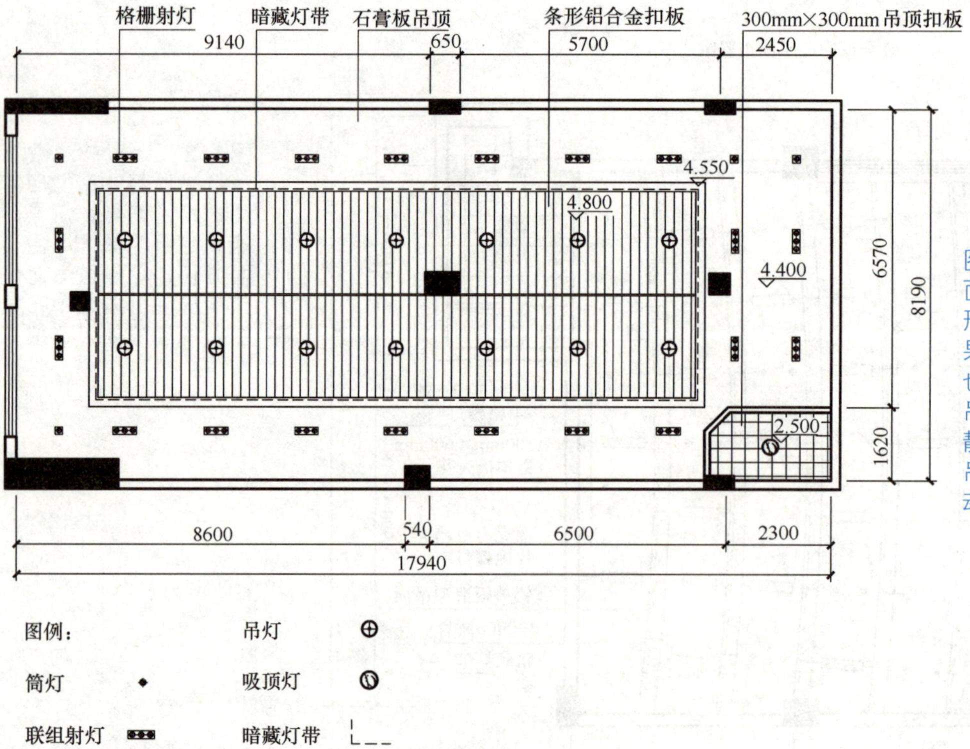

(b) 专卖店顶棚平面图

图4-28（b）：顶面灯具布置均衡，形成充裕的照明效果。吊顶构造分区也应当均衡，周边吊顶构造较低，为静态展示区，中间吊顶构造较高，为动态展示区。

图 4-28 专卖店平面图

本章小结

平面图是建筑施工中比较重要的基础图，绘制好平面图对于后期的施工也有很大的帮助。在绘制平面图之前要测量好需要的尺寸，梁、柱、管道等的位置要定位好，测量时记得要拍照，以便后期参考。

课后练习

1. 什么是基础平面图?
2. 平面布置图的识读要点是什么?
3. 地面铺装图中常用的地面装饰材料有哪些? 分别用哪些图案填充表示?
4. 上网搜索下载一批设计图纸的模型库，与本书附带的模型库进行比较，归纳整理形成属于自己的模型库。
5. 测量自己家的室内空间尺寸，绘制一幅完整的住宅平面布置图。

第 5 章
给排水图

识读难度：★★★☆☆
核心概念：识读、给排水平面图、管道轴测图

章节导读：

给排水图是环境艺术设计制图中不可或缺的组成部分，通常分为给排水平面图和管道轴测图两种形式。它主要表现设计空间中的给排水管布置、管道型号、配套设施布局、安装方法等内容，使整体设计功能更加齐备，保证后期给排水施工能顺利进行。在绘制给排水图之前，首先要先关注一些给排水相关的必要资料，如空间的层高、建筑面积、管井位置、房型以及卫生器具的配备数量等，最好整理列表，这样也方便后续计算材料数量。

5.1 国家标准规范

给排水图具有较高技术含量，是给排水规范施工的重要参考，需要预先了解国家标准规范，为后期制图打好基础。

5.1.1 图线和比例

1. 图线

给排水制图的主要绘制对象是管线，因此图线的宽度 B 应根据图纸的类别、比例和复杂程度，按 GB/T 50001—2017《房屋建筑制图统一标准》中所规定的线宽系列 2.0mm、1.4mm、1.0mm、0.7mm、0.5mm、0.35mm 选用，宜为 0.7mm 或 1.0mm。若管线复杂，可在实线和虚线的粗、中、细三档线型的线宽中再增加一档中粗线，这样的线宽组的线宽比也扩展为粗：中粗：中：细＝1：0.7：0.5：0.25。

给排水专业制图常用的各种线型宜符合表 5-1 的规定。

表 5-1　图线

名称	图例	线宽	用途
粗实线	————	B	新设计的各种排水和其他重力流管线
粗虚线	— — — —	B	新设计的各种排水和其他重力流管线的不可见轮廓线
中粗实线	————	$0.7B$	新设计的各种给水和其他压力流管线；原有各种排水和其他重力流管线

续表

名称	图例	线宽	用途
中粗虚线		0.7B	新设计的各种给水和其他压力流管线及原有各种排水和其他重力流管线的不可见轮廓线
中实线		0.5B	给水排水设备、零(附)件的可见轮廓线；总图中新建的建筑物和构筑物的可见轮廓线；原有各种给水和其他压力流管线
中虚线		0.5B	给水排水设备、零(附)件的不可见轮廓线；总图中新建的建筑物和构筑物的不可见轮廓线；原有各种给水和其他压力流管线的不可见轮廓线
细实线		0.25B	建筑的可见轮廓线；总图中原有建筑物和构筑物的可见轮廓线；制图中的各种标注线
细虚线		0.25B	建筑的不可见轮廓线；总图中原有建筑物和构筑物的不可见轮廓线
单点长画线		0.25B	中心线、定位轴线
折断线		0.25B	断开界线
波浪线		0.25B	平面图中水面线；局部构造层次范围线；保温范围示意线

2. 比例

给排水专业制图中平面图常用的比例宜与相应建筑平面图一致，在给排水轴测图中，如果表达有困难，可不按比例绘制。

5.1.2　其他标准

1. 标高

标高符号及一般标注方法应符合 GB/T 50001—2017《房屋建筑制图统一标准》中的规定。室内工程应标注相对标高，标注应参考 GB/T 50103—2010《总图制图标准》（图 5-1、图 5-2）。

图5-1（b）：管道的上下位置排序要与标注数据的位置排序一致。

图5-1（a）：管道采用粗实线，标注符号采用细实线。

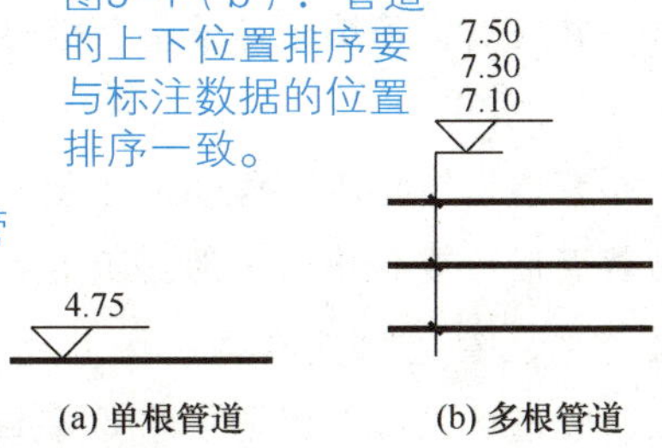

图 5-1　平面图中管道标高

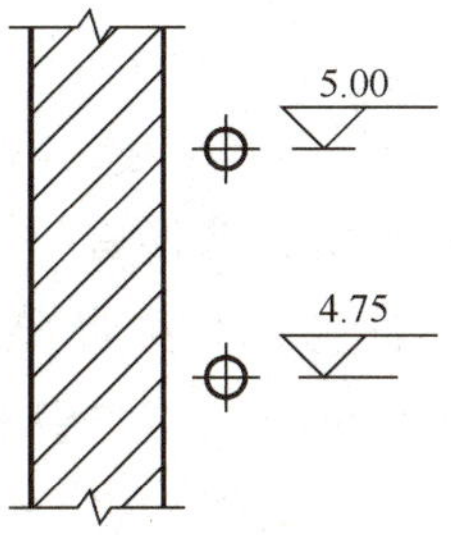

图5-2：剖面图中管道与周边构造、墙体的位置需要明确标识。

图 5-2　剖面图中标高

压力管道应标注管中心标高；沟渠和重力流管道宜标注沟（管）内底标高。在实际工程中，管道也可以标注相对本层地面的标高，标注方法为 H+×，如 H+0.025。

（1）在沟渠和重力流管道的起始点、转角点、连接点、变坡点、变坡尺寸（管径）点及交叉点处应标注标高。

（2）在压力流管道中的标高控制点处应标注标高。

（3）在管道穿外墙、剪力墙和构筑物的壁及底板等处应标注标高。

（4）在不同水位线处应标注标高。

2. 管径

管径应该以 mm 为单位。水煤气输送钢管（镀锌或非镀锌）、铸铁管等管材，管径宜以公称直径 DN 表示，如 DN20、DN50 等。无缝钢管、焊接钢管（直缝或螺旋缝）、铜管、不锈钢管等管材，管径宜以外径 *D*×壁厚表示，如 *D*108×4、*D*159×4. 5 等（图 5-3、图 5-4）。

图5-3：数据标注在管线上方。

图 5-3　单管管径表示法

图5-4（a）：管道的上下位置排序要与标注数据的位置排序一致。

图5-4（b）：当管道之间的距离狭窄时，可引出倾斜线标注。

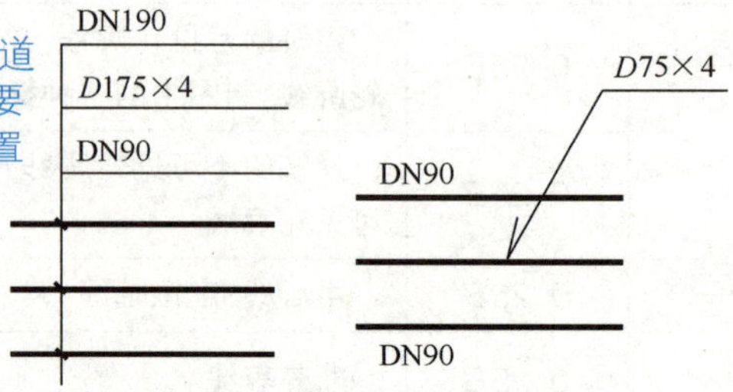

(a) 垂直排列标注　(b) 引出标注

图 5-4　多管管径标注

钢筋混凝土（或混凝土）管、陶土管、耐酸陶瓷管、缸瓦管等管材，管径宜以内径 *D* 表示，如 *D*230、*D*380 等。塑料管材，管径宜按产品标准的表示方法表示。当设计均用公称直径 DN 表示管径时，应有公称直径 DN 与相应产品规格对照表。

3. 编号

当建筑物的给水引入管或排水排出管的数量超过 1 根时，宜进行编号（图 5-5）；建筑物内穿越楼层的立管，其数量超过一根时宜进行编号（图 5-6）。

图5-5：管道采用粗实线，标注符号采用细实线，严格控制圆形符号直径。

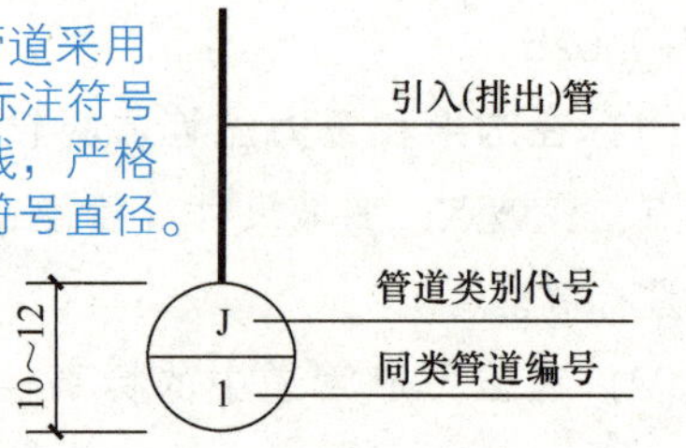

图 5-5　给排水管编号

图5-6（b）：标识出楼地面的位置线。

图5-6（a）：用斜线引出标注。

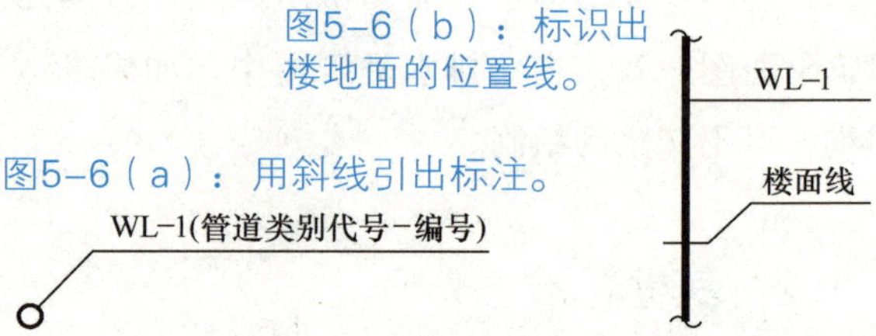

(a) 平面　(b) 立面

图 5-6　立管编号

在总平面图中，当给排水附属构筑物的数量超过 1 个时，宜进行编号。编号方法为：构筑物代号-编号。给水构筑物的编号顺序宜为：从水源到干管，再从干管到支管，最后到用户。排水构筑物的编号顺序宜为：从上游到下游，先干管后支管。当给排水机电设备的数量超过一台时，宜进行编号，并应有设备编号与设备名称对照表。

4. 图例

管道是给排水工程图的主要表达对象，这些管道截面形状变化小，一般细而长，分布范围广，纵横交叉，管道附件众多，因此有其特殊的图示特点。管道类别应以汉语拼音首字母表示，并符合表 5-2 中的要求。

表 5-2　　给排水图常用图例

序号	名称	图例	备注	序号	名称	图例	备注
1	生活给水管	J		19	自动冲水箱	平面图　系统图	
2	热力给水管	RJ		20	法兰连接		
3	循环给水管	XJ		21	承插连接		
4	废水管	F	可与中水源水管合用	22	活接头		
5	通气管	T		23	管堵		
6	污水管	W		24	法兰堵盖		
7	雨水管	Y		25	弯折管		表示管道向下及向后弯转 90°
8	保温管			26	三通连接		
9	多孔管			27	四通连接		
10	防护管套			28	盲管		
11	管道立管	XL-1　XL-1 平面图　系统图	X：管道类别 L：立管 1：编号	29	管道丁字上接		
12	立管检查口			30	管道丁字下接		
13	清扫口	平面图　系统图		31	管道交叉		在下方和后面的管道应断开
14	通气帽	三角帽　蘑菇帽		32	短管		
15	通气帽	YD-　YD- 平面图　系统图		33	存水弯		
16	排水漏斗	平面图　系统图		34	弯头		
17	圆形地漏	平面图　系统图		35	正三通		
18	方形地漏	平面图　系统图		36	斜三通		

续表

序号	名称	图例	备注
37	正四通	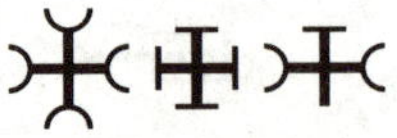	
38	斜四通	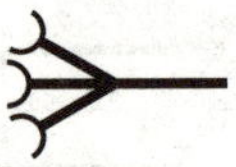	
39	闸阀		
40	角阀	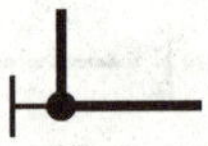	
41	三通阀		
42	四通阀		
43	截止阀	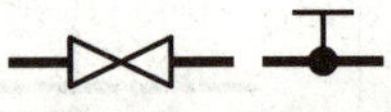 DN≥50 DN<50	
44	电动阀		
45	电磁阀		
46	浮球阀	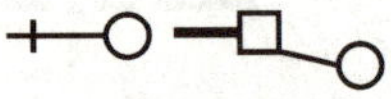 平面图 系统图	
47	延时自闭冲洗阀		
48	放水龙头	 平面图 系统图	
49	脚踏开关	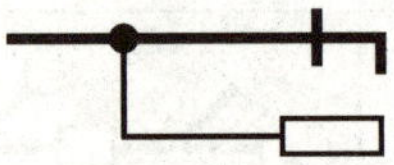	
50	消防栓给水管	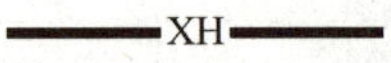	
51	自动喷水灭火给水管	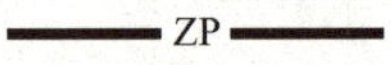	
52	室内消火栓（单口）	 平面图 系统图	白色为开启面
53	室内消火栓（双口）	 平面图 系统图	
54	自动喷洒头（开式）	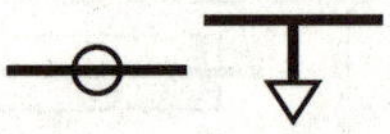 平面图 系统图	
55	自动喷洒头（闭式）	 平面图 系统图	下喷
		 平面图 系统图	上喷
		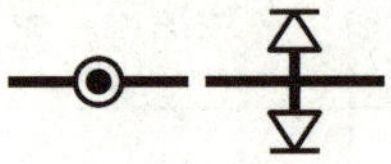 平面图 系统图	上下喷
56	雨淋灭火给水管	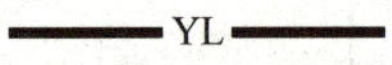	
57	水幕灭火给水管	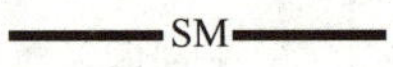	
58	洗脸盆	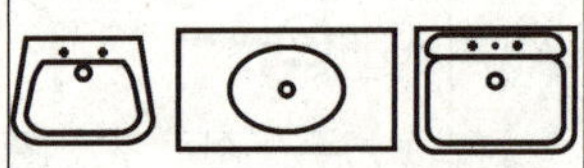 立式 台式 挂式	
59	浴盆	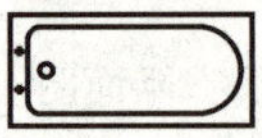	
60	化验盆、洗涤盆	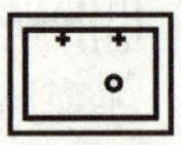	

★补充要点——给排水图审核原则

1. 图纸是否符合国家政策、标准规范的规定，图纸资料是否齐全，能否满足施工需要。

2. 图纸是否合理，有无遗漏，图纸中的标注有无错误，有关管道编号、设备型号是否完整无误，标高、坡度、坐标位置是否正确，材料名称、规格型号、数量是否正确完整。

3. 设计说明与图中的技术要求是否明确，是否符合企业施工技术装备条件。如需采用特殊措施，技术上有无困难，能否保证施工质量和施工安全。

4. 设计意图、工程特点、设备设施、控制流程、工艺要求是否明确。是否符合工艺流程和施工工艺要求。

5. 管道安装位置是否美观和使用方便。管道、组件、设备的技术特性，如工作压力、温度、介质是否清楚。

6. 需要采用特殊施工方法、施工手段、施工机具的部位要求和做法是否明确。有无特殊材料要求，其规格、品种、数量能否满足要求，有无材料代用的可能性。

5.2 给排水图识读

由于给排水图中的管道和设备非常复杂，在识读给排水图时要注意以下几点。

1. 正确认识图例

给水与排水工程图中的管道及附件、管道连接、阀门、卫生器具、水池、设备及仪表等，都要采用统一的图例表示。在识读图纸时最好能随身携带一份国家标准图例，可以随时查阅。凡在该标准中尚未列入的，可自设图例，但在图纸上应专门画出自设的图例，并加以说明，以免引起误解。

2. 辨清管线流程

给水与排水工程中管道很多，常分成给水系统和排水系统。它们都按一定方向通过干管、支管，最后与具体设备相连接。如室内给水系统的流程为：进户管（引入管）→水表→干管→支管→用水设备；室内排水系统的流程为：排水设备→支管→干管→户外排出管。常用 J 作为给水系统和给水管的代号，用 F 作为废水系统和废水管的代号，用 W 作为污水系统和污水管的代号，现代住宅、商业和办公空间的排水管道基本都以 W 作为统一标识。

3. 对照轴测图

由于给排水管道在平面图上较难表明它们的空间走向，所以在给水与排水工程图中，一般都用轴测图直观地画出管道系统，称为系统轴测图，简称轴测图或系统图。阅读图纸时，应将轴测图和平面图对照识读。轴测图能从空间上表述管线的走向，表现效果更直观。

4. 配合原始建筑图

由于给排水工程图中管道设备的安装，需与土建施工密切配合，所以给排水施工图也应与土建施工图（包括建筑施工图和结构施工图）相互密切配合，尤其在留洞、预埋件、管沟等方面对土建的要求，需在图纸上表明。

5.3 给排水平面图

给排水平面图主要反映管道系统各组成部分的平面位置，因此，设计空间的轮廓线应与设计平面图或基础平面图一致，一般只要抄绘墙身、柱、门窗洞、楼梯等主要构配件，至于细部、门窗代号等均可略去。

5.3.1 绘制要点

1. 抄绘产品构造

底层平面图（即±0.000 标高层平面图）应在右上方绘出指北针，卫生设备和附件中有一部分是工业产品，如洗脸盆、大便器、小便器、地漏等，只表示出它们的类型和位置；另一部分是在后期施工中需要现场制作的，如厨房中的水池（洗涤盆）、卫生间中的大小便槽等，这部分图形先由建筑设计人员绘制，在给排水平面图中仅需抄绘其主要轮廓。

2. 标注管径

给排水管道应包括立管、干管、支管，要标注出管径，底层给排水平面图中还有给水引入管和废水、污水排出管。

3. 按系统编号

为了便于读图，在底层给排水平面图中的各种管道要按系统编号，系统的划分视具体情况而异，一般给水管以每一引入管为一个系统，污水、废水管以每一个承接排水管为一个系统。

4. 统一图例

图中的图例应采用标准图例，自行增加的标准中未列的图例，应附上图例说明，但为了使施工员便于阅读图纸，无论是否采用标准图例，最好都能附上各种管道及卫生设备等的图例，并对施工要求和有关材料等内容用文字加以说明，通常将图例和施工说明都附在底层给排水平面图中。

5.3.2 绘制步骤

绘制给排水平面图注重图纸的表意功能，具体绘制方法可以分为三个步骤。

1. 抄绘基础平面图

（1）先抄绘基础平面图中的墙体与门窗位置等固定构造形态，再绘制现有的给排水立管和卫生设备的位置。

（2）图纸比例宜根据图纸的复杂程度合理选择，一般采用与平面图相同的比例，由于平面布局不是该图的主要内容，所以墙、柱、门窗等都用细实线表示。抄绘建筑平面图的数量，宜视卫生设备和给排水管道的具体状况来确定。

（3）对于多层建筑，底层由于室内管道需与室外管道相连，必须单独画出一个完整的平面图。其他楼层的平面图只抄绘与卫生设备和管道布置有关的部分即可，应分层抄绘。

（4）抄绘时如果楼层的卫生设备和管道布置完全相同，也可以只画出相同楼层的一个平面图，但在图中必须注明各楼层的层次和标高。

（5）设有屋顶水箱的楼层可以单独画出屋顶给排水平面图。当管道布置不太复杂时，也可在最高楼层给排水平面图中用中虚线画出水箱的位置。

（6）各类卫生设备一般需按国家标准图例绘制，用中实线画出其平面图形的外轮廓。对于非标准设计的设施和器具，则应在建筑施工图中另附详图，这里就不必详细画出其形状。

（7）如果在施工或安装时有所需要，可注出卫生设备的定位尺寸。本例中的卫生设备，如洗脸盆、浴盆、坐式大便器等，都采用定型产品，按相关图集安装（图5-7）。

2. 设计管道

当所有卫生设备和给排水立管绘制完毕后就可以绘制连接管线，管线的绘制顺序是先连接给水管，再连接排水管，管线连接尽量简洁，避免交叉过多、转角过多，尽量降低管线连接长度。

（1）管线应采用汉语拼音字头代号来表示管道类别。此外，还可以使用不同线形来区分，这对较简单的给排水制图比较适用，如中粗实线表示冷给水管，中粗虚线表示热给水管，粗单点画线表示污水管等。

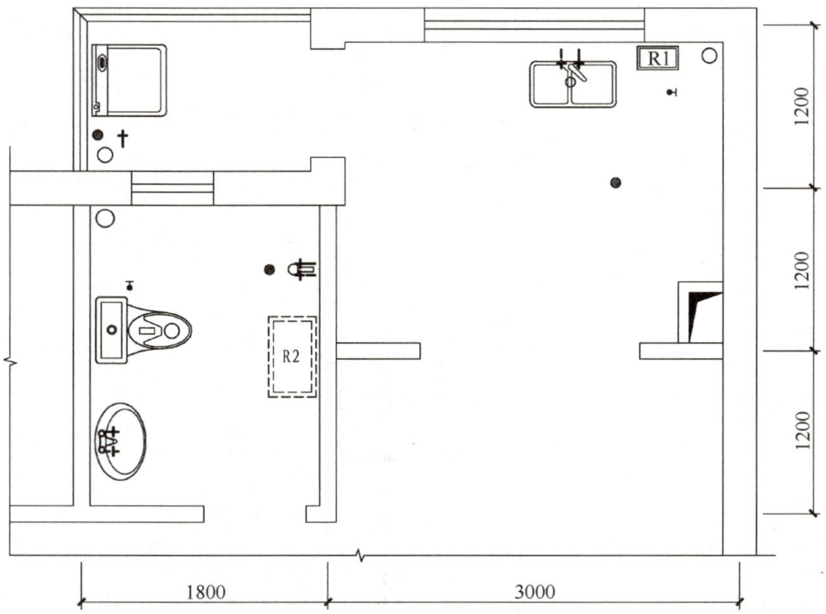

图5-7：抄绘或复制的图纸应当将墙体、门窗等构造的线条改为细实线，细实线仅仅是反映位置的存在，线条的粗细要与后期绘制的管道线条区分开。用水点与排水点所在位置要精准，与用水洁具保持一致，如果热水器安装高度在1.5m以上，需用虚线表示。

图5-7 住宅厨房卫生间给排水平面图绘制步骤一

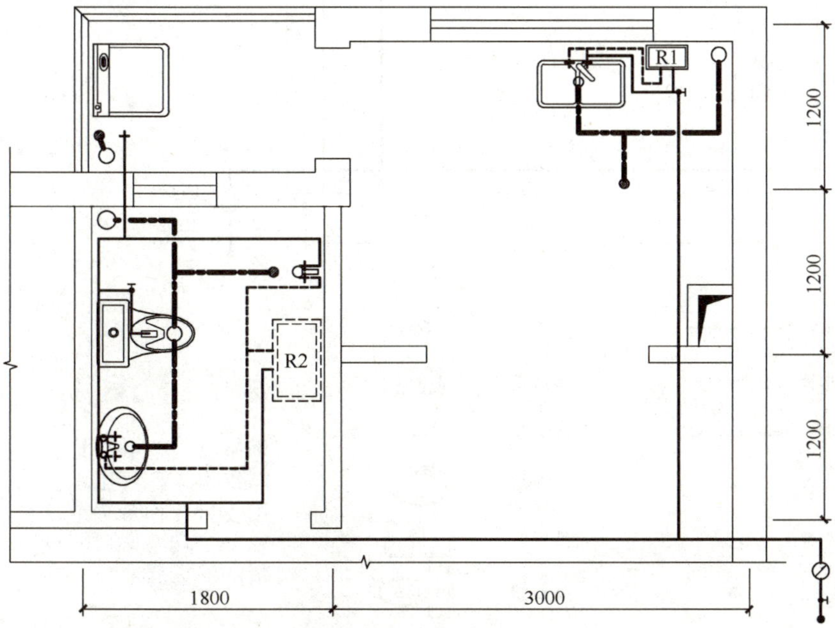

图5-8：连接管道应当横平竖直，减少转角与交叉，实际施工状态与设计绘制的施工图应当保持高度一致。

图5-8 住宅厨房卫生间给排水平面图绘制步骤二

（2）凡是连接某楼层卫生设备的管道，无论是安装在楼板上，还是楼板下，都可以画在该楼层平面图中；无论管道投影是否可见，都按原线型表示。

（3）给排水平面图按投影关系仅表示了管道的平面布置和走向，对管道的空间位置表达得不够明显，所以还必须另外绘制管道的系统轴测图。

（4）管道的长度是在施工安装时，根据设备间的距离，直接测量截割的，所以在图中不必标注管长（图 5-8）。

3. 标注与图例

（1）连接管线后要标注上相关的文字和尺寸，注意检查、核对，发现错误与不合理部位要及时更正。

（2）给排水管，包括低压流体输送用的镀锌焊接钢管、不镀锌焊接钢管、铸铁管等的管径尺寸应以 mm 为单位，以公称直径 DN 表示，如 DN15、DN50 等，一般标注在该管段的旁边，空间不够时，也可用引出线引出标注。

（3）标注顺序一般为先标注立管，再标注横管，先标注数字和字母，再书写汉字标题。

（4）绘制图例要完整，图例大小一般应该与平面图一致，对于过大或过小的构件可以适当扩减，标注完成再重新检查一遍，纠正错误（图 5-9）。

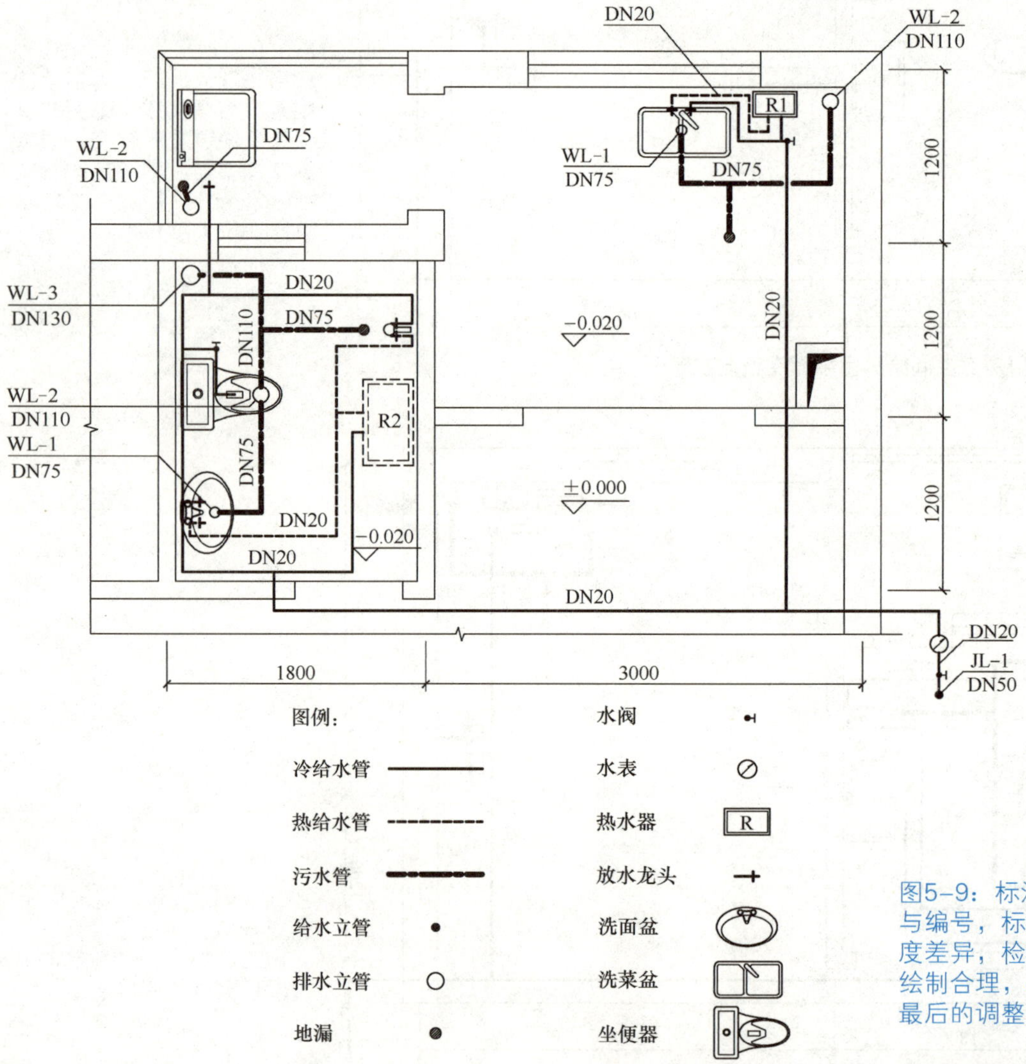

图5-9：标注管道型号与编号，标注出地面高度差异，检查管道是否绘制合理，必要时进行最后的调整。

图 5-9　住宅厨房卫生间给排水平面图绘制步骤三

5.4 管道轴测图

管道轴测图上需要表示各管段的管径、坡度、标高及附件在管道上的位置，因此又称为给排水系统轴测图，一般采用与给排水平面图相同的比例。

管道轴测图能在给排水平面图的基础上进一步深入表现管道的空间布置情况。在绘制管道轴测图之前需要先绘制给排水平面图（图5-10），再根据

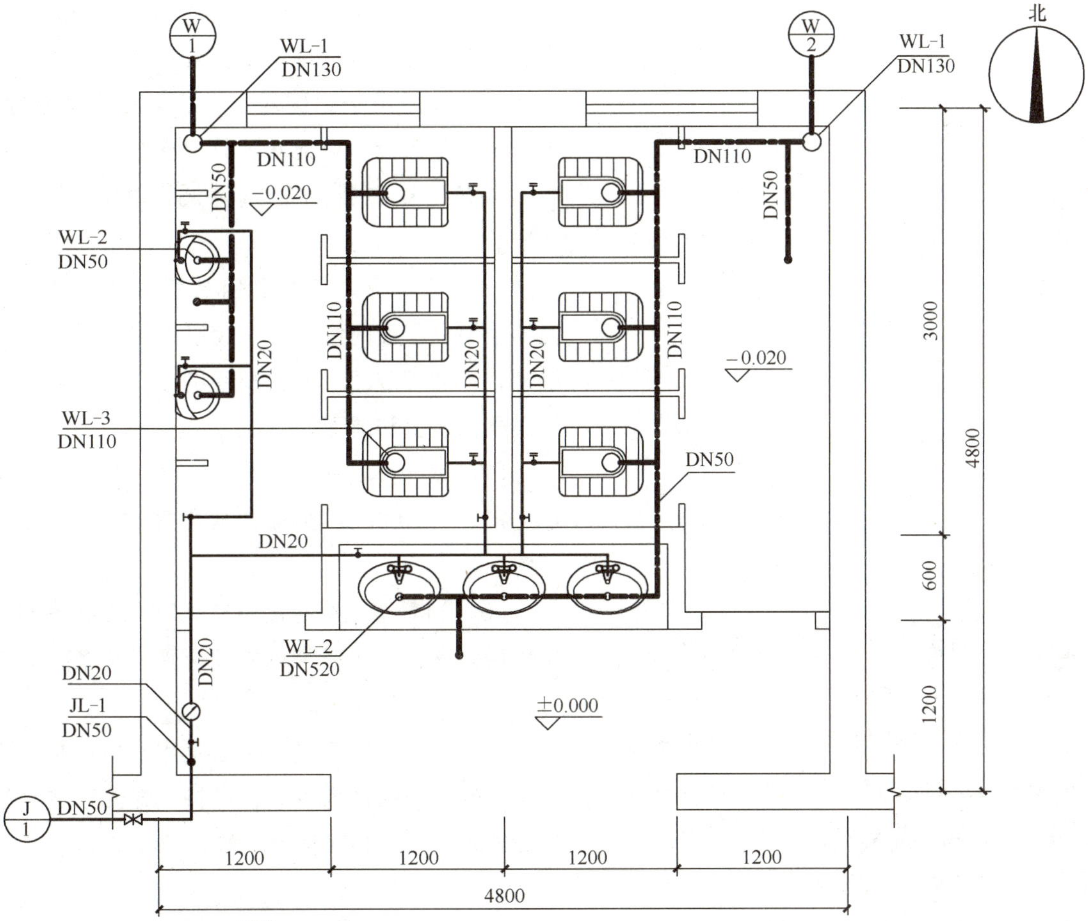

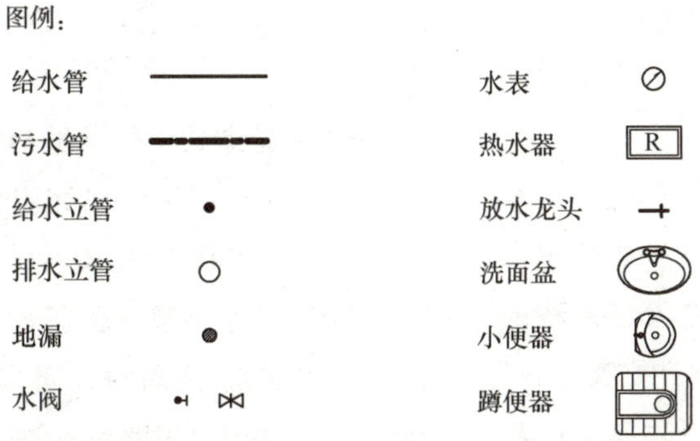

图5-10：绘制给排水轴测图，首先要绘制给排水平面图，详细表述图纸中的各种管道，对于简单空间中的管道，可以将给排水管同时绘制在平面图中，对于复杂平面图，给水与排水要分开绘制。

图 5-10 公共卫生间给排水平面图

管道布置形式绘制管道轴测图。

5.4.1 正面斜轴测图

在绘图时，按轴向量取长度较为方便。国家标准规定，给排水轴测图一般按 45° 正面斜轴测投影法绘制，其轴间角和轴向伸缩系数也应按照标准规范来设定（图 5-11）。

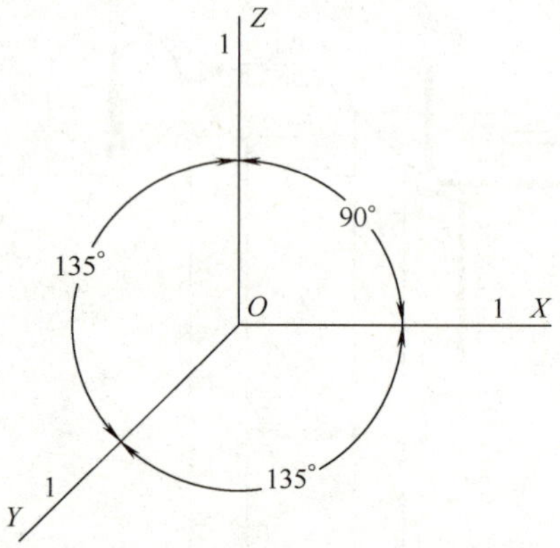

图 5-11 给排水管道轴测图所用的正面斜等测

图 5-11：横向为 X，纵向为 Y，高度为 Z。横向与纵向的空间关系为二维，此图表现平面二维方向中的 Y 轴应与 X 轴成 135° 夹角。

由于管道轴测图通常采用与给排水平面图相同的比例，沿坐标轴 X、Y 方向的管道，不仅与相应的轴测轴平行，而且可从给排水平面图中量取长度；平行于坐标轴 Z 方向的管道，则应与轴测轴 OZ 相平行，且可按实际高度以相同的比例作出。凡不平行坐标轴方向的管道，则可通过作平行于坐标轴的辅助线，确定管道的两端点连接而成。

5.4.2 管道绘制

（1）管道系统的划分一般按给排水平面图中进出口编号已分成的系统，分别绘制出各管道系统的轴测图，这样，可避免过多的管道重叠和交叉。

（2）为了与平面图相呼应，每个管道轴测图都应该编号，且编号应与底层给排水平面图中管道进出口的编号相一致。

（3）给水、废水、污水轴测图中的管道可以都用粗实线表示，其他的图例和线宽仍按原规定。

（4）在轴测图中不必画出管件的接头形式，在管道系统中的配水器，如水表、截止阀、放水龙头等，可用图例画出，但不必每层都画，相同布置的各层，可只将其中的一层画完整，其他各层只需在立管分支处用折断线表示。

（5）在排水轴测图中，可以用相应图例画出卫生设备上的存水弯、地漏或检查口等，排水横管虽有坡度，但是由于比例较小，故可画成水平管道。由于所有卫生设备或配水器具已在给排水平面图中表达清楚，故在排水管道轴测图中就没有必要画出。

（6）轴测图中还要画出被管道穿越的墙、地面、楼面、屋面的位置，一般用细实线画出地面和墙面，并加轴测图中的材料图例线，用一条水平细实线画出楼面和屋面。

（7）对于水箱等大型设备，为了便于与各种管道连接，可用细实线画出其主要外形轮廓的轴测图。

（8）当管道在系统图中交叉时，应在鉴别其可见性后，在交叉处将可见的管道画成延续，而将不可见的管道画成断开。

（9）当在同一系统中的管道因互相重叠和交叉而影响轴测图的清晰性时，可将一部分管道平移至空白位置画出，称为移置画法。

5.4.3 管道标注

（1）管道的管径一般标注在该管段旁边，标注空间不够时，可用引出线引出标注，室内给排水管道标注公称直径 DN。

（2）管道各管段的管径要逐段标注，当不连续的几段管径都相同时，可以仅标注它的始段和末段，中间段可以省略不标注。

（3）管道轴测图中标注的标高是相对标高，即以底层室内主要地面为±0.000。在给水轴测图中，标高以管中心为准，一般要注出引入管、横管、阀门及放水龙头，卫生设备的连接支管，各层楼地面及屋面，与水箱连接的各管道，以及水箱的顶面和底面等构造的标高。

（4）在排水轴测图中，横管的标高以管内底为准，一般应标注立管上的通气帽、检查口、排出管的起点标高。其他排水横管的标高，一般根据卫生设备的安装高度和管件的尺寸，由施工员决定。此外，还要标注各层楼地面及屋面的标高。

（5）凡有坡度的横管（主要是排水管），都要在管道旁边或引出线上标注坡度，当排水横管采用标准坡度时，图中可省略不标注，但需在施工图的说明中写明（图5-12、图5-13）。

绘制给排水图需要认真思考，制图时要多想少画，完成后要反复检查，严格按国家标准图例规范制图。

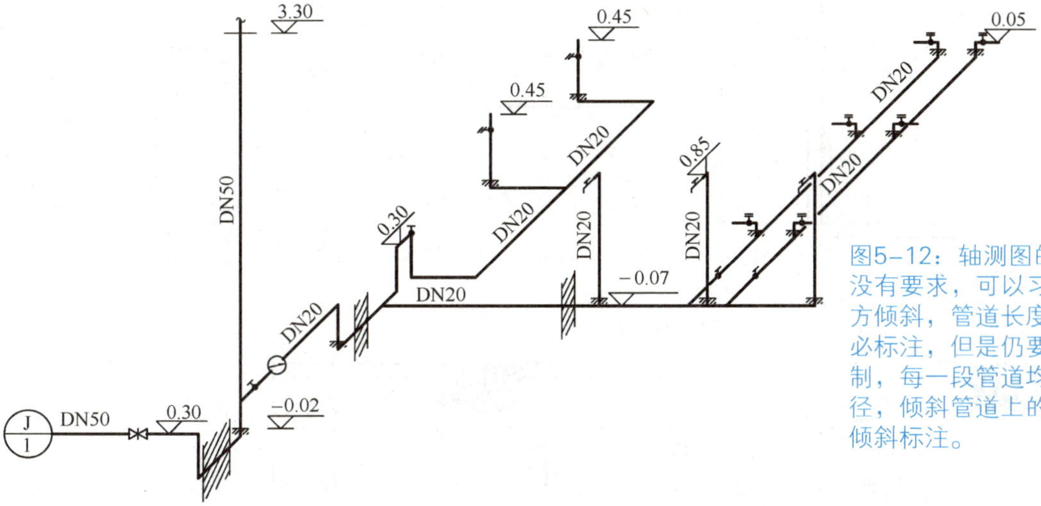

图5-12：轴测图的倾斜方向一般没有要求，可以习惯性地向右上方倾斜，管道长度与间距虽然不必标注，但是仍要按实际尺寸绘制，每一段管道均要标注管道直径，倾斜管道上的文字一般也要倾斜标注。

图5-12　公共卫生间给水轴测图

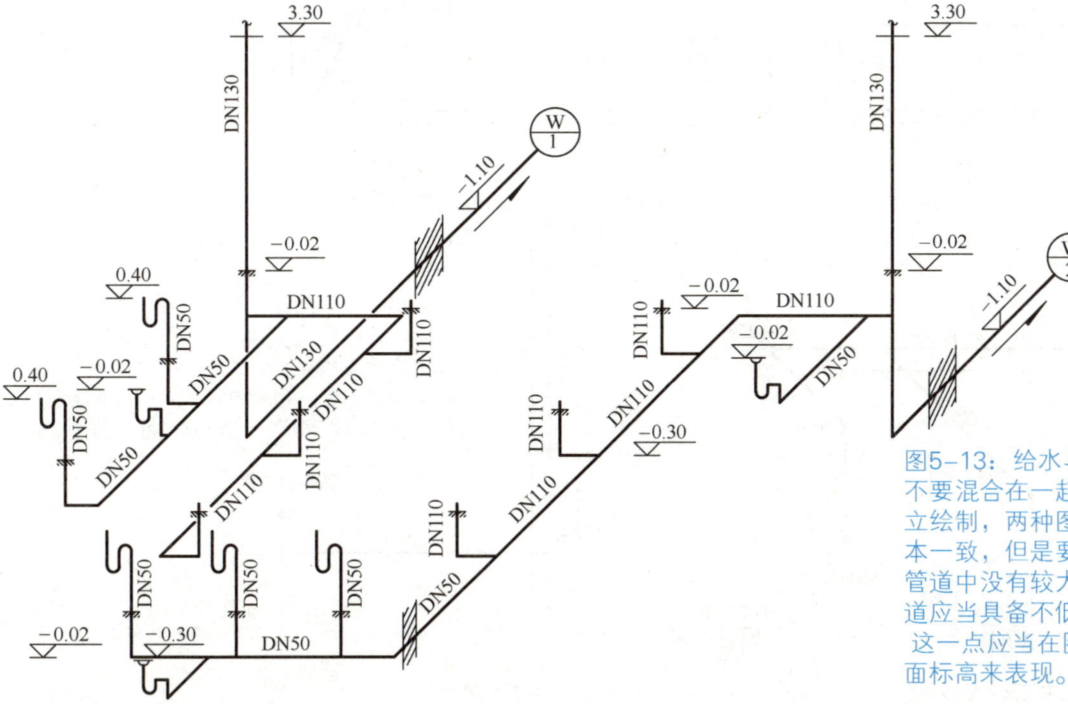

图5-13：给水与排水的轴测图不要混合在一起，应当分开独立绘制，两种图的绘制细节基本一致，但是要注意的是排水管道中没有较大水压，平行管道应当具备不低于2%的坡度，这一点应当在图上用箭头与地面标高来表现。

图5-13　公共卫生间排水轴测图

5.5 给排水图案例

以下列出几套给排水图供参考（图 5-14、图 5-15）。

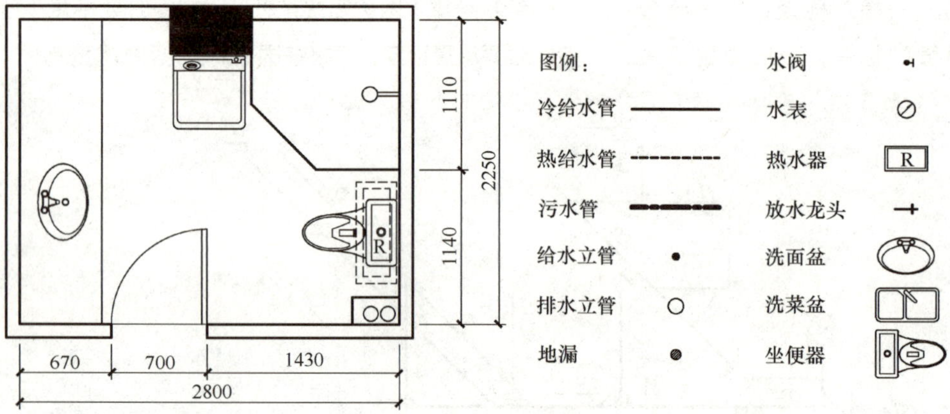

(a) 公寓单间卫生间平面布置图

图5-14（a）：平面布置图是给排水图的基础，必须先画好平面图，在基础布局完善后再布置给排水管道。平面布置图要附带图例，为后续给排水图识读指引到位。

图5-14（b）：水平面图中的管道布局尽量简洁，减少管道的交错与长度，节省管道用量，能保证水压供给。

图5-14（c）：排水管道可倾斜布置，保证排水通畅，排水管的布置逻辑是先由分支排水管集中至主排水管上，后统一连通至排水立管。

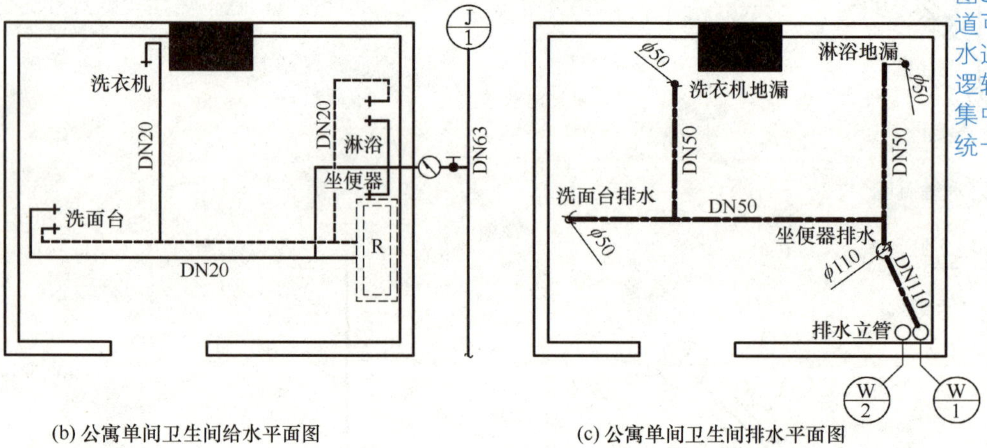

(b) 公寓单间卫生间给水平面图

(c) 公寓单间卫生间排水平面图

图5-14（d）：给水轴测图中要标识出用水设备与地面高度，表明安装位置与空间逻辑关系。

图5-14（e）：排水轴测图要标注出主要立管位置，管道与楼板之间的关系。

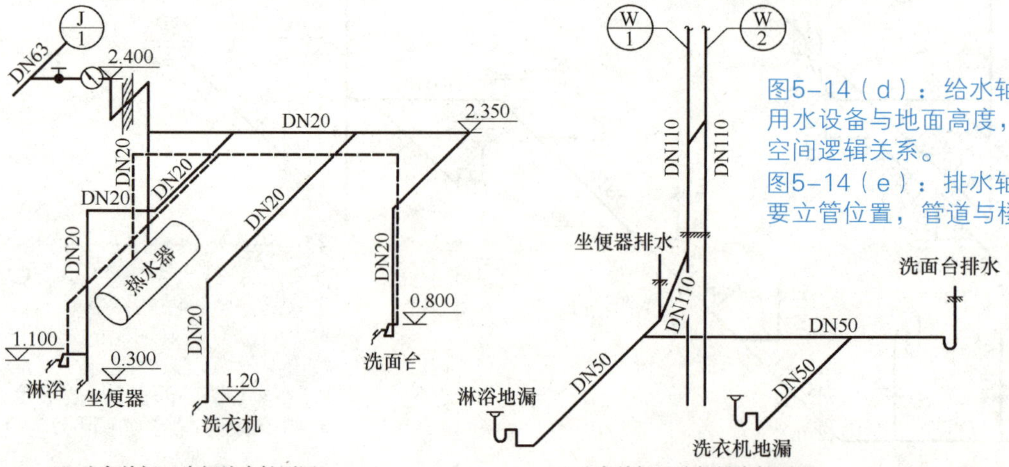

(d) 公寓单间卫生间给水轴测图

(e) 公寓单间卫生间排水轴测图

图 5-14　公寓单间卫生间给排水图

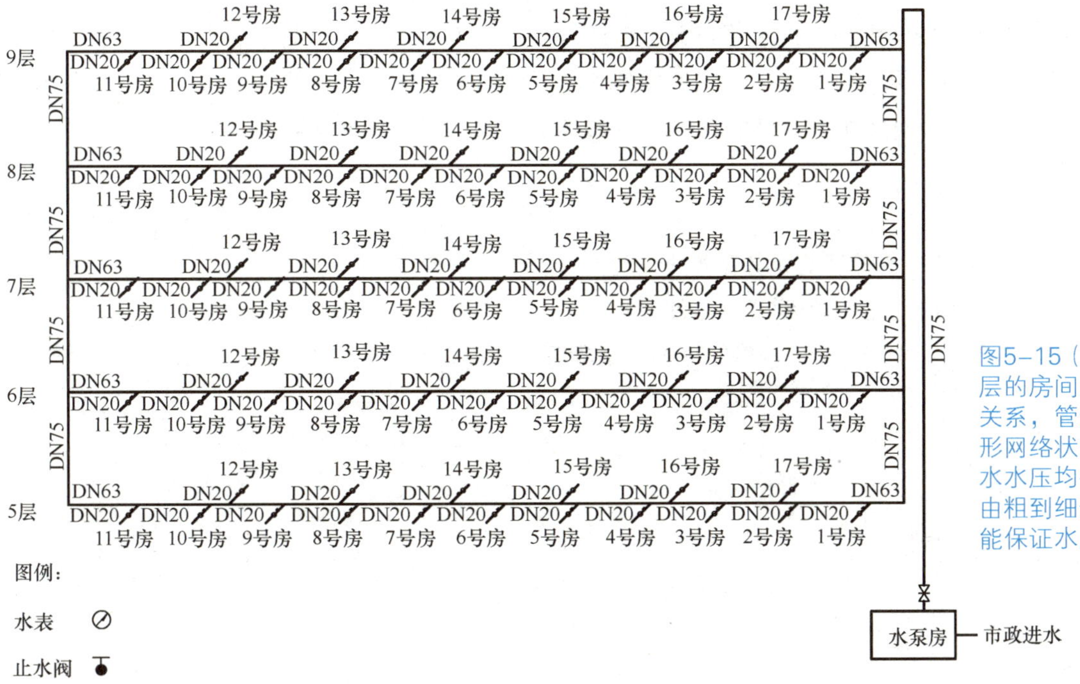

(a) 公寓卫生间给水轴测图

图5-15（a）：各楼层的房间呈并列空间关系，管道需形成环形网络状态，保证给水水压均衡。给水管由粗到细逐步过渡，能保证水压一致。

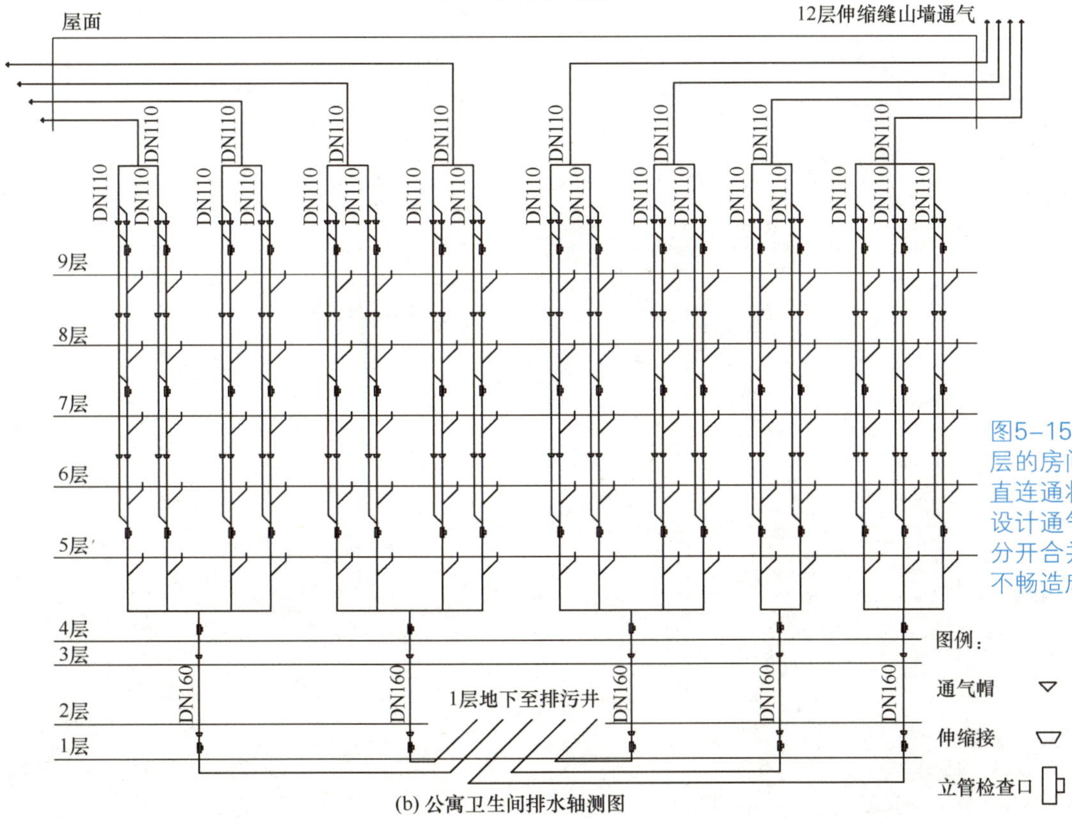

(b) 公寓卫生间排水轴测图

图5-15（b）：各楼层的房间排水管呈垂直连通状态，顶部要设计通气管，底部要分开合并，避免排水不畅造成阻塞。

图 5-15　公寓楼卫生间给排水图

本章小结

给排水图主要表现空间中的给排水管布置、管道型号、配套设施布局以及安装方法等内容，它使整体设计功能更加齐备，保证后期给排水施工能顺利进行。本章讲解了室内给排水工程设计应完成的设计图纸和施工图纸，设计图纸要反映给排水工程的样子，施工图纸要反映施工时的细节，包括平面图、轴测图、详图。

课后练习

1. 给排水图管道标高有哪些细节？
2. 给排水图的识读要点是什么？
3. 参考图 5-10，测量并考察教学楼卫生间，绘制一幅公共卫生间的给排水平面图。

第 6 章
电气图

识读难度：★★★☆☆
核心概念：电气、强电、弱电

章节导读：

电气图是一种特殊的专业技术图，涉及专业、门类较多，能被各行各业广泛采用。电气图通常分为强电图和弱电图两大类。电气图一般包括电气平面图、配电系统图、电路图、设备布置图、综合布线图、图例、设备材料明细表等，其中需要在设计中明确表现的是电气平面图和配电系统图。在绘制电气图时要特别严谨，绘制时思维需要敏锐、全面。

6.1 国家标准规范

电气图一般包括电气平面图、配电系统图、电路图、设备布置图、图例、设备材料明细表等，绘制电气图时需特别严谨，具体制图规范可参考 NB/T 10883.7—2023《水电工程制图标准》和 GB/T 4728.11—2008《电气简图用图形符号》。

6.1.1 常用表示方法

电气图中各组件常用的表示方法很多，有多线表示法、单线表示法、连接表示法、半连接表示法、不连接表示法和组合法等。根据图纸的用途、图面布置、表达内容、功能关系等，具体选用其中一种表示法，也可将几种表示法结合运用。具体线型使用方式可参考表 6-1。

1. 多线表示法

多线表示法是指各元件之间的连线按照导线的实际走向逐根分别画出（图 6-1）。

表 6-1 图线

名称	图例	线宽	用途
中粗实线	————————	0.75B	基本线、轮廓线、导线、一次线路、主要线路的可见轮廓线
中粗虚线	— — — — — — —	0.75B	基本线、轮廓线、导线、一次线路、主要线路的不可见轮廓线
细实线	————————	0.25B	二次线路、一般线路、建筑物与构筑物的可见轮廓线

续表

名称	图例	线宽	用　　途
细虚线	———————	0.25B	二次线路、一般线路、建筑物与构筑物的不可见轮廓线，屏蔽线、辅助线
单点长划线	——·——·——	0.25B	控制线、分界线、功能图框线、分组图框线等
双点长划线	——··——··——	0.25B	辅助图框线、36V 以下线路等
折断线	——\/——	0.25B	断开界线

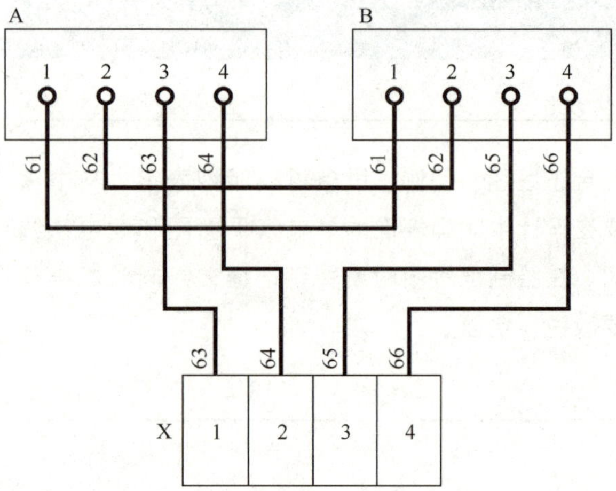

图 6-1　多线表示法

图 6-1：多线表示法适用于距离较近的空间或构造，多采用直线连接，尽量减少转折，线路交错时，两端要标注编号。

2. 单线表示法

单线表示法是指各元件之间走向一致的连接导线可用一条线表示，而在线条上画上若干短斜线表示根数，或者在一根短斜线旁标注数字表示导线根数（一般用于三根以上导线数），即图上的一根线实际代表一束线。某些导线走向不完全相同，但在某段上相同、平行的连接线也可以合并成一条线，在走向变化时，再逐条分出去，使图面保持清晰，单线法表示的线条可以编号（图 6-2）。

3. 组合线表示法

组合线表示法是指在同一图样中，必要时可以将多线表示法和单线表示法组合起来使用，在复杂连接的地方使用多线表示法，在比较简单的地方使用单线表示法。线路的去向可以用斜线表示，以方便识别导线的汇入与离开线束的方向（图 6-3）。

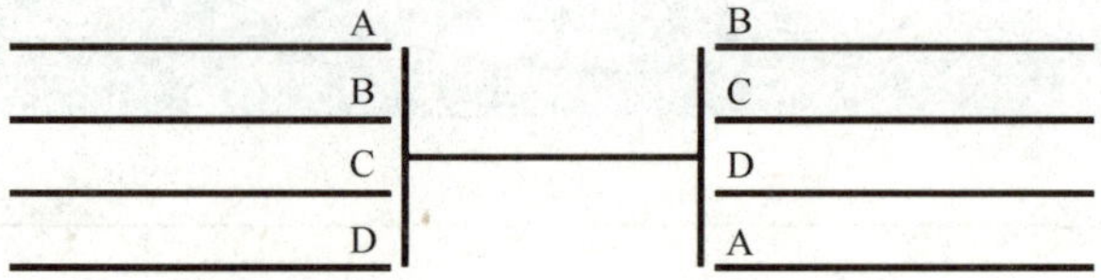

图 6-2　单线表示法

图 6-2：单线表示法适用于距离较远的空间或构造，常用于轴测图或系统图，采用直线连接，尽量减少转折，两端要标注编号。

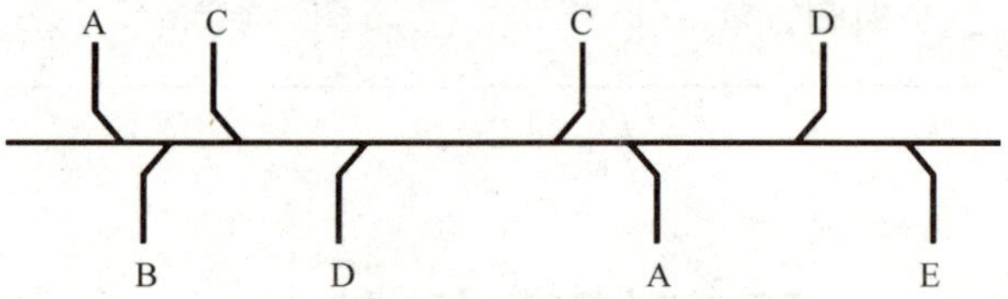

图 6-3　组合线表示法

图 6-3：组合线表示法适用于复杂的并线构造，常用于桥架电路构造，采用直线和折线连接，尽量减少转折，两端要标注编号。

4. 引出线标注

引出线标注所用的引出线一般为细实线。在电气施工图中，为了标记和注释图样中的某些内容，需要用引出线在旁边标注简短的文字说明，指向被注释的部位。指向轮廓线内，线端以圆点表示［图 6-4（a）］；指向轮廓线上，线端以箭头表示［图 6-4（b）］；指向电路线上，线端以短斜线表示［图 6-4（c）］。

6.1.2　电气简图

电气图中，应尽量减少导线、信号通路、连接线等图线的交叉、转折，电路可水平布置或垂直布置。电路或元件宜按功能布置，尽可能按工作顺序

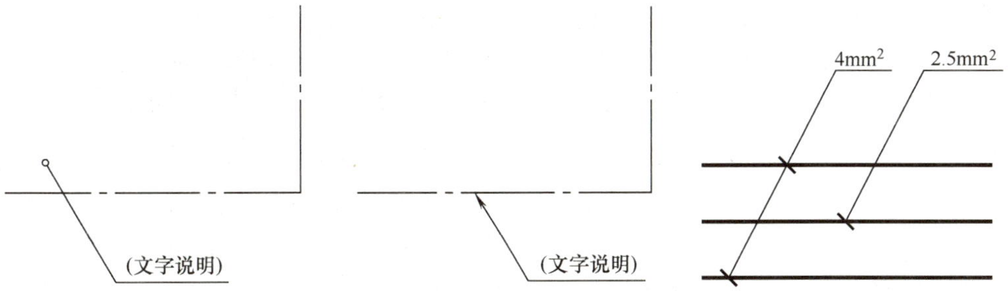

(a) 圆点引线　(b) 箭头引线　(c) 尺寸箭头标记

图 6-4　引出线末端标注

图 6-4（a）：圆点为空心造型，引出线标注文字说明。

图 6-4（b）：箭头为黑色填涂三角造型，引出线标注文字说明。

图 6-4（c）：电线粗细规格采用尺寸箭头引出标记。

从左到右、从上到下排列，连接线不应穿过其他连接的连接点，连接线之间不应在交叉处改变方向。在电气图中可用点划线图框显示出图表示的功能单元、结构单元或项目组（如继电器装置），图框的形状可以是不规则的。当围框内含有不属于该单元的元件符号时，需对这些符号加双点划线围框，并加注代号或注解。

照明灯具及其控制系统，如开关、灯具等是最常见的设备，绘制时需要理清连接顺序（图 6-5）。

6.1.3　标注与标高

1. 标注

当符号用连接表示法和半连接表示法表示时，

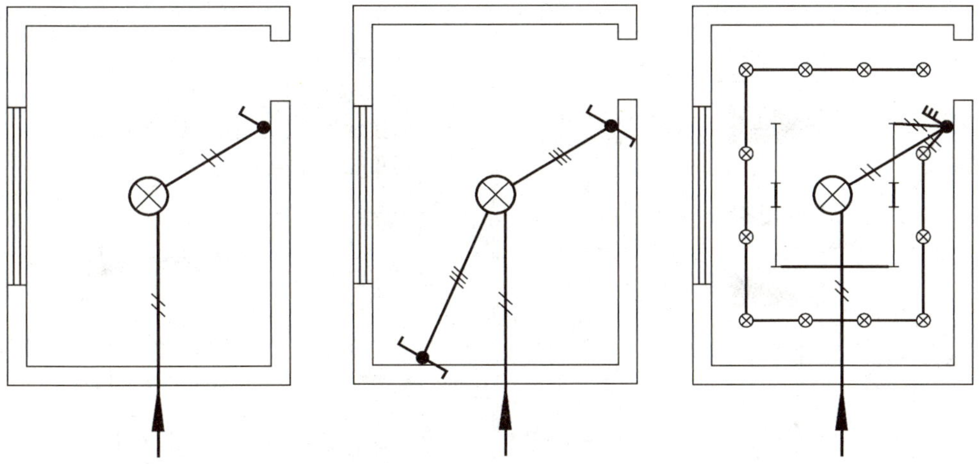

(a) 单控单开　(b) 双控双开　(c) 单控三开

图 6-5　开关控制连接简图

图 6-5（a）：一个开关控制一盏灯。通常最简单的照明布置，是在一个空间内设置一盏照明灯，由一只开关控制即可满足需要。

图 6-5（b）：两个开关控制一盏灯。为了使用方便，两只双控开关在两处控制一盏灯也比较常见，通常用于面积较大或楼梯等空间，便于从两处位置进行控制。

图 6-5（c）：多个开关控制多盏灯。很多复杂环境的照明需要不同的照度和照明类型，因此需要设置数量不同的灯具形式，用多个开关控制多盏不同类型和数量的灯。

项目代号只在符号近旁标一次，并与设备连接对齐；当符号用不连接表示法表示时，项目代号在每一项目符号近旁标出；当电路水平布置时，项目代号一般标注在符号的上方；垂直布置时，一般标注在符号的左方。

2. 标高

在电气图中，线路和电气设备的安装高度需要标注标高，通常采用与建筑施工图相统一的相对标高，或者相对本楼层地面的相对标高。如某设计项目的电气施工图中标注的总电源进线安装高度为5. 0m，是指相对建筑基准标高±0. 000 的高度，而内部某插座安装高度 0. 4m，则是指相对本楼层地面的高度，一般表示为 *n*F+0. 4m。

6. 1. 4　图形符号

图形符号一般分为限定符号、一般符号、方框符号等标记或字符，限定符号不能单独使用，必须同其他符号组合使用，构成完整的图形符号。

在不改变符号含义的前提下，符号可根据图面布置的需要旋转，但文字应水平书写，图形符号可根据需要缩放。当一个符号用以限定另一符号时，该符号一般缩小绘制，符号缩放时，各符号间及符号本身的比例应保持不变。有些图形符号具有几种图形形式，使用时应优先采用“优选形”。在同一设计项目中，只能选用同一种图形形式。

图形符号的大小和线条的粗细均要求基本一致，图形符号中的文字符号、物理量符号等，应视为图形符号的组成部分。同一图形符号表示的器件，当其用途或材料不同时，应在图形符号的右下角用大写英文名称的字头表示其区别。对于国家标准中没有的图形符号可以根据需要创建，但是要在图纸中标明图例供查阅，并不得与国家标准相矛盾，具体图形符号可参考表 6-2。

表 6-2　　　　电气图常用图例

序号	名称	图例	备注
1	屏、台、箱、柜		一般符号
2	照明配电箱		必要时可涂红，需要时符号内可标示电流种类
3	多种电源配电箱		
4	电能表	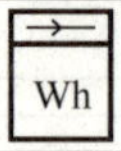	测量单相传输能量
5	灯		一般符号
6	电铃		
7	电警笛报警器		
8	单相插座	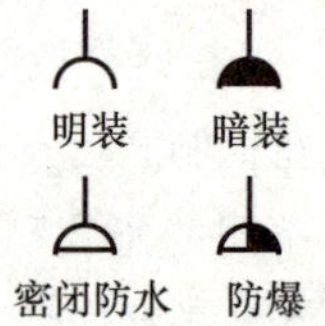	

序号	名称	图例	备注
9	带保护触点的插座、带接地插孔的单相插座		
10	带接地插孔的三相插座	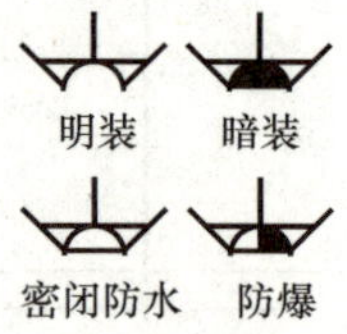	
11	插座箱		
12	带单极开关的插座		
13	单极开关	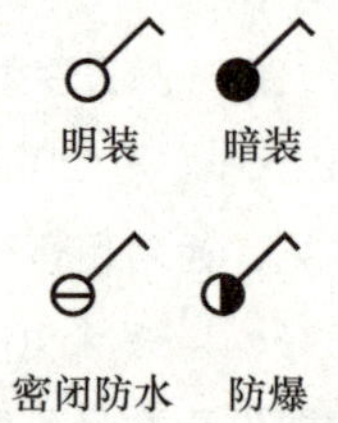	

续表

序号	名称	图例	备注
14	双极开关	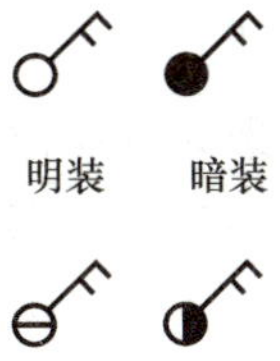	
15	三极开关	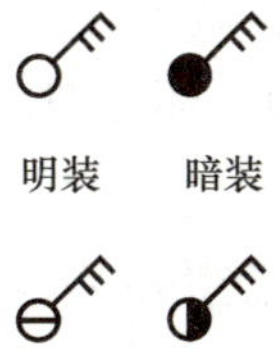	
16	声控开关		
17	光控开关		
18	单极限时开关		
19	双控开关	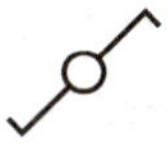	单极三线
20	具有指示灯的开关		用于不同照度
21	多拉开关		
22	投光灯		
23	聚光灯	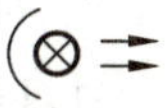	
24	泛光灯		
25	荧光灯	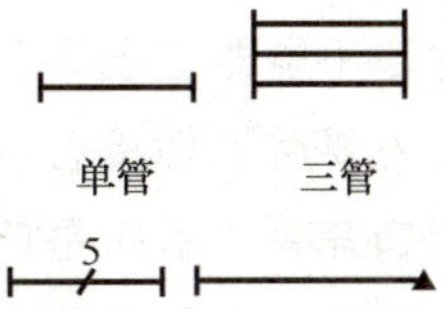	
26	应急灯		自带电源
27	火灾报警控制器	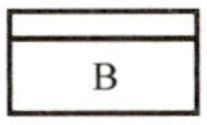	
28	烟感火灾探测器		点式
29	温感火灾探测器		点式
30	火灾报警按钮		
31	气体火灾探测器		
32	火焰探测器		
33	火警电铃		
34	火警电话		
35	火灾警报器		
36	消防喷淋器		
37	摄像机		
38	电信插座		
39	带滑动防护板的插座		
40	多个插座	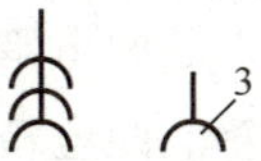	表示三个插座
41	配线		
42	导线数量		

★补充要点——其他种类电气图

1. 电路图。是用来表示电气设备、电器元件和线路的安装位置、接线方法、配线场所的一种图。一般电路图包括两种：一种是属于电气安装施工中的强电部分，是主要表达和指导各种照明灯具的安装、用电设施的线路敷设等的安装图样；另一种电路图是属于电气安装施工中的弱电部分，是表示各种电子装置与家用电器设备的安装线路和线路板等电子元器件规格的图样。

2. 设备布置图。是按照正投影图原理绘制的，用以表现各种电器设备和器件在设计空间中的位置、安装方式及其相互关系的图样。通常由水平投影图、侧立面图、剖面图及各种构件详图等组成。例如：灯位图是一种设备布置图。为了不使工程的结构施工与电气安装施工产生矛盾，灯位图使用较广泛。灯位图在表明灯具的种类、规格、安装位置和安装技术要求的同时，还详细地画出部分建筑结构。这种图无论是对于电气安装工，还是结构制作的施工人员，都有很大的帮助。

3. 安装详图。是表现电气工程中设备某一部分的具体安装要求和做法的图样。国家已有专门的安装设备标准图集可供选用。

6.2 电气图识读

电气图识读要从线路走向开始，同步识读标识的数据与文字，识读的同时在头脑中建立起完整的立体空间。

6.2.1 电气线路组成

电气线路主要由下面几部分组成。

1. 进户线

进户线通常是由供电部门的架空线路引进建筑物中，如果是楼房，进户线一般是进入楼房的二层配电箱前的一段导线。

2. 配电箱

进户线首先接入总配电箱，然后再根据需要分别接入各个分配电箱。配电箱是电气照明工程中的主要设备之一，现代城市多数用暗装（嵌入式）的方式进行安装，只需绘出电气系统图即可。

3. 照明电气线路

照明电气线路主要分为明敷设和暗敷设两种施工方式，暗敷设是指在墙体内和吊顶棚内采用线管配线的敷设方法进行线路安装。线管配线就是将绝缘导线穿在线管内的一种配线方式，常用的线管有薄壁钢管、硬塑料管、金属软管、塑料软管等。在有易燃材料的线路敷设部位必须标注焊接要求，以避免产生打火点。

4. 空气开关

为了保证用电安全，应根据负荷选定额定电压和额定电流符合要求的空气开关。

5. 灯具

在一般设计项目中常用的灯具有吊灯、吸顶灯、壁灯、荧光灯、射灯等，在图样上以图形符号或旁标文字表示，在图例中进一步说明灯具的名称、功能。

6. 电气元件与用电器

电气元件与用电器主要是各类开关、插座和电子装置。插座主要用来插接各种移动电器和家用电器设备，应明确开关、插座是明装还是暗装，以及它们的型号。各种电子装置和元器件则要注意它们的耐压和极性。其他用电器主要有电风扇、空调等。

续表

序号	名称	图例	备注	序号	名称	图例	备注
14	双极开关	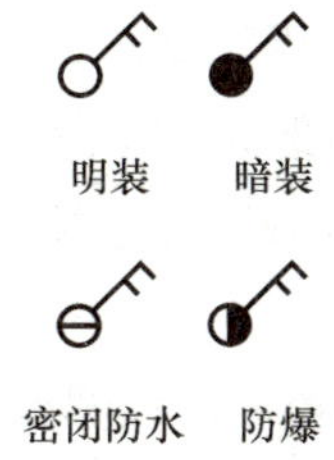		26	应急灯		自带电源
				27	火灾报警控制器	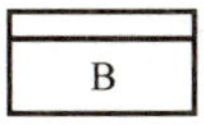	
				28	烟感火灾探测器		点式
15	三极开关	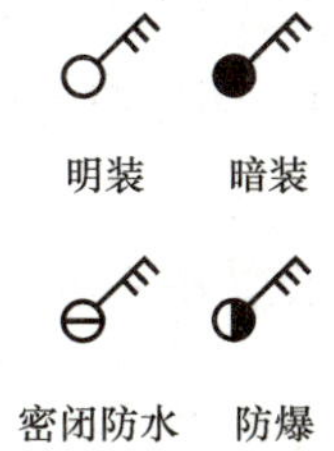		29	温感火灾探测器		点式
				30	火灾报警按钮		
				31	气体火灾探测器		
16	声控开关			32	火焰探测器		
17	光控开关			33	火警电铃		
18	单极限时开关	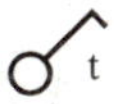		34	火警电话		
19	双控开关	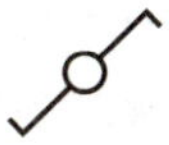	单极三线	35	火灾警报器		
20	具有指示灯的开关		用于不同照度	36	消防喷淋器		
21	多拉开关			37	摄像机		
22	投光灯			38	电信插座		
23	聚光灯	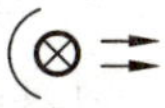		39	带滑动防护板的插座		
24	泛光灯			40	多个插座		表示三个插座
25	荧光灯	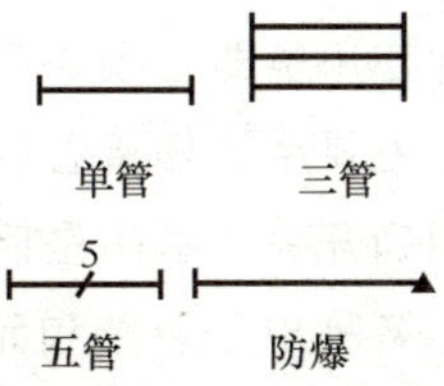		41	配线		
				42	导线数量		

★补充要点——其他种类电气图

1. 电路图。是用来表示电气设备、电器元件和线路的安装位置、接线方法、配线场所的一种图。一般电路图包括两种：一种是属于电气安装施工中的强电部分，是主要表达和指导各种照明灯具的安装、用电设施的线路敷设等的安装图样；另一种电路图是属于电气安装施工中的弱电部分，是表示各种电子装置与家用电器设备的安装线路和线路板等电子元器件规格的图样。

2. 设备布置图。是按照正投影图原理绘制的，用以表现各种电器设备和器件在设计空间中的位置、安装方式及其相互关系的图样。通常由水平投影图、侧立面图、剖面图及各种构件详图等组成。例如：灯位图是一种设备布置图。为了不使工程的结构施工与电气安装施工产生矛盾，灯位图使用较广泛。灯位图在表明灯具的种类、规格、安装位置和安装技术要求的同时，还详细地画出部分建筑结构。这种图无论是对于电气安装工，还是结构制作的施工人员，都有很大的帮助。

3. 安装详图。是表现电气工程中设备某一部分的具体安装要求和做法的图样。国家已有专门的安装设备标准图集可供选用。

6.2 电气图识读

电气图识读要从线路走向开始，同步识读标识的数据与文字，识读的同时在头脑中建立起完整的立体空间。

6.2.1 电气线路组成

电气线路主要由下面几部分组成。

1. 进户线

进户线通常是由供电部门的架空线路引进建筑物中，如果是楼房，进户线一般是进入楼房的二层配电箱前的一段导线。

2. 配电箱

进户线首先接入总配电箱，然后再根据需要分别接入各个分配电箱。配电箱是电气照明工程中的主要设备之一，现代城市多数用暗装（嵌入式）的方式进行安装，只需绘出电气系统图即可。

3. 照明电气线路

照明电气线路主要分为明敷设和暗敷设两种施工方式，暗敷设是指在墙体内和吊顶棚内采用线管配线的敷设方法进行线路安装。线管配线就是将绝缘导线穿在线管内的一种配线方式，常用的线管有薄壁钢管、硬塑料管、金属软管、塑料软管等。在有易燃材料的线路敷设部位必须标注焊接要求，以避免产生打火点。

4. 空气开关

为了保证用电安全，应根据负荷选定额定电压和额定电流符合要求的空气开关。

5. 灯具

在一般设计项目中常用的灯具有吊灯、吸顶灯、壁灯、荧光灯、射灯等，在图样上以图形符号或旁标文字表示，在图例中进一步说明灯具的名称、功能。

6. 电气元件与用电器

电气元件与用电器主要是各类开关、插座和电子装置。插座主要用来插接各种移动电器和家用电器设备，应明确开关、插座是明装还是暗装，以及它们的型号。各种电子装置和元器件则要注意它们的耐压和极性。其他用电器主要有电风扇、空调等。

续表

序号	名称	图例	备注	序号	名称	图例	备注
14	双极开关	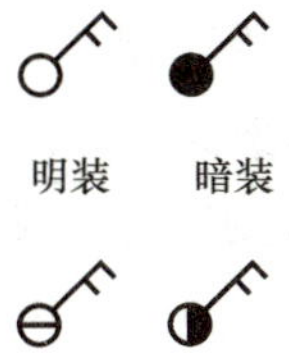 明装 暗装 密闭防水 防爆		26	应急灯		自带电源
				27	火灾报警控制器	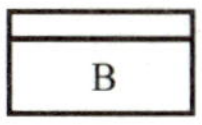	
				28	烟感火灾探测器	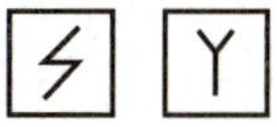	点式
15	三极开关	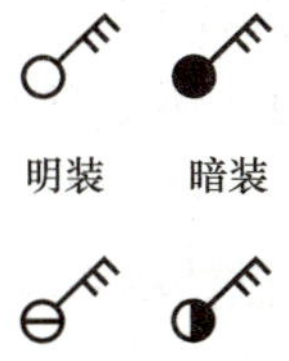 明装 暗装 密闭防水 防爆		29	温感火灾探测器		点式
				30	火灾报警按钮		
				31	气体火灾探测器		
16	声控开关			32	火焰探测器		
17	光控开关			33	火警电铃		
18	单极限时开关			34	火警电话		
19	双控开关	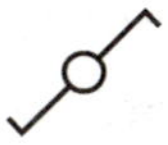	单极三线	35	火灾警报器		
20	具有指示灯的开关		用于不同照度	36	消防喷淋器		
21	多拉开关			37	摄像机	 普通 球形 带防护罩	
22	投光灯			38	电信插座		
23	聚光灯	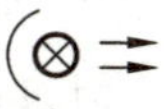		39	带滑动防护板的插座		
24	泛光灯			40	多个插座	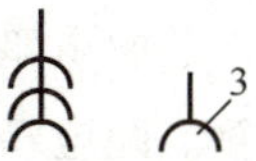	表示三个插座
25	荧光灯	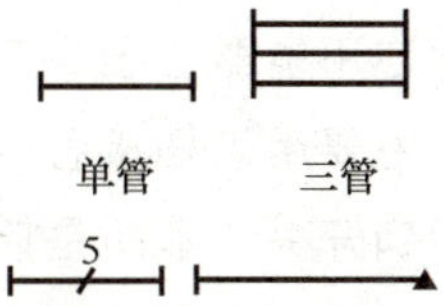 单管 三管 五管 防爆		41	配线	 向上 向下 垂直	
				42	导线数量	 三根 N根	

★补充要点——其他种类电气图

1. 电路图。是用来表示电气设备、电器元件和线路的安装位置、接线方法、配线场所的一种图。一般电路图包括两种：一种是属于电气安装施工中的强电部分，是主要表达和指导各种照明灯具的安装、用电设施的线路敷设等的安装图样；另一种电路图是属于电气安装施工中的弱电部分，是表示各种电子装置与家用电器设备的安装线路和线路板等电子元器件规格的图样。

2. 设备布置图。是按照正投影图原理绘制的，用以表现各种电器设备和器件在设计空间中的位置、安装方式及其相互关系的图样。通常由水平投影图、侧立面图、剖面图及各种构件详图等组成。例如：灯位图是一种设备布置图。为了不使工程的结构施工与电气安装施工产生矛盾，灯位图使用较广泛。灯位图在表明灯具的种类、规格、安装位置和安装技术要求的同时，还详细地画出部分建筑结构。这种图无论是对于电气安装工，还是结构制作的施工人员，都有很大的帮助。

3. 安装详图。是表现电气工程中设备某一部分的具体安装要求和做法的图样。国家已有专门的安装设备标准图集可供选用。

6.2 电气图识读

电气图识读要从线路走向开始，同步识读标识的数据与文字，识读的同时在头脑中建立起完整的立体空间。

6.2.1 电气线路组成

电气线路主要由下面几部分组成。

1. 进户线

进户线通常是由供电部门的架空线路引进建筑物中，如果是楼房，进户线一般是进入楼房的二层配电箱前的一段导线。

2. 配电箱

进户线首先接入总配电箱，然后再根据需要分别接入各个分配电箱。配电箱是电气照明工程中的主要设备之一，现代城市多数用暗装（嵌入式）的方式进行安装，只需绘出电气系统图即可。

3. 照明电气线路

照明电气线路主要分为明敷设和暗敷设两种施工方式，暗敷设是指在墙体内和吊顶棚内采用线管配线的敷设方法进行线路安装。线管配线就是将绝缘导线穿在线管内的一种配线方式，常用的线管有薄壁钢管、硬塑料管、金属软管、塑料软管等。在有易燃材料的线路敷设部位必须标注焊接要求，以避免产生打火点。

4. 空气开关

为了保证用电安全，应根据负荷选定额定电压和额定电流符合要求的空气开关。

5. 灯具

在一般设计项目中常用的灯具有吊灯、吸顶灯、壁灯、荧光灯、射灯等，在图样上以图形符号或旁标文字表示，在图例中进一步说明灯具的名称、功能。

6. 电气元件与用电器

电气元件与用电器主要是各类开关、插座和电子装置。插座主要用来插接各种移动电器和家用电器设备，应明确开关、插座是明装还是暗装，以及它们的型号。各种电子装置和元器件则要注意它们的耐压和极性。其他用电器主要有电风扇、空调等。

6.2.2 识读要点

电气图主要表达各种电路敷设安装、电气设备和电气元件的基本布局状况，因此要采用相关的各种专业图形符号、文字符号和项目代号来表示。电气系统和电气装置主要是由电气元件和电气连接线构成的，所以电气元件和电气连接线是电气图表达的主要内容。

施工中的电气设备和线路是在简化的建筑结构施工图上绘制的，因此阅读时应掌握合理的看图方法，了解国家建筑相关标准、规范，掌握一些常用的电气工程技术，结合其他施工图，才能较快地读懂电气图。

1. 熟悉工程概况

电气图表达的对象是各种设备的供电线路。

（1）看电气照明工程图时，先要了解设计对象的结构，如楼板、墙面、材料结构、门窗位置、房间布置等。

（2）识读时重点掌握配电箱型号、数量、安装位置和标高，以及配电箱的电气系统。

（3）了解各类线路的配线方式、敷设位置、线路的走向，导线的型号、规格、根数及连接方法。

（4）确定灯具、开关、插座和其他电器的类型、功率、安装方式、位置、标高、控制方式等信息，在识读电气照明工程图时要熟悉相关的技术资料和施工验收规范。

（5）如果在平面图中，开关、插座等电气组件的安装高度没有标出，施工者可以依据施工及验收规范进行安装，例如，开关组件一般安装在距地面高 1300mm、距门框 150~200mm 的位置。

2. 常用照明线路分析

在大多数工程实践中，灯具和插座一般都是并联接于电源进线的两端，相线必须经过开关后再进入灯座，零线直接进灯座，保护接地线与灯具的金属外壳相连接。

（1）通常在一个设计空间内，会有很多灯具和插座，目前广泛使用的是线管配线、塑料护套线配线的安装方式，线管内不允许有接头，导线的分路接头只能在开关盒、灯头盒、接线盒中引出，这种接线法称为共头接线法。

（2）灯具和开关的位置改变、进线方向改变、并头的位置改变，都会使导线的根数变化，所以必须了解导线根数变化的规律，掌握照明灯具、开关、插座、线路敷设的具体位置、安装方式。

3. 结合多种图纸识读

识读电气图时要结合各种图样，并注意一定的顺序。

（1）看图顺序是施工说明、图例、设备材料明细表、系统图、平面图、线路和电气原理图等，从施工说明了解工程概况，图样所用的图形符号，该工程所需的设备、材料的型号、规格和数量。

（2）电气施工需与土建、给排水、供暖通风等工程配合进行，如电气设备的安装位置与建筑物的墙体结构、梁、柱、门窗及楼板材料有关，尤其是暗敷线路的敷设还会与其他工程管道的规格、用途、走向产生制约关系，在看图时还必须查看有关土建图和其他工程图。

（3）读图时要将平面图和系统图相结合，照明平面图能清楚地表现灯具、开关、插座和线路的具体位置及安装方法，但同一方向的导线只用一根线表示，这时要结合系统图来分析其连接关系，逐步掌握接线原理并找出接线位置，这样在施工中穿线、并头、接线就不容易搞错了。

（4）在实际施工中，重点是掌握接线原理图，不论灯具、开关位置的变动如何，接线原理图始终不变。所以理解原理图，就能看懂任何复杂的电气图了（图 6-6）。

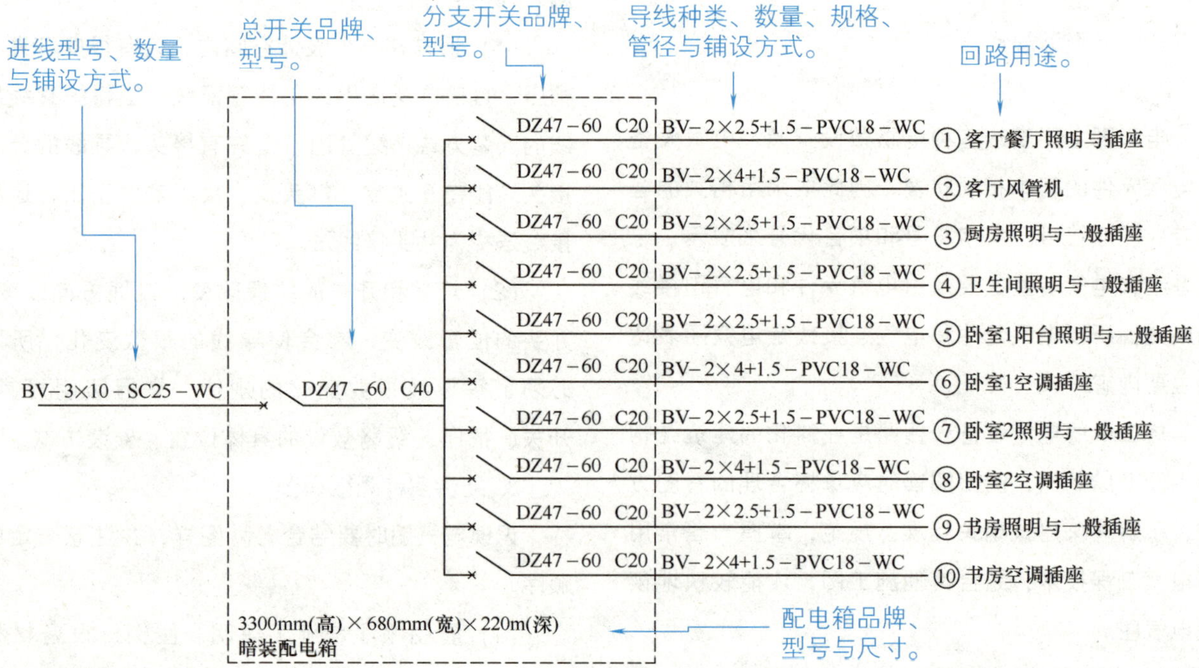

图 6-6　电路系统图

图 6-6：BV 表示铜芯线，3×10 表示 3 根 $10mm^2$ 的电线进入室内，即火线、零线、地线。SC25 表示采用直径 25mm 的金属穿线管。WC 表示埋入墙体或地面中暗铺。DZ47-60 表示总开关的品牌型号，不同厂家的产品代码均不同。C40 表示该开关的最大承载电流为 40A。2×2. 5+1×1. 5 表示 2 根 $2.5mm^2$ 的电线，即火线、零线，外加 1 根 $1.5mm^2$ 的电线，即地线。PVC18 表示采用直径 18mm 的聚氯乙烯穿线管。回路用途是指该电线布设后用于部位或空间。

6.3　强弱电图绘制方法

强电图和弱电图是电气图中比较重要的部分，绘制时要明确强、弱电所对应的对象，并分类绘制。

6.3.1　强电图

绘制强电平面图首先要明确空间电路使用功能，主要根据前期绘制完成的平面布置图（图 6-7）和顶棚平面图来构思。

下面就以办公空间为例，详细介绍强电图的绘制方法。

（1）描绘出平面布置图中的墙体、结构、门窗等图线，为了明确表现电气图，基础构造一般采用细实线绘制，可以简化或省略各种细部，注意描绘各种插座、开关、设备、构造和家具，这些是定位绘制的基础。

（2）平面图描绘完成后需要作一遍检查，然后开始绘制各种电器、灯具、开关、插座等符号，图形符号要适中，尤其是在简单平面图中不宜过大，

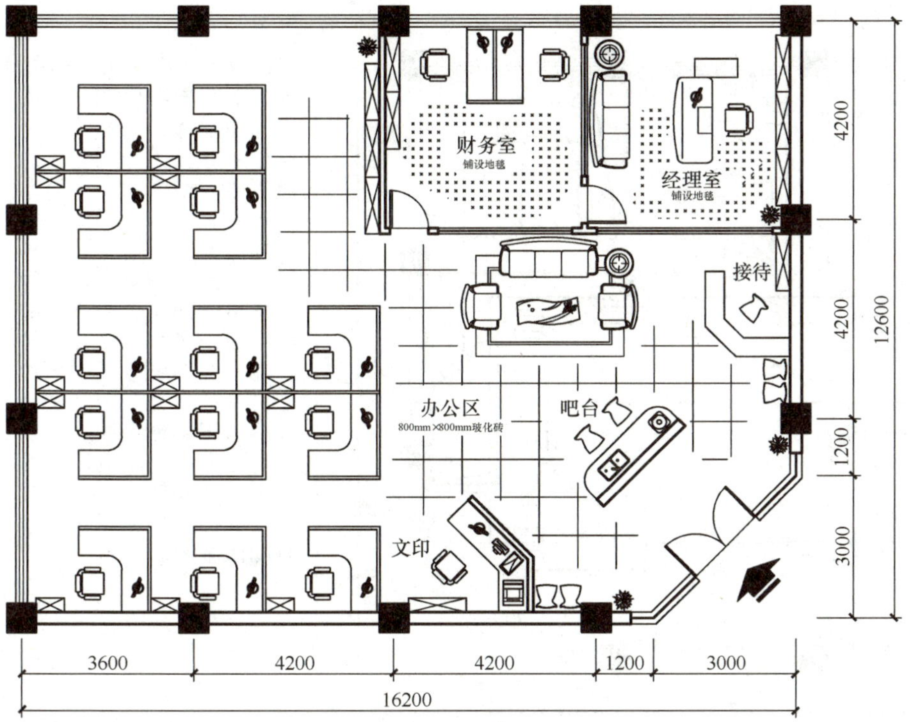

图6-7：绘制电路图之前需要有完整的平面布置图，图中需要绘制出隔墙、家具、设备等图形的位置，这些都是用电位置的准确体现。

图 6-7　办公空间平面布置图

在复杂平面图中不宜过小，复杂平面图可以按结构或区域分成多张图纸绘制。

（3）绘制图形符号要符合国家标准，尤其是符号图线的长短要与国家标准一致，不得擅自改变，一边绘制图形符号，一边绘制图例，避免图例中存在遗漏。

（4）为各类符号连接导线，导线绘制要求尽量简洁，不宜转折过多或交叉过多，对于非常复杂的电气图，可以使用线路标号来替代连接线路，太过凌乱的导线会干扰图面阅读效率，影响正确识读。连接导线后需要添加适当文字标注并编写设计说明，对于图纸无法清晰表现的内容需要文字来辅助说明（图 6-8）。

（5）全部绘制完成后作第二遍检查，查找遗漏。强电平面图绘制完成后可以根据需要绘制相应的强电配电系统图（图 6-9）。

6.3.2　弱电图

强电（电力）和弱电（信息）两者之间既有联系又有区别，一般来说，强电的处理对象是能源（电力），其特点是电压高、电流大、功率大、频率低，主要考虑的问题是减少损耗、提高效率、保证安全。弱电的处理对象主要是信息，即信息的传送和控制，其特点是电压低、电流小、功率小、频率高，主要考虑的是信息传送的效果问题，如信息传送的保真度、速度、广度、可靠性。

弱电系统工程虽然涉及火灾消防自动报警、有线电视、防盗安保、电话通信等多种系统，但工程图样的绘制与强电系统相比，除了图例符号有所区别以外，画法基本相同，主要有弱电平面图、弱电系统图和安装详图等。下面简要介绍办公室的弱电图绘制。

弱电平面图与强电平面图相似，主要是用来表示各种装置、设备元器件和线路平面位置。弱电系统图则是用来表示弱电系统中各种设备和元器件的组成、元器件之间相互连接关系的图样，对指导安装和系统调试有重要的作用。二者具体绘制方法与强电图一样（图 6-10），此处不再赘述弱电系统图。

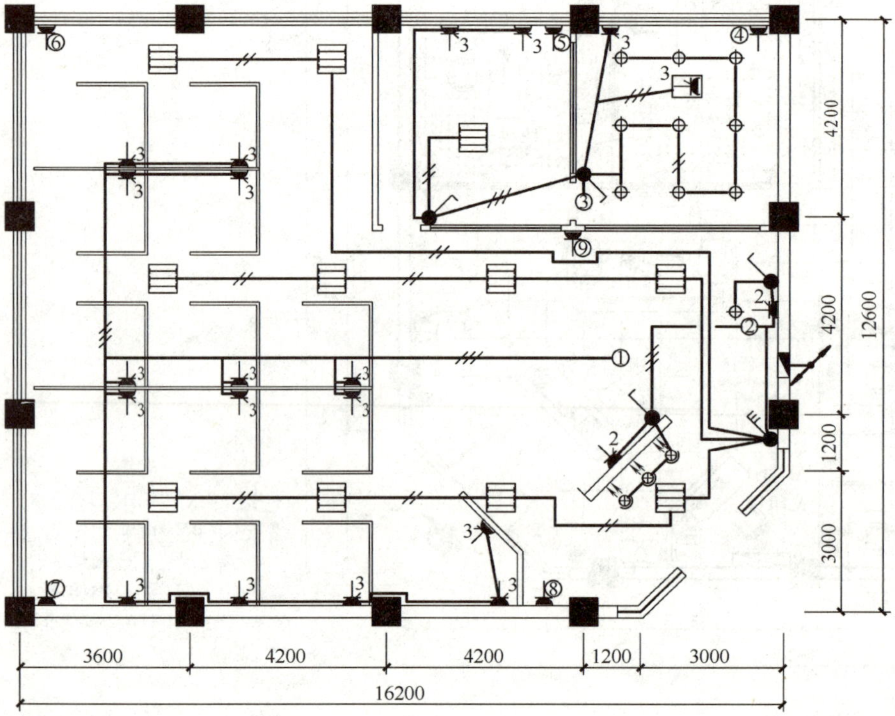

图6-8：从平面布置图延伸而来的强电布置图，首先应当将墙体、门窗等建筑结构的线条改为细实线，然后删除图中关于地面布置的各种家具，保留开关与插座面板所需安装的隔断。设计绘制灯具，最后连接电路即可。由于电路图中使用了大量特有符号，因此，在图纸下部或周边空白处应当补充图例说明，让图纸识读更便捷。安装在地面上的插座应用矩形包围，如果还有安装在顶面上的插座还需标明文字来加以区分。

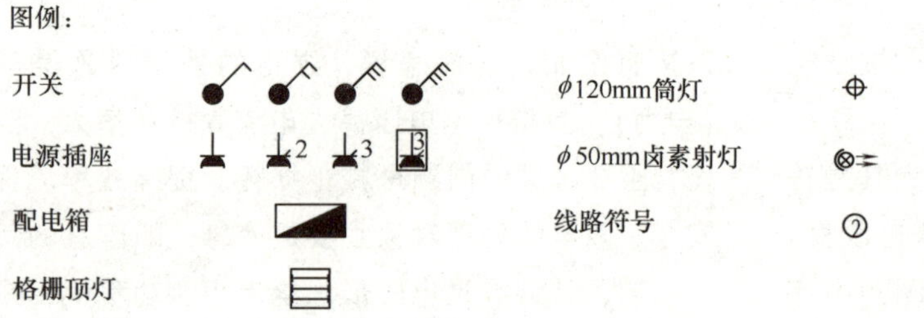

设计说明：

如无特殊说明，本图普通插座安装高度为300mm，挂置空调插座安装高度为1800mm，开关安装高度为1300mm；灯具安装在吊顶扣板上，高度为3000mm。

图 6-8　办公空间强电布置图

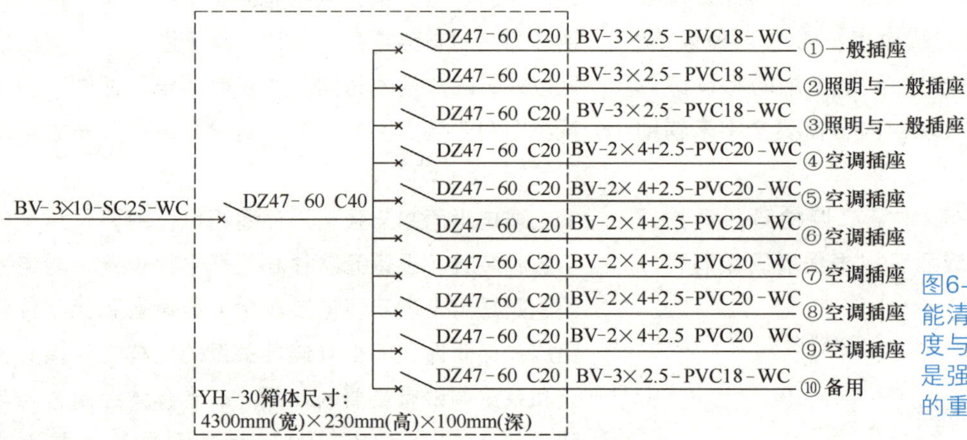

图6-9：强电配电系统图能清晰表明电路输送的强度与电能使用的逻辑关系，是强电布置图所不能表现的重要图纸。

图 6-9　办公空间强电配电系统图

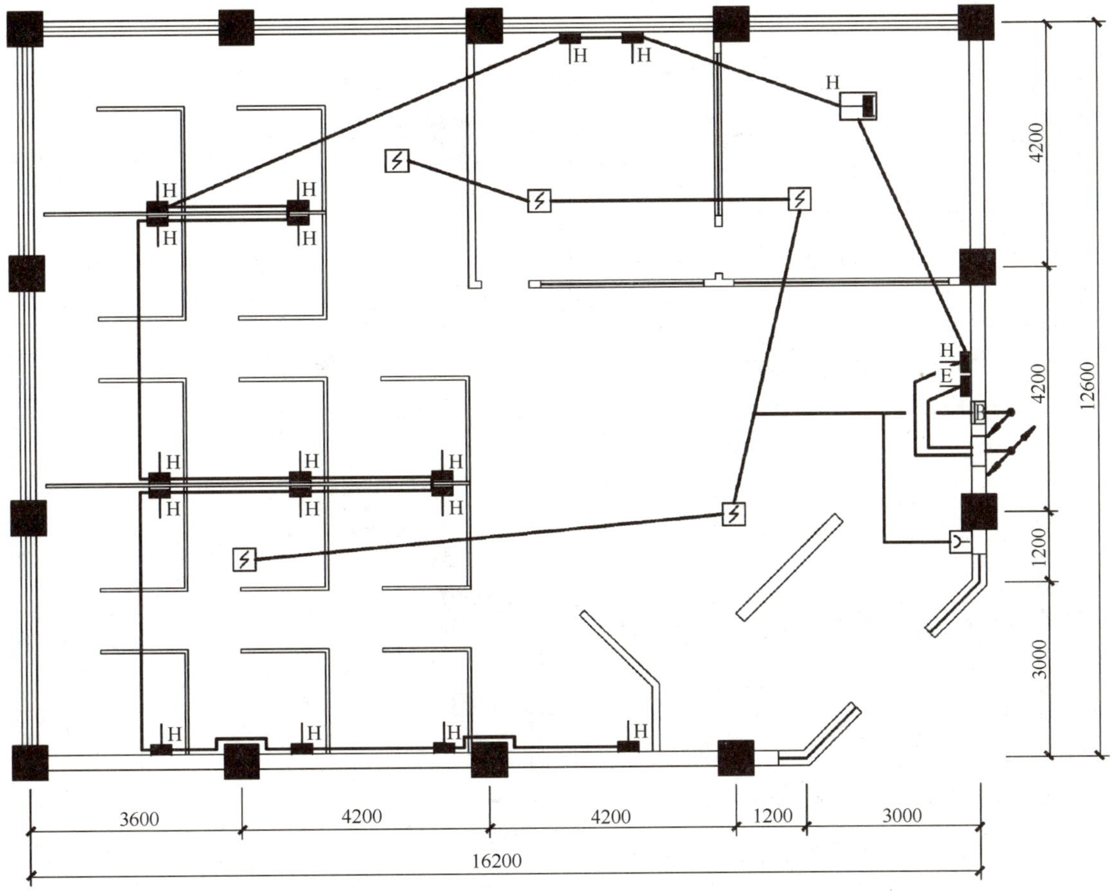

图例：

网线插座 E

电话插座 H H

烟感火灾探测器

火灾报警按钮

火灾报警控制器 B

弱电配电箱

设计说明：

如无特殊说明，本图网线、电话插座安装高度为300mm，网络采用无线路由器，火灾报警按钮安装高度为1300mm；烟感火灾探测器安装高度为吊顶扣板高度3000mm。

图6-10　办公空间弱电布置图

图6-10：弱电布置图的设计绘制方式与强电一致，但是连接布局相对简单，也可以不绘制系统图。如今在住宅、中小型商业空间与办公空间中，多使用无线通信传输方式，结构更简单，因此一般也无需绘制弱电系统图。

6.4　电气图案例

除去了解强电图和弱电图的绘制方法以及绘制时需要注意的事项，还需经常翻阅优秀的设计图纸，这些优秀图纸积攒了前人在绘制和施工过程中的经验，对后期的实际绘制会有很大帮助（图6-11~图6-13）。

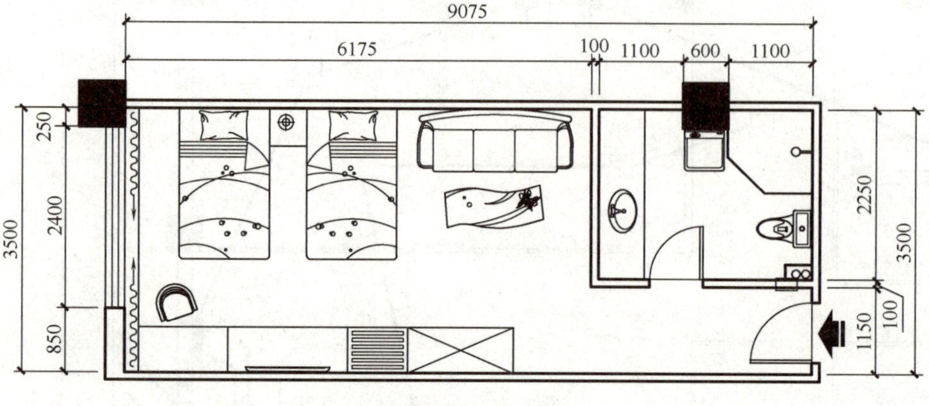

(a) 公寓单间平面布置图

图6-11（a）：绘制完整的平面布置图，无需填充地面铺装材料，但是要清晰地表现出家具、设施的位置。

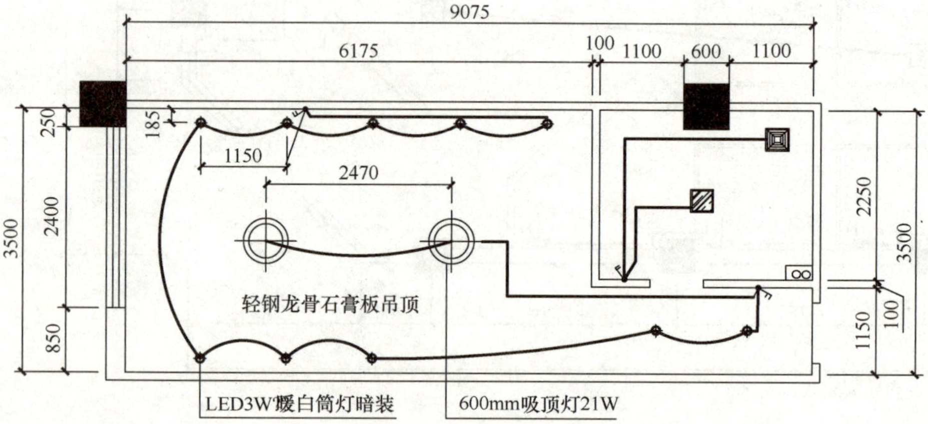

(b) 公寓单间灯具电路布置图

图6-11（b）：根据平面布置图绘制出灯具形态与位置，并进行连线。明确开关的位置与门的关系。

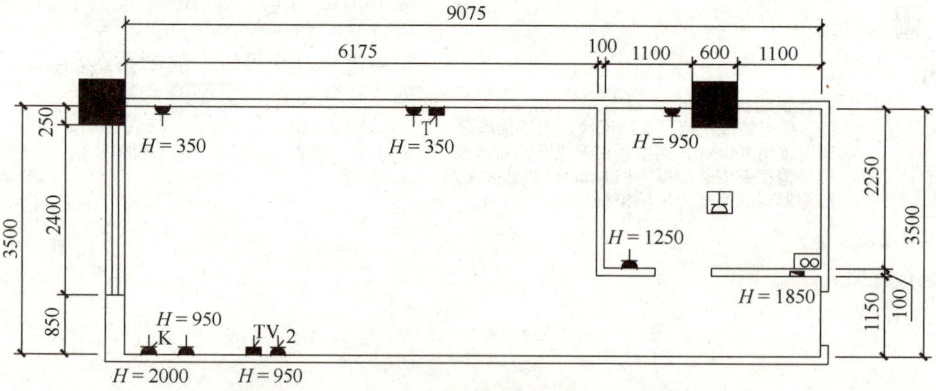

(c) 公寓单间插座布置图

图6-11（c）：标出插座位置与插座高度数据。

图 6-11　公寓单间强电布置图

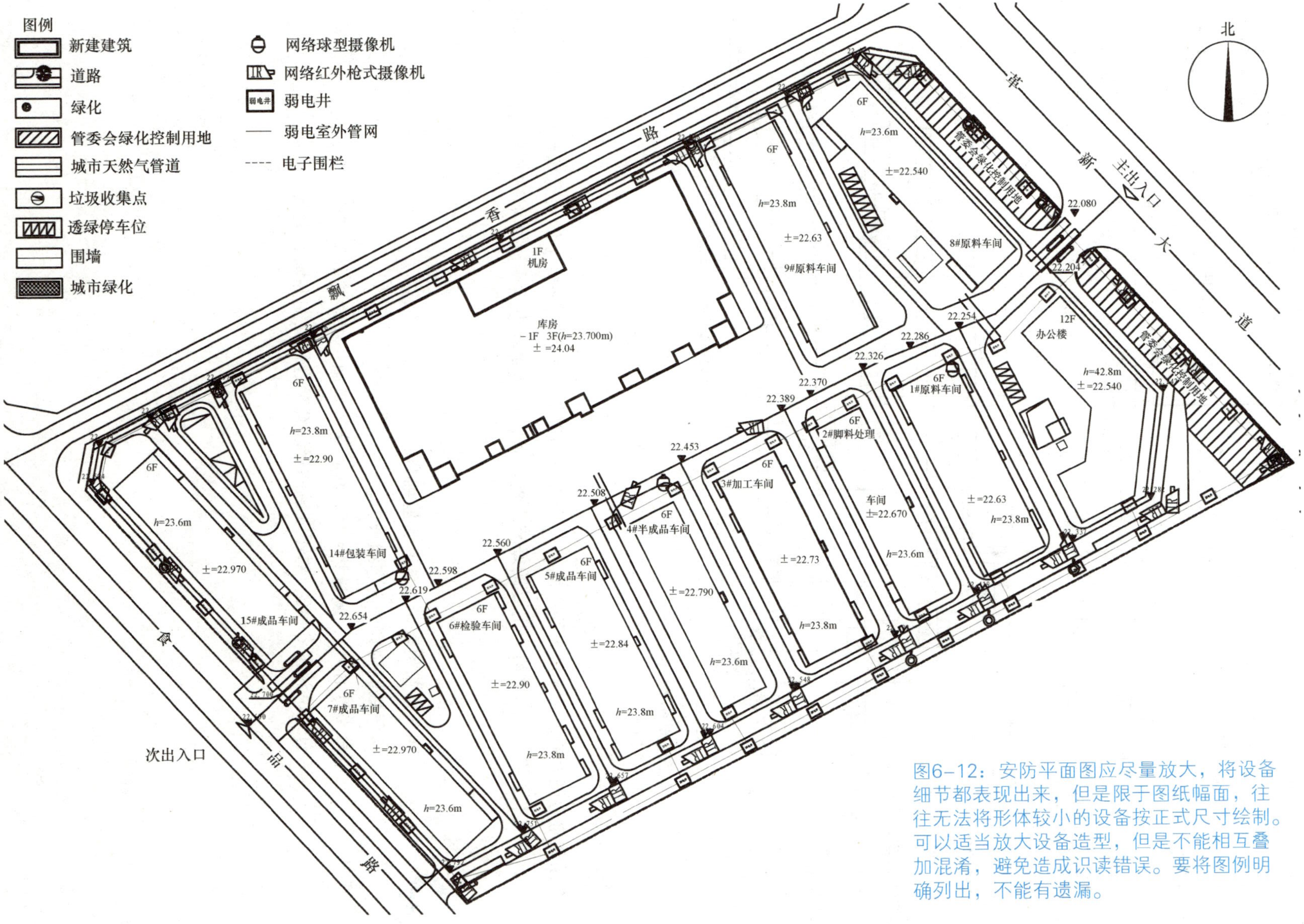

图 6-12 食品工业园区安防平面图

图6-12：安防平面图应尽量放大，将设备细节都表现出来，但是限于图纸幅面，往往无法将形体较小的设备按正式尺寸绘制。可以适当放大设备造型，但是不能相互叠加混淆，避免造成识读错误。要将图例明确列出，不能有遗漏。

图6-13：安防系统图要理清设备之间的功能关系，采用虚线矩形来限定室内空间范围。如果设备较复杂，需要预先学习相关专业技术知识，根据设备功能与连接逻辑来设计。图纸绘制尽量整齐紧凑，识读轻松方便。

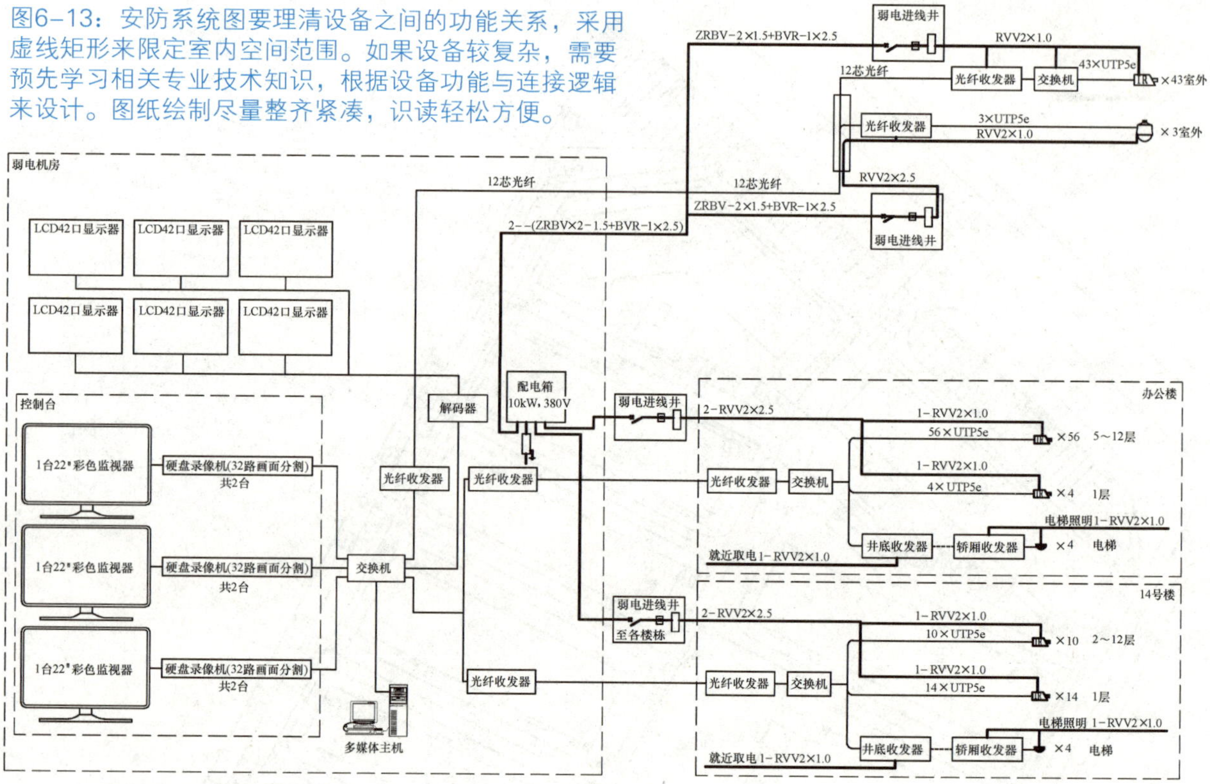

图 6-13　食品工业园区安防监控系统图

本章小结

在绘制电气图之前，需要对电路布局有一个大致的设想，对于电路中可能会运用到的各项电气设备也需要有基本了解。绘制之前一定要做好充足的准备，这样绘制电气图时才能胸有成竹，不会出现错误。

课后练习

1. 电气图常用表示方法有哪些细节？
2. 电气线路由哪些内容组成？
3. 参考图 6-11，测量并考察学校宿舍，绘制一组完整的单间强电布置图。
4. 仔细阅读图 6-13，对不了解的标注细节进行查阅并做好记录。

第 7 章
暖通空调图

识读难度：★★★★☆
核心概念：热水、暖通、中央空调

章节导读：

暖通与空调系统可以控制室内空气的温度与湿度，可以提高室内的舒适度，这些设备是为了改善现代生产、生活条件而设置的，主要包括采暖、通风、空气调节等内容。这些设备、构造的方案实施需要绘制相应的图纸，虽然暖通、空调系统的工作原理各不相同，但是绘制方法相似，在设计制图中需要根据设计要求分别绘制。

7.1 国家标准规范

暖通与空调系统主要包括采暖、通风、空气调节等内容，暖通空调专业图纸要根据 GB/T 50114—2010《暖通空调制图标准》制定的规则绘制，保证图面清晰、简明，符合设计、施工、存档的要求。该标准主要适用于暖通空调设计中的新建、改建、扩建工程各阶段设计图、竣工图；适用于原有建筑物、构筑物等的实测图；适用于通用设计图、标准设计图。暖通空调专业制图还应符合 GB/T 50001—2017《房屋建筑制图统一标准》以及国家现行有关强制性标准的规定。

7.1.1 一般规定

图线的基本宽度 B 和线宽组，应根据图样的比例、类别及使用方式确定。基本宽度 B 宜选用 0.18mm、0.35mm、0.5mm、0.7mm、1.0mm。若图样中仅使用两种线宽，线宽组宜为 B 和 $0.25B$，三种线宽的线宽组宜为 B、$0.5B$ 和 $0.25B$。在同一张图纸内，各不同线宽组的细线，可统一采用最小线宽组的细线。

暖通空调专业制图采用的线型及其含义有具体要求，可参照表 7-1，图样中也可以使用自定义图线及含义，但应明确说明，且其含义不应与相关标准相违背。总平面图、平面图的比例，应与工程项目设计的主导专业一致。

7.1.2 常用图例

水、气管道代号，如表 7-2 所示，自定义水、气管道代号应避免与其相矛盾，并应在相应图面中说明。自定义可取管道内介质汉语名称的拼音首个字母，如与表内已有代号重复，应继续选取第 2、3 个字母，最多不超过 3 个。如果采用非汉语名称标注管道代号，需明确表明对应的汉语名称。

表 7-1　　　　图线

名称	图例	线宽	用　途
粗实线		*B*	单线表示的管道
中实线		0. 5*B*	本专业设备轮廓、双线表示的管道轮廓
细实线		0. 25*B*	建筑物轮廓；尺寸、标高、角度等标注线及引出线；非本专业设备轮廓
粗虚线		*B*	回水管线
中虚线		0. 5*B*	本专业设备及管道被遮挡的轮廓
细虚线		0. 25*B*	地下管沟，改造前风管的轮廓线；示意性连接
单点长划线		0. 25*B*	轴线、中心线
双点长划线		0. 25*B*	假想或工艺设备轮廓线
中波浪线		0. 5*B*	单线表示的软管
细波浪线		0. 25*B*	断开界限
折断线		0. 25*B*	断开界线

表 7-2　　　　水、气管道代号

序号	代号	管道名称	备注
1	R	（供暖、生活、工艺用）热水管	1. 用粗实线、粗虚线区分供水、回水时，可省略代号； 2. 可附加阿拉伯数字 1、2 区分供水、回水； 3. 可附加阿拉伯数字 1、2、3……表示一个代号、不同参数的多种管道
2	Z	蒸汽管	需要区分饱和、过热、自用蒸汽时，可在代号前分别附加 B、G、Z
3	N	凝结水管	
4	P	膨胀水管、排污管、排气管、旁通管	需要区分时，可在代号后附加一位小写拼音字母，即 Pz、Pw、Pq、Pt
5	G	补给水管	
6	X	泄水管	
7	XH	循环管、信号管	循环管为粗实线，信号管为细虚线。不致引起误解时，循环管也可用 X 表示
8	Y	溢排管	
9	L	空调冷水管	
10	LR	空调冷/热水管	
11	LQ	空调冷却水管	
12	n	空调冷凝水管	

续表

序号	代号	管道名称	备注
13	RH	软化水管	
14	CY	除氧水管	
15	YS	盐液管	
16	FQ	氟气管	
17	FY	氟液管	

风道代号如表 7-3 所示，暖通空调图常用图例如表 7-4 所示。

表 7-3　　风道代号

序号	代号	风道名称	序号	代号	风道名称
1	K	空调风管	4	H	回风管(一、二次回风可附加 1、2 区别)
2	S	送风管	5	P	排风管
3	X	新风管	6	PY	排烟管或排风、排烟共用管道

表 7-4　　暖通空调图常用图例

序号	名称	图例	备注
1	阀门(通用)、截止阀	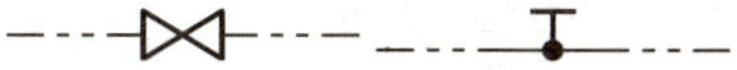	1. 没有说明时,表示螺纹连接;有说明的图例如下:  法兰连接　焊接 2. 轴测图画法 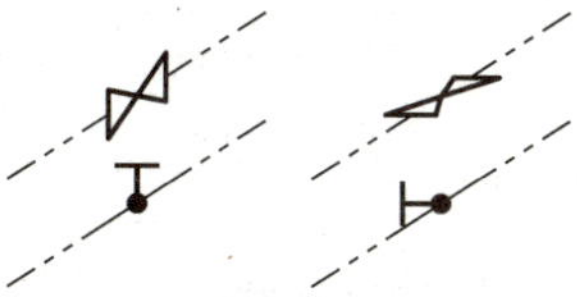 阀杆为垂直　阀杆为水平
2	闸阀		
3	手动调节阀		
4	角阀	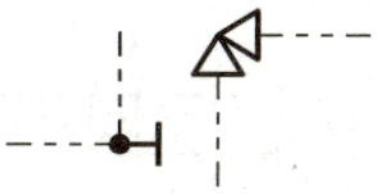	
5	集气罐、排气装置	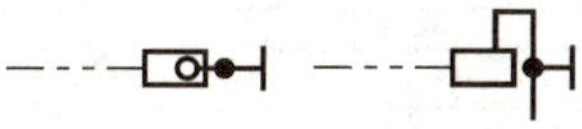 平面图　轴测图	
6	自动排气阀		
7	除污器(过滤器)	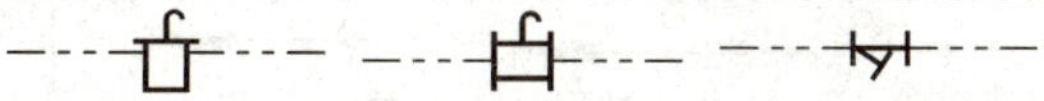 立式除污器　卧式除污器　Y 型过滤器	

续表

序号	名称	图例	备注
8	变径管、异径管	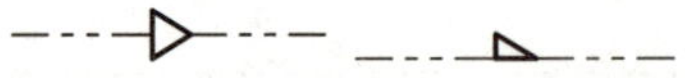 同心异径管　偏心异径管	
9	法兰盖	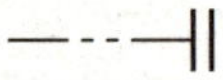	
10	丝堵		
11	金属软管		
12	绝热管		
13	保护套管		
14	固定支架	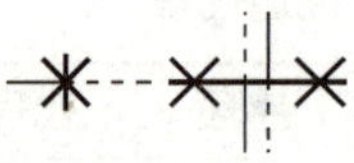	
15	介质流向	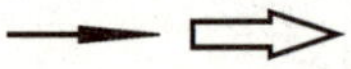	在管道断开处，流向符号宜标注在管道中心线上，其余可同管径标注位置
16	砌筑风道、烟道	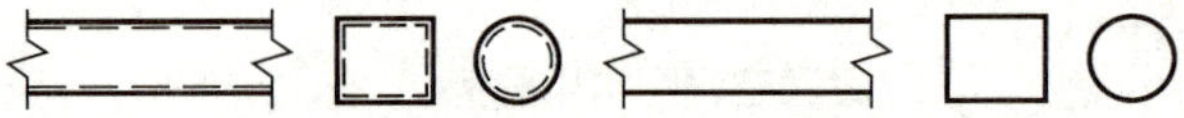	
17	带导流片弯头		
18	天圆地方	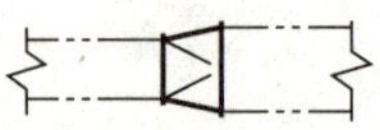	左接矩形风管，右接圆形风管
19	蝶阀	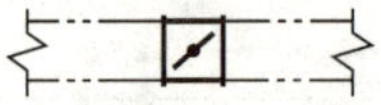	
20	风管止回阀	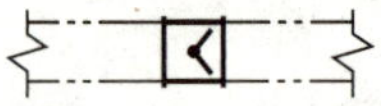	
21	三通调节阀	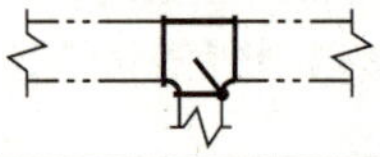	
22	防火阀	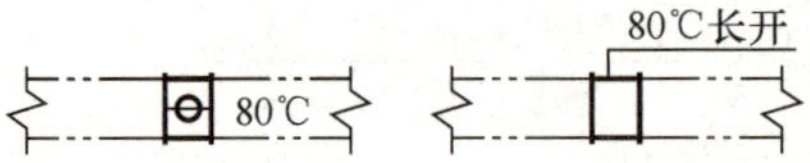 80℃　80℃长开	表示 80℃的长开阀，若图面小，可表示为右图
23	排烟阀	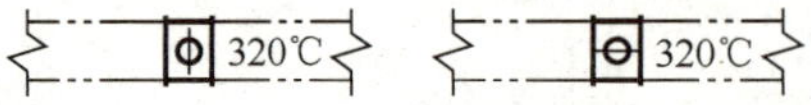 320℃　320℃	左图为 320℃的长闭阀，右图为长开阀，若图面小，表示方法同上
24	软接头	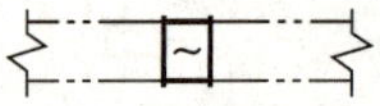	
25	软管	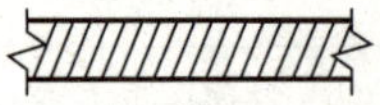	也可表示为光滑曲线（中粗）
26	风口（通用）	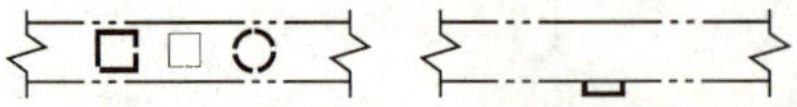	
27	气流方向	 通用表示法　表示送风　表示回风	

续表

序号	名称	图例	备注
28	散流器	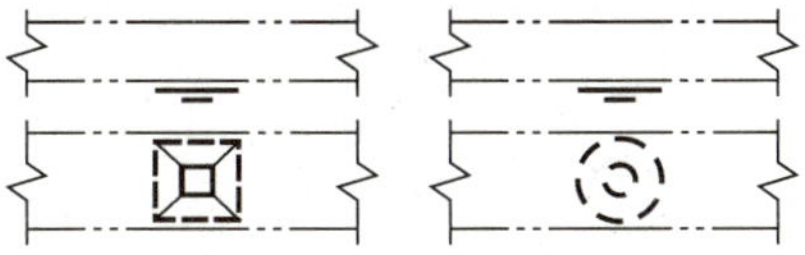 矩形散流器　圆形散流器	散流器为可见时，虚线改为实线
29	检查孔、测量孔	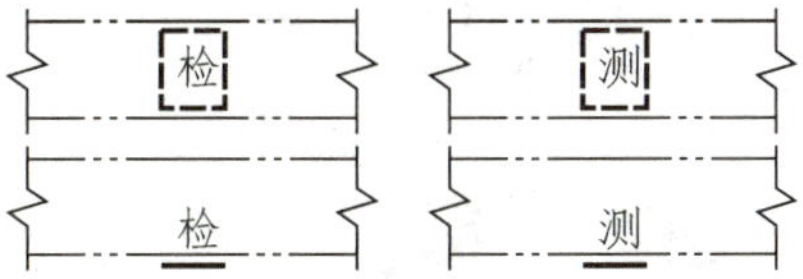	
30	散热器及控制阀	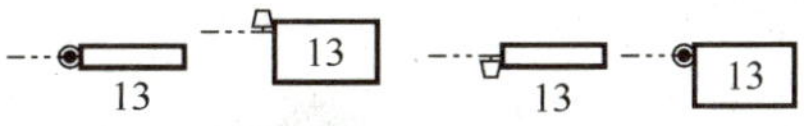 平面图　轴测图　平面图　轴测图	
31	轴流风机	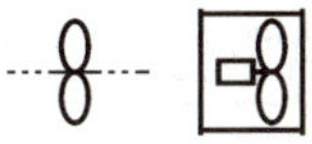	
32	离心风机		左为左式风机，右为右式风机
33	水泵		左侧为进水，右侧为出水
34	空气加热、冷却器		左、中分别为单加热、单冷却，右为双功能换热装置
35	板式换热器		
36	空气过滤器		左为粗效，中为中效，右为高效
37	电加热器		
38	加湿器	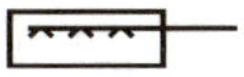	
39	挡水板		
40	窗式空调器		
41	分体空调器		
42	温度传感器		
43	湿度传感器	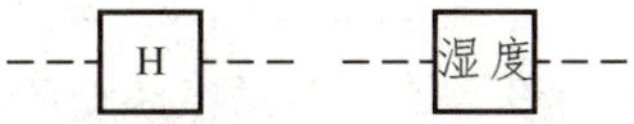	
44	压力传感器		

续表

序号	名称	图例	备注
45	记录仪	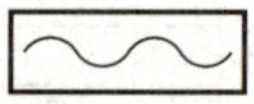	
46	温度计	 或 	左为圆盘式温度计，右为管式温度计
47	压力表	 或 	
48	流量计	 或 	也可表示为光滑曲线（中粗）
49	能量计	 或 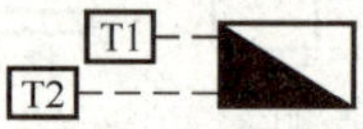	
50	水流开关		

7.1.3　图样画法

1. 一般规定

各工程、各阶段的设计图纸应满足相应的设计深度要求。

（1）在同一套设计图纸中，图样的线宽组、图例、符号等应一致。

（2）一套图纸宜依次包括图纸目录、选用图集（纸）目录、设计施工说明、图例、设备、主要材料表、总图、工艺图、系统图、平面图、剖面图、详图等。

（3）单独成图时，其图纸编号应按所述顺序排列，图样需用的文字说明，宜以“注:”“附注:”或“说明:”的形式在图纸右下方、标题栏的上方书写，并用“1、2、3……”进行编号。

（4）当一张图幅内绘制有平、剖面等多种图样时，宜按平面图、剖面图、安装详图，从上至下、从左至右的顺序排列。

（5）当一张图幅绘有多层平面图时，宜按建筑层次由低至高，由下至上顺序排列，图纸中的设备或部件不便用文字标注时，可进行编号，图样中只注明编号，如还需表明其型号（规格）、性能等内容时，宜用“明细栏”表示。

（6）初步设计和施工图设计的设备表至少应包括序号（编号）、设备名称、技术要求、数量、备注栏，材料表至少应包括序号（编号）、材料名称、规格、物理性能、数量、单位、备注栏。

2. 管道设备平面图、剖面图及详图

这类图纸一般应以直接正投影法绘制。

（1）用于暖通空调系统设计的建筑平面图、剖面图，应用细实线绘出建筑轮廓线和与暖通空调系统有关的门、窗、梁、柱、平台等建筑构件，并标明相应定位轴线编号、房间名称、平面标高。

（2）暖通空调图中的管道和设备布置平面图应按假想除去上层板后俯视绘制。

（3）在绘制暖通空调图时需要注意的是平面图上应注出设备、管道定位（中心、外轮廓、地脚螺栓孔中心）线与建筑定位（墙边、柱边、柱中）线间的关系，剖面图上应注出设备、管道（中、底或顶）标高，必要时，还应注出距该层楼（地）板面的距离。

（4）暖通空调图的剖面图应在平面图上选择能反映系统全貌的部位作垂直剖切后绘制，当剖切的投射方向为向下和向右，且不致引起误解时可省略剖切方向线。

(5) 建筑平面图采用分区绘制时，暖通空调专业平面图也可分区绘制，但分区部位应与建筑平面图一致，并应绘制分区组合示意图。

(6) 暖通空调图中平面图、剖面图所包含的水、汽管道可用单线绘制，风管不宜用单线绘制（方案设计和初步设计除外）。

3. 管道系统图

管道系统图一般应能确认管径、标高及末端设备，可按系统编号分别绘制。

(1) 管道系统图如果采用轴测投影法绘制，宜采用与相应平面图一致的比例，按正面等轴测或正面斜二轴测的投影规则绘制，在不致引起误解时，管道系统图可不按轴测投影法绘制。

(2) 管道系统图的基本要素应与平、剖面图相对应，水、汽管道及通风、空调管道系统图均可用单线绘制。

(3) 管道系统图中的管线重叠、密集处，可采用断开画法，断开处宜以相同的小写拉丁字母表示，也可用细虚线连接。

4. 系统编号

一项工程设计中同时有供暖、通风、空调等两个及两个以上的不同系统时，应进行系统编号。

(1) 暖通空调系统编号、入口编号，应由系统代号和顺序号组成，系统代号由汉语拼音首字母大写表示，具体如何编号可参考表 7-5，顺序号由阿拉伯数字表示（图 7-1）。

表 7-5　　系统代号

序号	代号	系统名称	序号	代号	系统名称
1	N	（室内）供暖系统	9	X	新风系统
2	L	制冷系统	10	H	回风系统
3	R	热力系统	11	P	排风系统
4	K	空调系统	12	JS	加压送风系统
5	T	通风系统	13	PY	排烟系统
6	J	净化系统	14	P(Y)	排风兼排烟系统
7	C	除尘系统	15	RS	人防送风系统
8	S	送风系统	16	RP	人防排烟系统

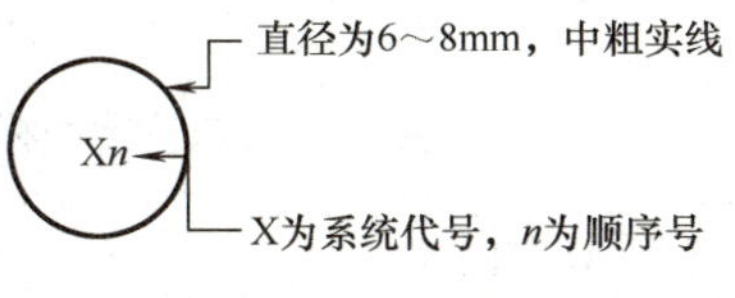

(a) 系统代号

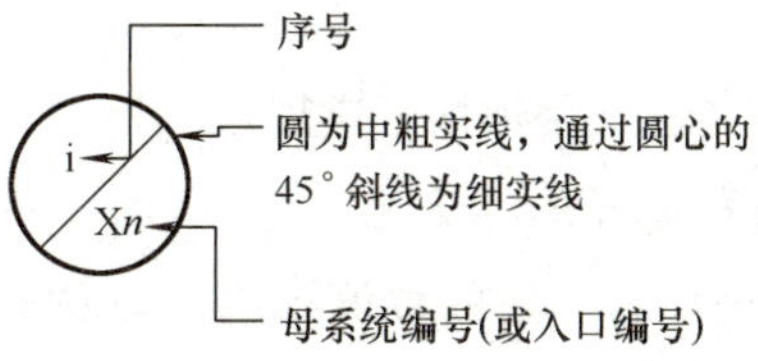

(b) 母系统编号

图 7-1　系统代号、编号的画法

图 7-1（a）：代号根据表 7-5 填写，顺序号为流水号，自行编写。

图 7-1（b）：母系统编号（或入口编号）在图纸中应保持统一，序号为流水号，自行编写。

(2) 系统编号宜标注在系统总管处，竖向布置的垂直管道系统，应标注立管号（图 7-2），在不致引起误解时，可只标注序号，但应与建筑轴线编号有明显区别。

(a) 立管系统编号　　(b) 立管序号

图 7-2　立管号的标注

图 7-2（a）：图纸中有多种管道系统，需要标注系统号。

图 7-2（b）：图纸中仅有一种管道系统，仅标注序号。

5. 管道标高、管径、尺寸标注

在不宜标注垂直尺寸的图样中，应标注标高。

（1）标高一般以米（m）为单位，可精确到厘米（cm）或毫米（mm），当标准层较多时，可只标注与本层楼（地）板面的相对标高（图 7-3）。

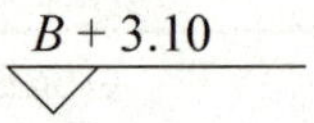

图 7-3　相对标高的画法

图 7-3：*B* 为本楼层，+3. 10 为高 3. 1m，*B*+3. 10 为管道在距本楼层地面高 3. 1m 处。

（2）水、汽管道所注标高未予说明时，表示管中心标高，水、汽管道标注管外底或顶标高时，应在数字前加“底”或“顶”字样。

（3）矩形风管所注标高未予说明时，表示管底标高，圆形风管所注标高未予说明时，表示管中心标高。

（4）低压流体输送用焊接管道规格应标注公称通径或压力，公称通径的标记由字母“DN”后跟一个以毫米（mm）为单位的数值组成，如 DN15、DN32，公称压力的代号为“PN”。

（5）输送流体用无缝钢管、螺旋缝或直缝焊接钢管、铜管、不锈钢管，当需要注明外径和壁厚时，用“*D* 或 ϕ 外径×壁厚”表示，如“*D*108×4”“ϕ108×4”。在不致引起误解时，也可采用公称通径表示。

（6）金属或塑料管外径应采用“*d*”表示，如“*d*10”。

（7）圆形风管的截面定型尺寸应以直径符号“ϕ”后跟以毫米（mm）为单位的数值表示；矩形风管（风道）的截面定型尺寸应以“*A*×*B*”表示。“*A*”为该视图投影面的边长尺寸，“*B*”为另一边尺寸，*A*、*B* 单位均为 mm。

（8）平面图中无坡度要求的管道标高可以标注在管道截面尺寸后的括号内，如“DN32（2. 50）”“200×200（3. 10）”。必要时，应在标高数字前加“底”或“顶”的字样。

（9）水平管道的规格宜标注在管道的上方，竖向管道的规格宜标注在管道的左侧。双线表示的管道，其规格可标注在管道轮廓线内部（图 7-4）。当斜管道不在图 7-5 所示 30° 范围内时，其管径（压力）、尺寸应平行标注在管道的斜上方，否则，用引出线水平或 90° 方向标注。多条管线的规格标注，在管线密集时还可采用中间图画法，其中短斜线也可统一用圆点（图 7-6）。

（10）其他管道与标识规范可见图 7-7~图 7-8。

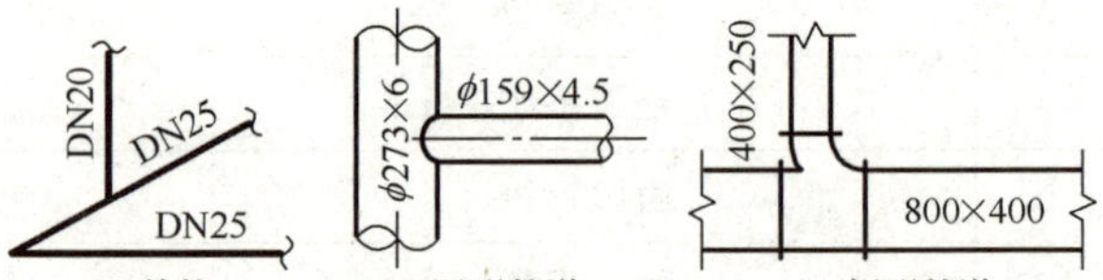

(a) 单管　　(b) 圆形管道　　(c) 矩形管道

图 7-4　管道截面尺寸标注

图 7-4（a）：单管标注与常规水路图一致，主要用于标识给排水管。

图 7-4（b）：圆形管道可记录管道壁厚，在管道直径后用乘号表示。

图 7-4（c）：矩形管道要表示管道的截面尺寸。

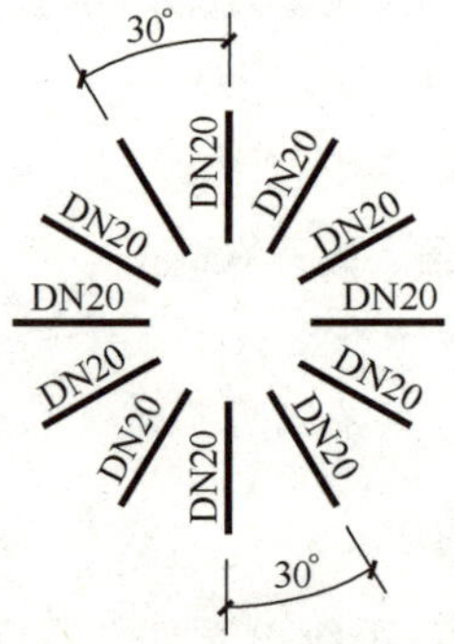

图7-5：数据应位于管道上方或左侧，在不同角度上都要把握好数据与管道之间的位置规律。

图 7-5　管径（压力）的标注位置示例

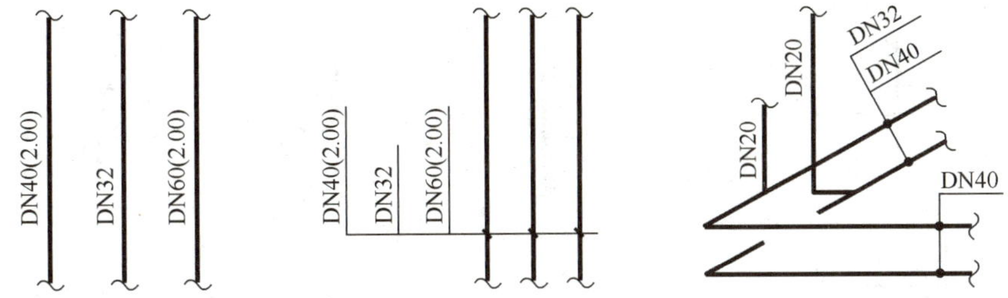

(a) 管道间隙较大标注　(b) 管道间隙较小标注　(c) 管道转折标注

图 7-6　多条管线规格的画法

图 7-6（a）：图纸空间充裕，管道之间可标注数据。

图 7-6（b）：图纸空间狭窄，通过引出线来标注数据。

图 7-6（c）：管道转折造成图纸空间狭窄，可分别在管道多处标注。

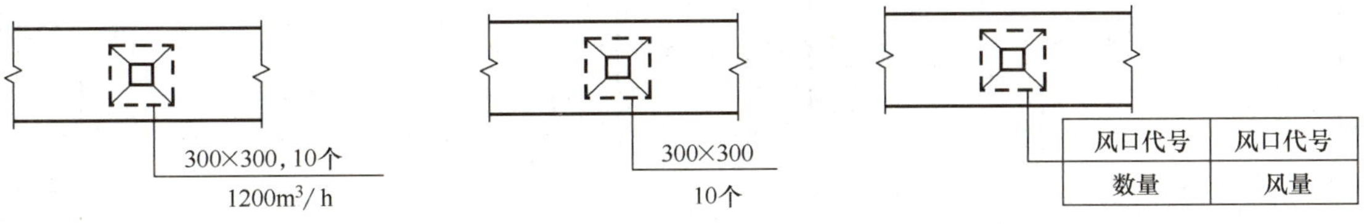

(a) 完整标注　(b) 简易标注　(c) 图表标注

图 7-7　风口、散流器的表示方法

图 7-7（a）：完整标注需要记录风力或流速。

图 7-7（b）：简易标注仅标注管道出风口规格与数量。

图 7-7（c）：绘制图表能标注更多、更完整的信息。

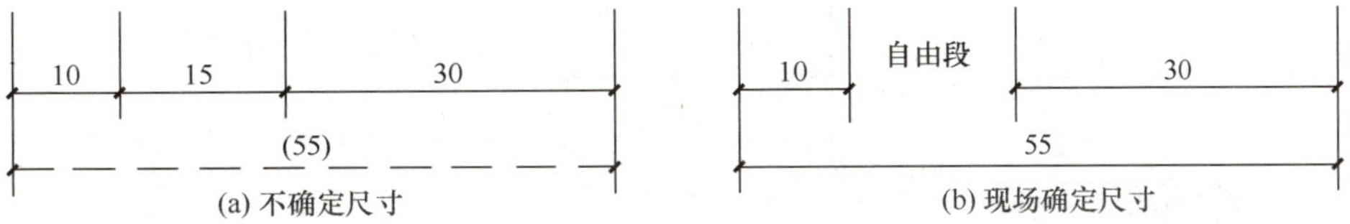

(a) 不确定尺寸　(b) 现场确定尺寸

图 7-8　定位尺寸的表示方法

图 7-8（a）：括号内数字应为不保证尺寸，不确定最终长度。

图 7-8（b）：自由段的尺寸根据实际施工现场确定，可空白不标注。

（11）针对管道转向、分支、重叠及密集处，还需要依据现场情况更加详细地绘制（图 7-9~图 7-18）。

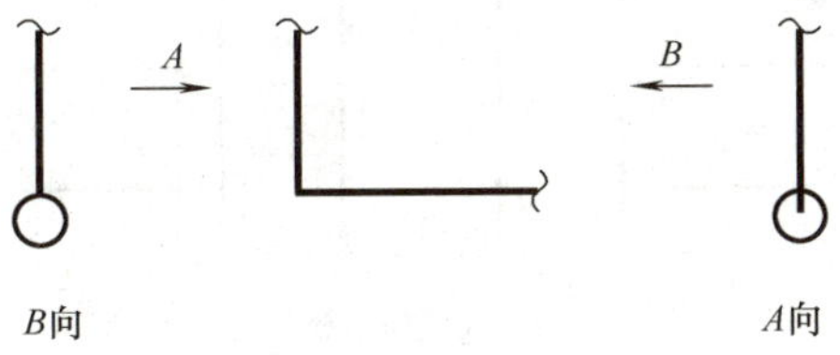

图 7-9　单线管道转向的画法

图 7-9：单线管道的转向区分为单线能否插入圆形中央，B 向没有插入圆形中央表明看到了管道截面，A 向插入圆形中央表明是没有看到截面的外部视角。

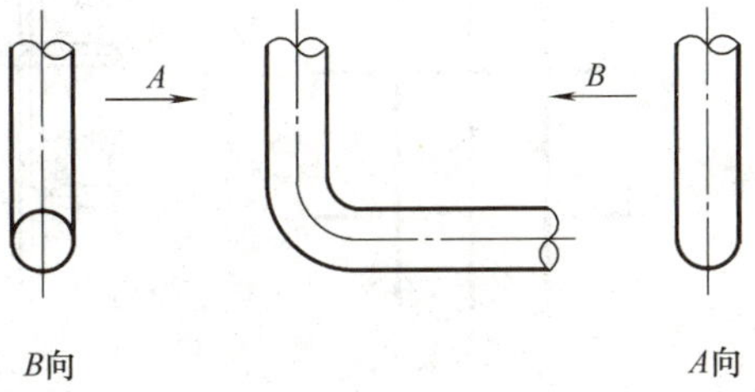

图 7-10　双线管道转向的画法

图 7-10：双线管道的转向区分为能否看到管道截面，B 向能看到管道的截面，A 向仅能看到管道的外观。

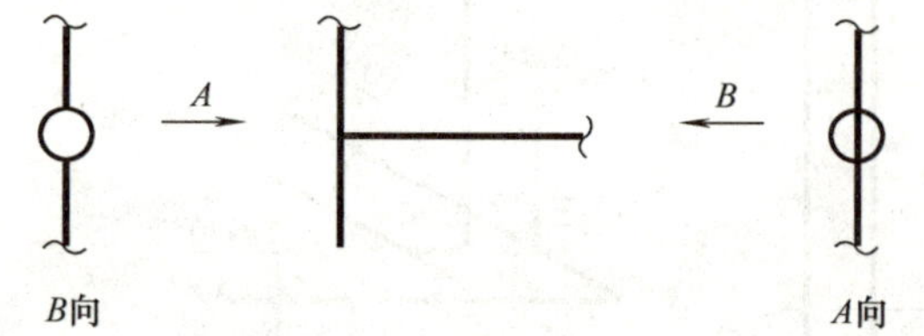

图 7-11　单线管道的分支画法

图 7-11：单线管道分支方向区分为单线能否贯穿圆形中央，B 向没有贯穿圆形中央表明看到了管道截面，A 向贯穿圆形中央表明是没有看到截面的外部视角。

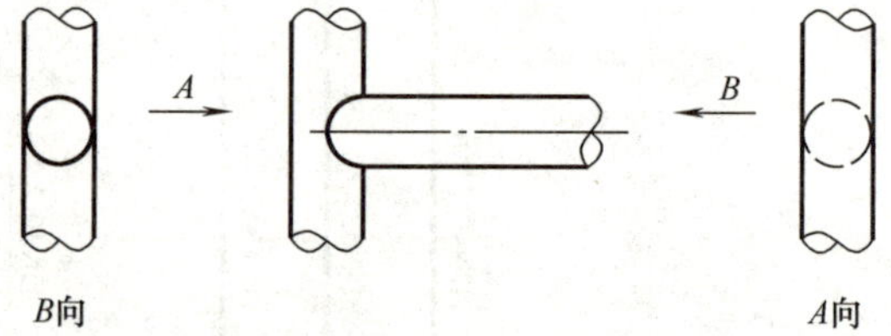

图 7-12　双线管道的分支画法

图 7-12：双线管道的分支方向区分为能否看到管道截面，B 向能看到管道的截面，A 向仅能看到管道的外观。

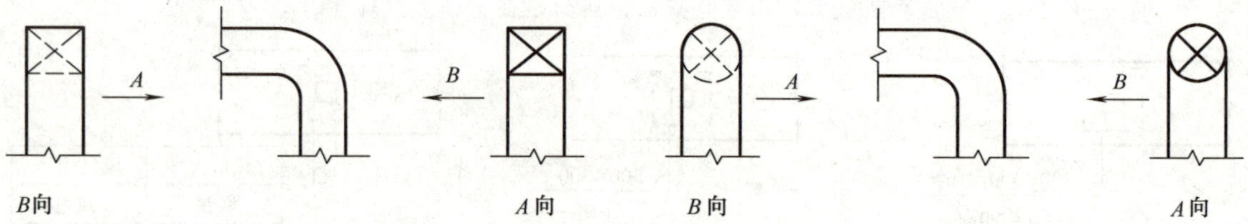

图 7-13　送风管转向的画法

图 7-13：送风管的管道截面采用交叉线表示。

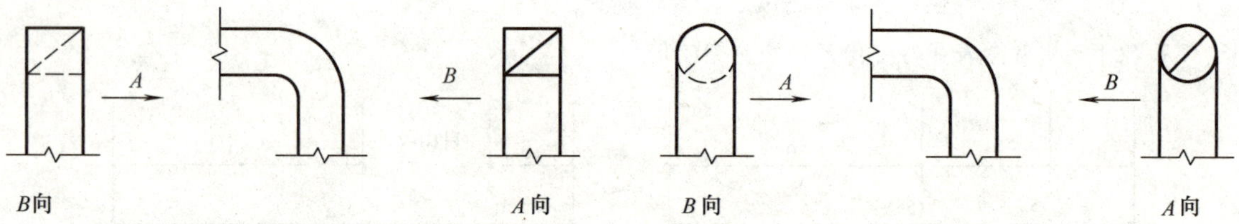

图 7-14　回风管转向的画法

图 7-14：回风管的管道截面采用斜线表示。

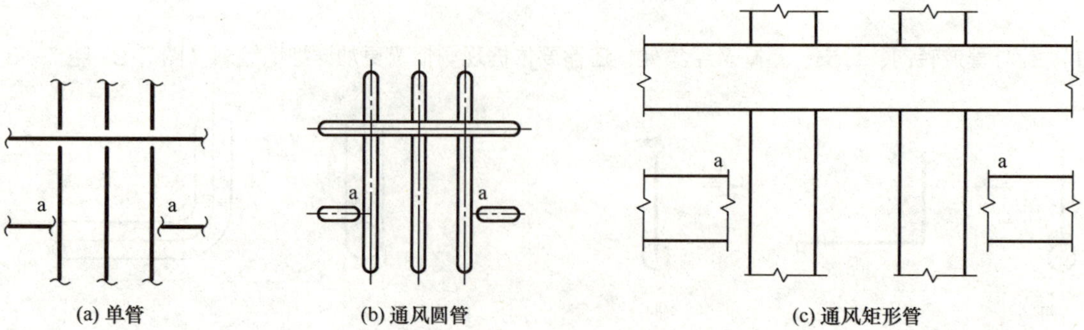

图 7-15　管道断开画法

图 7-15（a）：单管断开用波浪线表示。

图 7-15（b）：通风圆管断开要表现出圆管的轴线。

图 7-15（c）：通风矩形管断开用折断线表示。

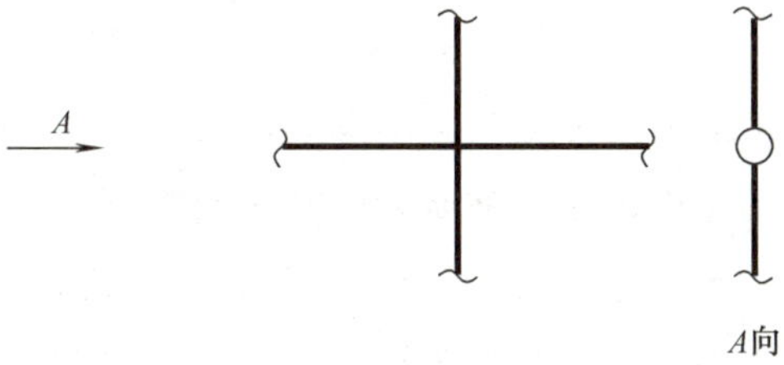

图 7-16　管道交叉的画法

图 7-16：管道交叉要表现出截面，表明管道是融合的。

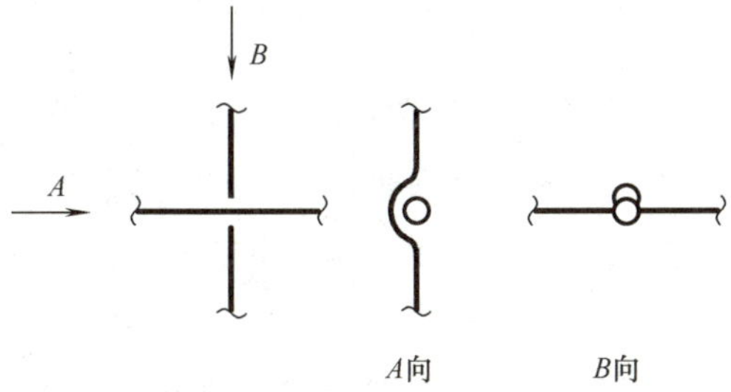

图 7-17　管道跨越的画法

图 7-17：管道跨越要表现出截面，表明管道是错位绕开的。

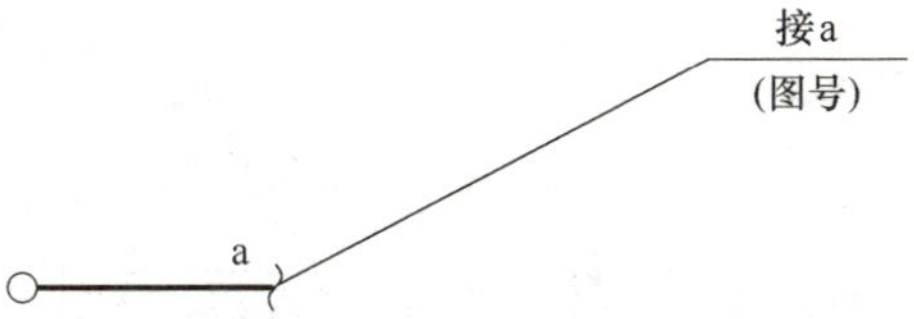

图 7-18　管道在暖通空调图中中断的画法

图7-18：管道需要跨图绘制，应当采用引出线表示连接管道的编号与图号。

7.2　热水暖通图

在现代设计项目中，需要绘制热水暖通图的设计方案一般采用集中采暖系统，这类系统将热源和散热设备分别设置，利用一个热源产生的热能通过输热管道向各个建筑空间供给热量。

7.2.1　热水暖通构造

1. 特点

热水暖通系统构造复杂，一次性投入大、采暖效率高、方便洁净，从经济、卫生和供暖效果来看，是目前大型公共空间中常见的采暖系统。

（1）集中采暖系统一般都是以供暖锅炉、天然温泉水源、热电厂余热、太阳能集热器等作为热源，分别以热水、蒸汽、热空气作为热媒，通过供热管网将热水、蒸汽、热空气等热能从热源输送到各种散热设备，散热设备再以对流或辐射方式将热量传递到室内空气中，用来提高室内温度，满足人们的工作和生活需要。

（2）热水采暖系统是目前广泛采用的一种供热方式，它是由锅炉或热水器将水加热至 90℃左右以后，热水通过供热管网输送到各采暖空间，再经由供热干管、立管、支管送至各散热器内，散热后已冷却的凉水回流到回水干管，再返回至锅炉或热水器重新加热，如此循环供热。

2. 分类

热水采暖系统按照供暖立管与散热器的连接形式可分为双管均流输送供暖和单管顺流输送供暖两种安装形式。供暖干管的位置不同，其热水输送的循环方式也不相同。比较常见的是上供下回式、下供下回式两种形式。

（1）上供下回式热水输送循环系统是指供水干管设在整个采暖系统之上，回水干管则设在采暖系统的最下面。

（2）下供下回式热水输送循环系统是指热水输

送干管和回水干管均设置在采暖系统中所有散热器的下面。

① 供热干管应按水流方向设上升坡度，以便使系统内空气聚集到采暖系统上部设置的空气管，并通过集气罐或自动放风阀门将空气排至系统外的大气中。

② 回水干管则应按水流方向设下降坡度，以便使系统内的水全部排出。一般情况下，采暖系统上面的干管敷设在顶层的天棚处，而下面的干管应敷设在底层地板上。

7.2.2 绘制方法

下面列举 KTV 娱乐空间的热水暖通图。热水暖通图一般需要参考平面布置图来绘制（图 7-19），经常采用单线表示管路，附有必要的设计施工说明，主要分为热水地暖平面图（图 7-20）、热水采暖平面图（图 7-21）和采暖系统图（图 7-22）三种，前两种绘制内容有差异，但是绘制方法和连接原理一致，只是形式不同，统称采暖平面图。

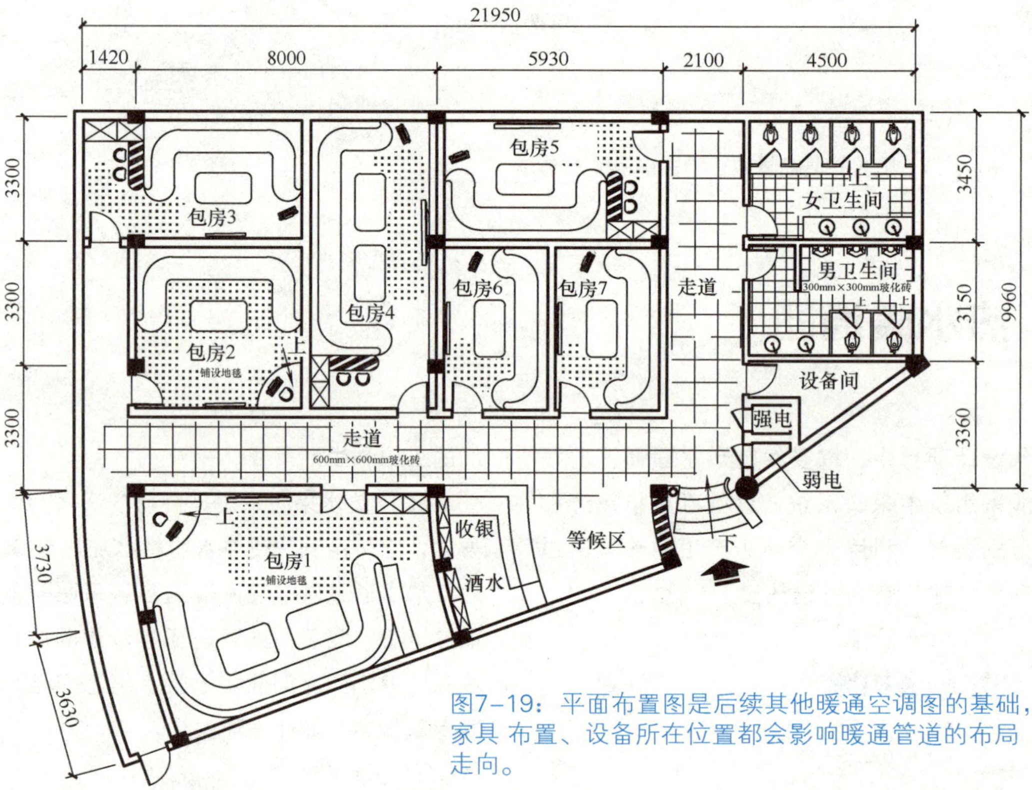

图7-19：平面布置图是后续其他暖通空调图的基础，家具 布置、设备所在位置都会影响暖通管道的布局走向。

图 7-19 KTV 平面布置图

1. 采暖平面图

绘制热水暖通图通常采用与平面布置图相同的比例。

（1）绘制采暖平面图所选用的图样应表达设计空间的平面轮廓、定位轴线和建筑主要尺寸，如各层楼面标高、房间各部位尺寸等。

（2）为突出整个供暖系统，散热器、立管、支管用中实线画出；供热干管用粗实线画出；回水干管用粗虚线画出；回水立管、支管用中虚线画出。

（3）在绘制采暖平面图时还需表示出采暖系统中各干管支管、散热器位置及其他附属设备的平面布置，每组散热器的近旁应标注片数。

（4）在采暖平面图中还需标注各主干管的编号，

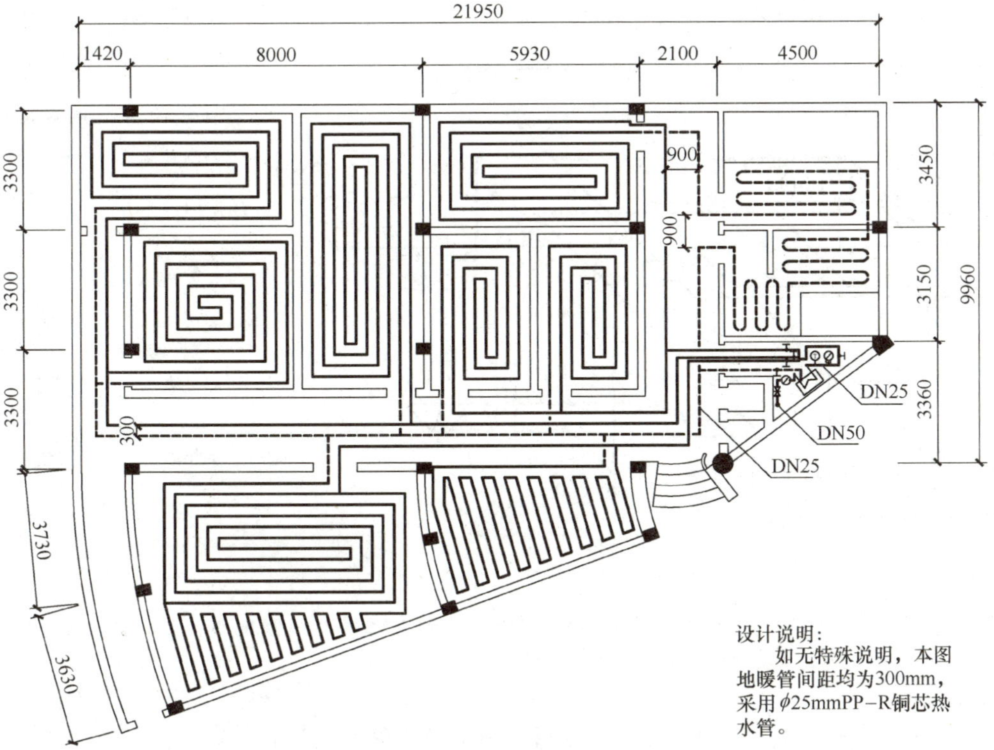

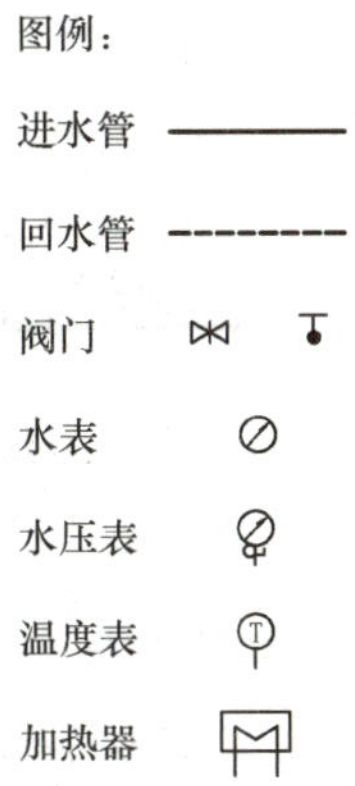

图 7-20　KTV 热水地暖平面图

图7-20：地暖管道的间距应当保持完全一致，进水管与回水管要分开才能形成水循环，最后的余温经过卫生间等辅助空间彻底发挥殆尽后再回到锅炉加温。

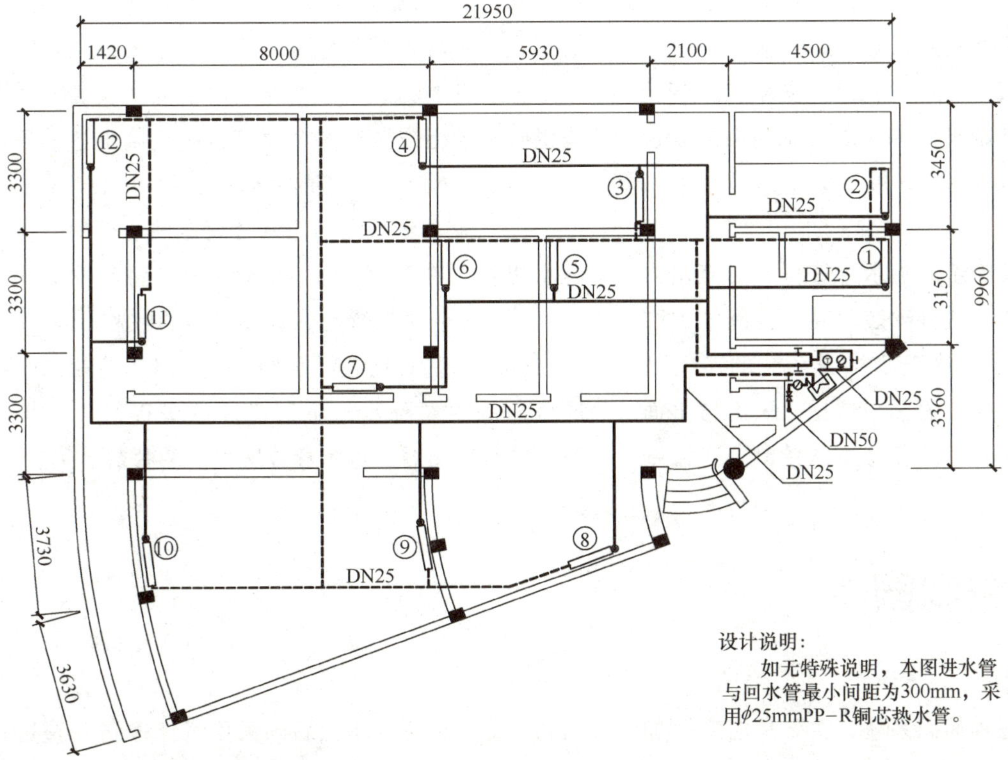

图 7-21　热水采暖平面图

图7-21：先绘制热水采暖设备，再确定位置，再根据所在位置连接管道，标注管道直径，最后在设备旁标注数字编号。管道尽量简洁，减少转角数量，尽量与实际施工状况保持一致。

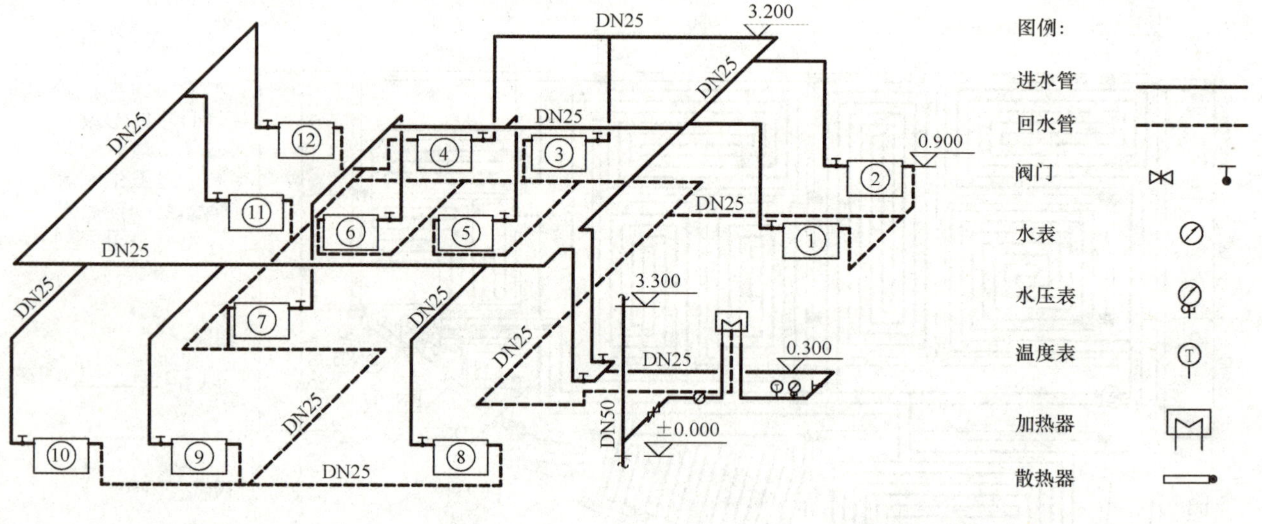

图 7-22　热水采暖系统图

图 7-22：在系统图中，可以将所有热水采暖设备统一方向，数字编号可置入其中，根据标高，系统图中能清晰反映出管道是布置在室内空间的顶部。

编号应从总立管开始按照①、②、③的顺序标注，为了避免影响图形清晰，编号应标注在建筑物平面图形外侧，同时标注各段管路的安装尺寸、坡度，如3‰，即管路坡度为千分之三，箭头指向下坡方向，并应示意性表示管路支架的位置。

（5）采暖平面图中立管的位置，支架和立管的具体间距、距墙的详细尺寸等在施工说明中予以说明，或按照施工规范确定，一般不标注。

2. 采暖系统图

采暖系统图主要表示从热水（汽）入口至出口的采暖管道、散热器、各种安装附件的空间位置和相互关系，能清楚地表达整个供暖系统的空间情况。采暖系统图以供暖平面图为依据，采用与平面图相同的比例以正面斜轴测投影方法绘制。在绘制采暖系统图时要参考采暖平面图。

（1）首先确定地面标高为±0.000 的位置及各层楼地面的标高，从引入水（汽）管开始，先绘制总立管和建筑顶层顶棚下的供暖干管，干管的位置、走向应与采暖平面图一致。

（2）根据采暖平面图中各个立管的位置，绘制与供暖干管相连接的各个立管，再绘制出各楼层的散热器及与散热器连接的立管、支管。

（3）接着依次绘制回水立管、回水干管，直至回水出口，在管线中需画出每一个固定支架、阀门、补偿器、集气罐等附件和设备的位置。

（4）最后标出各立管的编号、各干管相对于各层楼面的主要标高，干管各段的管径尺寸、坡度等，并在散热器的近旁标注暖气片的片数。

7.3　中央空调图

空调系统泛指各种通风系统，主要是由空气加温、冷却与过滤系统共同工作，对室内空气进行加温、冷却、过滤或净化后，采用气体输送管道进行空气调节的系统（图 7-23）。

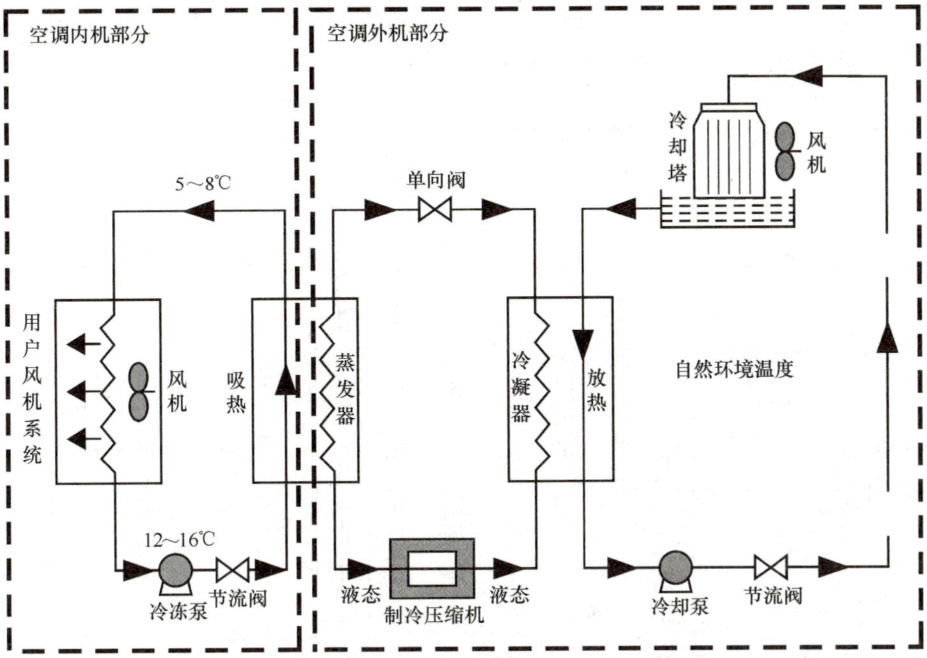

图 7-23　中央空调系统图

图 7-23：中央空调系统包括通风系统，空气加温、冷却与过滤系统两类，在某些特殊空间环境中通风系统往往单独使用。

7.3.1　中央空调原理

中央空气调节系统又分为集中式中央空气调节系统和半集中式中央空气调节系统两种。

1. 集中式中央空气调节系统

集中式中央空气调节系统是指将各种空气处理设备以及风机都集中设在专用机房室，是各种商场、商住楼、酒店经常采用的空气调节形式，中央空调系统将经过加热、冷却、加湿、净化等处理的暖风或冷风通过送风管道输送到房间的各个部位，室内空气交换后用排风装置经回风管道排向室外。有空气净化处理装置的，空气经处理后再回送到各个空间，使室内空气循环达到调节室内温度、湿度和净化空气的目的。

2. 半集中式中央空气调节系统

半集中式中央空气调节系统是将各种空气处理设备、风机或空调器都集中设在机房外，通过送风和回风装置将处理后的空气送至各个住宅空间，但是在各个空调房间内还有二次控制处理设备，以便灵活控制空气调节系统。

中央空调通风系统包括排风和送风两个方面的内容，从室内排出污浊的空气称为排风，向室内补充新鲜空气称为送风，室内排风和送风所采用的一系列设备、装置构成了通风系统。

7.3.2　绘制方法

结合热水暖通图的内容，同样以 KTV 娱乐空间为对象，讲述其中央空调图绘制方法。

1. 了解概念

空气调节系统包括通风系统和空气的加温、冷却、过滤系统两个部分。虽然通风系统有单独使用的情况，但在许多空间中这两个系统是共同工作的，除主要设备外，一些输送气体的风机、管线等设备、附件往往是共用的，因此通风系统与空气的加温、冷却与过滤系统的施工图绘制方法基本上是相同的，统称空调系统施工图，主要包括空调送风平面图（图 7-24）和空调回风平面图（图 7-25）。

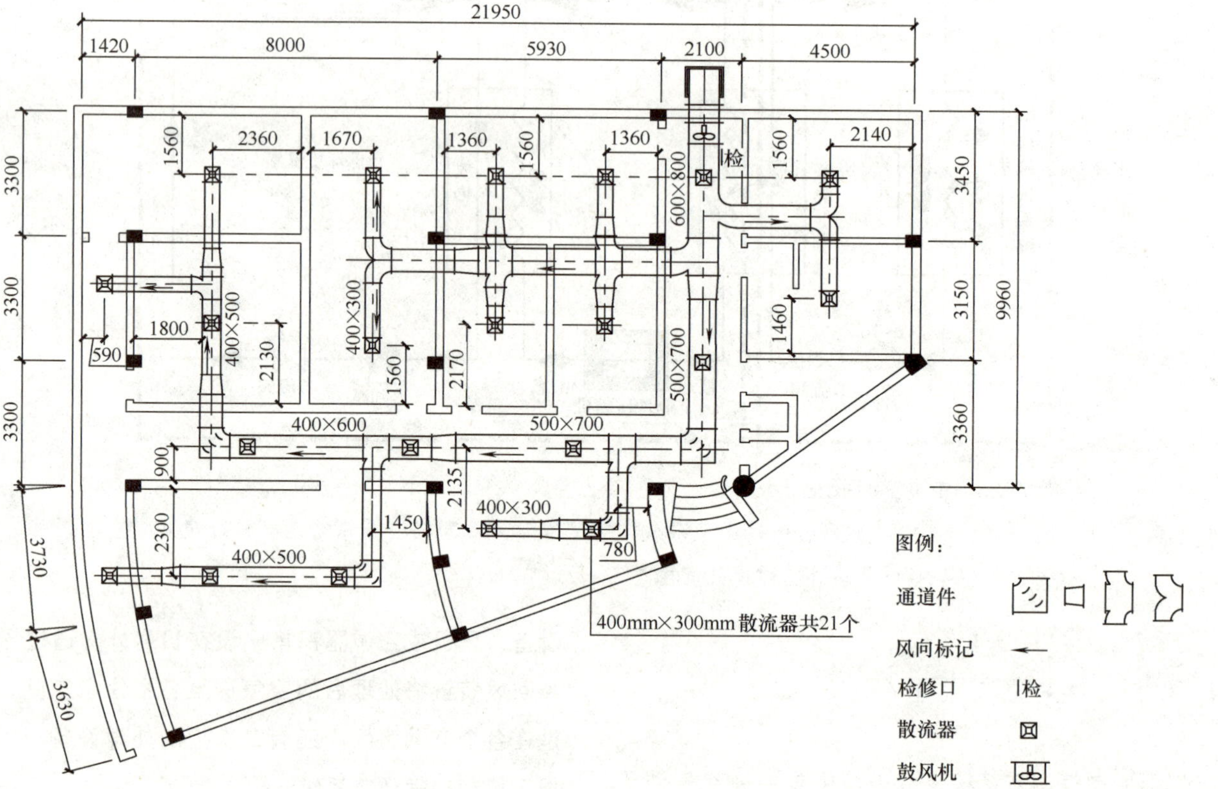

图 7-24　空调送风平面图

图 7-24：空调送风管道在真实隔墙施工之前就会开展，因此，空调终端的散流器位置尽量保持次序感，统一设计轴线网格进行分配。主送风管通过走道进行布置安装，散流器的数量根据产品质量与送风需要来安排，注意标注数据尺寸。

2. 图纸绘制

中央空调图主要是表明空调通风管道和空调设备的平面布置图样。

（1）图中一般采用中粗实线绘制墙体轮廓，采用细实线绘制门窗，采用细单点长画线绘制建筑轴线，并标注空间尺寸、楼面标高等。

（2）根据空调系统中各种管线、风道尺寸大小，由风机箱开始，采用分段绘制的方法，按比例逐段绘制送风管的每一段风管、弯管、分支管的平面位置，并标明各段管路的编号、坡度等。

（3）用图例符号绘出主要设备、送风口、回风口、盘管风机、附属设备及各种阀门等附件的平面布置。标明各段风管的长度和截面尺寸及通风管道的通风量、方向等。

（4）图样中应注写相关技术说明，如设计依据、施工和制作的技术要求、材料质地等。

（5）空调工程中的风管一般都是根据系统的结构和规格需要，采用镀锌铁板分段制作的矩形风管，安装时将各段风管、风机用法兰连接起来即可。

（6）需要明确的是回风平面图的绘制过程与送风平面图相似，只不过是送风口改成了回风口。

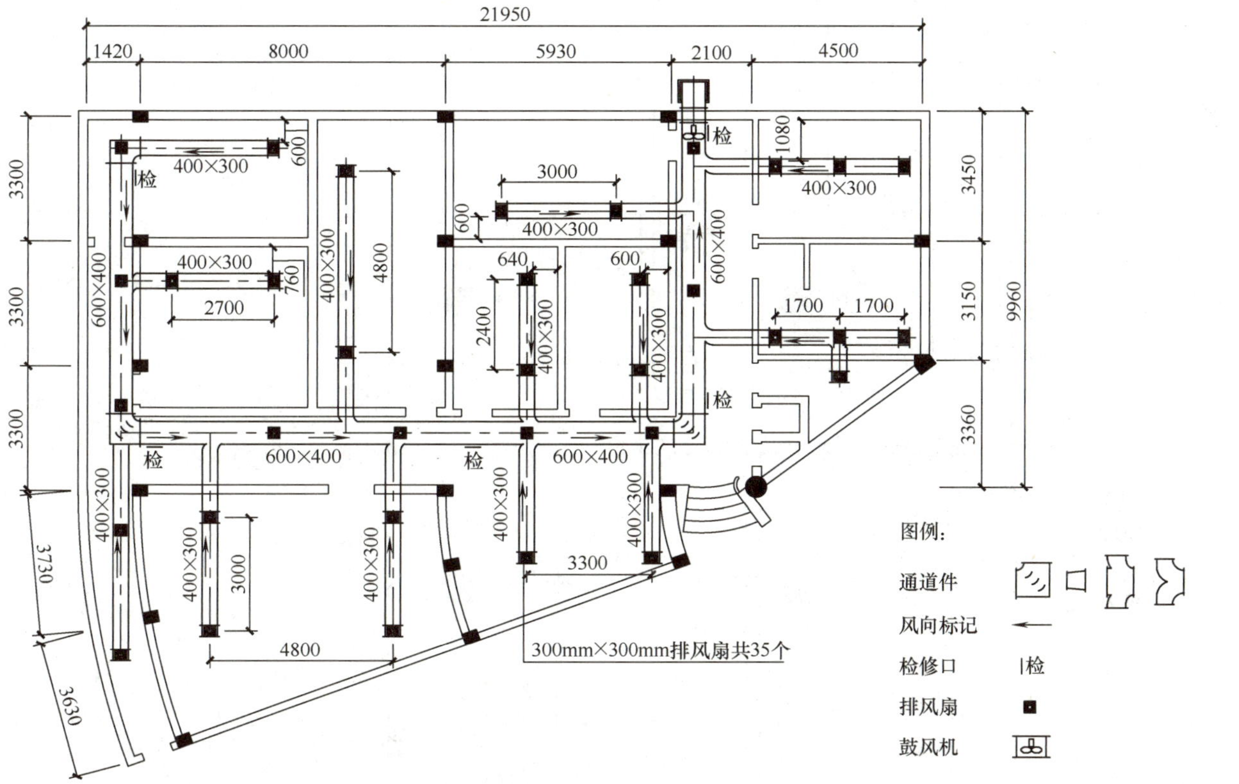

图 7-25　空调回风平面图

图 7-25：空调排风扇的吸气能力要低于空调散流器，且污浊空气自重较大，容易沉降在空间底部，因此排风扇的数量要多于散流器，同样以轴线网格的形式来分配，但是要让位于空调送风管道，且回风管道相对较小。

7.4　暖通空调图案例

暖通空调设计图需要根据具体设计要求和施工情况来确定绘制内容，关键在于标明管线型号和设备位置及彼此的空间关系。绘图前最好能到相关施工现场参观考察，并查阅其他同类型图纸，建立较为直观的印象后再着手绘图（图 7-26、图 7-27）。

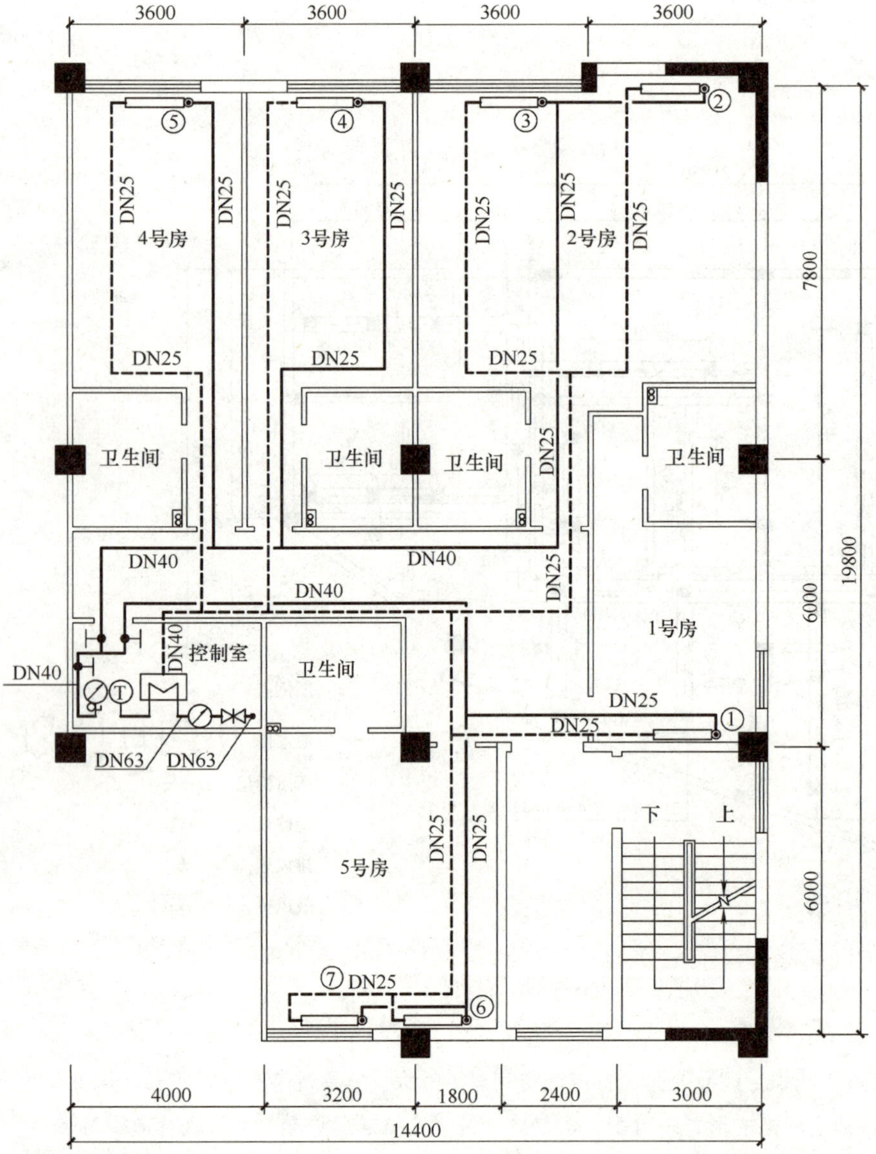

设计说明：

如无特殊说明，本图进水管与回水管最小间距为300mm，采用ϕ25mmPP-R铜芯热水管。

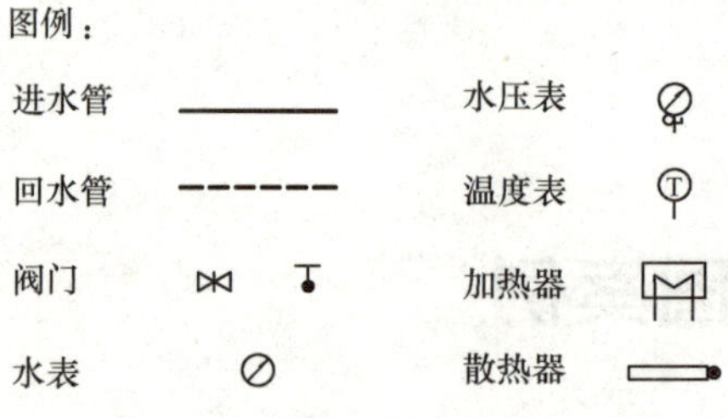

图7-26：热水采暖管道设备成本较低，是公寓采暖的主流形式。从控制室引出的水管走向应当尽量简洁，在最短距离内连通至散热器，进水管与回水管要避免多次重复交错。

图 7-26　公寓热水采暖平面图

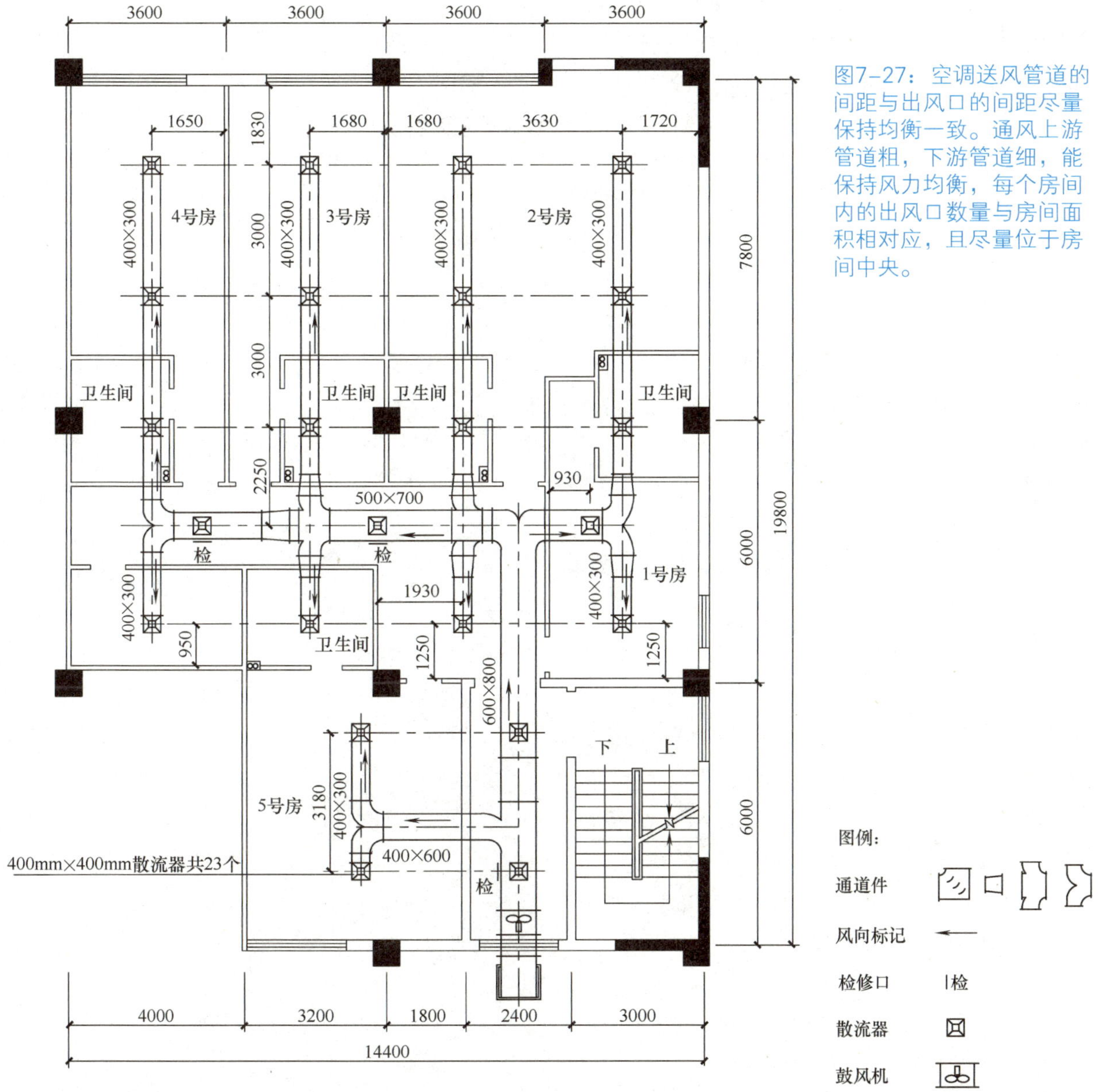

图 7-27　公寓空调送风平面图

图7-27：空调送风管道的间距与出风口的间距尽量保持均衡一致。通风上游管道粗，下游管道细，能保持风力均衡，每个房间内的出风口数量与房间面积相对应，且尽量位于房间中央。

本章小结

绘制暖通空调图之前要规定好线宽和线型，所用管道的管径要确定好，管道的布局也要提前设想好，前期绘制的相关图纸和收集到的相关资料要记录在册，并进行编号处理，以便后期进行查阅。

课后练习

1. 什么是暖通空调图?
2. 风道代号与系统代号有哪些?
3. 热水暖通构造特点是什么?
4. 中央空调的工作原理是什么?
5. 参考图 7-20，绘制一幅住宅热水地暖平面图。

第8章
立面图

识读难度：★★★☆☆
核心概念：立面、结构、材料、工艺

章节导读：

一套施工图设计方案是否美观，很大程度上取决于它在主要立面上的艺术处理。在设计阶段，这种艺术处理直观地体现在立面图中。立面图与总平面图、平面布置图相呼应，适用于表达室内外空间中各重要立面的形状构造、相关尺寸、相应位置和基础施工工艺。在施工图中，它主要反映立面构造的工艺做法。

8.1 立面基础

立面图一般采用相对标高，以室内地坪±0.00为基准进而表明立面有关部位的标高尺寸，其中室内墙面或独立设计构造高度以常规形式标注。

室内立面图要求绘制吊顶高度及其层级造型的构造和尺寸关系，表明墙面设计形体的构造方式、饰面方法，并标明所需材料及施工工艺要求。

室内立面图在绘制时还要求详细标注各立面固定设备及其位置尺寸和规格尺寸，在细节部位要对关键设计项目作精确绘制，尤其要表明平顶及吊顶的连接构造和收口形式（图8-1、图8-2）。

立面图中需标注门、窗、轻质隔墙、装饰隔断等设施的高度尺寸和安装尺寸，标注与立面设计有关的装饰造型及其他艺术造型体的位置尺寸。立面图要与后期绘制的剖面图或节点图相配合，表明设计结构连接方法、衔接方式及其相应的尺寸关系（图8-3）。

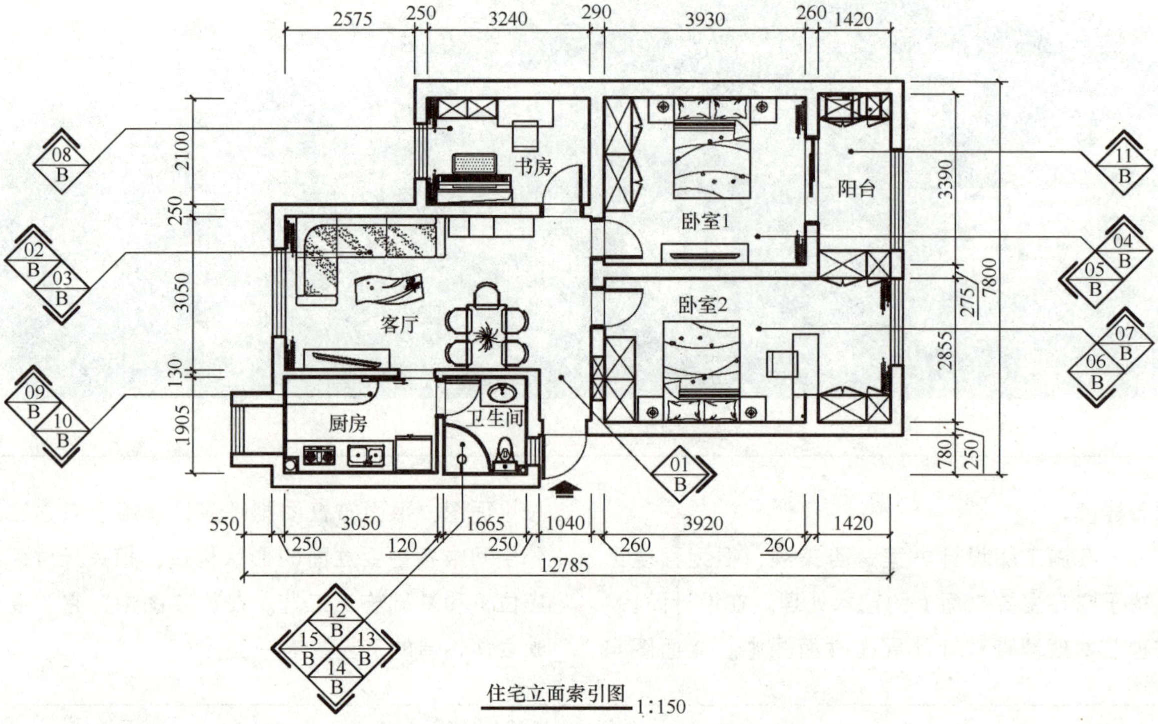

图 8-1　住宅立面索引图

图 8-1：如果索引图幅面有限，可以将索引延伸到图纸外部，通过引出线来连接所在位置。菱形框内的上部数字为立面图的流水编号，下部字母为图纸系列编号，如平面图系列为 A，立面图系列为 B 等，因为两类图的比例与绘制内容不同。

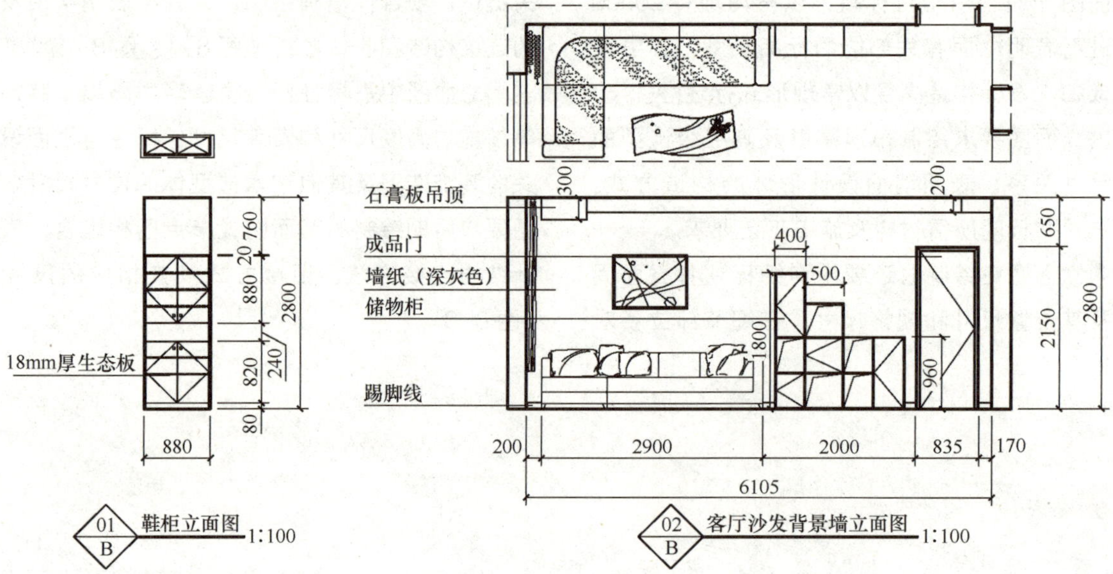

图 8-2　住宅立面图（一）

图 8-2：如果立面图较多，应当在平面布置图中截取一部分放在立面图上方对应的位置，这样看起来更直观。

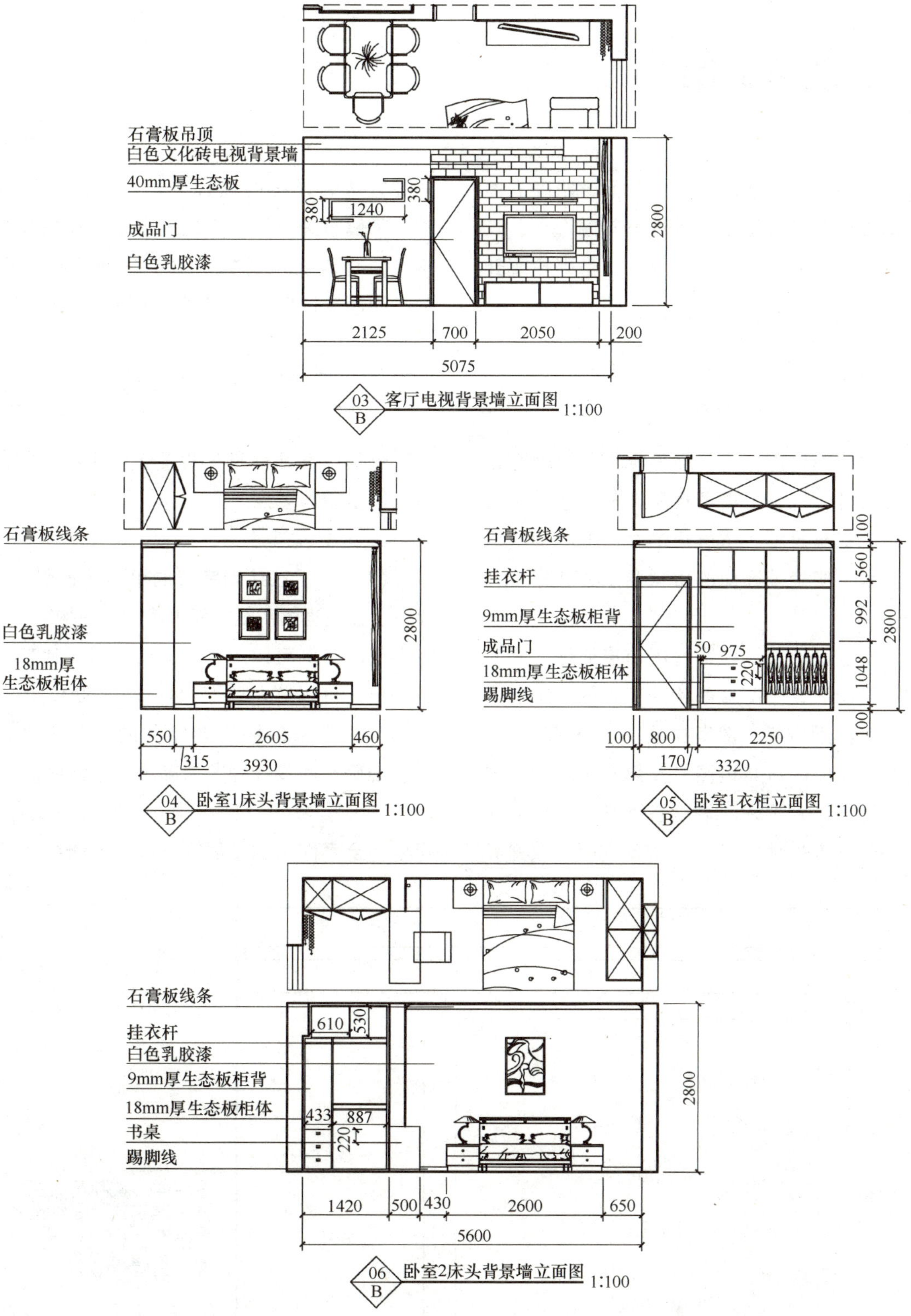

图 8-3　住宅立面图（二）

图 8-3：立面图的绘制重点在于结构与材料，材料标注应当在图中无尺寸标注或少尺寸标注的一侧，文字与尺寸数字不应相互叠压。材料标注中的文字应当对齐，保证图纸的规范性与美观性。

8.2 识读与绘制

识读立面图需与平面图相配合对照，明确立面图所表示的投影面平面位置及其造型轮廓形状、尺寸和功能特点。严格控制绘制步骤，从基础轮廓开始逐步深入。

8.2.1 识读要点

识读时要明确地面标高、楼面标高、楼地面设计起伏高度尺寸，以及工程项目所涉及的楼梯平台等有关部位的标高尺寸。了解每个立面上的构造层次及饰面类型，明确装饰面的材料要求和施工工艺要求。

立面图上各设计部位与饰面的衔接处理方式较为复杂时，要同时查阅配套的构造节点图、细部大样图等，明确造型分格、图案拼接、收边封口、组装做法与尺寸。绘图者与读图者要熟悉施工构造与主体结构的连接固定要求，明确各种预埋件、后置埋件、紧固件和连接件的种类、布置间距、数量和处理方法等详细的设计规定。识读要配合设计说明，了解有关施工设置或固定设施在墙体上的安装构造，有需要预留的洞口、线槽或要求预埋的线管，明确其位置尺寸关系，并将其纳入施工计划。

8.2.2 卧室床头背景墙立面图

这里以某卧室床头背景墙立面图为例，详细讲解绘制步骤与要点。

1. 建立构架

（1）根据已绘制完成的平面图，引出地面长度尺寸，在适当的图纸幅面中建立墙面构架（图8-4）。立面图的比例可以定为 1∶50，对于比较复杂的设计构造，可以扩大到 1∶30 或 1∶20，但是立面图比例不宜大于后期将要绘制的节点详图，以能清晰、准确反映设计细节来确定图纸幅面。

（2）一套设计图纸中，若立面图的数量较多，可以将全套图纸的幅面规格按立面图纸规格来定。

图8-4：绘制基础框架时要注重建筑结构的完整性，在绘制立面图之前要对空间内部的构造进行设想或经过实地考察后再绘制。

图 8-4　卧室床头背景墙立面图绘制步骤一

墙面构架主要包括确定墙面宽度与高度，并绘制墙面上主要装饰设计结构，如吊顶、墙面造型、踢脚线等，除四周地、墙、顶边缘采用粗实线外，上述构造一般都采用中实线，被遮挡的重要构造可以采用细虚线。

（3）基础构架的尺寸一定要精确，为后期绘图奠定基础。当然，也不宜急于标注尺寸，绘图过程也是设计思考过程，要以最终绘制结果为参照来标注。

2. 调用成品模型，绘制设计构造

（1）基本构架绘制完毕后，就可以从图集、图库中调用相关的图块和模型，如家具、电器、陈设品等，这些图形要预先经过线型处理，将外围图线改为中实线，内部构造或装饰改为细实线，对于特别复杂的预制图形要作适当处理，简化其间的线条；否则图线过于繁杂，会影响最终打印输出的效果。

（2）注意成品模型的尺寸和比例，要适合该立面图的图面表现。针对手绘制图，可以适当简化成品模型的构造，例如，将局部弧线改为直线，省略烦琐的内部填充等。

（3）立面图中调入成品模型时，要根据设计风格来选择，特殊的创意作品需单独绘制。设计者最好能根据日常学习、工作需要创建自己的模型库，日后用起来会得心应手。

（4）摆放好成品模型后，还需绘制无模型可用的设计构造，尽量深入绘制，使形态和风格与成品模型统一（图8-5）。

图8-5：绘制背景墙上的构造，从图库中调用家具的立面图摆放在相应的位置，对于个性化较强的定制设计与施工，家具的立面图需要自行绘制。

图8-5 卧室床头背景墙立面图绘制步骤二

3. 填充与标注

（1）当基本图线都绘制完毕后，就需要对特殊构造作适当填充，以区分彼此间的表现效果，如墙面壁纸、木纹、玻璃镜面等，填充时注意填充密度，小幅面图纸填充不宜面积过大、过饱满，大幅面图纸填充不宜面积过小、过稀疏。

（2）填充完毕后要能清晰分辨出特殊材料的运用部位和面积，最好形成明确的黑、灰、白图面对比关系，这样会使立面图的表现效果更加丰富。

（3）立面图中的线条全部绘制完毕后需要作全面检查，及时修改错误，最后对设计构造与材料作详细标注。为了适应阅读习惯，一般宜将尺寸数据标注在图面的右侧和下方，将引出文字标注在图面的左侧和上方，文字表述要求简单、准确，表述方式一般为材料名称+构造方法。

（4）数据与文字要求整齐一致，并标注图名与比例（图8-6）。

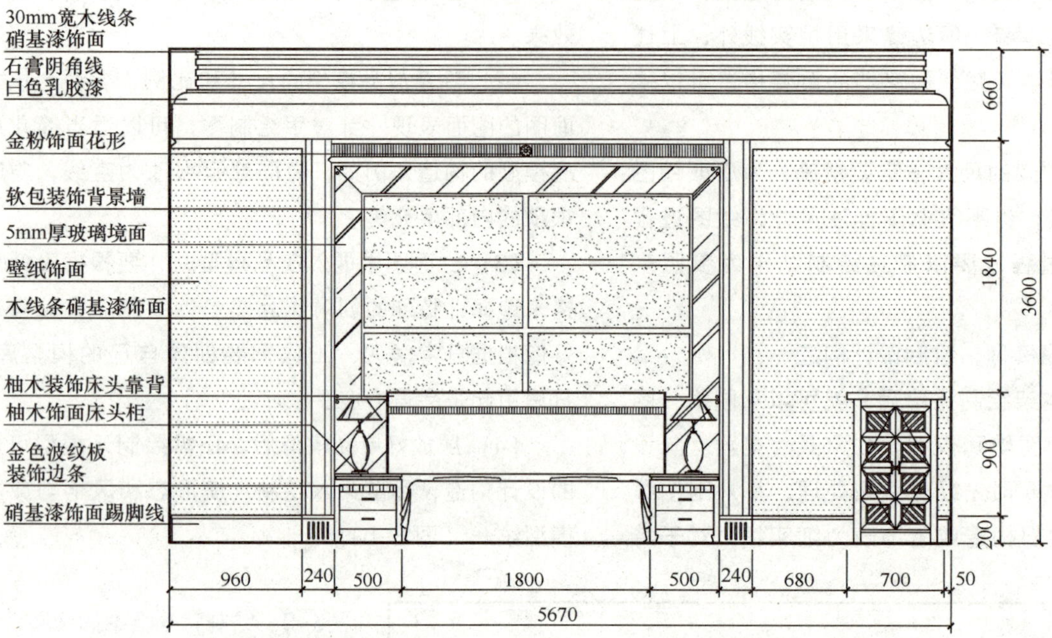

图8-6：对立面图中的特殊材质填充不同图案，标注材料名称与尺寸数据，完善调整图纸。

图 8-6　卧室床头背景墙立面图绘制步骤三

8.2.3　建筑外墙立面图

对绘图步骤的深入了解可以帮助更清晰地认识立面图，这里以某建筑外墙立面图为例，详细讲解建筑外墙绘制步骤与要点。

1. 建立构架

（1）根据已绘制完成的平面图，引出地面长度尺寸，在适当的图纸幅面中建立基础构架。立面图的比例可以定在 1∶50，对于比较复杂的设计构造，可以扩大到 1∶30 或 1∶20，绘图时需要注意的是立面图不宜大于后期将要绘制的节点详图，以能清晰、准确反映设计细节为最佳。

（2）一套设计图纸中，若立面图的数量较多，可以将全套图纸的幅面规格以立面图为主。构造的外围圈一般采用粗实线绘制，被遮挡的重要构造可以采用细虚线绘制。

（3）基础构架的尺寸一定要精确，这也能为后期绘制奠定基础，可以绘制结束后再标注尺寸。绘图过程也是设计思考过程，要以最终绘制结果为参照来标注（图 8-7）。

2. 补充基础构造

（1）基本构架绘制完毕后，可以开始补充基础构造，例如门窗、柱子等，同时依据图纸需要还可以从图集、图库中调用相关的图块和模型，如植物、灯具等，这些图形要预先经过线型处理，将外围图线改为中实线，内部装饰构造改为细实线。

（2）需要注意的是，导入的成品模型的尺寸和比例要适合该立面图的图面表现。如果是针对手绘制图，可以适当简化成品模型的构造，例如，将局部弧线改为直线，省略烦琐的内部填充等，基础构造补充需要依据设计要求来定。

（3）摆放好成品模型后，还需绘制无模型可用的设计构造，尽量深入绘制，使形态和风格与成品模型统一（图 8-8）。

3. 填充与标注

（1）当基本图线都绘制完毕后，可对特殊构造

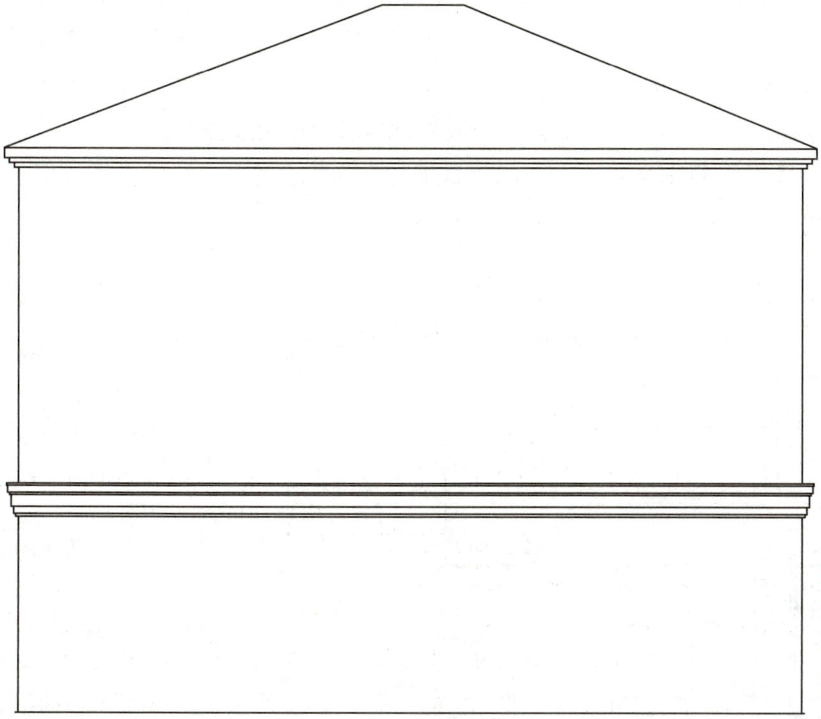

图8-7：建筑外墙的基础框架包括外墙的主要装饰线条，虽然这一步不用标注数据，但是在绘制过程中要以真实尺寸进行绘制。

图 8-7　建筑外墙立面图步骤一

图 8-8：立面图中调入成品模型时，要根据景观设计的整体色调和风格来选择，特殊的创意作品需单独绘制，绘图者最好能根据日常学习、工作需要创建自己的模型库，日后用起来会得心应手。

图 8-8　建筑外墙立面图步骤二

作适当填充，以区分彼此间的表现效果，如树池台面、喷泉表面、亭子顶地面构造等，填充时注意填充密度，小幅面图纸填充不宜面积过大、过饱满，大幅面图纸填充不宜面积过小、过稀疏。

（2）立面图中的线条全部绘制完毕后需要作全面检查，及时修改错误，最后对设计构造与材料作详细标注。为了适应图纸阅读习惯，一般宜将尺寸数据标注在图面的右侧和下方，将引出文字标注在图面的左侧和上方，文字表述要求简单、准确，表述方式一般为材料名称加构造方法。

（3）数据与文字要求整齐一致，并标注图名与比例（图 8-9）。

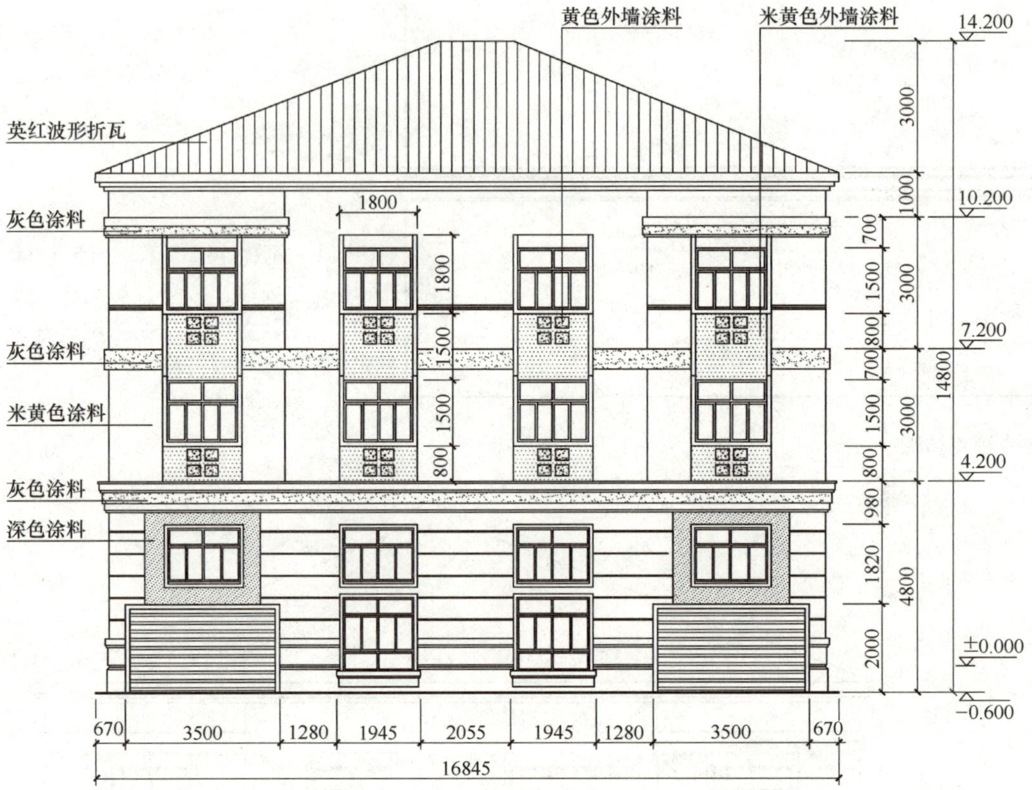

图8-9：填充完毕后要能清晰分辨出特殊材料的运用部位和面积，最好形成明确的黑、白、灰图面对比关系，这样也能使立面图的表现效果更丰富。

图 8-9　建筑外墙立面图步骤三

8.3　立面图案例

绘制立面图的关键在于把握细节，既不宜过于烦琐，也不宜过于简单。复杂的构造可以通过后期的大样图来深入表现，简单的构造则可以通过多层次填充来表现。不同的构造，立面图的绘制有其特色，可以多多查阅其他优秀的图纸以作参考（图 8-10～图 8-17）。

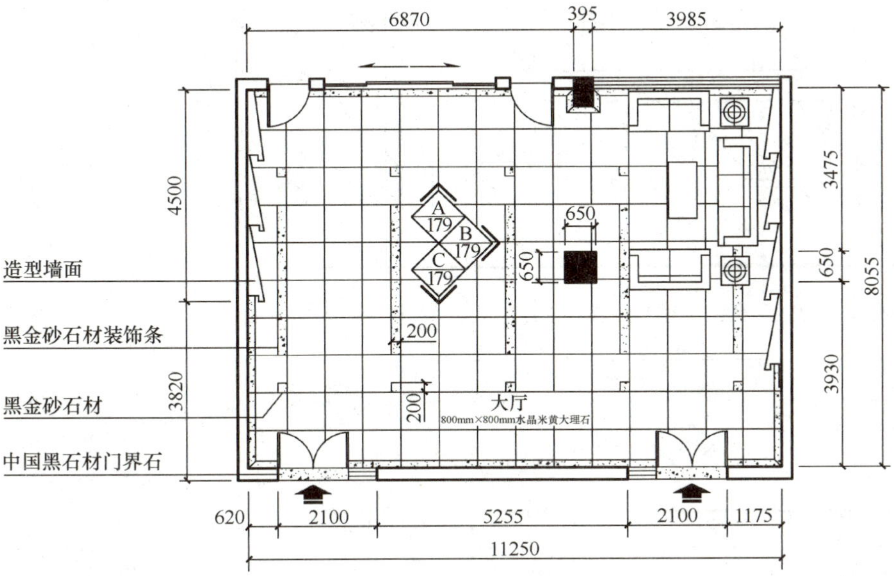

(a) 平面布置图

图8-10（a）：平面布置图绘制完整，摆放好必要的家具，地面铺装造型简洁，绘制索引符号，将后续即将绘制的立面图编号标识出来。

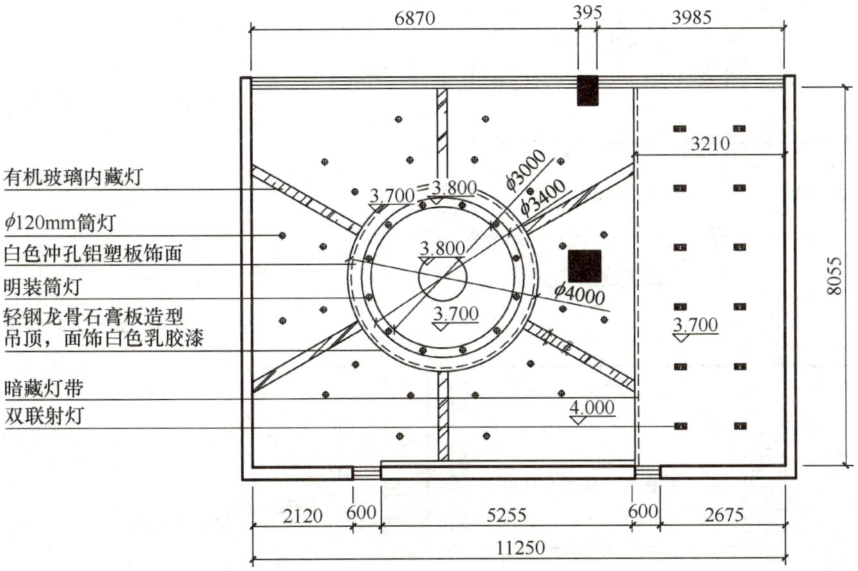

(b) 顶面布置图

图8-10（b）：顶面布置图呼应平面布置图，标注出标高数据，为后续立面图确立高度。

图 8-10 展厅大堂平面、顶面布置图

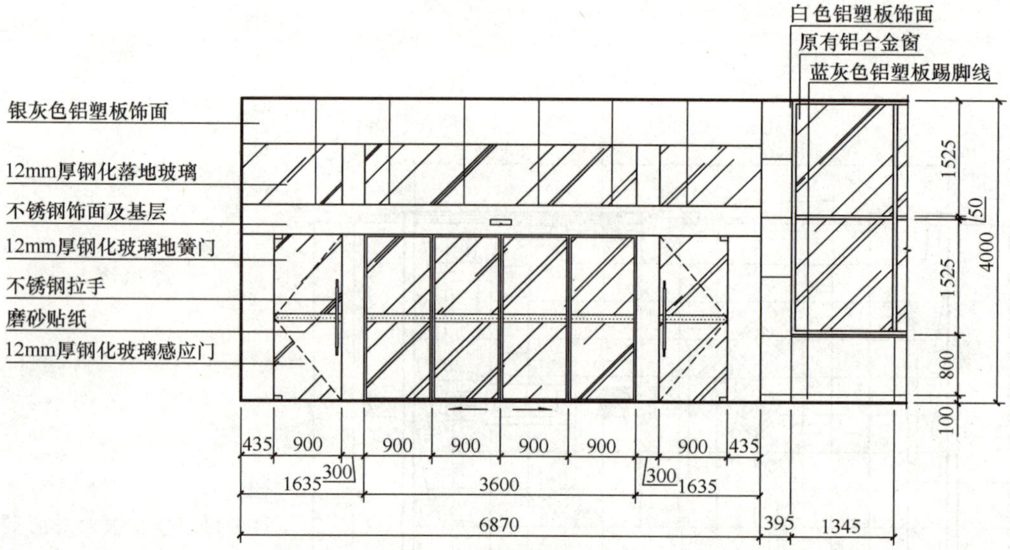

A 立面图 1:100

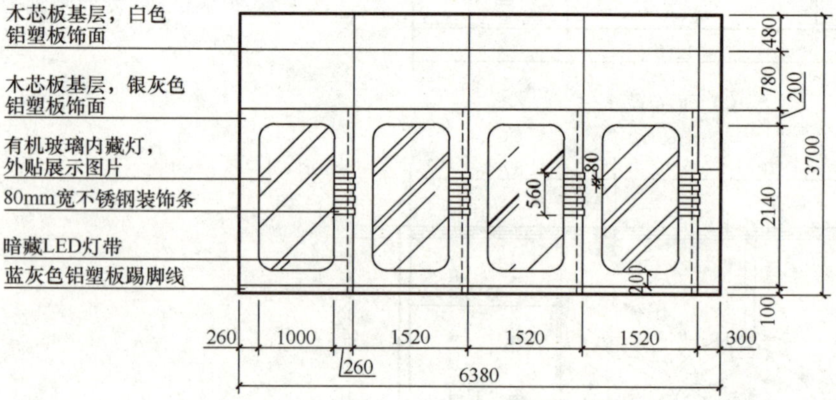

B 立面图 1:100

图8-11：立面图中要详细准确地绘制出门窗构造与细节，玻璃区域填充长短斜线。墙面造型高度设计精准，满足正常展陈需求。背景墙上标题文字字体如不确定，可以用仿宋体暂时替代。

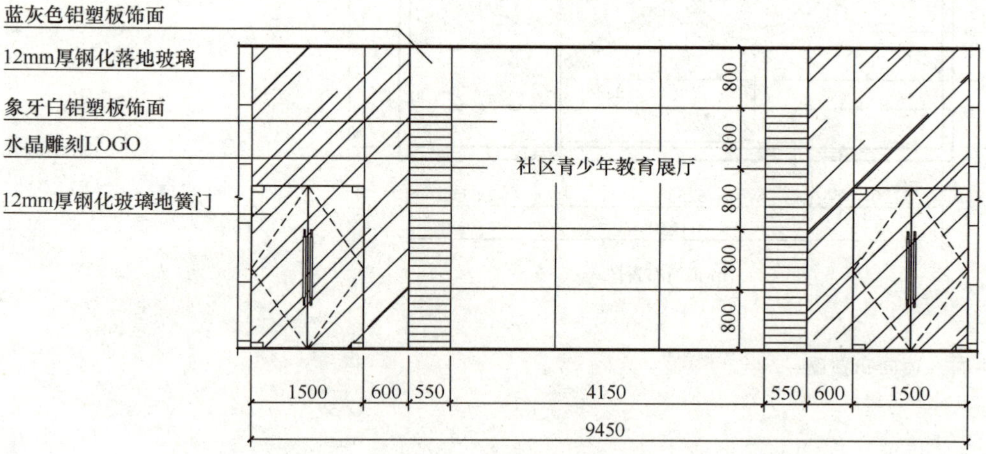

C 立面图 1:100

图 8-11　展厅大堂主要立面图

图8-12（a）：索引符号中的字母表示立面图的流水号，数字表示该立面图所在图纸编号或流水号。数字与字母的选用没有特殊要求，可以全部为数字或全部为字母，也可以混搭，但是全套图纸要保持高度统一。

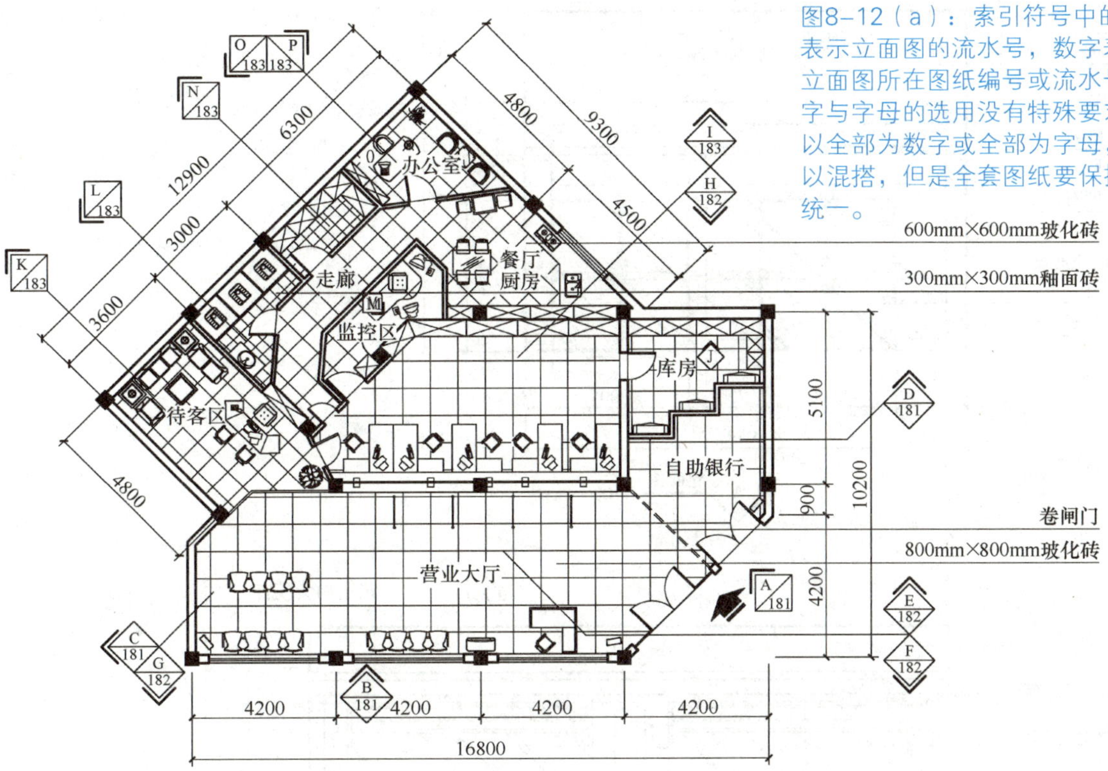

(a) 平面布置图

图8-12（b）：顶面布置图中需标明顶面构造的标高。顶面造型根据功能区划分进行设计。

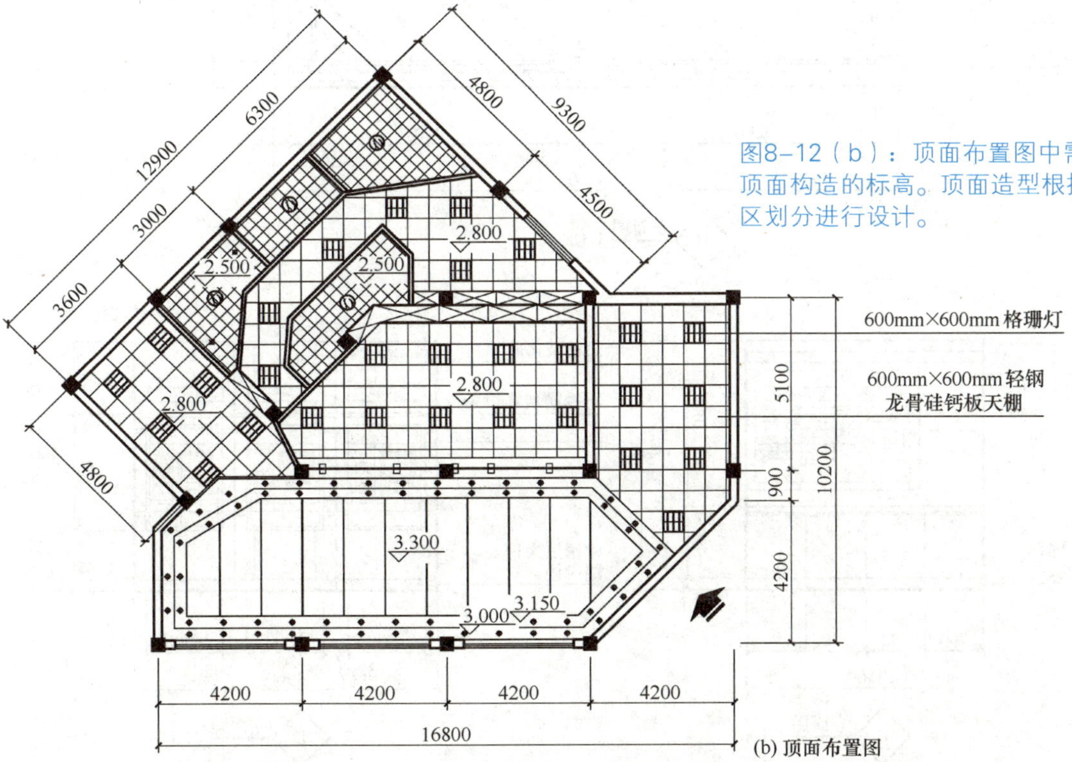

(b) 顶面布置图

图 8-12 银行办公平面、顶面布置图

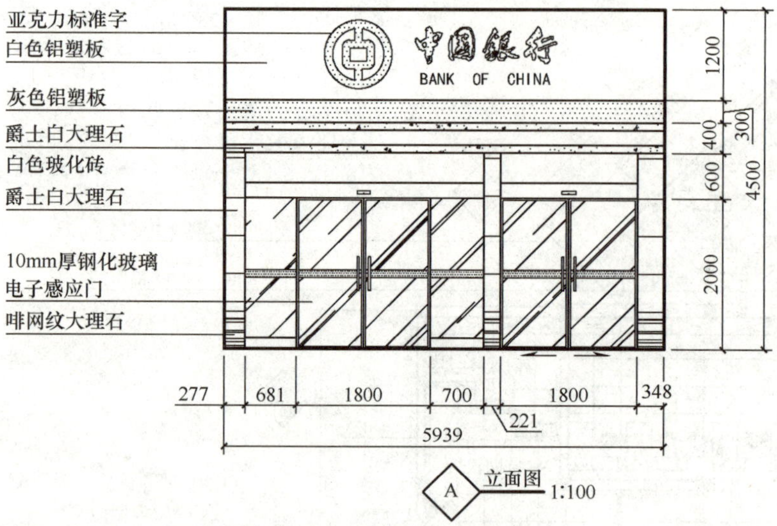

图8-13：外立面招牌上LOGO的绘制应当对真实图片进行精确描绘，表现出精准的立面视觉效果。主要装饰材料与构造通过引线标注在图纸左侧与上方，立面高度数据统一标注在图纸右侧与下方。墙面构造应当尽量真实绘制，可以到银行营业大厅拍摄后对照参考绘制。

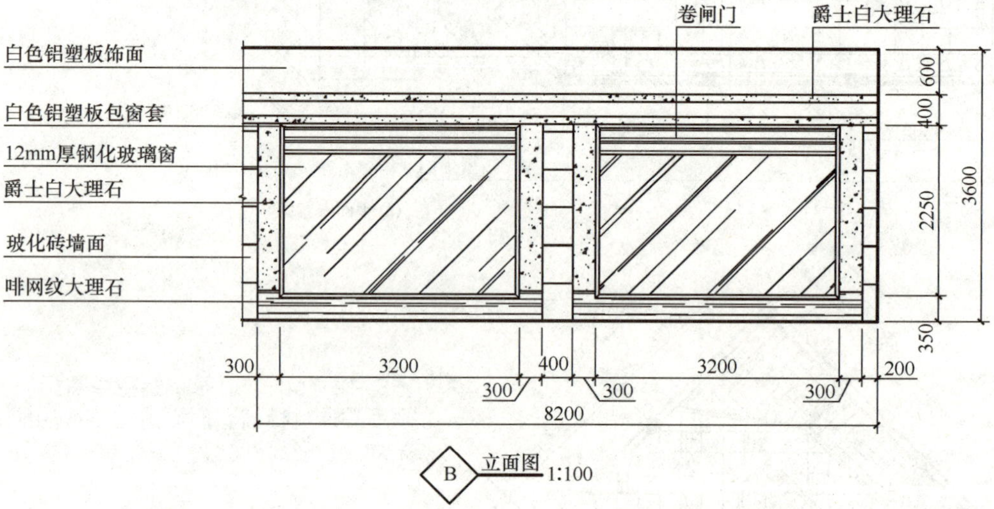

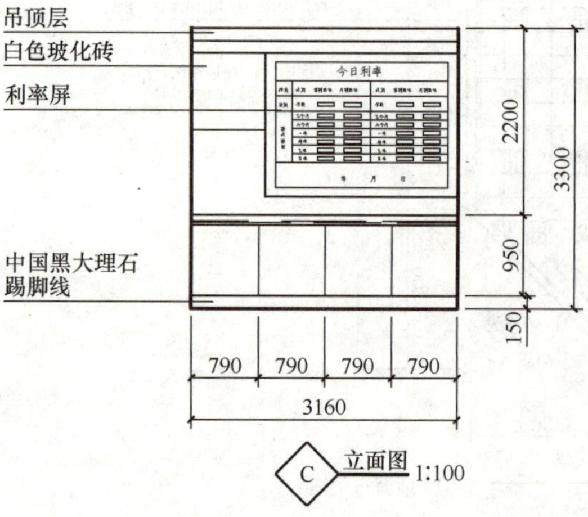

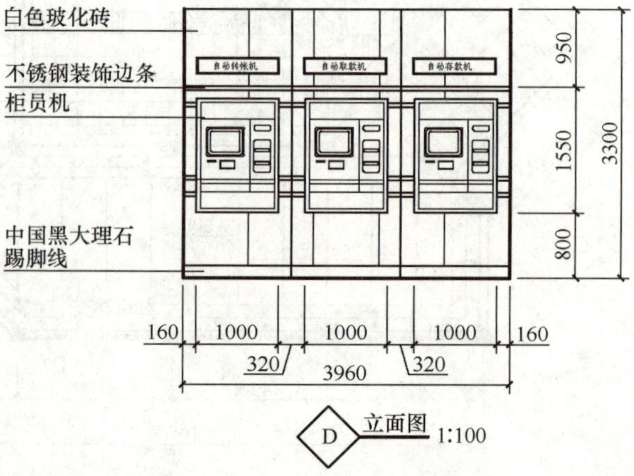

图 8-13　银行办公主要立面图一

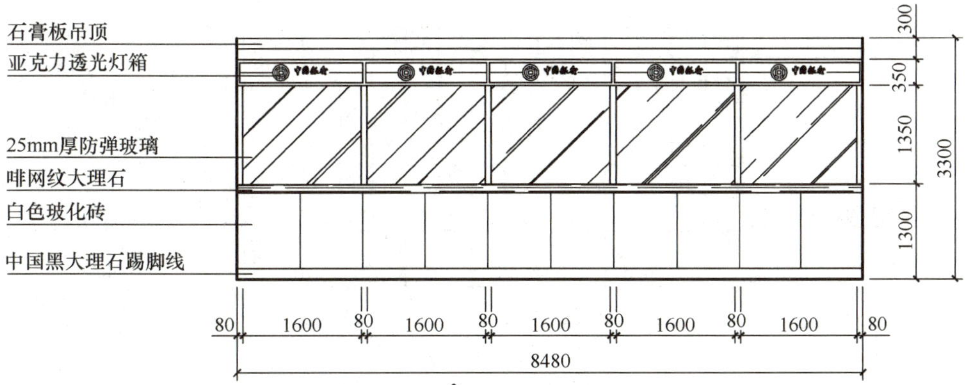

E 立面图 1:100

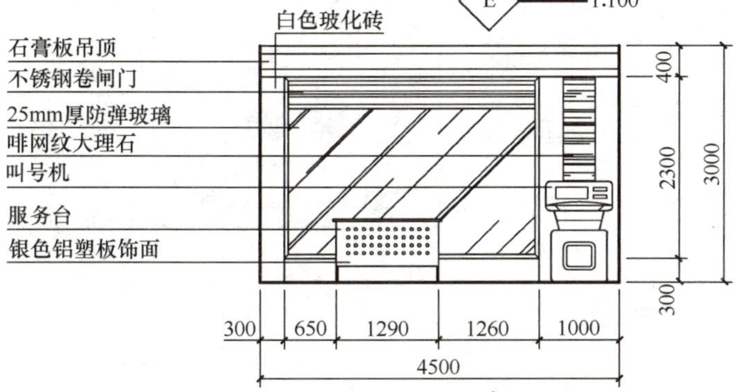

F 立面图 1:100

图8-14：主要家具设备可以从模型库中复制，但是指定家具造型款式应当根据真实状态描绘。

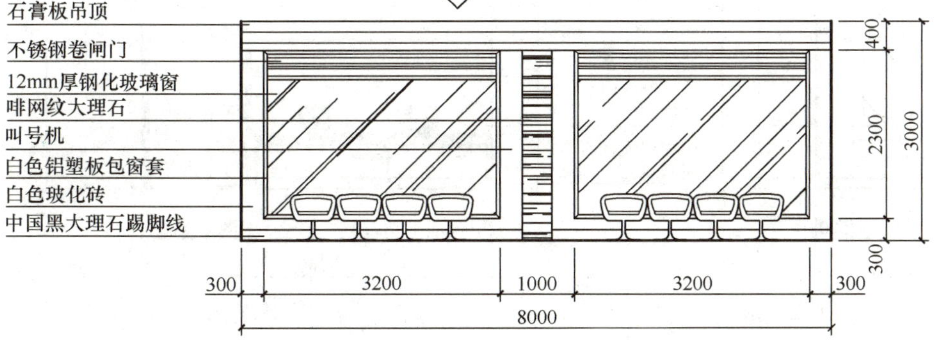

G 立面图 1:100

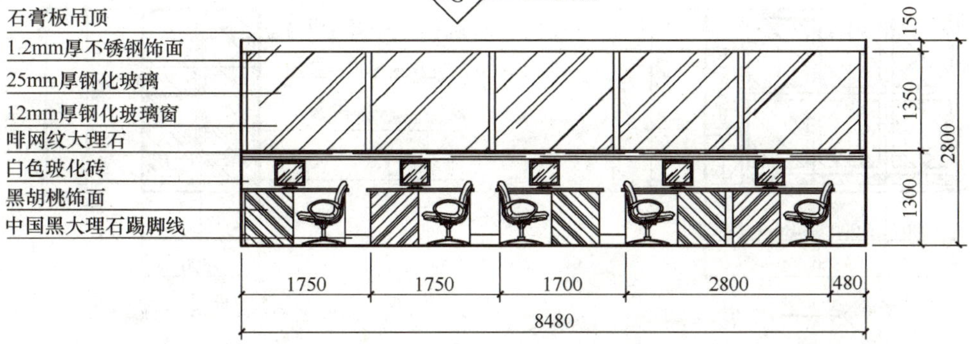

H 立面图 1:100

图 8-14 银行办公主要立面图二

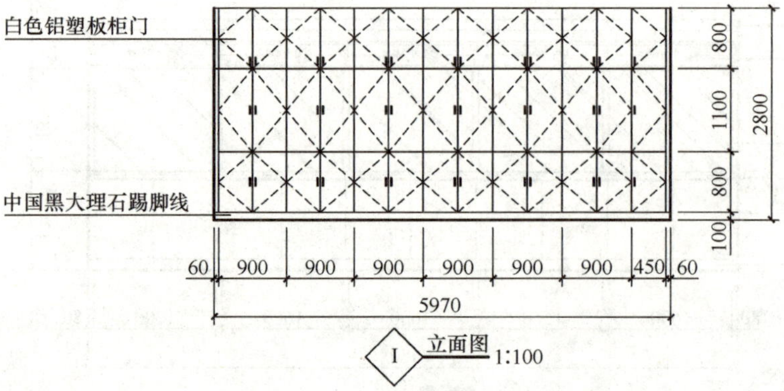

图8-15：储物柜等家具划分好高度，符合正常使用需求。柜门上的虚线表示柜门向内开启。

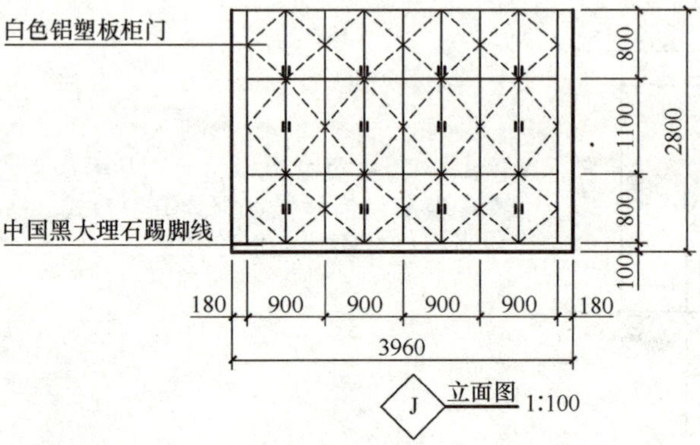

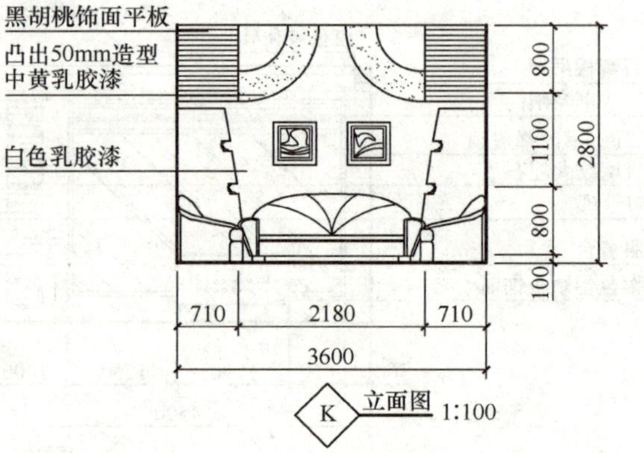

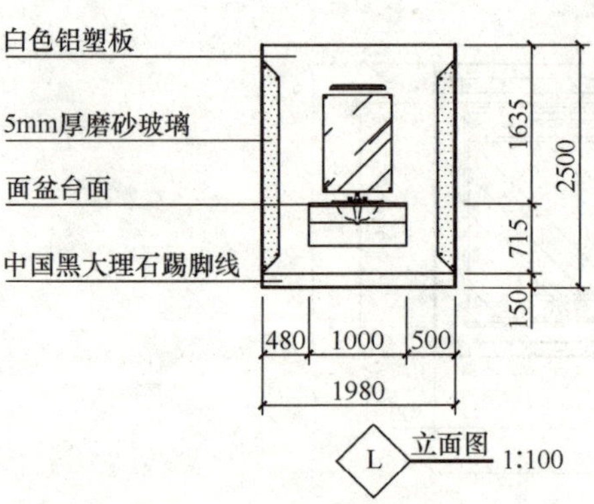

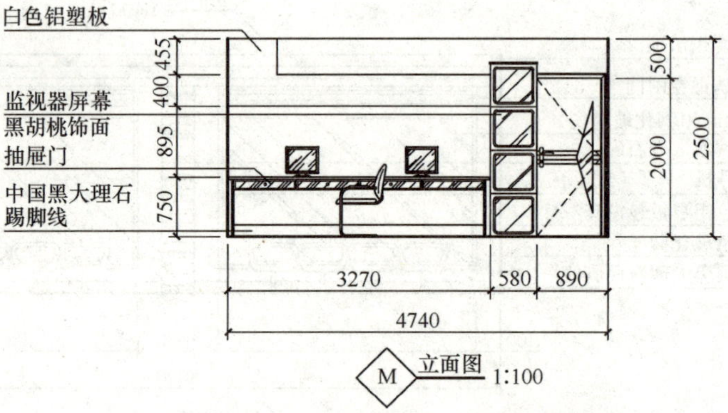

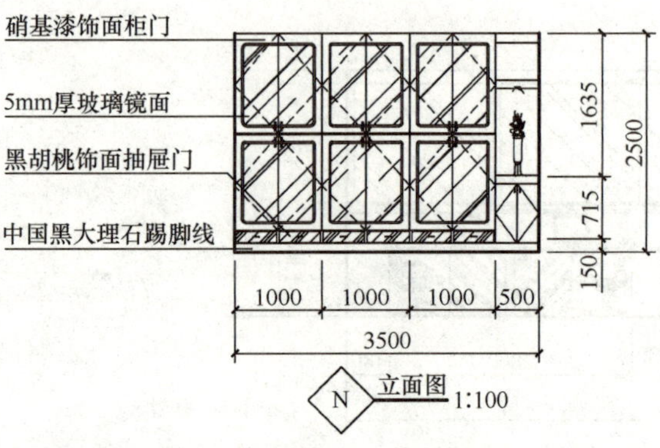

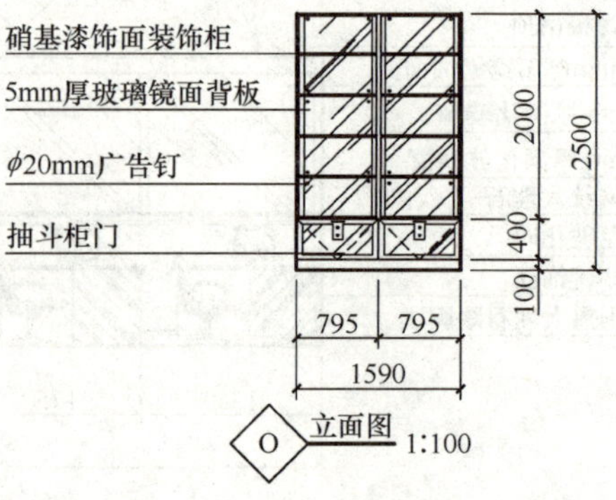

图 8-15　银行办公主要立面图三

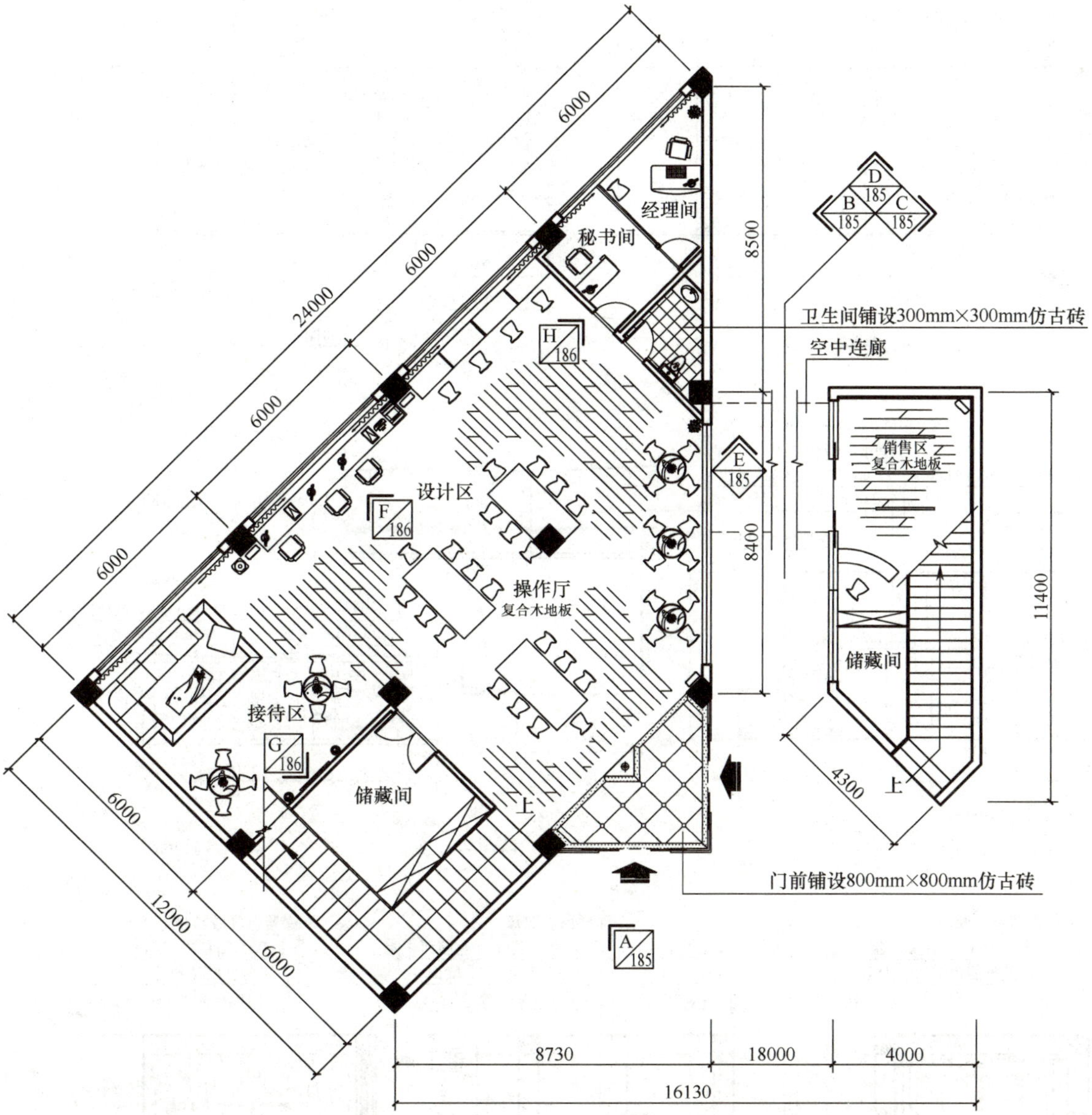

图 8-16　建筑景观平面图

图 8-16：平面图构造复杂，但是要将基础布局设计完整，楼梯与建筑形体绘制需要精确计算尺寸。索引符号标注清晰，既有室外立面，又有室内立面。

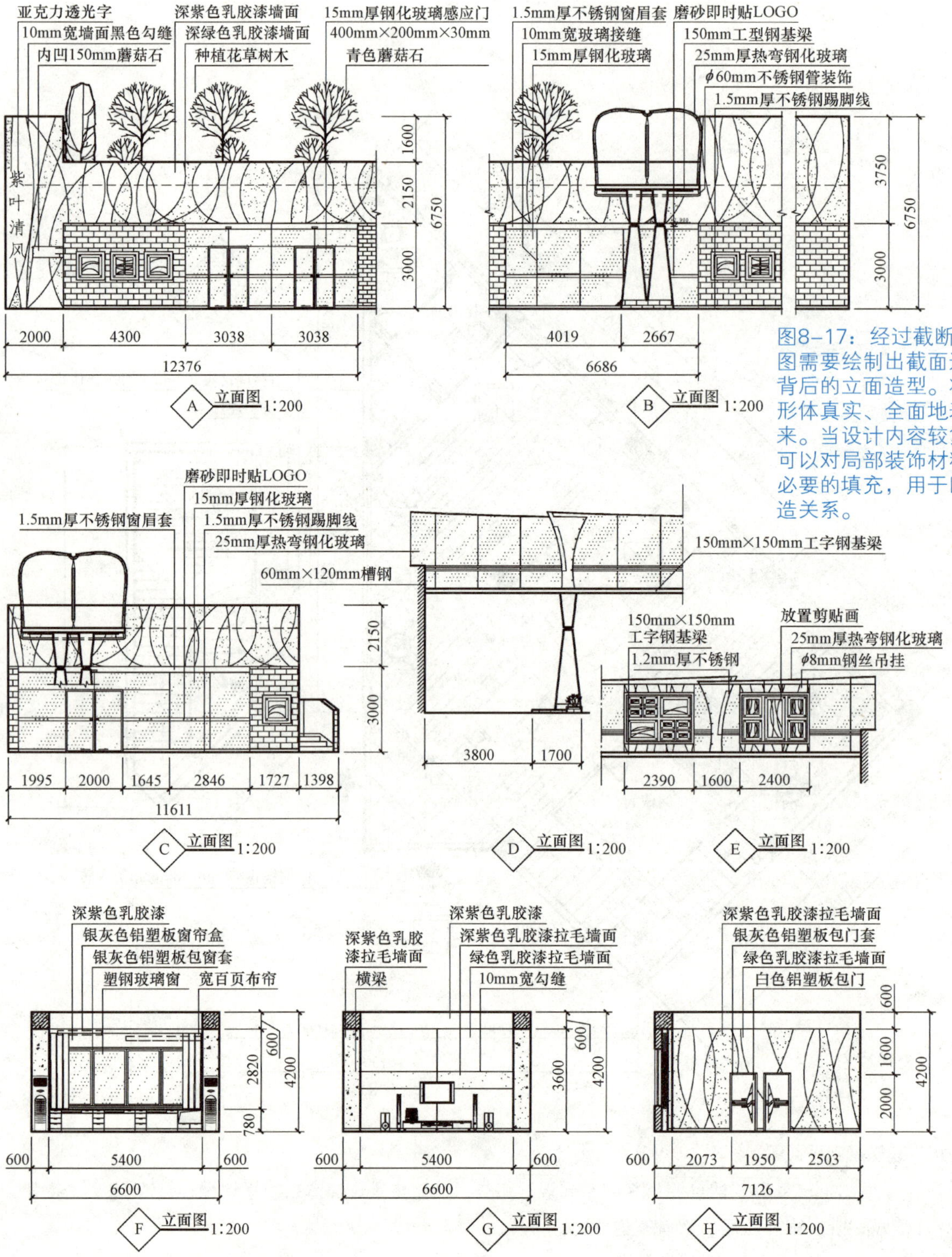

图8-17：经过截断的立面图需要绘制出截面造型与背后的立面造型。将构造形体真实、全面地表现出来。当设计内容较复杂时，可以对局部装饰材料进行必要的填充，用于区分构造关系。

图 8-17　建筑景观立面图

本章小结

建筑、室内等外观造型是否美观，可以通过立面图来进行研究和处理。在绘制立面图之前，要了解立面图的绘制内容，包括立面构造风格、材料工艺说明、尺寸数据等，了解清楚这些，对于后期绘制立面图有很大帮助。

课后练习

1. 立面索引图与立面图有什么关系？
2. 立面图的绘制步骤有哪些？
3. 分析图 8-10～图 8-17，一个室内空间应当绘制几处立面图？
4. 参考图 8-1～图 8-3，设计并绘制自己的卧室平面图与立面图。

第 9 章
构造详图

识读难度：★★★★☆
核心概念：构造、剖面、节点、大样

章节导读：

设计中需要绘制的构造详图主要包括剖面图、构造节点图和大样图，绘制时选用的图线应与平面图、立面图一致，只是地面界限与主要剖切轮廓线一般采用粗实线。构造详图是为了弥补施工图中，各类平面图和立面图因比例较小而导致很多设计造型、创意细节、材料选用等信息无法表现或表现不清晰等问题，一般采用 1∶20、1∶10，甚至 1∶5、1∶2 的比例。

9.1 构造详图识读

构造详图是将设计对象中的重要部位作整体或局部放大，甚至作必要剖切，用以精确表达在普通投影图上难以表明的内部构造。

★补充要点——国家建筑标准设计图集

为了提高制图效率，保证制图质量，中国建筑标准设计研究院制作了《国家建筑标准设计图集》（以下简称《图集》）。《图集》以电子化形式集成了 50 年来国家建筑标准设计的成果，旨在通过现代化的技术手段，使国标设计能更好地服务于整个设计领域乃至整个建设行业，缩短设计周期、节约设计成本、保证设计质量。《图集》收录了国家建筑标准设计图集、全国民用建筑工程设计技术措施、建筑产品选用技术三大基础技术资源，形成了全方位的信息化产品。

《图集》同时还提供了图集快速查询、图集管理、图集介绍、图集应用方法交流等多项功能，而且可以以图片的方式阅览图集全部内容。设计者可以迅速查询、阅读需要的图集，并获得如何使用该图集等相关信息。《图集》充分利用网络技术优势，实现了国标图库动态更新功能。用户可通过互联网与国家建筑标准设计网站服务器连接，获取标准图集最新成果信息、最新废止信息，并可下载最新国标图集。通过动态更新功能，使《图集》中资源与国家建筑标准设计网保持同步，设计者可在第一时间获取国标动态信息。

《图集》采用信息化手段，为国标图集的推广、宣传、使用开辟了新的途径，有效地解决了由于信息传播渠道不畅造成的国标技术资源没有被充分有效地利用，或误用失效图集的问题，使国家建筑标准设计更加及时地服务于工程建设。

9.1.1 剖面图

1. 定义

剖面图是假想用一个或多个纵、横向剖切面，将设计构造剖开，所得的投影图，用以表示设计对象的内部构造形式、分层情况、各部位的联系、材料选用、标高尺寸等，需与平、立面图相互配合，是不可缺少的重要图样之一（图 9-1）。

2. 相关要求

（1）剖面图的数量要根据具体设计情况和施工实际需要来决定。剖切面一般横向，即平行于侧面，必要时也可纵向，即平行于正面，其位置选择很重要，要求能反映内部复杂的构造与典型的部位。

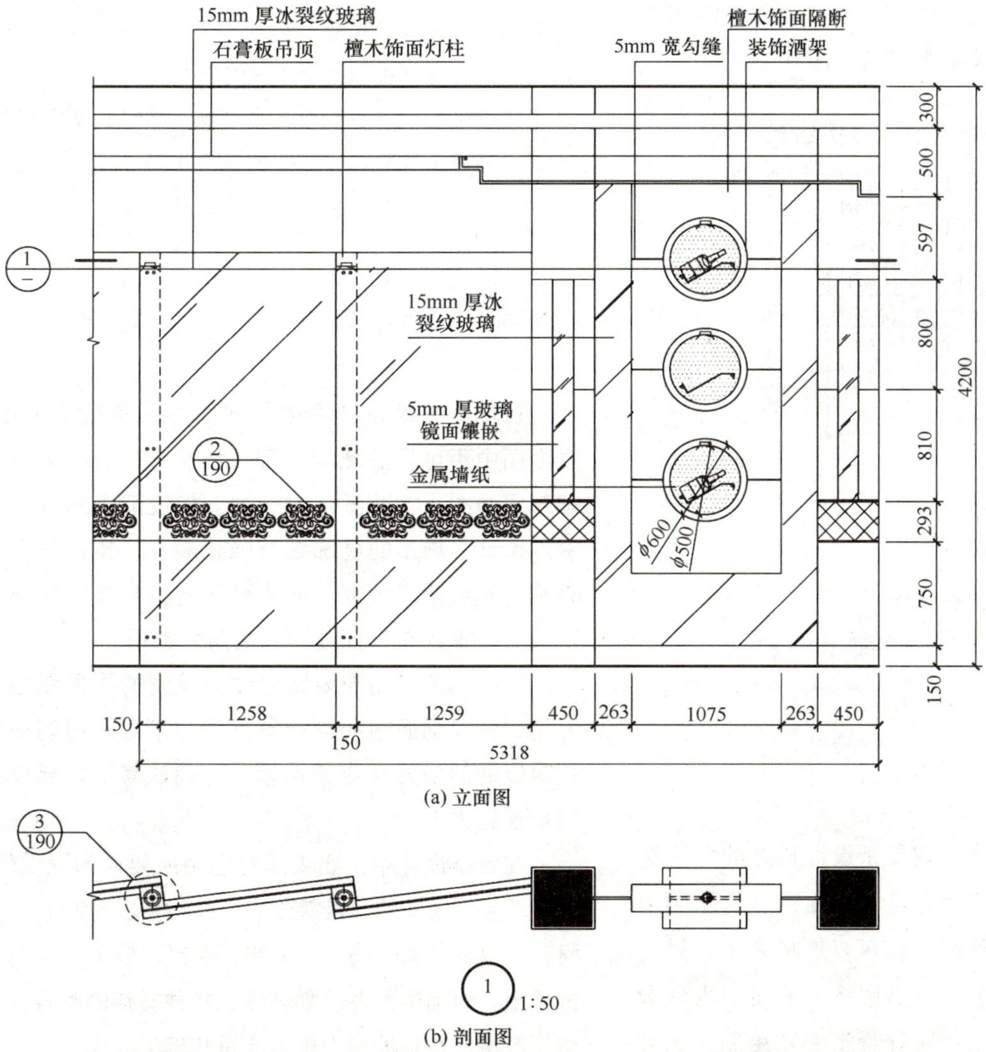

图 9-1　玻璃隔断立面图与剖面图

图9-1（a）：图中2号详图属于大样图，由于图纸幅面受到限制，2号与3号详图位于全套图纸的第190张，故本张图中的索引符号下半部标为190。剖切线为粗实线，方向指引线为细实线，方向线位于剖切线下方，表示构造经过剖切后向下看，即可得出一个全新的剖面图。

图9-1（b）：剖面图与立面图的位置应纵向对齐，便于识读。

（2）在大型设计项目中，尤其是针对多层建筑，剖切面应通过门窗洞的位置，选择在楼梯间或层高不同、层数不同的部位，剖面图的图名应与平面图上所标注剖切符号的编号一致。

9.1.2 大样图和构造节点图

1. 大样图

大样图是指针对某一特定图纸区域，进行特殊性放大标注，能较详细地表示局部形体结构的图纸。大样图适用于绘制某些形状特殊、开孔或连接较复杂的零件或节点，在常规平面图、立面图、剖面图或构造节点图中不便表达清楚时，就需要单独绘制大样图，它与构造节点图一样，需要在图纸中标明相关图号，方便读图者查找（图9-2）。

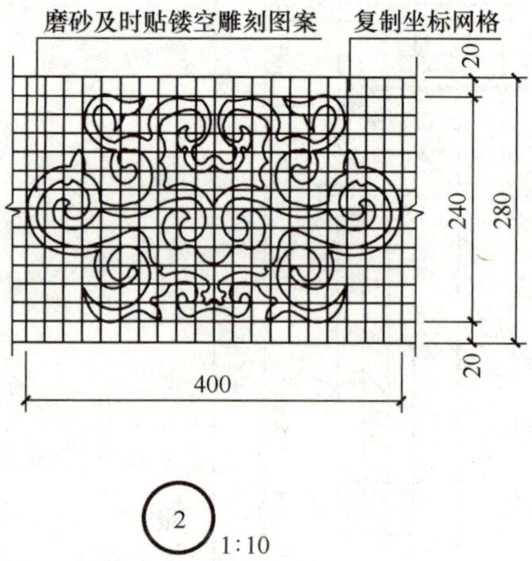

图9-2 玻璃隔断大样图

图9-2：雕刻造型复杂的图案，需要精准定位，坐标网格能清晰表现出图案的形体结构，适用于等比例放大雕刻。

2. 构造节点图

构造节点图是用来表现复杂设计构造的详细图样，又称为详图，它可以是常规平面图、立面图中复杂构造的直接放大图样，也可以是将某构造经过剖切后局部放大的图样，这类图纸一般用于表现设计施工要点，针对复杂的设计构造专项绘制，也可以在国家标准图集、图库中查阅并引用。绘制构造节点图需要在图纸中标明相关图号，方便读图者查找（图9-3）。

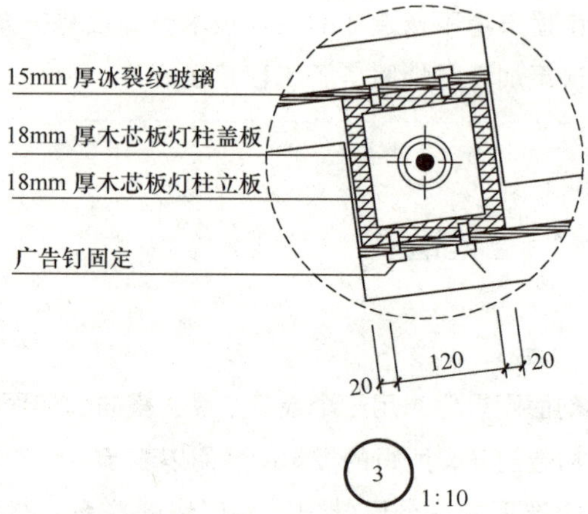

图9-3 玻璃隔断构造节点图

图9-3：经过剖切和放大之后的图能清晰观察设计构造，放大的程度根据图纸幅面与构造复杂程度来定，要求能清晰表现内部细节，如材料、尺寸、文字标注等，详图的编号要与立面图的编号一致，在一套施工图中，详图的编号一般为流水号，顺序编排即可。

9.1.3 相关联系

在环境艺术设计图中，剖面图是常规平面图、立面图中不可见面域的表现，绘制方法、识读要点都与平面图、立面图基本一致。构造节点图则是对深入设计、施工的局部细节强化表现，重点在于表明构造间的逻辑关系，而大样图特指将某一局部单独放大，重点在于标注精确的尺寸数据。

绘制构造详图需要结合预先绘制的平面图与立面图，查找剖面图和构造节点图的来源，辨明与之相对应的剖切符号或节点编号，确认其剖切部位和剖切投影方向。

在复杂设计中，要求熟悉图中所要求的预埋件、后置埋件、紧固件、连接件、黏结材料、衬垫和填充材料，以及防腐、防潮、补强、密封、嵌条等工艺措施规定，明确构配件、零辅件及各种材料的品种、规格和数量，准确地用于施工准备和施工操作。

剖面图和构造节点图涉及重要的隐蔽工程及功

能性处理措施，必须严格照图施工，明确责任，不得随意更改。绘大样图、剖面图和构造节点图主要是表明构造层次、造型方式、材料组成、连接件运用等方式方法，并提出必须采用的构、配件及其详细尺寸、加工装配、工艺做法和施工要求。表明不同构造层以及各构造层之间、饰面与饰面之间的结合或拼接方式，表明收边、封口、盖缝、嵌条等工艺的详细做法和尺寸要求等细节。

9.2 剖面图

大多数剖面图都用于表现平面图或立面图中的不可见构造，要求使用粗实线清晰绘制出剖切部位的投影，在建筑设计图中需标注轴线、轴线编号、轴线尺寸。

9.2.1 设计要求

剖切部位的楼板、梁、墙体等结构部分应该按照原有图纸或实际情况测量绘制，并标注地面、顶棚标高和各层层高。剖面图中的可视内容应该按照平面图和立面图中的内容绘制，标注定位尺寸，注写材料名称和制作工艺。

绘制剖面图要特别注意剖面图在平面图或立面图中剖切符号的方向，并在剖面图下方注明该剖面图图名和比例。

9.2.2 绘图与识读步骤

这里以某停车位的设计方案为例，讲解其中剖面图的绘制与识读步骤。

（1）根据设计绘制出停车位的平面图，该平面图也可以从总平面图或建筑设计图中节选一部分，在图面中对具体尺寸作重新标注，检查核对后即可在适当部位标注剖切符号。

（2）绘制剖切符号的具体位置要根据施工要求来定，一般选择构造最复杂或最具有代表性的部位，该方案中的剖切符号定在停车位中央，作纵向剖切并向右侧观察，这样更具有代表性，能够清晰反映出地面铺装构造（图 9–4）。

（3）绘制剖切形态，根据剖切符号的标示绘制

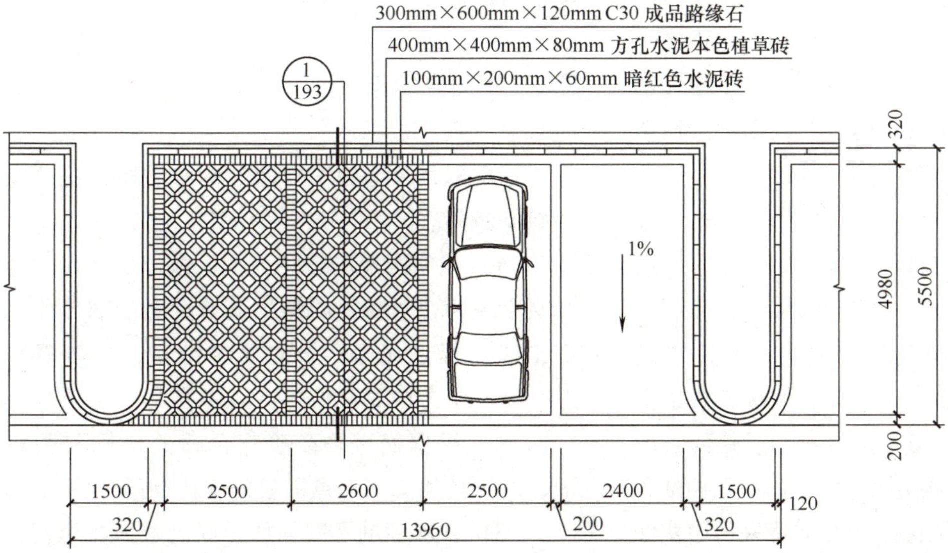

图 9–4：平面图是绘制详图的基础，详图能表现出平面图中无法直观看到的部分。

图 9–4　停车位平面图

剖切轮廓，以及轮廓内的各种构造，绘制时应该按施工工序绘制，如从下向上、由里向外等，目的在于分清绘制层次和图面的逻辑关系，然后分别进行材料填充，区分不同构造和材料。

(4) 最后标注尺寸和文字说明。剖面图绘制完成后要重新检查一遍，避免在构造上出现错误。此外，要注意剖面图与平面图之间的关系，图纸中的构图组合要保持均衡、间距适当（图9-5）。

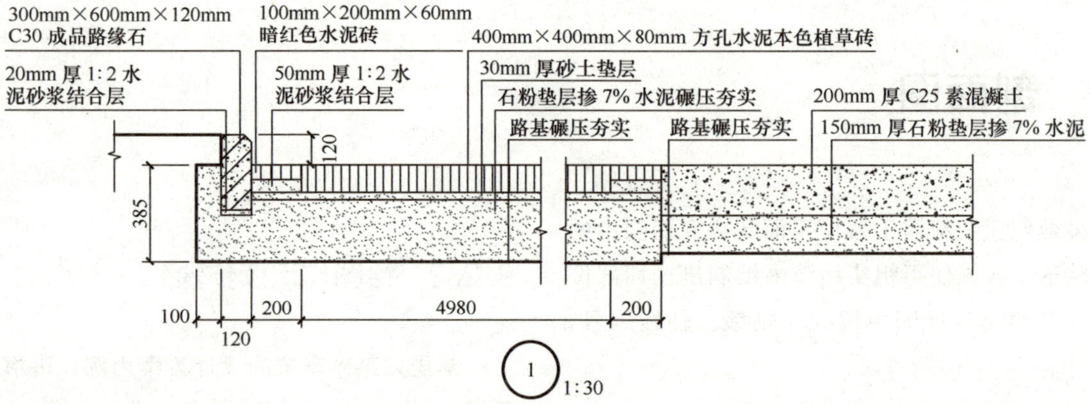

图 9-5　停车位剖面图

图 9-5：当材料需要标注的文字较多时，应当考虑放大该详图的比例，由平面图中的 1：150 放大为 1：30，这样就有更大空间能输入更多材料构造文字。

9.3　构造节点图

构造节点图是环境艺术设计图中最微观的图样，在大多数情况下，它是剖面图与大样图的结合体。构造节点图一般要将设计对象的局部放大后详细表现，它相对于普通剖面图而言，比例会更大些，以表现局部为主，当原始平面图、立面图和剖面图的投影方向不能完整表现构造时，需对该构造作必要剖切，并绘制引出符号。

9.3.1　设计要求

绘制构造节点图时需详细标注尺寸和文字说明，如果构造烦琐，尺寸多样，可以不断扩大该图的比例，甚至达到 2：1、5：1、10：1，最终目的是将局部构造说明清楚。构造节点图中的地面构造和主要剖切轮廓采用粗实线绘制，其他轮廓采用中实线绘制，而标注和内部材料填充均采用细实线。

构造节点图的绘制对象主要有各类设计构造、家具、门窗、楼地面、小品与陈设等，任何设计细节都可以通过不同形式的构造节点图来表现。

9.3.2　绘图与识读步骤

这里以某围墙的正立面为例来讲解构造节点图的绘制步骤。

(1) 绘制围墙的正立面图，做好必要尺寸标注和文字说明，对需要绘制构造节点图的部位作剖切引出线并标注图号，针对复杂结构，一般需要从纵、横两个方向对该处构造剖切放大（图 9-6）。

(2) 根据表现需要确定合适的比例和图纸幅面，同一处构造的节点图最好安排在同一图面中。

(3) 依次绘制不同剖切方向的放大投影图，一般先绘制大比例图样，再绘制小比例图样。

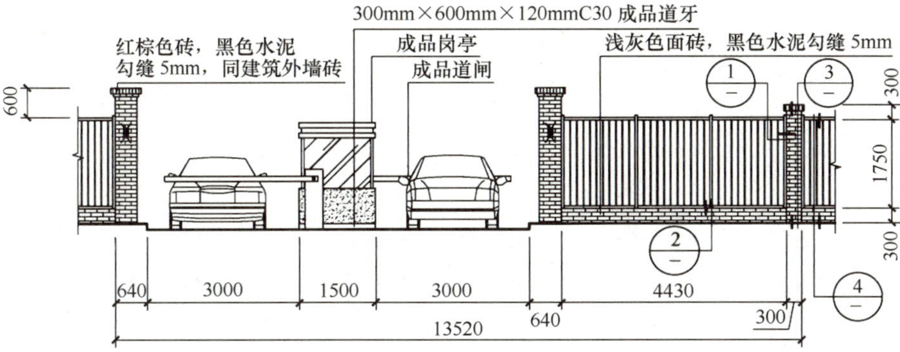

图 9-6　围墙正立面图

图 9-6：立面图中仅绘制大体形态，把握好整体构造的空间尺寸与功能，更多细节需要通过剖切引出编号，在详图中表现。

（4）单个图样的绘制顺序一般从下向上，或从内向外，根据制作工序来绘制，不能有所遗漏，由于图样复杂，可以边绘制边标注尺寸和文字说明。

（5）当全部图样绘制完成后再作细致的检查，纠正错误，最后标注图名、图号和比例等图纸信息（图 9-7）。

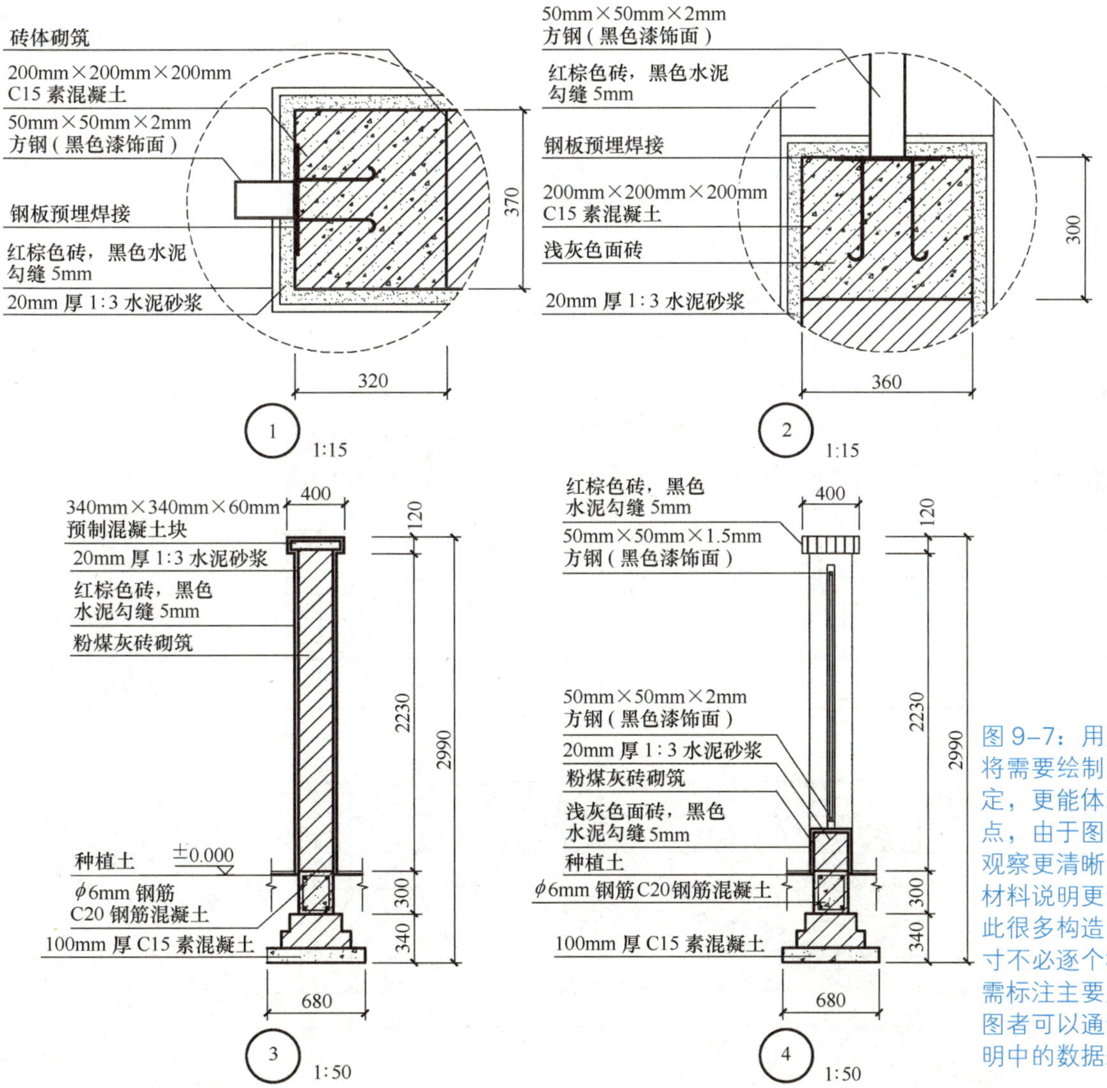

图 9-7：用虚线圆圈将需要绘制的节点锁定，更能体现设计重点，由于图形放大，观察更清晰，标注的材料说明更详细，因此很多构造的局部尺寸不必逐个标注，只需标注主要尺寸，读图者可以通过文字说明中的数据来理解。

图 9-7　围墙节点详图构造

9.4 大样图

大样图与构造节点图不同，它主要针对平面图、立面图、剖面图或构造节点图的局部图形作单一性放大，表现目的是该图样的形态和尺寸，而对构造不做深入绘制，适用于表现设计项目中的某种图样或预制品构件，将其放大后一般还需套用坐标网格对形体和尺寸作精确定位。

9.4.1 设计要求

绘制剖面图、构造节点图和大样图需要了解相关的施工工艺，这类图样最终仍为施工服务，设计者的思维必须清晰无误，绘图过程实际上是施工预演过程，绘制时要反复检查结构，核对数据，将所绘制的图样熟记在心。可以建立属于设计者个人的图集、图库，在日后的学习、工作中也就无需再重复绘图，能大幅度提高制图效率。

9.4.2 绘图与识读步骤

这里以某围墙上的铜质栏板的大样图为例，讲解大样图的绘制与识读。

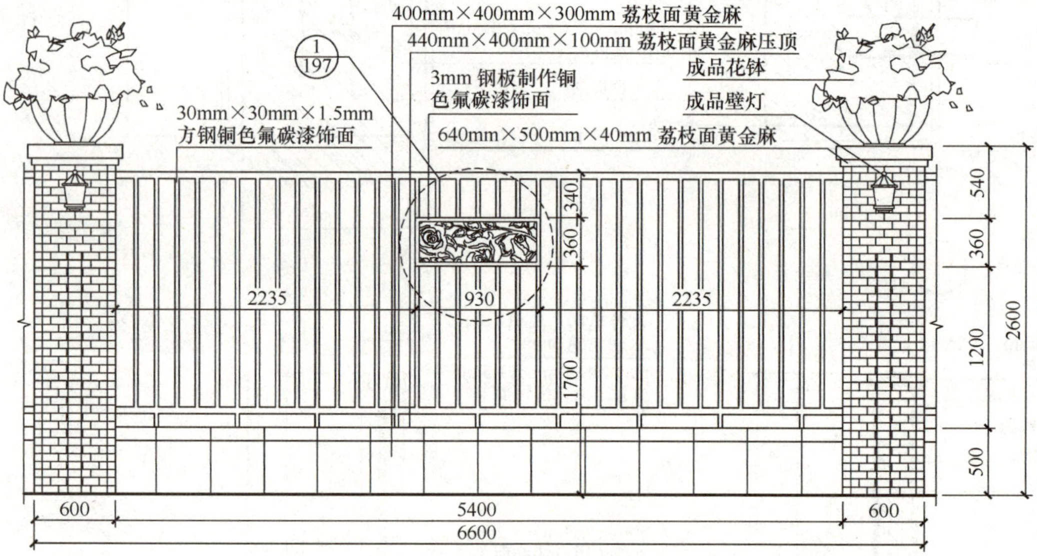

图 9-8 围墙立面图

图 9-8：立面图尽量放大，能将全部构造或单元构造完整地表现出来。标注详细的尺寸数据与材料工艺文字说明，从中引出需要进一步设计的局部构造。

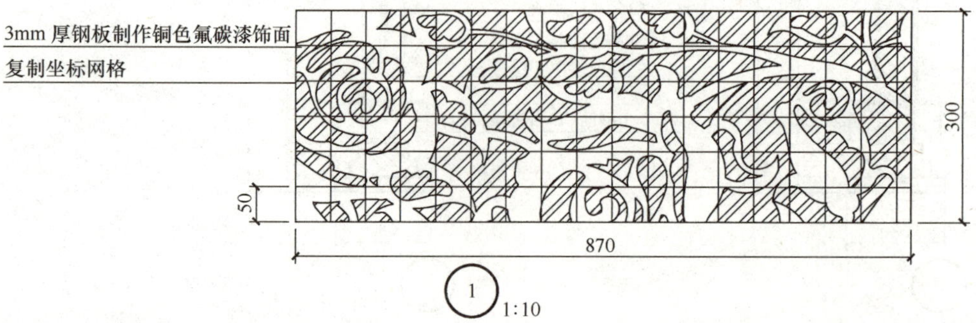

图 9-9 围墙栏板局部大样图

图 9-9：大样图中的镂空图形采用阴影状斜线填充表示，坐标网格的整体尺寸与单位尺寸都要精确标注。

（1）大样图的绘制方法比较简单，只需将原图样放大绘制即可。在手绘制图中，原图样也可以保留空白，直接在大样图中绘制明确（图9-8）。

（2）如果大样图中曲线繁多，还需绘制坐标网格，每个单元的尺寸宜为1、5、10、20、50、100等整数，方便缩放。

（3）大样图中的主要形体采用中实线绘制，坐标网格采用细实线绘制，大样图绘制完成后仍需标注引出符号，但是对表述构造的文字说明不作要求（图9-9）。

9.5　楼梯构造详图

楼梯构造跨越楼层，空间概念较复杂，需要对设计空间有深刻认知。楼梯构造详图是楼梯设计、施工的重要媒介，从楼梯平面图开始，对楼梯台阶进行剖切，表现出楼梯台阶的材料组合。

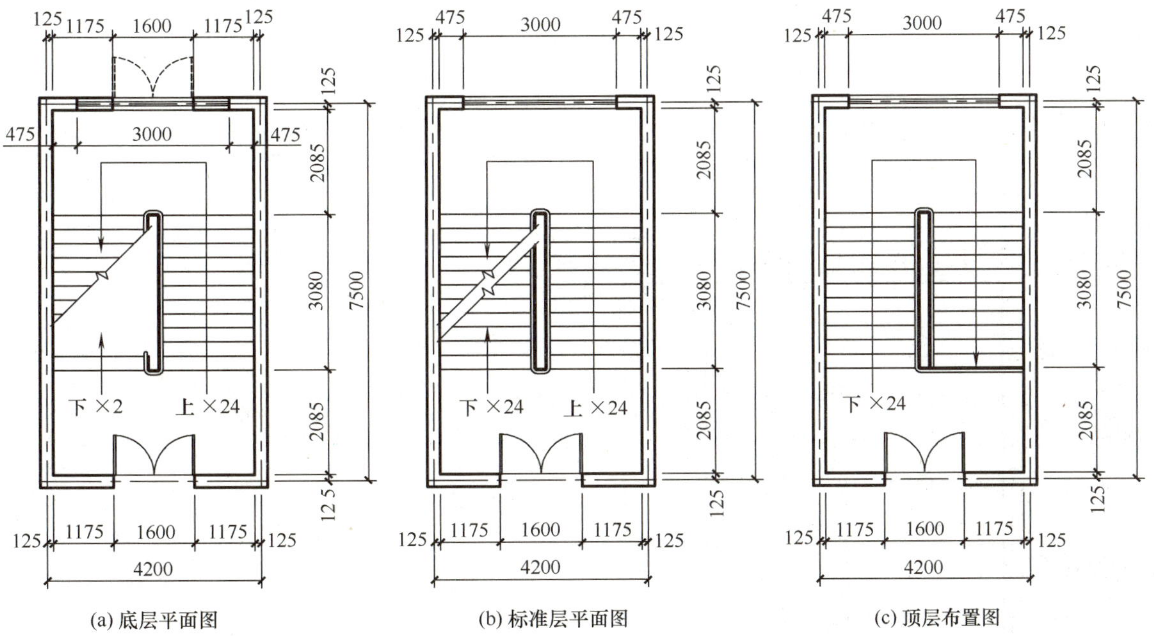

图9-10　教学楼楼梯平面图

图9-10（a）：楼梯底层平面图主体台阶从右侧步行向上，共经过24个台阶可到达二楼，指示箭头方向标识明确。左侧有2级台阶可继续向下，通过楼梯构造下部空间到达楼梯间后门。

图9-10（b）：标准层是承上启下的楼层，这些楼层的楼梯平面布局基本相同，从该层进入楼梯间后从右侧步行向上，共经过24个台阶可到达上一层楼。同样，从左侧步行向下，共经过24个台阶可到达下一层楼。两个方向箭头即将接触时，用折断线标识错位断开。

图9-10（c）：顶层无继续向上的楼梯，此处需要绘制栏杆标识终止。从左侧步行向下，共经过24个台阶可到达下一层楼。

9.5.1 楼梯构造详图识读

楼梯构造详图的识读从平面图开始，分析楼梯上、下走向。在多层建筑中，每层楼的楼梯平面图是不同的，主要分为底层、标准层、顶层三种，其中标准层是建筑中大部分楼层的统一形式（图9-10）。

（1）底层平面图中的楼梯有向上和向下两种方向，需要在原底层平面图的基础上增加高度标注，在平面图中要明确楼梯的高度空间。同时要增加剖切符号，对楼梯主要断面进行剖切，形成直观的空间形体（图9-11）。

（2）根据剖切符号绘制楼梯两个方向的剖面图（图9-12）。并对剖切后的局部构造放大，绘制出构造详图（图9-13）。

9.5.2 直形楼梯

直形楼梯的台阶延伸为直线形，这里将图9-10中的底层平面图放大，继续介绍直形楼梯构造详图。

9.5.3 旋转楼梯

旋转楼梯适用于面积较小的空间，多用作两层楼板之间的连通构造，设计好进入方向与角度，精确计算楼梯台阶步数与高度（图9-14）。

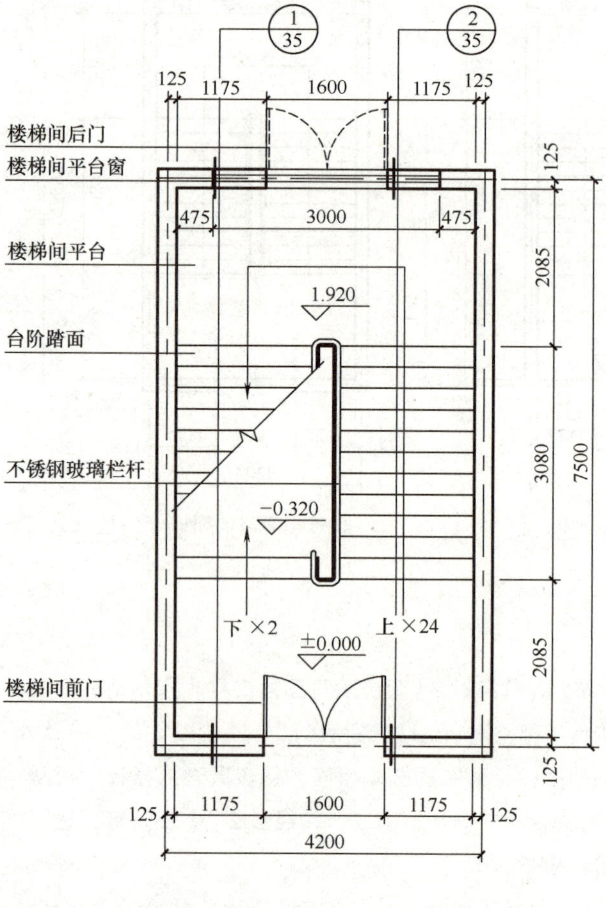

图9-11：将底层平面图放大后补充材料说明，绘制剖切引出线与符号。剖切部位要能完全反映楼梯全貌结构。

图9-11 教学楼楼梯底层平面图

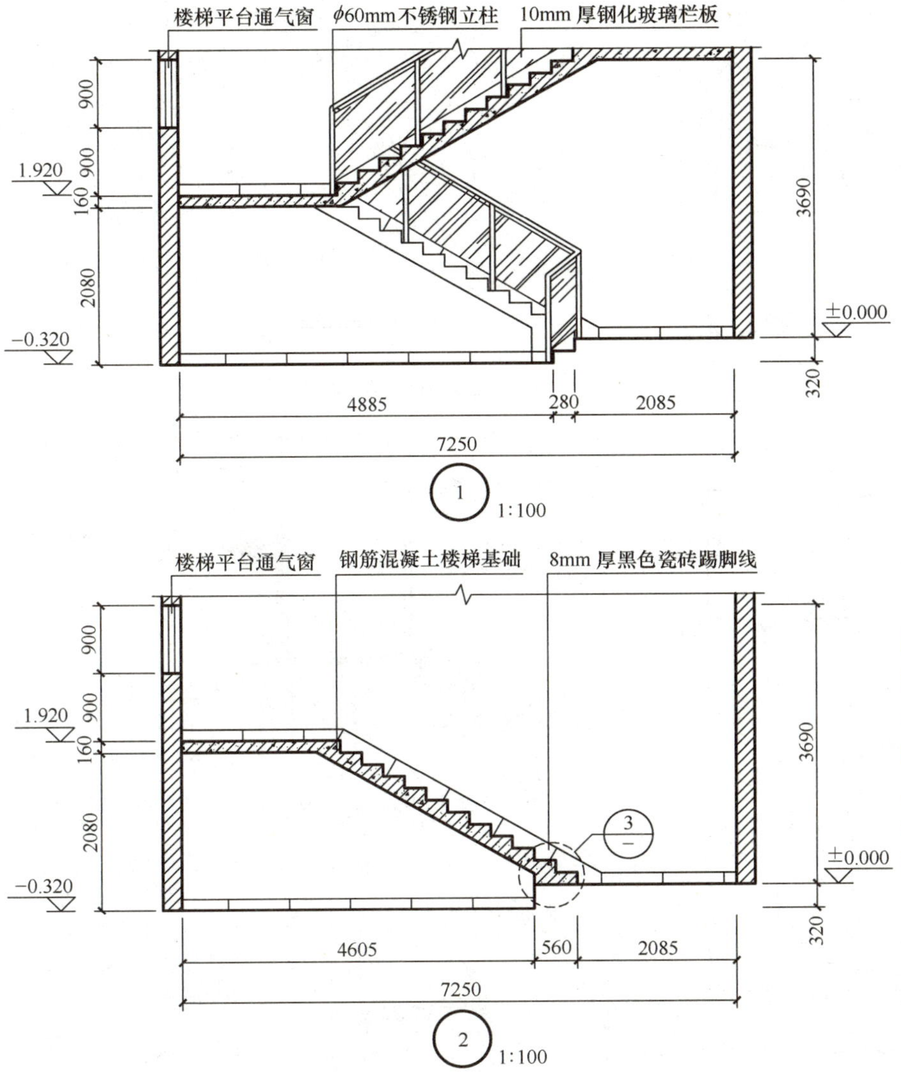

图 9-12　教学楼楼梯底层剖面图

图 9-12：经过剖切后的楼梯构造图能清晰表现出台阶高度、宽度，附带栏板、踢脚线、平台窗等构造。标注尺寸数据、标高数据、主要材料说明。对局部构造引出详图，进行下一步设计。

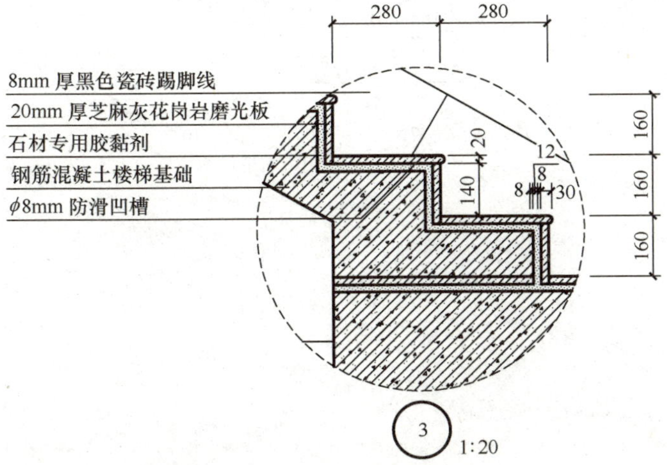

图 9-13　教学楼楼梯构造详图

图 9-13：对楼梯台阶局部构造放大绘制，清晰绘制出台阶表面铺贴的石材与胶黏剂厚度。进一步标注细节尺寸数据。

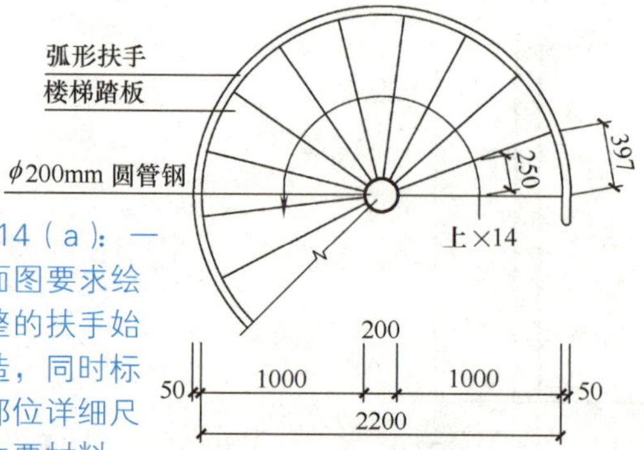

(a) 一层平面图

图 9-14（a）：一层平面图要求绘制完整的扶手始端构造，同时标注各部位详细尺寸与主要材料。

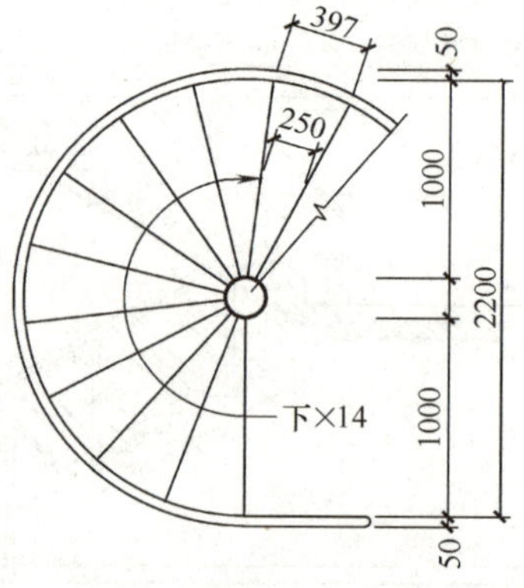

(b) 二层平面图

图 9-14（b）：二层平面图要求绘制完整的扶手末端构造，同时标注各部位详细尺寸。

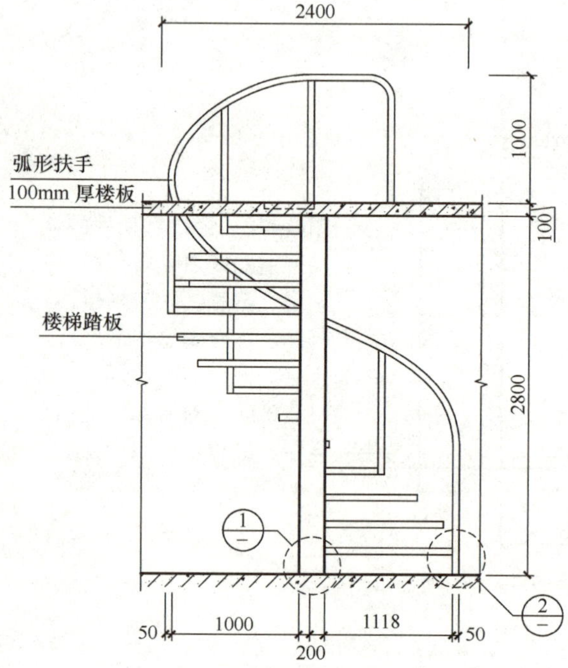

(c) 主立面图

图 9-14（c）：主立面图中台阶构造尺寸需要在平面图中引出对齐，因此主立面图与一层平面图保持纵向对齐，清晰表现出楼板与台阶、扶手之间的穿插关系。

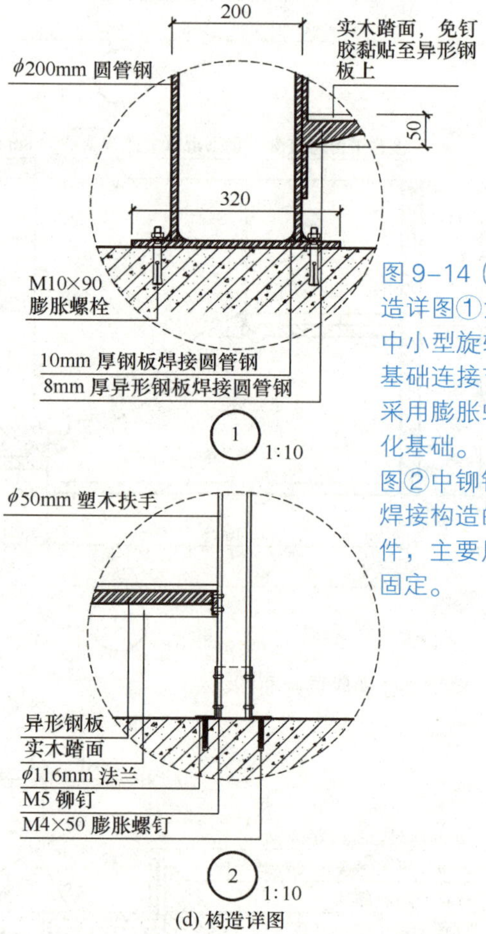

(d) 构造详图

图 9-14（d）：构造详图①为钢结构中小型旋转楼梯与基础连接节点构造，采用膨胀螺栓来强化基础。图②中铆钉是辅助焊接构造的重要构件，主要用于构造固定。

图 9-14　旋转楼梯构造详图

9.6　构造详图案例

为了强化训练，下面列举一批室内外优秀图纸作为参考（图 9-15~图 9-20）。

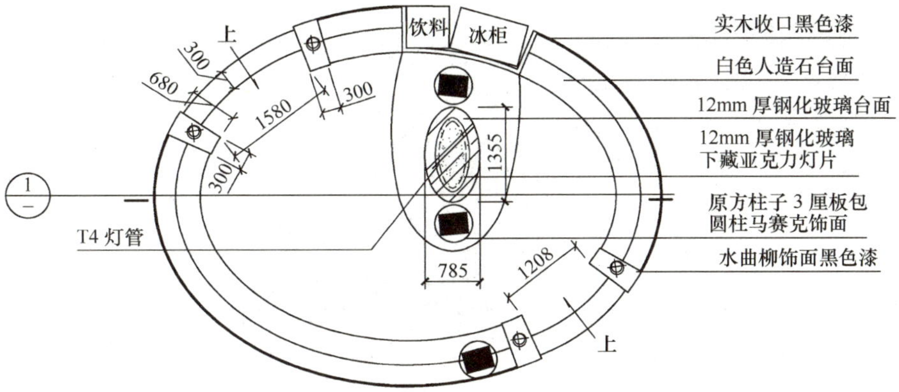

(a) 平面图

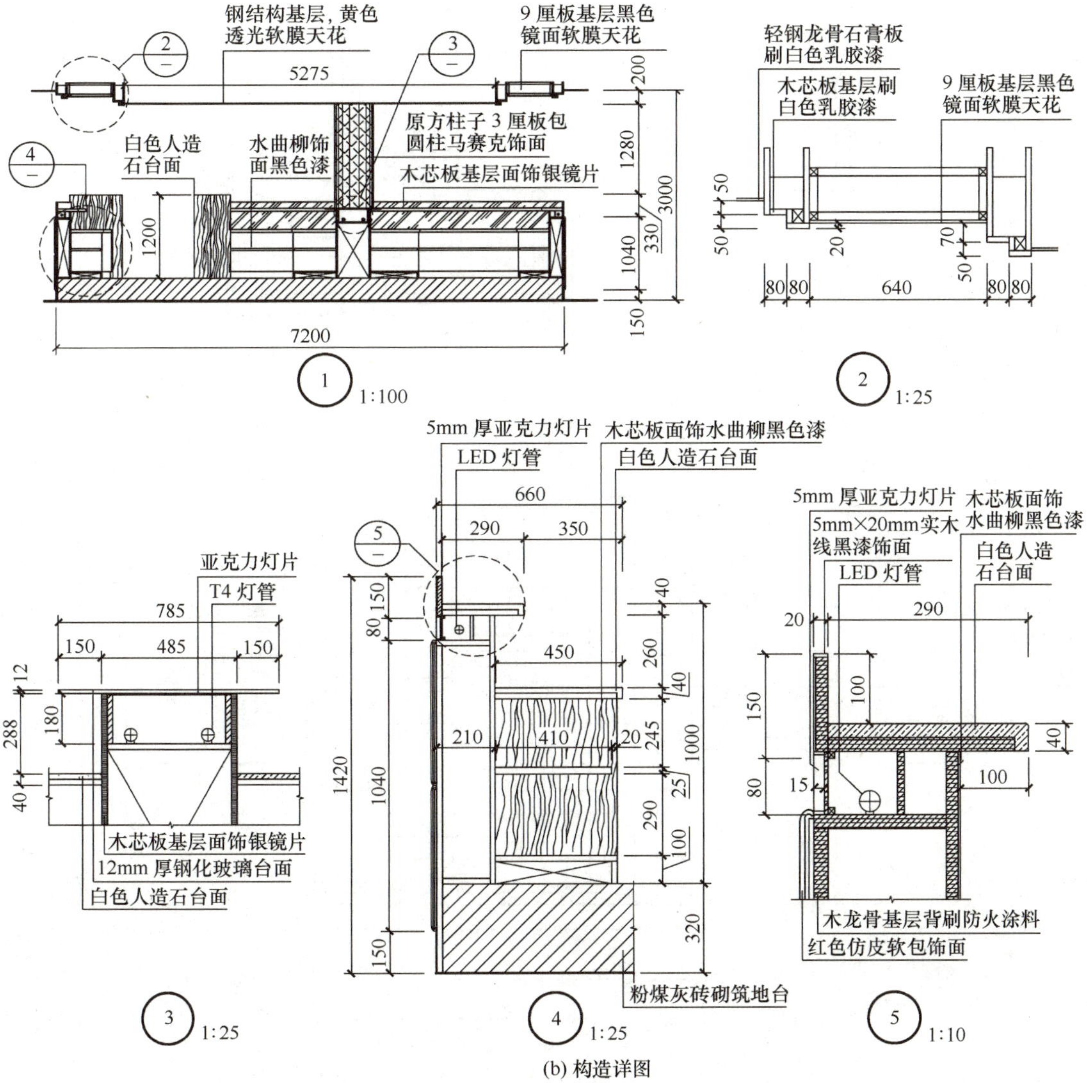

(b) 构造详图

图 9-15　自助餐台平面图与构造详图

图 9-15（a）：自主餐台由吊顶、立柱、台柜、地台等构造组合而成。先绘制平面图，清晰表达设计造型的位置关系。

图 9-15（b）：主要剖面图均来源于平面图，继续在剖面图上引出放大的构造详图，逐步深入，全面表述构造详图设计内容，强调材料工艺文字说明与尺寸标注。对于丰富的材料应选用多种填充图案来区分。

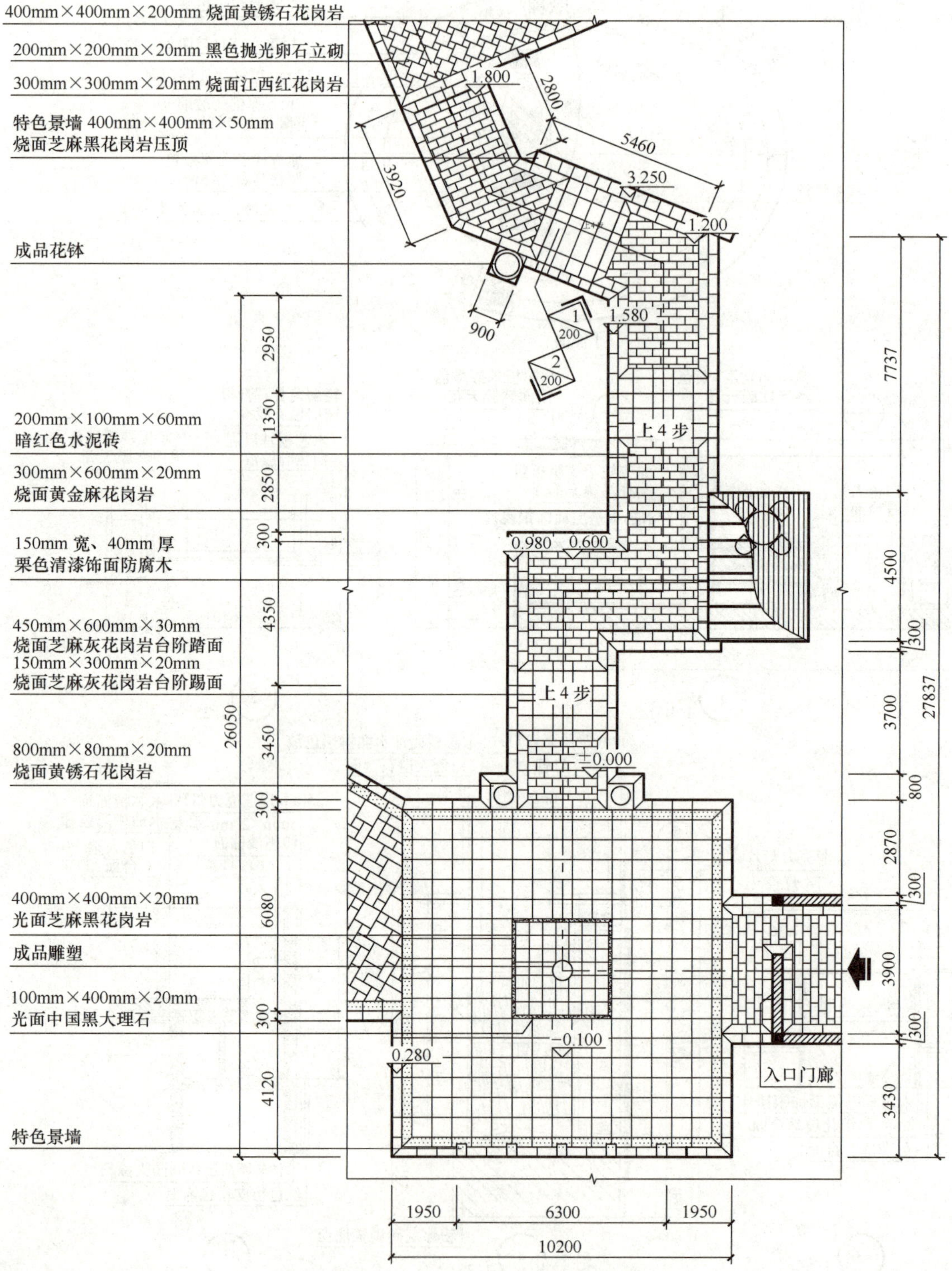

(a) 地面铺装图

图 9-16　景观地面铺装图与构造详图

图 9-16（a）：地面铺装图是平面布置图的升级，当地面无明显移动构造或家具时，可以将平面图铺装地面材料，能清晰表现出地面材料与构造的关系，标注出地面高度、台阶数量、尺寸数据、材料工艺文字说明等。绘制立面索引符号，为下一步绘制立面图与构造详图打好基础。

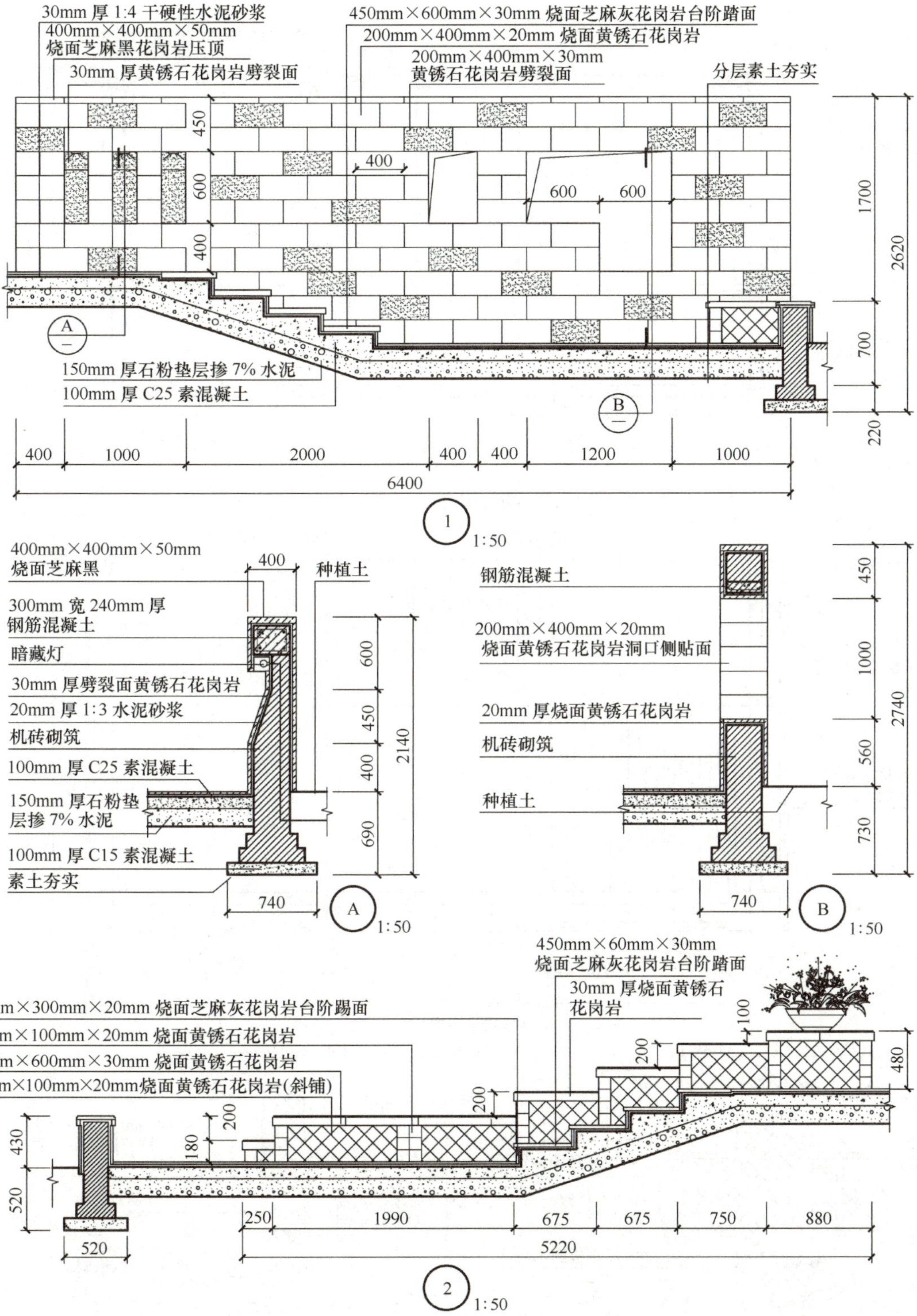

(b) 构造详图

图 9-16　景观地面铺装图与构造详图（续）

图 9-16（b）：先绘制出立面图，再在立面图基础上继续绘制剖面图，详细表现矮墙造型的构造细节，标注完整的文字说明与尺寸数据。

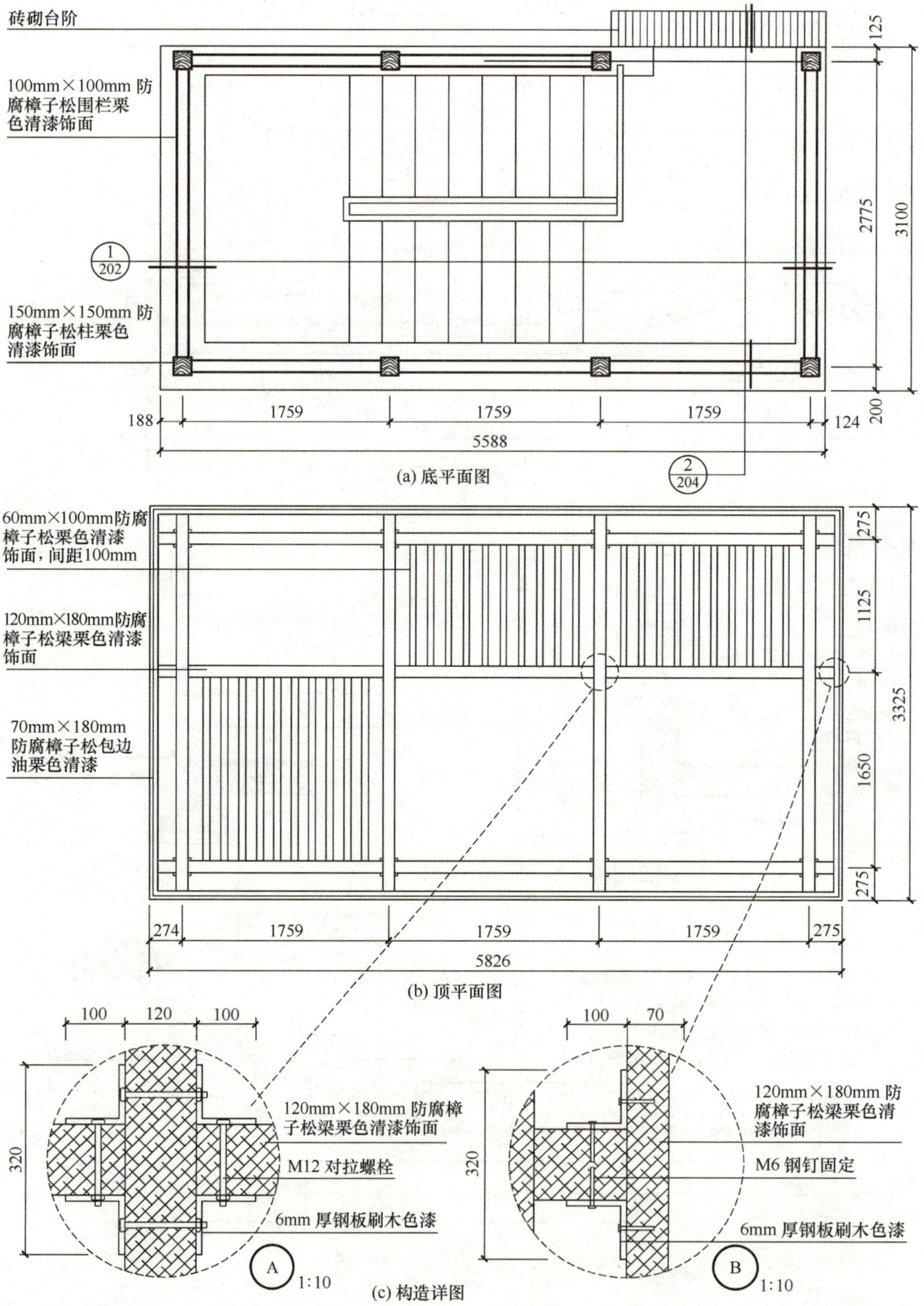

图 9-17　地下通道出入口雨篷平面图与构造详图

图 9-17（a）：底平面图主要表现揭开顶部构造后的地面与楼梯形态，明确地面与楼梯的位置关系。

图 9-17（b）：顶平面图用于表现顶部构造的形态，反映顶面材料与结构形体。

图 9-17（c）：构造详图取至于顶平面图中的复杂结构，细致表现这些结构的连接工艺与材料名称。

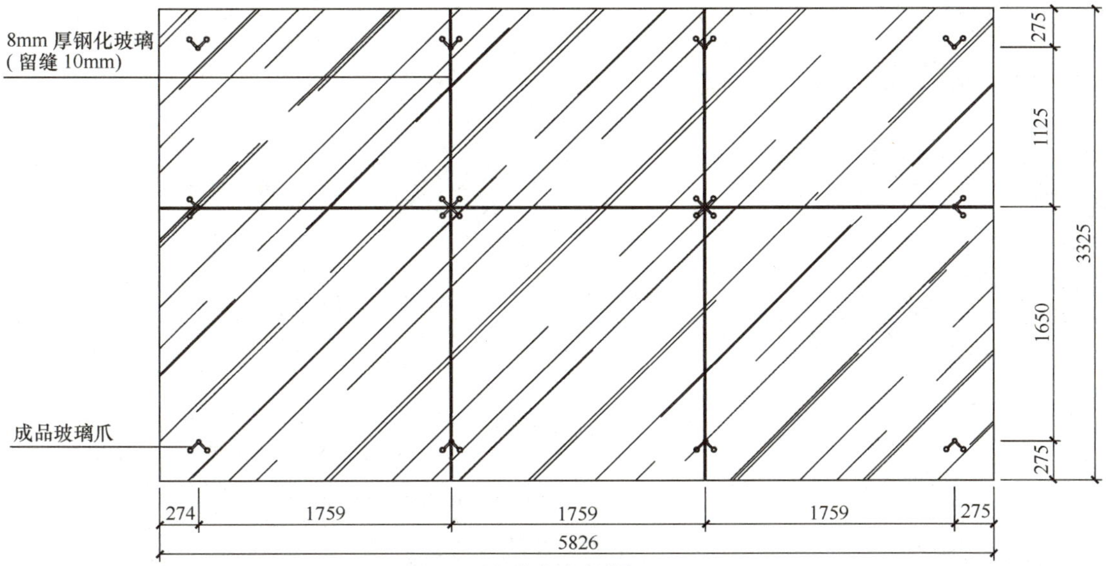

(d) 玻璃顶平面图

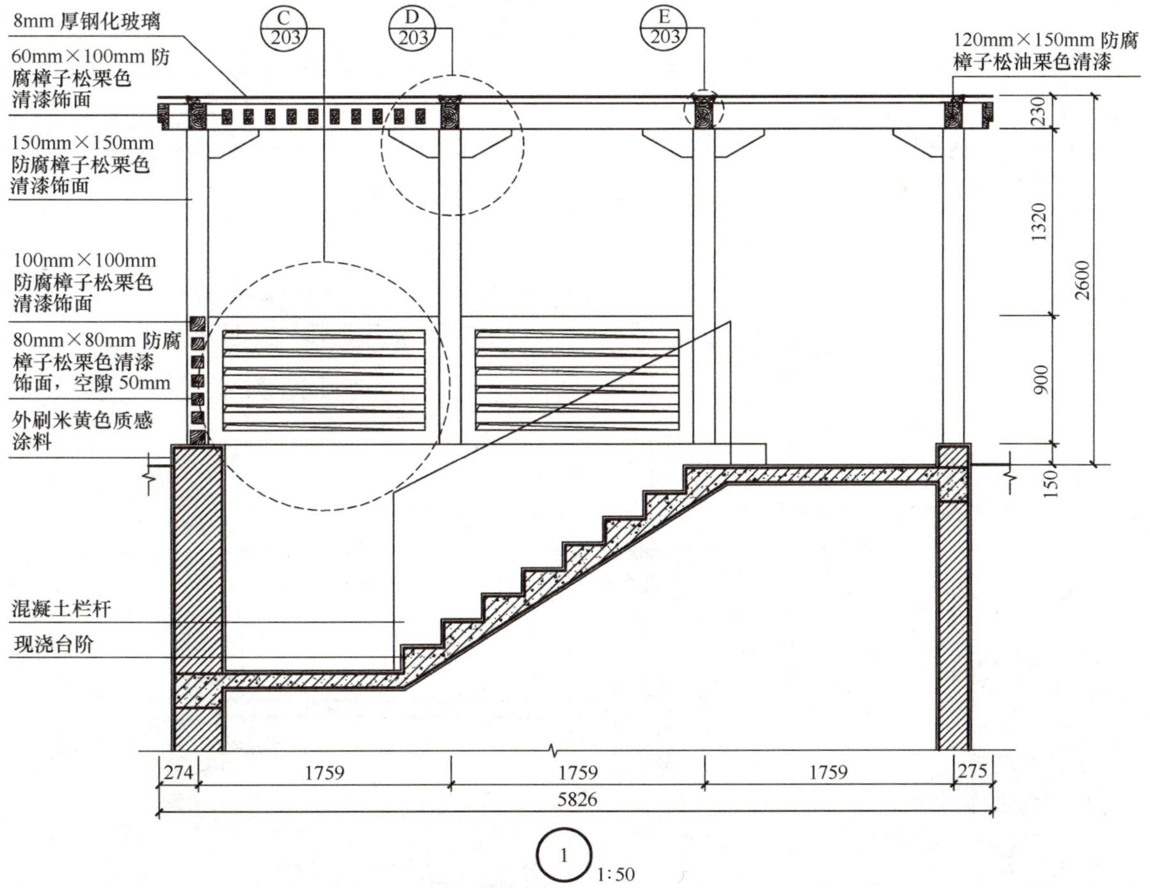

(e) 剖面图

图 9-17　地下通道出入口雨篷平面图与构造详图（续）

图 9-17（d）：玻璃顶平面图主要表现玻璃构造的尺寸与拼接造型。

图 9-17（e）：剖面图是在底平面中进行横向剖切所获得的立面剖切图样，能清晰表现出楼梯、栏板、顶棚、墙体等结构。

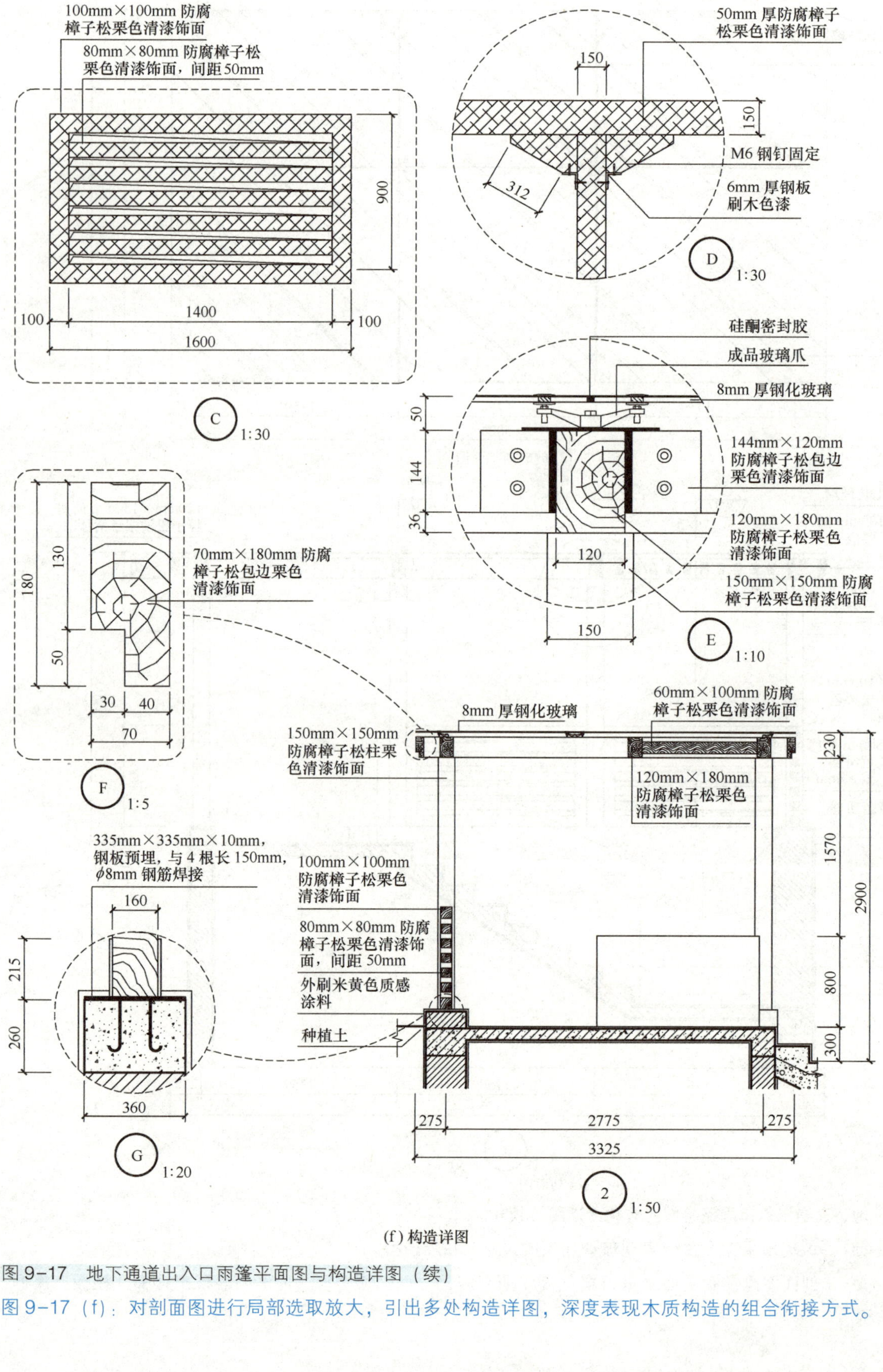

(f) 构造详图

图 9-17　地下通道出入口雨篷平面图与构造详图（续）

图 9-17（f）：对剖面图进行局部选取放大，引出多处构造详图，深度表现木质构造的组合衔接方式。

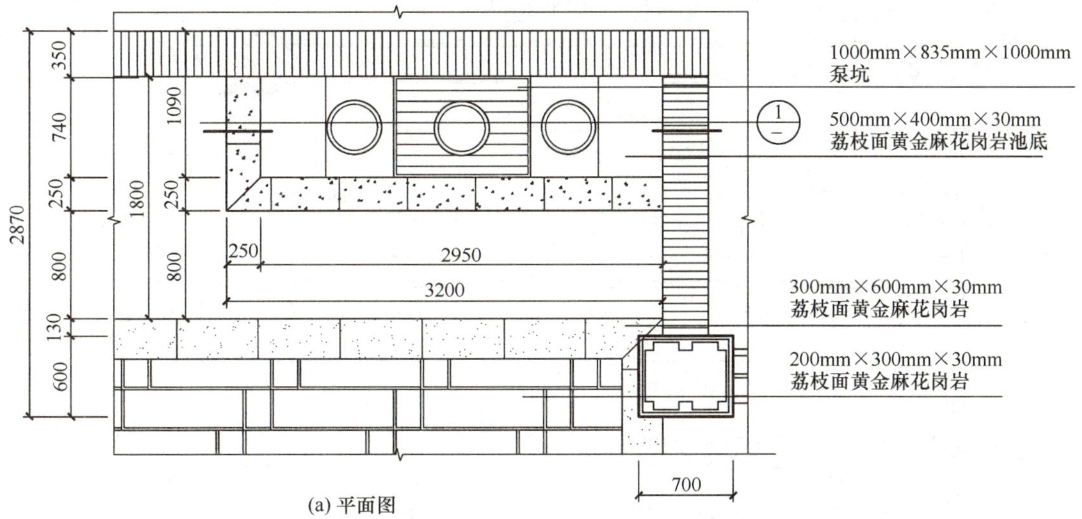

(a) 平面图

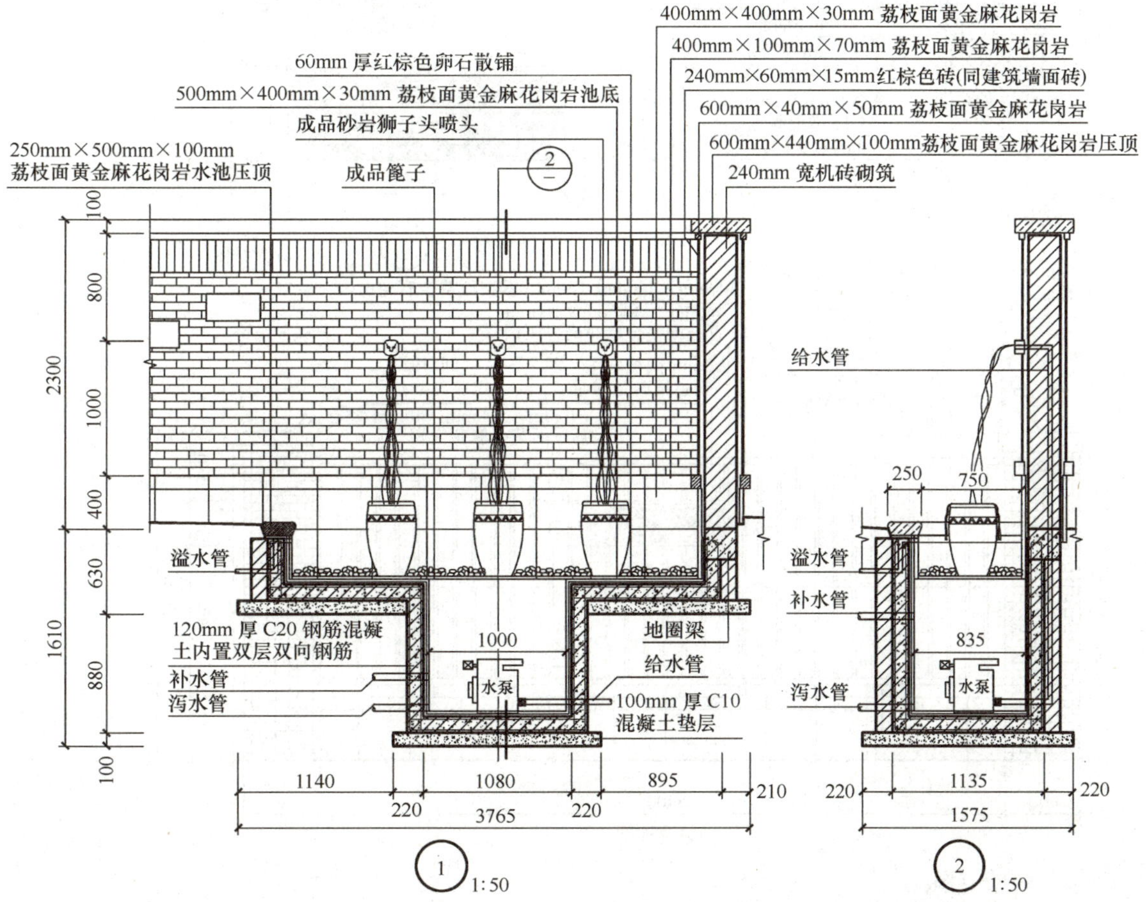

(b) 喷泉构造详图

图 9-18　喷泉平面图与构造详图

图 9-18（a）：喷泉景观构造处于庭院一角，绘制平面图应取重要的局部来绘制，强化表现地面材料铺装。

图 9-18（b）：经过剖切后能看到喷泉景观的全貌，表现出地面水池基础、设备摆放位置、管道连通方向等细节。

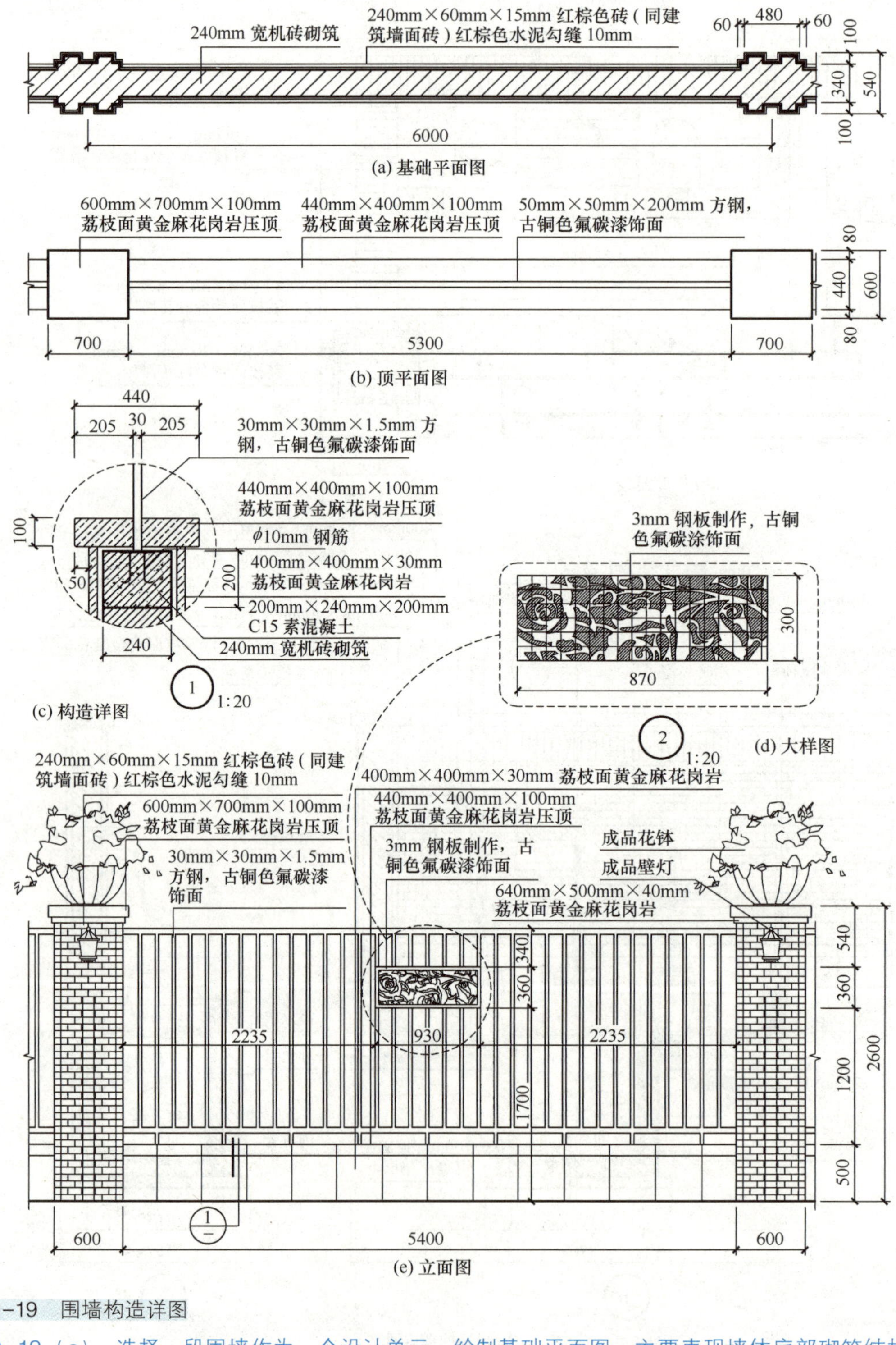

图 9-19　围墙构造详图

图 9-19（a）：选择一段围墙作为一个设计单元，绘制基础平面图，主要表现墙体底部砌筑结构与尺寸。

图 9-19（b）：顶平面图主要表现墙体的外部轮廓结构与尺寸。

图 9-19（c）：构造详图取自墙体下部与精算栏板之间的衔接构造，清晰表现出材料名称与尺寸。

图 9-19（d）：大样图取自立面图中的雕刻钢板造型，将其放大绘制，表现其中的花型图案。

图 9-19（e）：立面图与基础平面图、顶平面图纵向对齐，清晰表现围墙立面构造与尺寸。

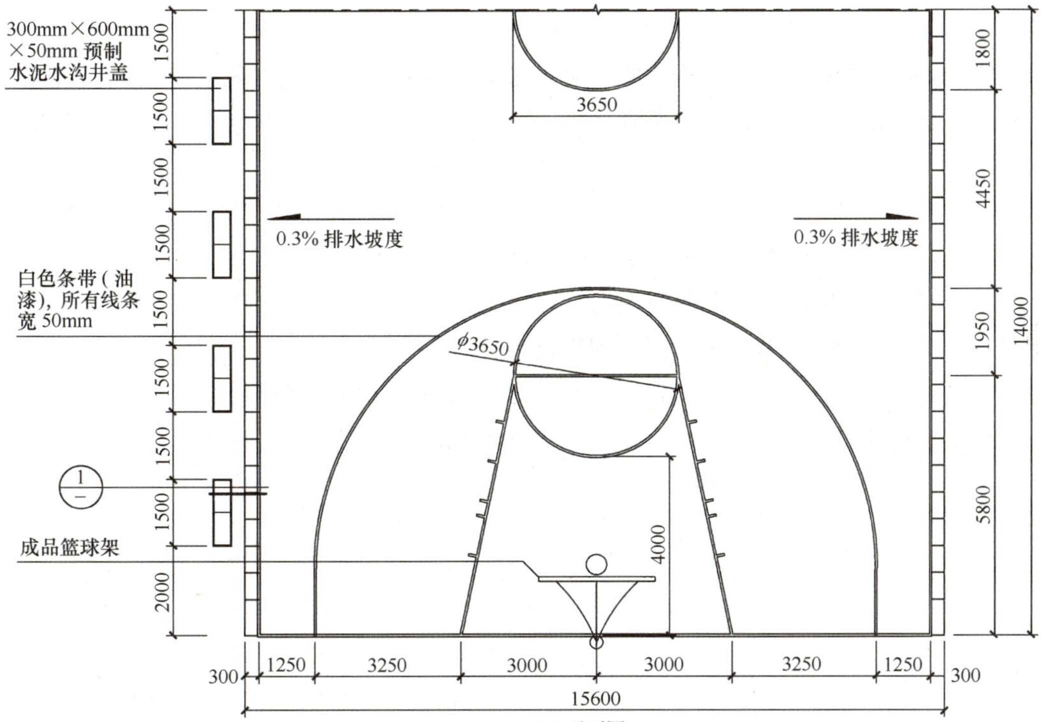

(a) 平面图

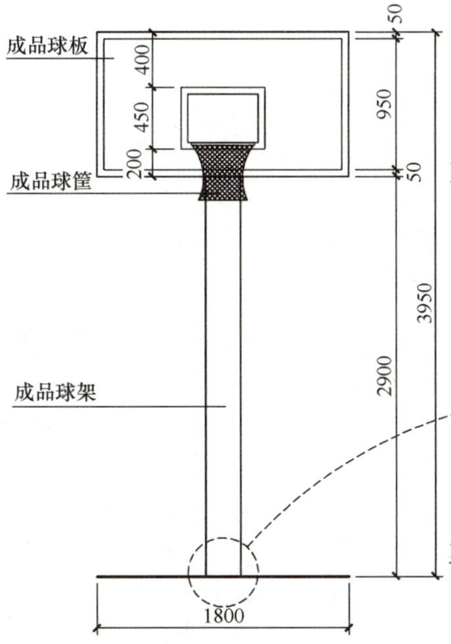

(b) 篮板立面图

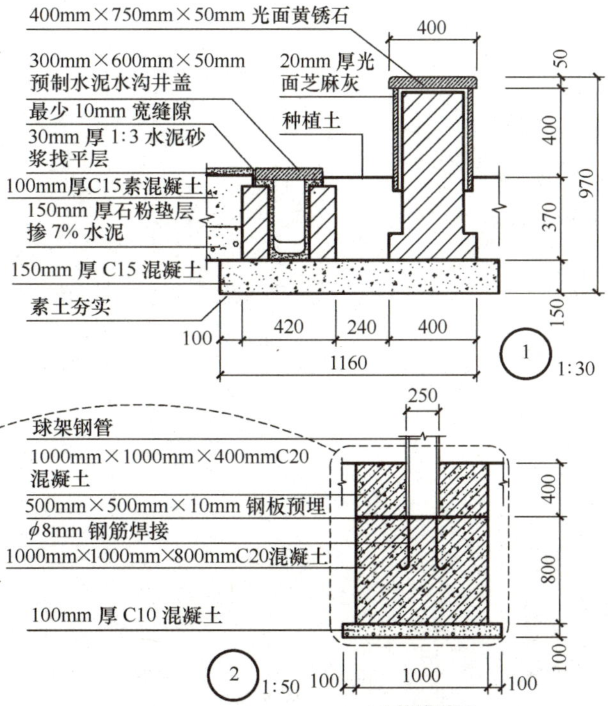

(c) 构造详图

图 9-20　篮球场构造详图

图 9-20（a）：由于篮球场面积较大且为对称构造，可用点划线与折断线省略一半，节省图面空间。

图 9-20（b）：从平面图中引出篮板立面图，表现篮板造型并标注详细尺寸。

图 9-20（c）：构造详图主要取自篮球场周边坐凳与排水沟、篮板基础，细致表现出这些构造的基础施工造型。

本章小结

在绘制构造详图之前必须了解空间内哪些区域需要绘制构造详图，一般内墙节点、楼梯、厨房、卫生间等局部平面，是需要单独绘制构造详图的。此外，特殊的门、窗等也是需要绘制构造详图的，这一点需了解。

课后练习

1. 什么是构造详图？构造详图包括哪些细分图纸？
2. 剖面图的剖切符号方向该怎样设定？
3. 大样图与构造节点图有哪些异同？
4. 参考图 9-7，A4 幅面中摹绘钢筋与混凝土的填充图样。
5. 考察一处花园凉亭，绘制其中两个局部构造详图。

第 10 章
轴测图

识读难度：★★★★☆
核心概念：轴测图、空间、纵深

章节导读：

将物体长、宽、高三个方向在一个投影面上同时反映出的图样称为轴测图。轴测图接近人的视觉习惯，它形象逼真，且富有立体感。在环境艺术设计图中，轴测图是一种重要的辅助图样，利用轴测投影的方式画出来，一般不能反映出物体多表面的实形，所以轴测图并不能确切地反映物体真实的形状和大小。

10.1 轴测图基础

轴测图是指用平行投影法将物体连同确定该物体的直角坐标系一起，沿不平行于任一坐标平面的方向投射到一个投影面上所得到的图形，它能反映出形体的立体形状，还能反映出形体长、宽、高三个方向的尺度，因此是一种较为简单的立体图（图 10-1～图 10-3）。

10.1.1 轴测图特性

1. 单面且平行

轴测图是用平行投影法进行投影所形成的一种单面投影图，它仍然具有平行投影的所有特性，形体上互相平行的线段或平面，在轴测图中仍然互相平行。

2. 线段平行且可测量

在形体上平行于空间坐标轴的线段，在轴测图

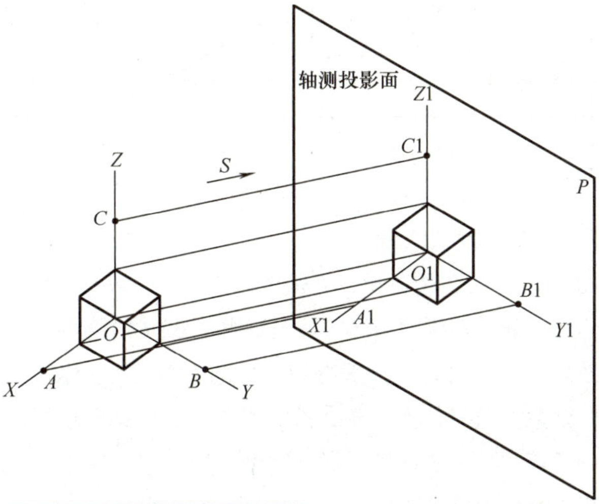

图 10-1　轴测投影图的形成

图 10-1：轴测投影的平面，一般称为轴测投影面。空间直角坐标轴 OX、OY、OZ 在轴测投影面上的投影 O1X1、O1Y1、O1Z1 称为轴测投影轴，一般简称为轴测轴。

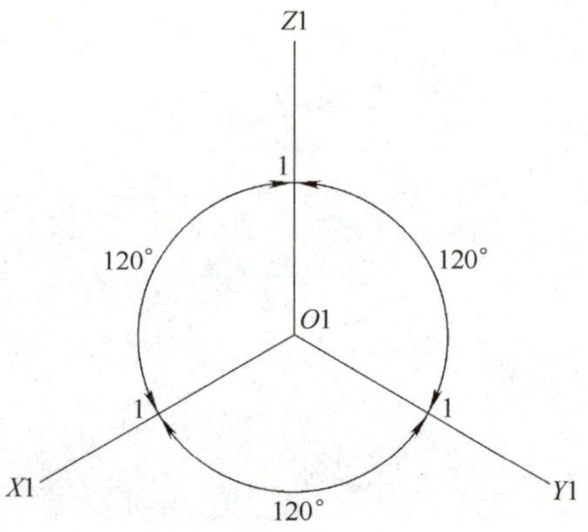

图 10–2　轴测轴和伸缩系数

图 10–2：轴测轴之间的夹角∠X1O1Z1、∠X1O1Y1、∠Y1O1Z1，可以称为轴间角。轴测轴上的单位长度与空间直角坐标轴单位长度的比值，称为轴向伸缩系数，简称伸缩系数。

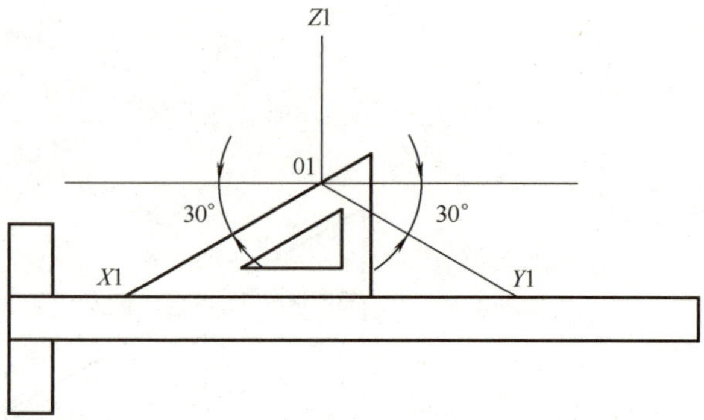

图 10–3　轴测轴的画法

图 10–3：为作图方便，常采用简化的轴向伸缩系数来作图，如正等测的轴向伸缩系数由 0. 82 放大到 1（即放大了 1. 22 倍），一般将轴向伸缩系数“1”称为简化系数。用简化系数画出的轴测图和用伸缩系数画出的正等测轴测图，其形状是完全一样的，只是用简化系数画出的轴测图在三个轴向上都放大了 1. 22 倍。

中仍与相应的轴测轴平行，并且在同一轴向上的线段，其伸缩系数相同，这种线段在轴测图中可以测量。

3. 平行投影面的形态真实

在轴测图中，与空间坐标轴不平行的线段，它的投影会变形（变长或变短），不能在轴测图上测量，形体上平行于轴测投影面的平面，在轴测图中可反映其实际形态。

10. 1. 2　轴测图分类

按平行投影线是否垂直于轴测投影面，轴测图可分为两类。

1. 正轴测投影图

平行投影线垂直于轴测投影面所形成的轴测投影图，称为正轴测投影图，简称正轴测图（图 10–4、图 10–5），根据轴向伸缩系数和轴间角的不同，又分为正等测和正二测。

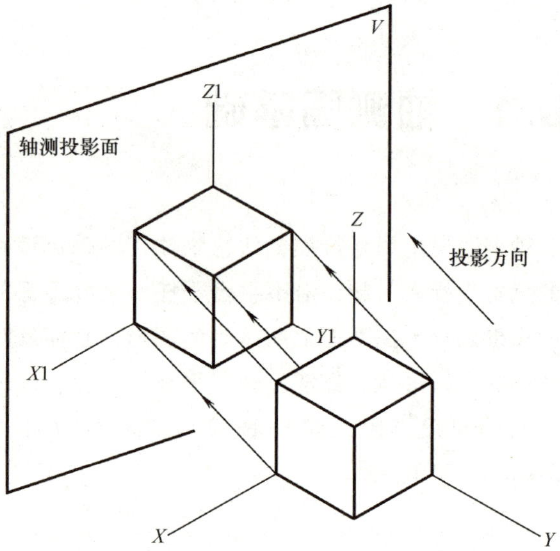

图 10–4　正轴测投影

图 10–4：将设计对象摆正，将形体投射到轴测投影面上为棱角突出的状态，为正轴测图。

2. 斜轴测投影图

平行的投影线倾斜于轴测投影面所形成的轴测投影图，称为斜轴测投影图，简称斜轴测图（图 10–6、图 10–7）。

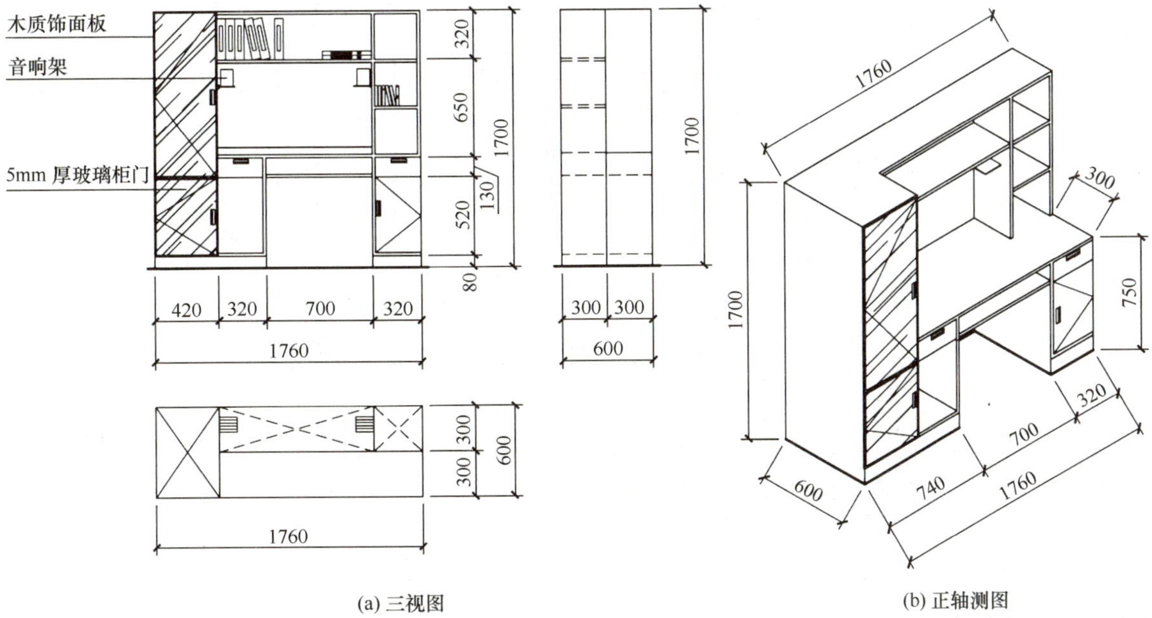

图 10-5　书桌柜正轴测图

图 10-5（a）：正轴测图的根本是三视图，即整个设计构造的正立面图、侧立面图、顶平面图，对于复杂构造还要绘制出底平面图、后立面图等，这些图中的构造细节与尺寸直接影响轴测图的绘制。

图 10-5（b）：正轴测图的立体效果能给读图者带来真实的空间感受。

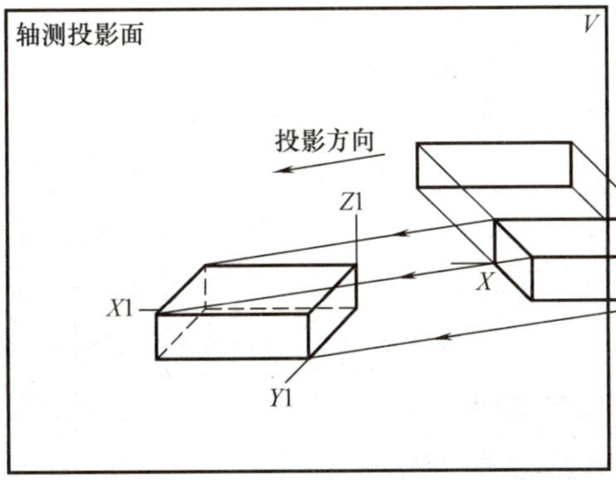

图 10-6　斜轴测投影

图 10-6：将设计从斜侧方观看，将形体投射到轴测投影面上为底边平行状态，为斜轴测图。

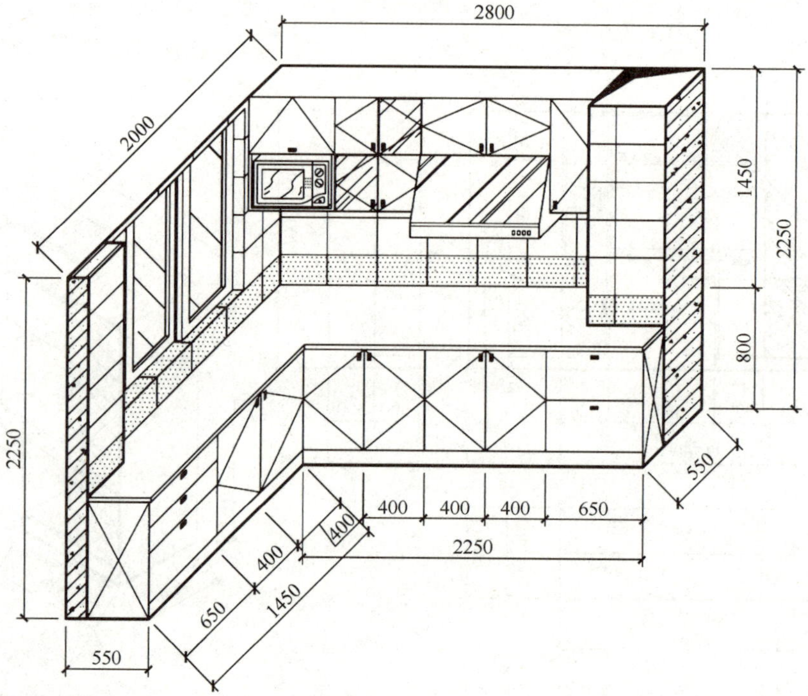

图 10-7　厨房橱柜斜轴测图

图 10-7：斜轴测图可以直接从正立面图延伸出侧面深度，绘制简单，空间感强烈，但是延伸出的侧面构造比较简单，甚至会让人感到失真。因此，斜轴测图适用于表现正立面面积较大、内容较复杂，而侧立面与其他立面面积较小、内容较简单的形体构造。

10.2　国家标准规范

《房屋建筑制图统一标准》GB/T 50001—2017 中第 10.5 小节指出：房屋建筑的轴测图宜采用正等测投影，并用简化轴向伸缩系数绘制。

10.2.1　规范类型

为了进一步提高轴测图的适用性与表意性，在环境艺术设计图中，轴测图除了采用正等测（图 10-8）外，还可以考虑采用正二测（图 10-9）、正面斜等测（图 10-10）和正面斜二测（图 10-11）、水平斜等测（图 10-12）和水平斜二测（图 10-13）等轴测投影，并用简化的轴向伸缩系数来绘制。

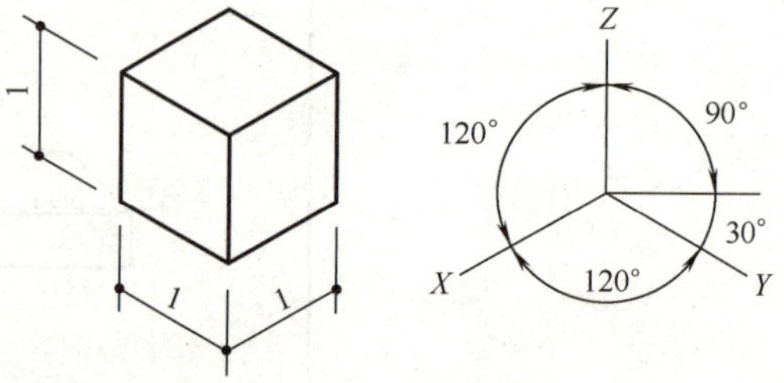

图 10-8　正等测画法

图 10-8：正等测各边长均为 1。形态端庄，适合表现底边尺寸近似的构造。

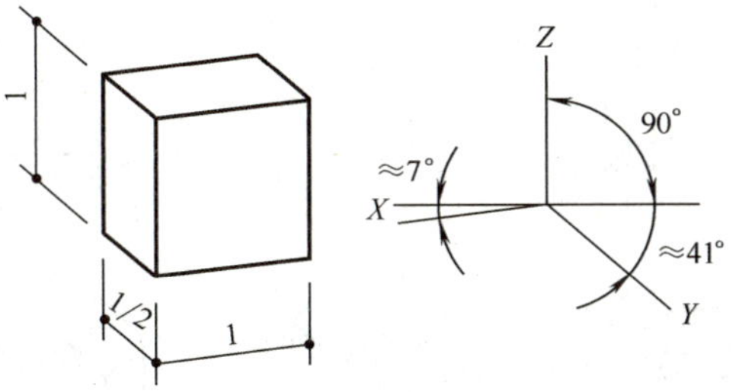

图 10-9　正二测画法

图 10-9：正二测纵深边长为 1/2。形态紧凑，适合表现纵深尺寸较大的构造。

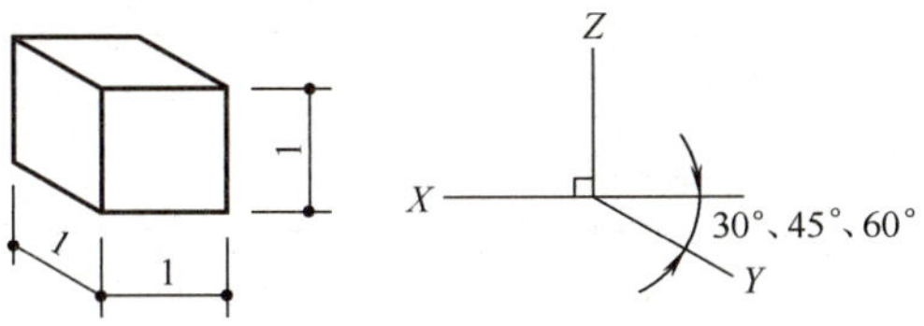

图 10-10　正面斜等测画法

图 10-10：正面斜等测各边长均为 1。形态端庄，适合表现底边尺寸近似且形态端庄的构造。

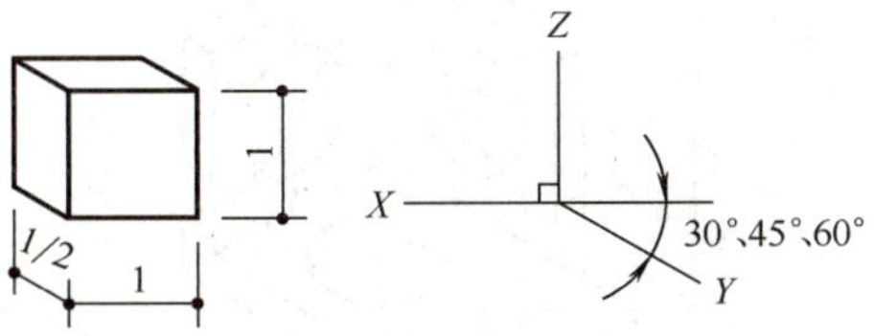

图 10-11　正面斜二测画法

图 10-11：正面斜二测纵深边长为 1/2。形态紧凑，适合表现纵深尺寸较大的构造。

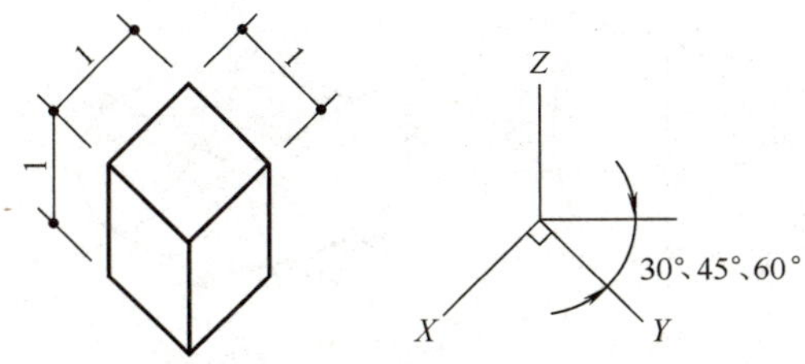

图 10-12　水平斜等测画法

图 10-12：水平斜等测各边长均为 1。形态端庄，适合表现各边尺寸近似的构造。

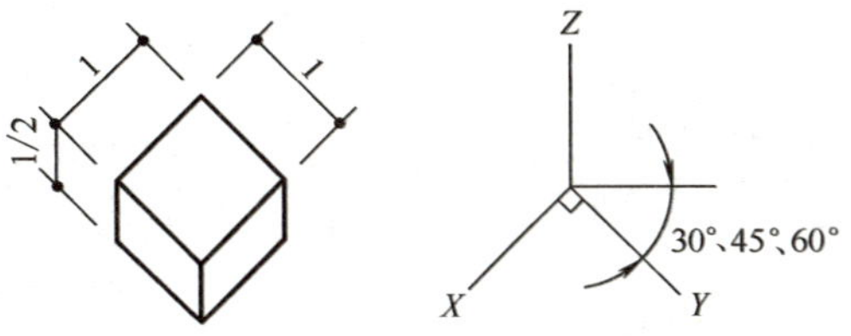

图 10-13　水平斜二测画法

图 10-13：水平斜二测高度边长为 1/2。形态低矮，适合表现高度尺寸较大的构造。

10.2.2　线型规定

1. 轮廓线

轴测图的可见轮廓线宜采用中实线绘制，断面轮廓线宜用粗实线绘制。不可见轮廓线一般不必绘出，必要时，可用细虚线绘出所需部分。

2. 材料图例线

轴测图的断面上应画出其材料图例线，图例线应按其断面所在坐标面的轴测方向绘制，如以 45° 斜线绘制材料图例线时，应按规定绘制（图 10-14）。

10.2.3　尺寸标注

轴测图线性尺寸，应标注在各自所在的坐标面内，尺寸线应与被注长度平行，尺寸界线应平行于相应的轴测轴，尺寸数字的方向应平行于尺寸线，如果出现字头向下倾斜时，应将尺寸线断开，在尺寸线断开处水平方向注写尺寸数字（图 10-15~图 10-17）。

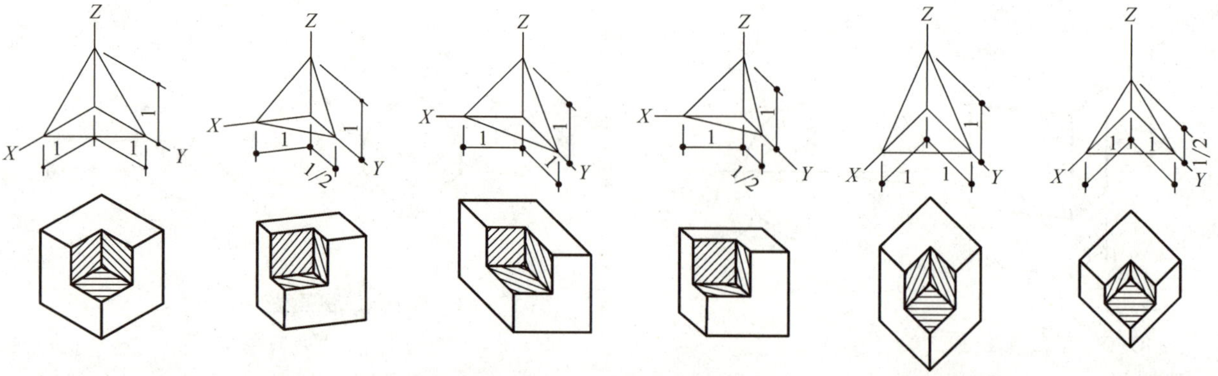

(a) 正等测　(b) 正二测　(c) 正面斜等测　(d) 正面斜二测　(e) 水平斜等测　(f) 水平斜二测

图 10-14　轴测图断面图例线

图 10-14（a）：正等测适用于绘制 X、Y、Z 方向尺寸均衡的形体，内部材料应采用填充图案的方式来表现，错开填充图案的拼接边缘，使图案错位填充，形成较明显的界面区分。

图 10-14（b）：正二测适用于绘制 Y 方向较大的形体，对 Y 方向减半绘制。

图 10-14（c）：正面斜等测适用于绘制 Y 方向较小的形体，对 Y 方向增倍绘制。

图 10-14（d）：正面斜二测适用于绘制 Y 方向较大的形体，对 Y 方向减半绘制。同时又要表现 X 方向真实的形体结构。

图 10-14（e）：水平斜等测适用于绘制 X、Y 方向均较小的形体，通过增大倾斜角度获得接近鸟瞰的视觉效果。

图 10-14（f）：水平斜二测是在水平斜等测的基础上对 Z 方向尺寸减半绘制。

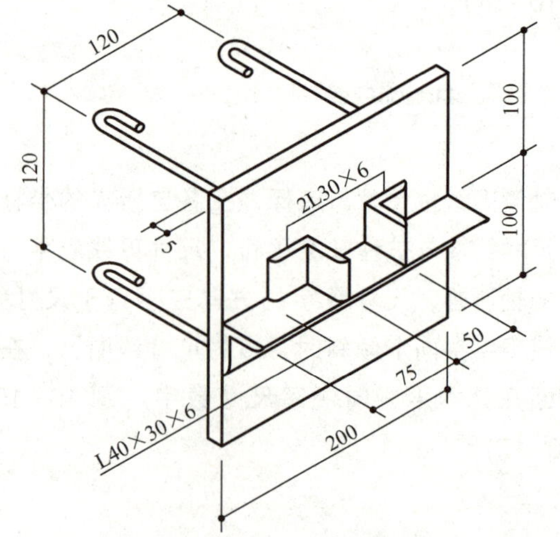

图 10-15　轴测图线性尺寸的标注方法

图 10-15：构件与零配件的轴测图尺寸起止符号宜用小圆点，避免与构件中的细节图线发生矛盾，小圆点大小与标注数据文字配套的句号相当。

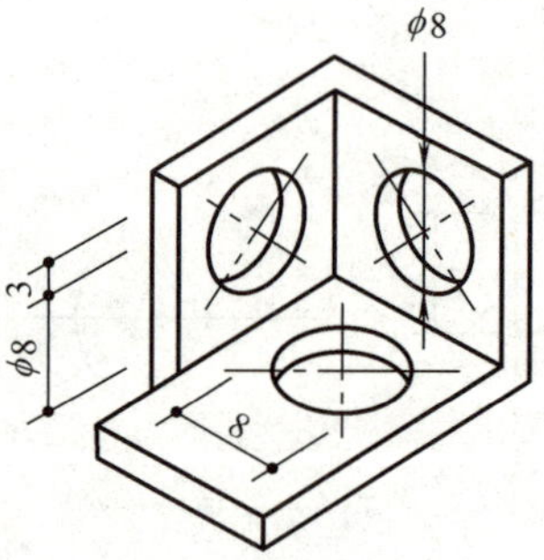

图 10-16　轴测图圆直径标注方法

图 10-16：圆弧半径和小圆直径尺寸也引出标注，但尺寸数字应注写在平行于轴测轴的引出线上。

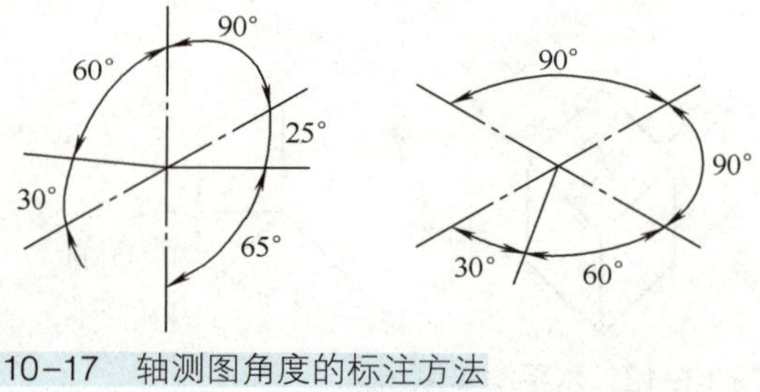

图 10-17　轴测图角度的标注方法

图 10-17：轴测图的角度尺寸，应标注在该角所在的坐标面内，尺寸线应画成相应的椭圆弧或圆弧，尺寸数字应水平方向注写。

10.3　轴测图绘制方法

轴测图表现效果比较直观，大多数人无需其他参考就能读懂，适用范围很广，高层建筑、园林景观、家具构造或饰品陈设等都能很完整、很直观地表现出来。这里以某厨房中橱柜的设计方案为例详细讲解轴测图的绘制与识读方法。

10.3.1　绘制三视图

绘制轴测图之前必须绘制完整的投影图，平面图、正立面图、侧立面图是最基本的投影图，又称为三视图，它能为绘制轴测图提供完整的尺寸数据（图 10-18）。

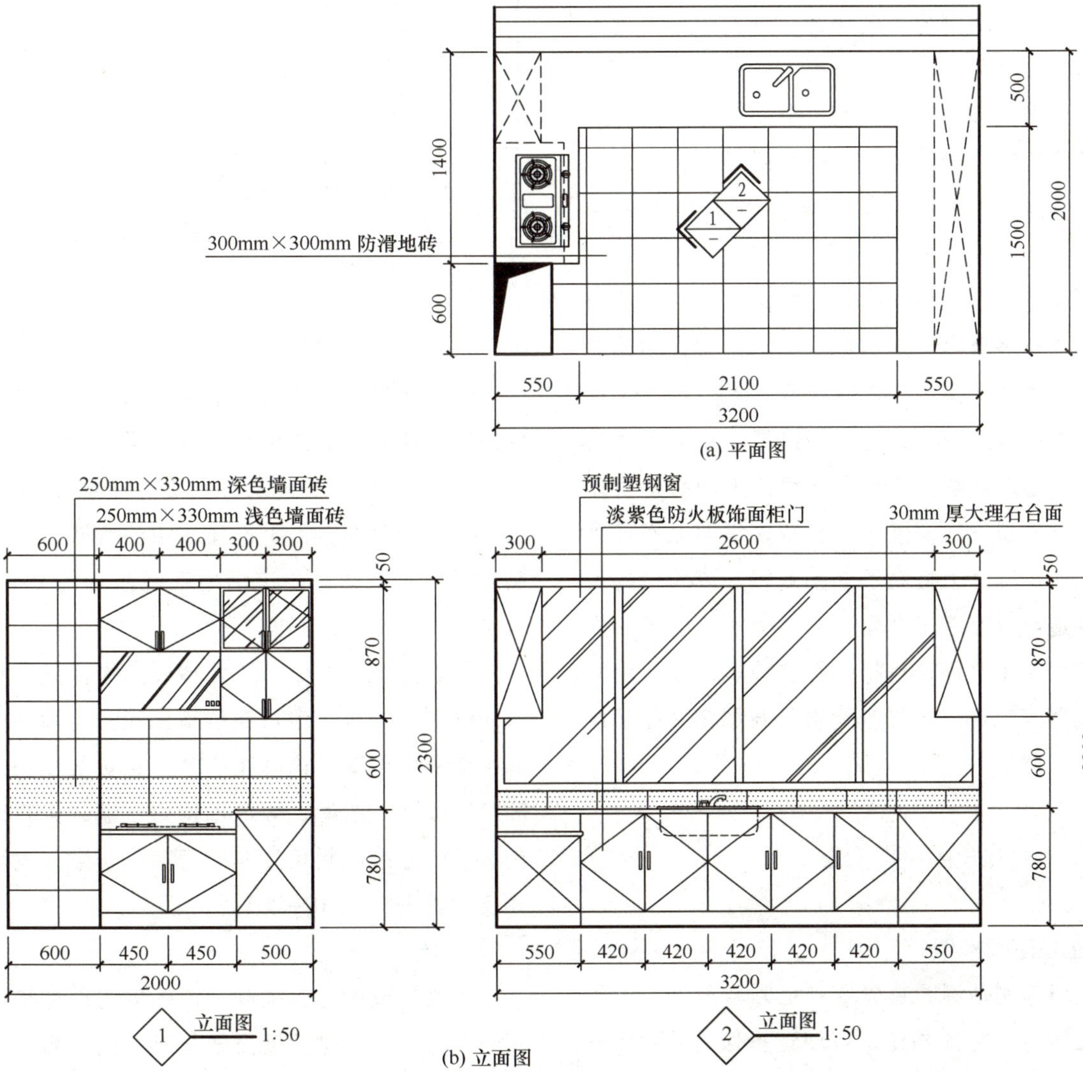

(a) 平面图

(b) 立面图

图 10-18　橱柜三视图

图 10-18（a）：平面图是设计基础，要经过仔细考虑、筛选，准确表现橱柜布局与造型尺寸。

图 10-18（b）：选取平面图中两个主要立面详细绘制，具体画法在本书前面相关章节中有所表述。

绘制三视图还能让绘图者辨明设计对象的空间概念和逻辑关系。厨房的橱柜构造以矩形体块为主，绘制三视图需完整，连同烟道、窗户、墙地面瓷砖铺设的形态都绘制出来。平面图中要标明内饰符号，并标注尺寸与简要文字说明，尤其要注意三视图的位置关系需彼此对齐，在绘制轴测图时才能方便识别。

10.3.2 正确选用轴测图

轴测图的表现效果关键在于选择适当的种类。根据上文所述，轴测图一般分为正轴测图与斜轴测图两类，二者又分别分为等测图、二测图。

正轴测图适用于表现有两个重要面域的设计对象，它能均衡表现设计对象各部位的特征，但是图中主要结构线都具有一定角度，不与图面保持水平。

斜轴测图适用于表现一个重要面域的设计对象，它能完整表现平整面域中的细节内容，阅读更直观，但是立体效果没有正轴测图出色。

轴测图中等测图、二测图的选择要视具体表现重点而定，等测图适用于纵、横两个方向都是表现重点的设计对象，二测图等则相应在纵向上作尺寸省略，在一定程度上提高了制图效率。该橱柜的主要表现构造可以定在 1 立面和 2 立面上，由于 2 立面的长度大于 1 立面，且柜门数量较多，故选用斜等测轴测图来绘制，这样既能着重表现 2 立面又能兼顾表现 1 立面。

10.3.3 轴测图绘制方法

1. 建立空间构架

绘制斜等测轴测图首先要制定倾斜角度，为了兼顾 1 立面中的主体构造，可以选择倾斜 45° 绘制基本空间构架。所有纵向结构全部以右倾 45° 方向绘制，等测图的尺寸应该与实际相符。橱柜的主体结构采用中实线绘制，地面、墙面、顶棚边缘采用粗实线绘制，为了提高制图效率，可以采用折断线省略次要表现对象或非橱柜构造（图 10-19）。

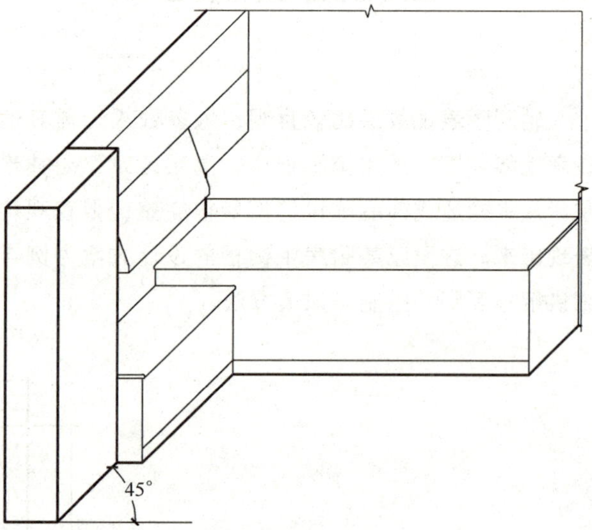

图 10-19　橱柜轴测图绘制步骤一

图 10-19：由立面图延伸出主体构造，区分墙体与家具的线条，墙体采用粗实线，家具构造采用中实线。

2. 增添细节形态

对已经绘制完成的空间构架可以逐一绘制橱柜的细节形态，一般先绘制简单的平行面域，再绘制倾斜面域，或者由远及近绘制，不要遗漏各种细节。在斜轴测图中，平行面域中的构造可以直接复制或描绘立面图，如该橱柜三视图中的 2 立面图，只是要注意细节的凸凹。

抽油烟机、水槽、炉灶等成品构件只需绘制基本轮廓形态，或指定放置位置即可，当然，也可以调用成品模型库，这样图面效果会更加精美。当全部细节绘制完成后，要仔细检查一遍，尤其是细节构造中的图线倾斜角度是否正确、一致，发现错误要及时更正（图 10-20）。

3. 填充与标注

绘制完成后可以根据三视图中的设计构思对轴测图进行填充，材质填充要与三视图一致，着重表现橱柜中的材料区别。尺寸标注与文字标注可以直接抄绘三视图，但是要注意摆放好位置关系，不宜相互交错，导致图面效果混淆不清。

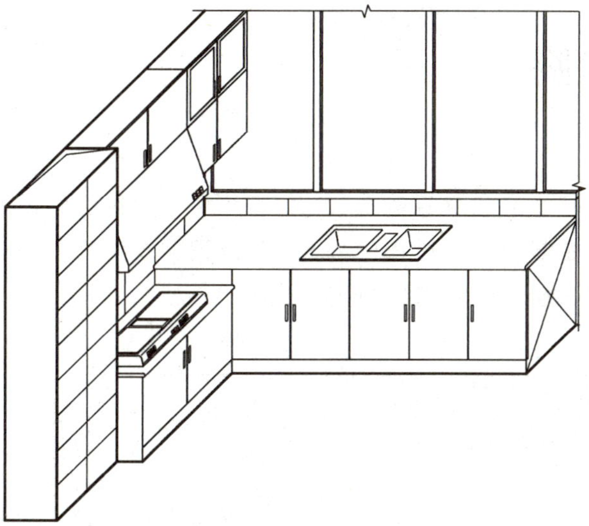

图 10-20　橱柜轴测图绘制步骤二

图 10-20：绘制出家具中的构造细节与墙面瓷砖填充，轴测图中的电气设备一般需要自行绘制，因为这些构造的角度要根据轴测图的角度来确定。

当轴测图全部绘制完毕后，再作一遍细致检查，确认无误即可标写图名和比例。轴测图的绘制目的主要在于表现设计对象的空间逻辑关系，如果其他投影图表现完整，可以只绘制形体构造，不用标注尺寸与文字（图 10-21）。

图 10-21：标注尺寸与材料说明，对墙体截面、瓷砖、玻璃进行必要的填充，使图面效果更直观。注意尺寸数据标注不要被相互穿插的线条所遮挡。

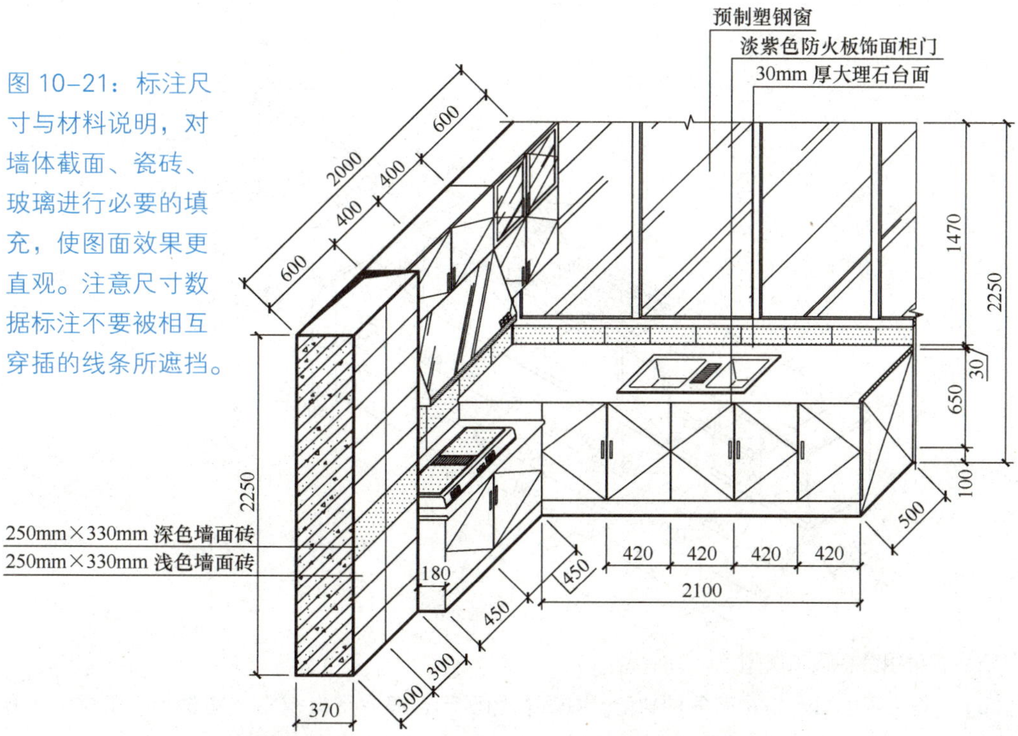

图 10-21　橱柜轴测图绘制步骤三

10.4 轴测图案例

绘制轴测图需要具备良好的空间辨析能力和逻辑思维能力，这些也可以在制图学习过程中逐渐培养，关键在于勤学勤练，初学阶段可以针对每个设计项目都绘制相关的轴测图，这对提高空间意识和专业素养会有很大的帮助（图 10-22~图 10-25）。

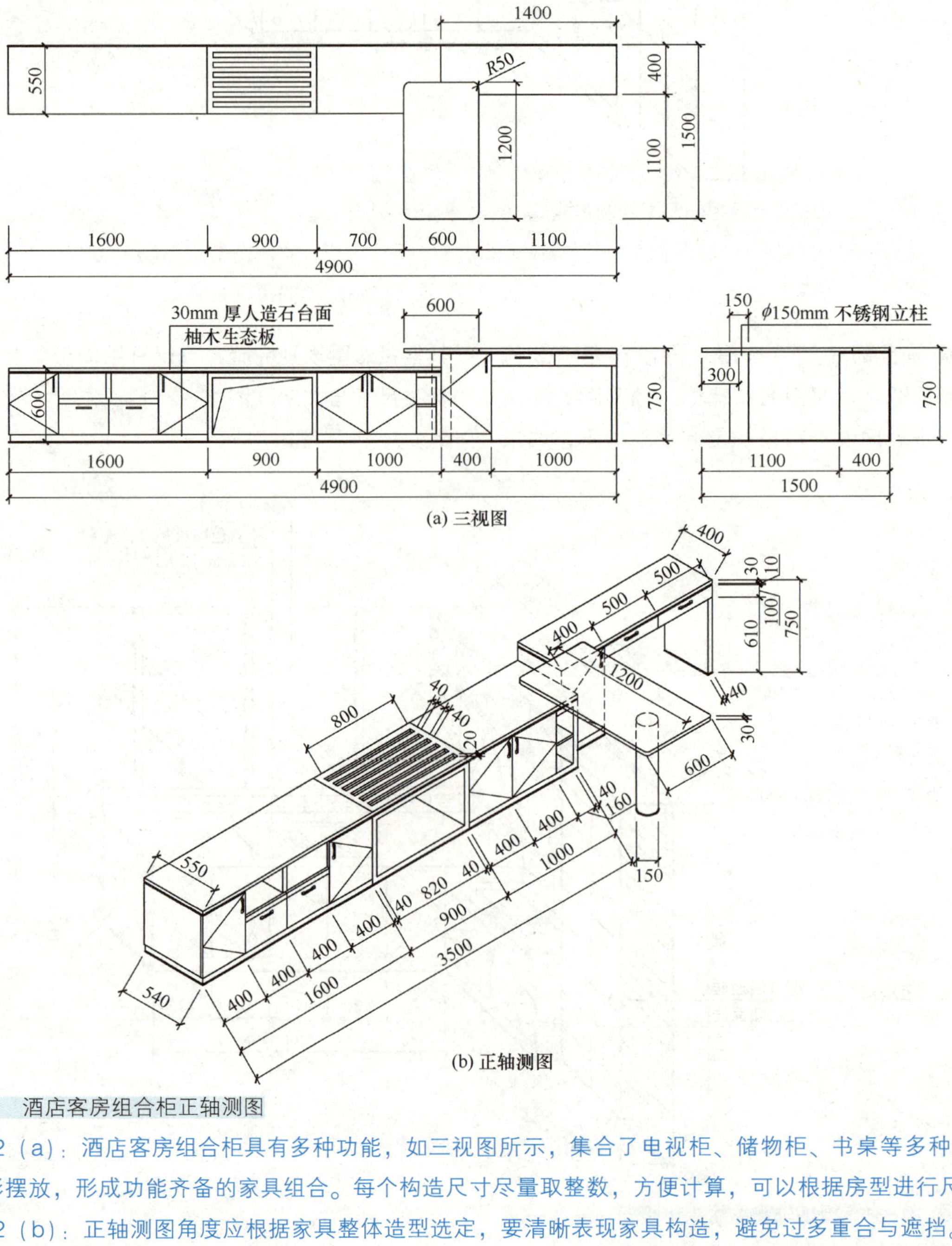

图 10-22　酒店客房组合柜正轴测图

图 10-22（a）：酒店客房组合柜具有多种功能，如三视图所示，集合了电视柜、储物柜、书桌等多种家具，靠墙直线形摆放，形成功能齐备的家具组合。每个构造尺寸尽量取整数，方便计算，可以根据房型进行尺寸变化。

图 10-22（b）：正轴测图角度应根据家具整体造型选定，要清晰表现家具构造，避免过多重合与遮挡。

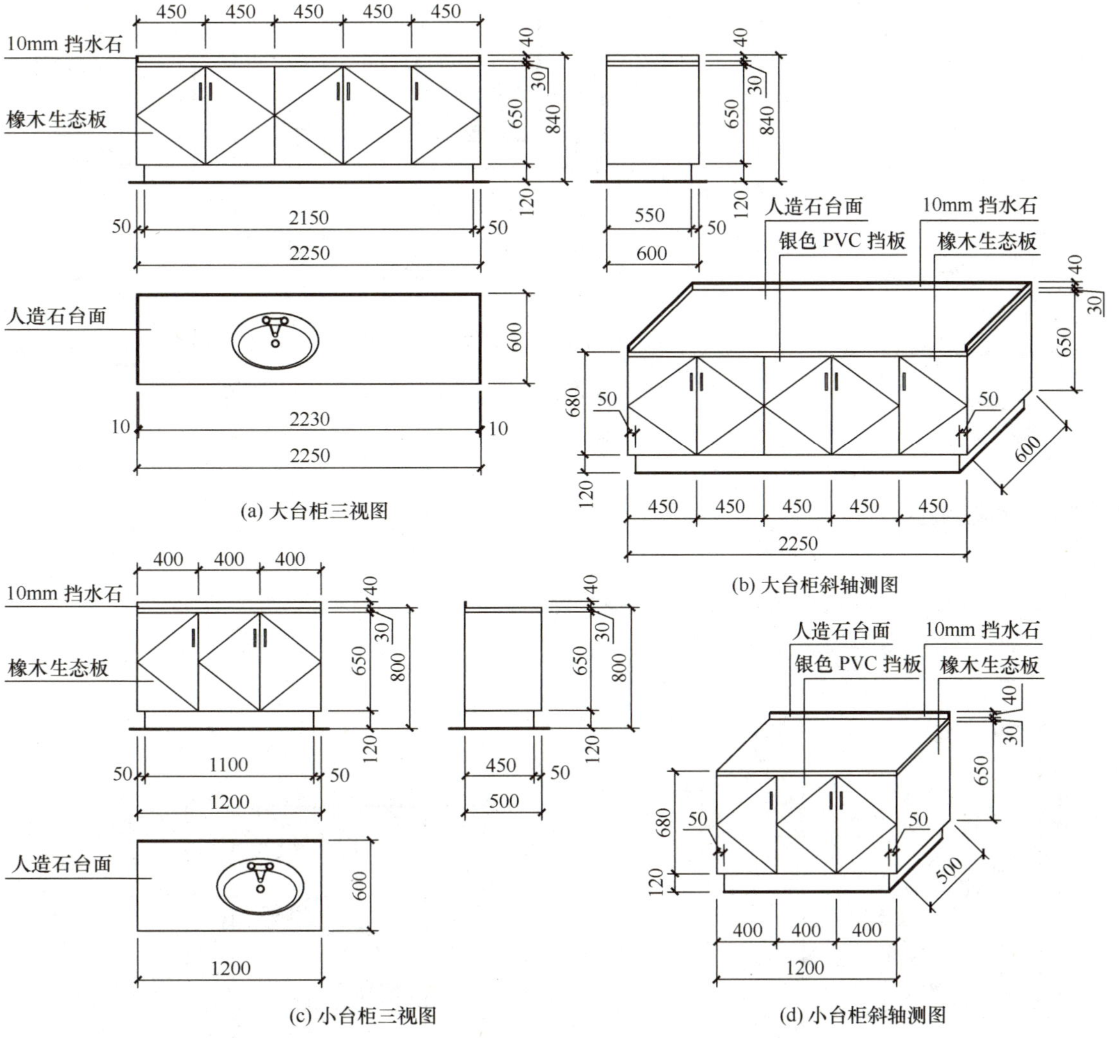

(a) 大台柜三视图

(b) 大台柜斜轴测图

(c) 小台柜三视图

(d) 小台柜斜轴测图

图 10-23　卫浴台柜斜轴测图

图 10-23（a）：严格绘制出大台柜三视图，明确柜门开启方向等细节特征。

图 10-23（b）：选择斜轴测图来表现家具的立体空间效果，特别注意台柜底部收缩的构造，收缩的50mm 尺寸要沿多个方向收缩。

图 10-23（c）：小台柜三视图在大台柜三视图的基础上进行简化绘制。

图 10-23（d）：小台柜斜轴测图中的标注与细节构造不宜简化，所有尺寸都需完整标注。

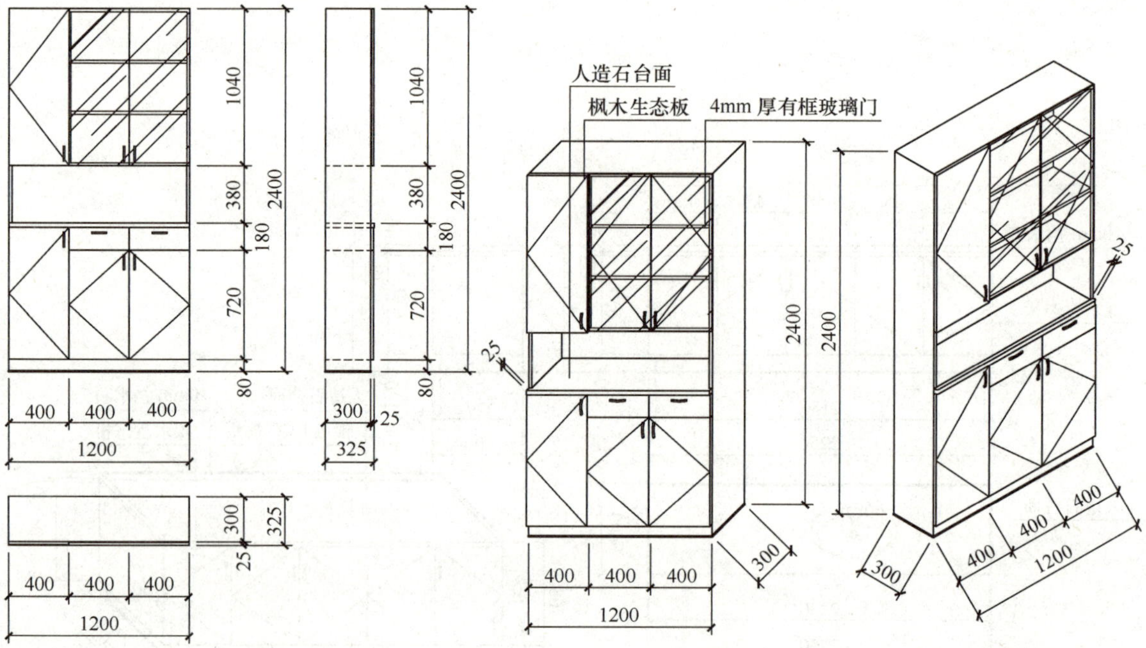

(a) 三视图　　(b) 斜轴测图　　(c) 正轴测图

图 10-24　书柜轴测图

图 10-24（a）：三视图之间要保持对齐，尺寸标注完整。

图 10-24（b）：斜轴测图绘制相对简单，是在正立面图的基础上延伸而来。

图 10-24（c）：正轴测图需要选定合适的角度，让书柜的三个面均能充分展示。

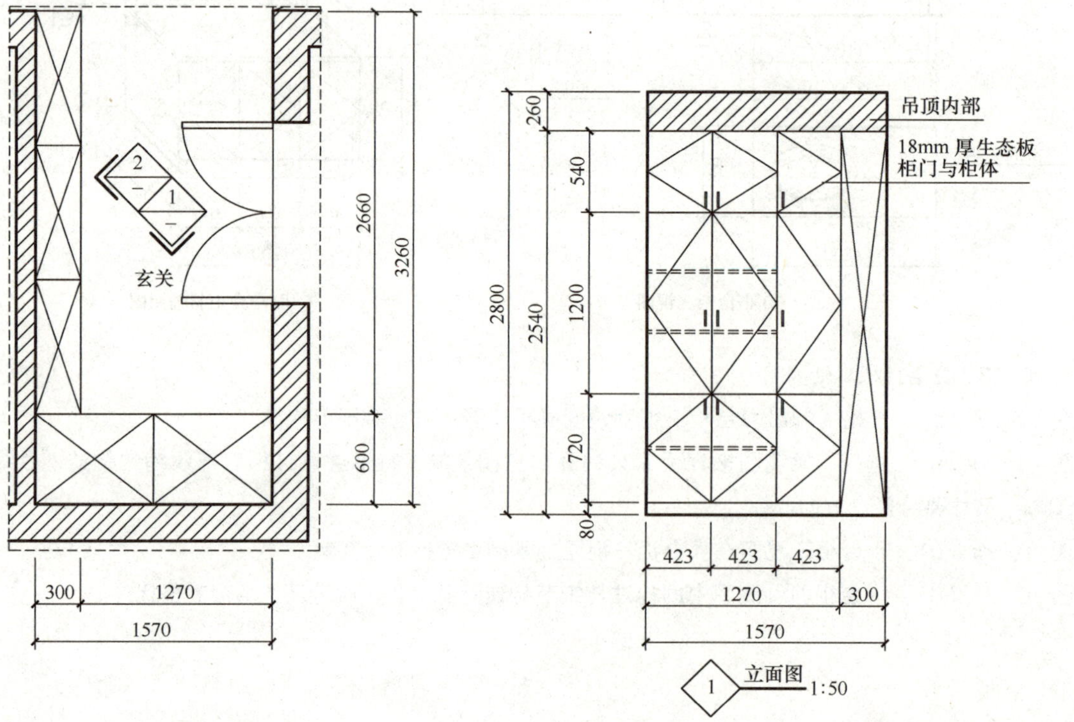

图 10-25　玄关储物柜轴测图

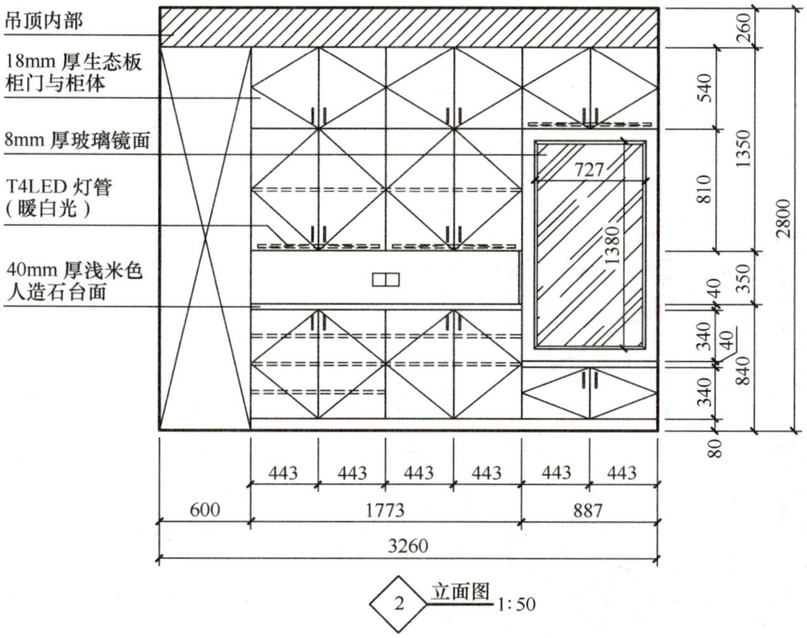

(a) 三视图

图 10-25（a）：从整个户型图中截取其中一部分当作三视图中的平面图，由平面图引出两个主要方向的立面图，详细标注尺寸数据，确认空间与构造关系。

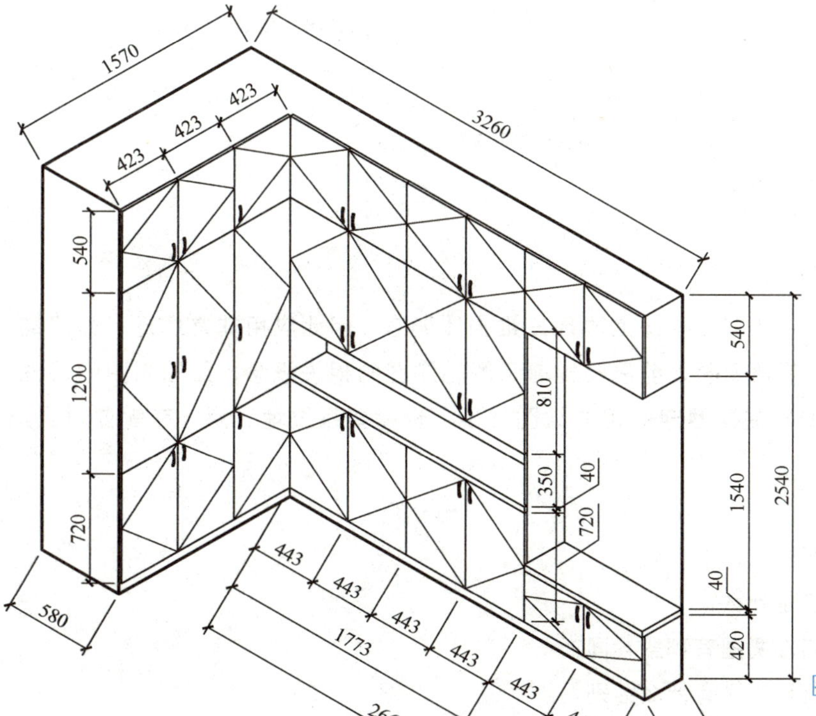

(b) 有柜门正轴测图

图 10-25（b）：有柜门正轴测图能表现出整个柜的空间体积，确定柜门造型与开启方向。

图 10-25　玄关储物柜轴测图（续）

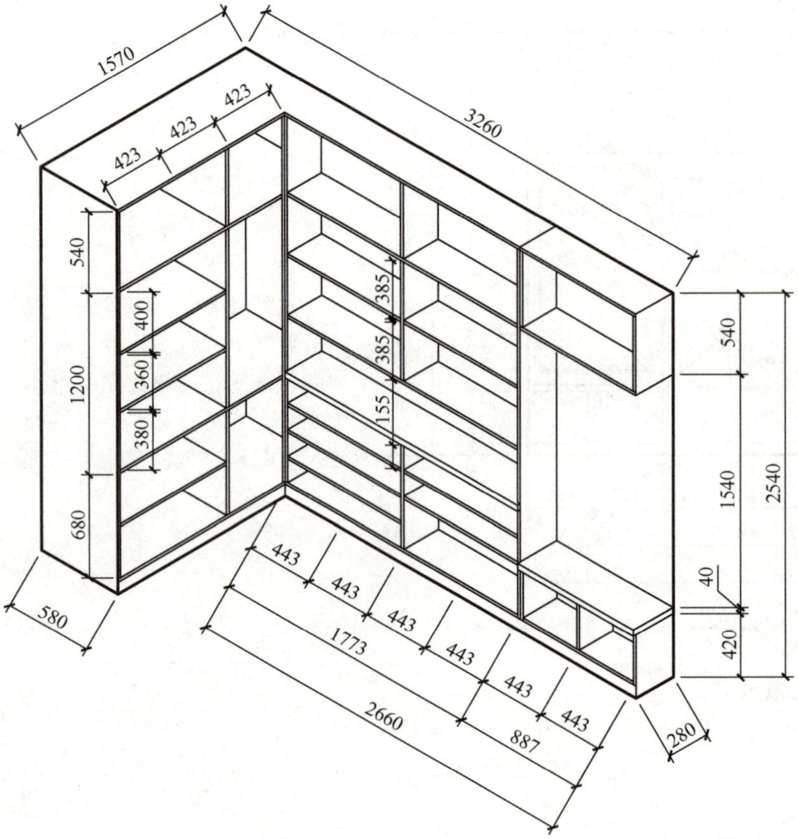

图 10–25（c）：无柜门正轴测图能表现出柜体内部隔板构造与收纳空间，标注出隔板的上下间距尺寸。

(c) 无柜门正轴测图

图 10–25　玄关储物柜轴测图（续）

本章小结

轴测图也被称为立体投影图，它能够在平面上展现三维物体形态，因此应用非常广泛，如建筑、机械、电子等工程技术领域。在绘制轴测图之前需要提前了解轴测图的相关概念，如轴测图的特性、轴测图的分类等。对于绘制轴测图时需要遵守的相关绘图标准，也需要系统地了解，在需要时灵活应用。

课后练习

1. 什么是轴测图?
2. 轴测图的特点是什么?
3. 正轴测图与斜轴测图有哪些异同?
4. 轴测图中等测与二测有什么区别?
5. 设计一书桌或书柜，绘制三视图、正轴测图与斜轴测图。

第 11 章
透视制图

识读难度：★★★★★
核心概念：两点透视、视点、灭点、倒影、快速技法

章节导读：

透视是一种传统制图方法，我们将人眼作为投影中心，进行中心投影，可得到物体的透视投影，利用透视投影进行制图，称透视制图。即人的视线（投影线）透过投影面，与投影面相交所得的图形，称为透视图。透视图具有立体感强、真实感强的特点，根据透视图还可以绘制更加逼真的效果图。透视制图是环境艺术设计制图的重要组成部分。

11.1　透视制图基础

11.1.1　透视图概念

在人与被观察物体之间设立一个透明的铅垂面 P 作为投影面，人的视线（投射线）透过投影面而与投影面相交所得的图形，称为透视图，或称为透视投影，简称透视（图 11-1）。

透视图主要是施工图的辅助图或参考图，它能帮助施工员或识图水平不高的投资方快速判别、识读各种相关图样，还可以用作工程项目的投标方案

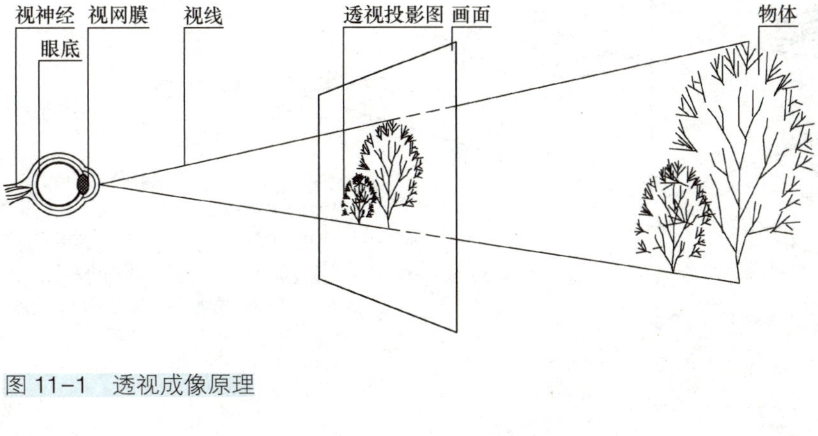

图 11-1　透视成像原理

图11-1：透视图要根据较为复杂的透视原理来绘制，多用于各类工程技术制图，为了直观反映设计对象的整体面貌，会大量采用透视图来表现设计方案。在实际绘制过程中，透视图模拟人眼睛观察绘制对象，人的眼睛被称作视点，或视点中心，这样视点将会与人的实际观察中心一致，绘制出来的图像符合近大远小的视觉特征。如果绘制准确，透视图能像照片一样，真实地反映所绘制的设计对象。因为它的绘图原理与照相机、人眼的成像原理是基本一致的。

设计图，作为完工后的效果图样来使用。透视图具备绘制方便快捷、不失真、立体感强的特点。

作为设计者，在设计方案的构思中运用这种方法快速地勾勒设计草图进行方案比较，可以达到形象构思迅速、判定准确的目的。即使设计方案已经确定，设计者在绘制出各种建筑物、构筑物、室内外空间造型，家具设施的平面、立面、剖面等施工图以后，往往也要画出该设计方案的透视图，以烘托该设计项目的环境氛围。在制图后期，透视图一般还要求着色渲染，提升观赏价值。因此，透视图的应用十分广泛，是现代环境艺术设计制图中不可缺少的图样之一。

1. 透视图术语

无论是绘制还是识读透视投影图，都要对透视投影图中常用的术语和相关符号有明确的掌握，以方便学习和实践，下面详细讲解透视图中的基本术语。

（1）基面。水平面，即地面（*G*），也认为是设计空间所在的水平面或室内空间的基础平面。在透视图绘制中，也可以将设计对象的水平投影面视为基面。

（2）画面。即投影图画面（*P*），或者称为投影铅垂面。在平面图中，画面的投影称为画面线，用 *p*–*p* 表示。

（3）地平线（基线）。是画面（*P*）与地面（*G*）的交线，在画面中，基线通常用 *g*–*g* 表示。

（4）视位。观察者进行观察的位置。观察者对物体进行观察的位置如果发生前后、左右改变，通常会引起绘制对象大小、立体观察角度的变化，视位以 *s* 表示。

（5）视点。观察对象时人眼睛所处的位置，以 *S* 来表示。

（6）视平线。过视点位置 *S* 作平面平行于水平面 *H*，这个平面与画面 *P* 的交线就是视平线 *h*–*h*。视平线能决定对象的俯仰角度变化。实际上当观察者的视位确定以后，更主要考虑的是眼睛所处的高低位置，这种位置的改变也就是视平线高低的变化。在透视投影图的绘制中，视平线 *h*–*h* 能起决定性作用，它是画面上各部分构图是否统一的测定标准。

（7）心点（主点）。过视点作画面 *P* 的垂线，其线段在画面上的落点称为心点，用 *s*′表示。

（8）主视线。视点与心点的直线连线 *Ss*′。

（9）视距。是观察者所处的位置与假想画面之间的距离，即 *Ss*′的实际长度。视距的变化能决定画面上对象形态的大小。

（10）视高。视点到水平面的距离，它决定视点的水平位置，其变化与视平线的变化是同步的，高度为 *Ss*。

（11）灭点。不平行于画面的视线或视面的消失点，与心点重合，通常也用 *s*′表示，在多点透视中用 *F* 表示（图 11–2）。

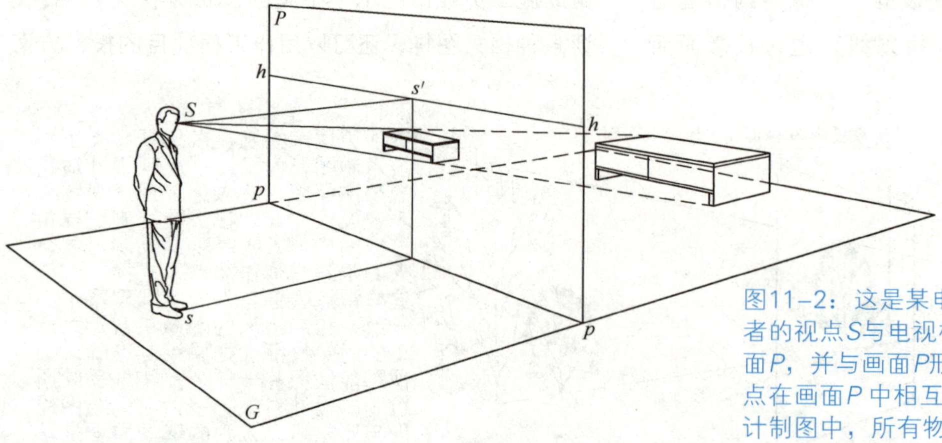

图11–2：这是某电视柜的透视状况，观察者的视点*S*与电视柜棱角之间的连线穿透画面*P*，并与画面*P*形成交点，透视图就是各交点在画面*P* 中相互连接后最终形成的。在设计制图中，所有物体的透视一样，都是将物体的各棱角透视点依次连接起来后完成的。

图 11–2　透视图术语与符号表达部位

2. 透视图特点

（1）近大远小。现实状况中原本体积、大小相同的物体，在透视图中具有近大远小的特点，或者说视距越近，视角越大，在透视投影图上的尺度就越大，这是视距和视角发生变化的结果。当观察者的视位与视点固定时，去观察远近不同，但是形状、大小完全相同的物体时，会在视觉上感觉到较近的物体显得较大，而较远的物体则显得较小。这种规律的产生与人眼球观察物体所形成的生理现象，即物体在视网膜上的成像原理有关。

（2）近高远低。各种物体本来高度相同，在透视图中有近高远低的特点，即近处显得高大，而远处显得较矮。

（3）平行与相交。物体上互相平行的直线与画面有平行与相交两种情况。与画面平行的一组平行线，在透视图中依然平行，但是也呈现近大远小的特点；与画面相交的一组平行线，在透视图中将交汇于一点。基于这两种情况，可形成一点透视、二点透视或三点透视。

（4）点透视。一个点的透视仍为一个点，画面上点的透视即为自身。

（5）直线透视。直线的透视一般仍为直线，直线通过视点，即透视为一点，画面上直线的透视即为自身，无限长直线的透视为有限长。与画面相交的平行直线，在透视图上不再平行，而是线为相交于同一点的线，平行线的公共交点为该平行线的灭点。

11.1.2　点与直线透视投影

任何透视图都是由点与直线组合而成的，系统了解点与直线的透视原理，有助于领悟透视制图的规律。

1. 点的透视投影

点的透视投影是通过该点的视线与画面的交点。绘制点的透视投影，先由视点引出一条通过已知点的视线，再求出该视线与画面的交点，又称迹点，这种方法也称为视线迹点法（图 11-3）。

在投影图上应用视线迹点法作空间点的透视，应该明确点的透视规律之后再作图。绘制点 *A* 透视图的步骤如下。

首先，作图时先将基面 *G* 画在画面 *P* 的正下方，画面中的基线为 *g*-*g*、视平线为 *h*-*h*、基面中的画面线为 *p*-*p*、站点用 *s* 表示，点 *A* 在基面上的投影为 *a*，将这些符号一一标出。

然后，在基面上连接点 *s* 和点 *a*，*sa* 与基线 *p*-*p* 的交点为 *ag*。

接着，过 *S* 作视平线 *h*-*h* 的垂线，垂足点为 *s*′，点 *s*′位于画面 *P* 上。同样，点 *ap* 与点 *a*′分别是点 *a* 与点 *A* 在画面 *P* 上的垂足，连接点 *s*′和点 *a*′，连接点 *s*′和点 *ap*。

最后，从 *ag* 向上引垂直线，与 *s*′*a*′交于点 *A*′，与 *s*′*ap* 交于点 *a*″，点 *A*′和点 *a*″即为点 *A* 的透视和基面透视（图 11-4）。

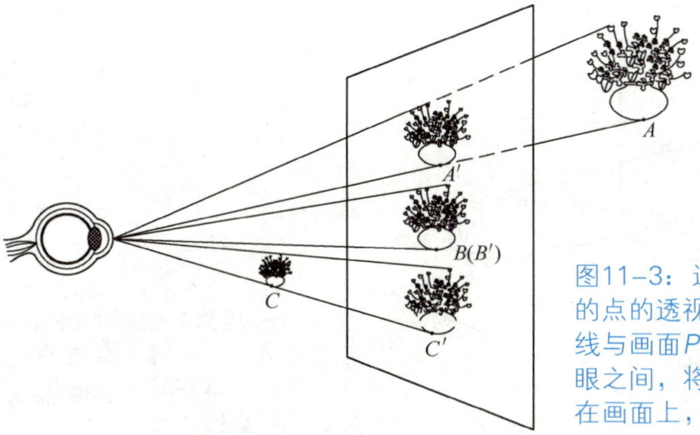

图11-3：这是常见的几种处于不同位置（前、中、后）的点的透视。其中空间中的点*A*位于画面之后，上部视线与画面*P*的交点*A*′即是点*A*的透视；点*C*位于画面与人眼之间，将该点视线延长后与画面相交即得点*C*′；点*B*在画面上，因此它的透视就是点*B*（*B*′）本身。

图 11-3　不同位置三个点的透视

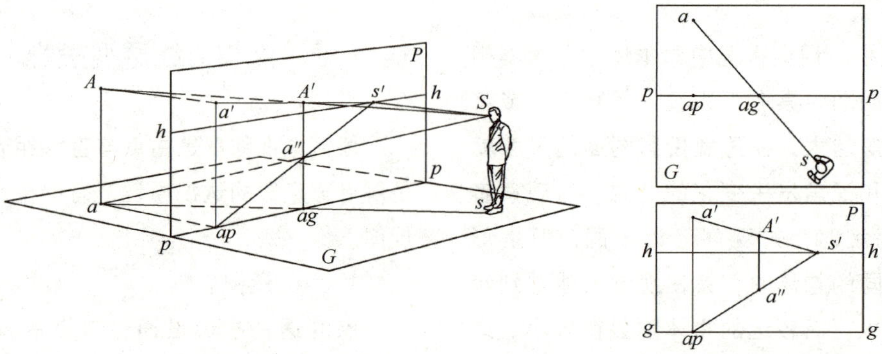

(a) 透视图　　(b) 平面图(上)与立面图(下)

图 11-4　点的透视

图 11-4（a）：采用两面投影法作图时，画面 P 就等于视图中的正立投影面，画面上的心点 s' 等于视点的正立投影；基面 G 上的视位 s 相当于视点的水平投影；画面与地面的交线 p–p，仍称为地平线，也可称为画面的基线，它平行于视平线 h–h。

图 11-4（b）：点 A 在基面上的投影为基点 a，它的投影线为铅垂线，过该线的视平面是铅垂面 SAa。点 A 的透视及基点 a 的透视是位于同一个铅垂面上，它们与画面 P 的交点 $A'ag$ 也是在这个铅垂面上。

2. 直线的透视投影

直线的透视投影是通过该直线与视点的视平面与画面的交线。绘制直线的透视投影就是求出直线上任意两点的透视投影，随后将这两点连接起来，得到的就是直线的透视投影（图 11-5~图 11-7）。

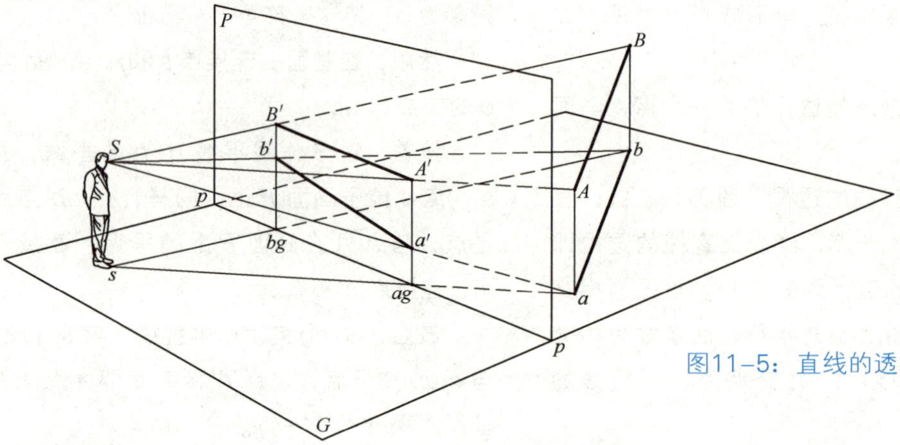

图11-5：直线的透视仍为直线。

图 11-5　直线的透视

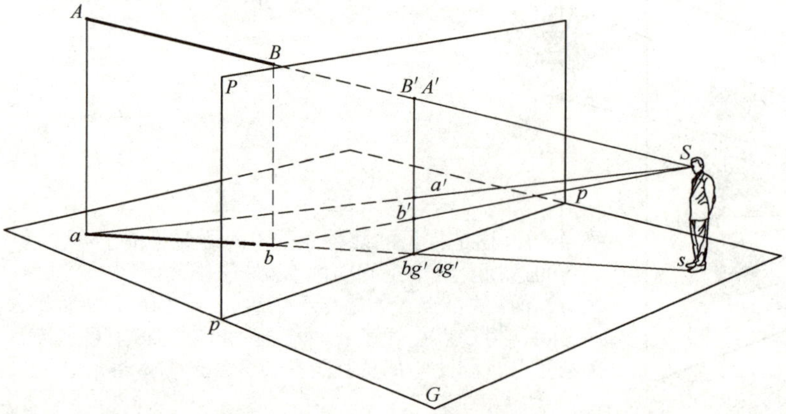

图11-6：当直线通过的方向与视线方向一致时，直线的透视是点，其在基面上的投影仍然是直线。

图 11-6　直线通过视点

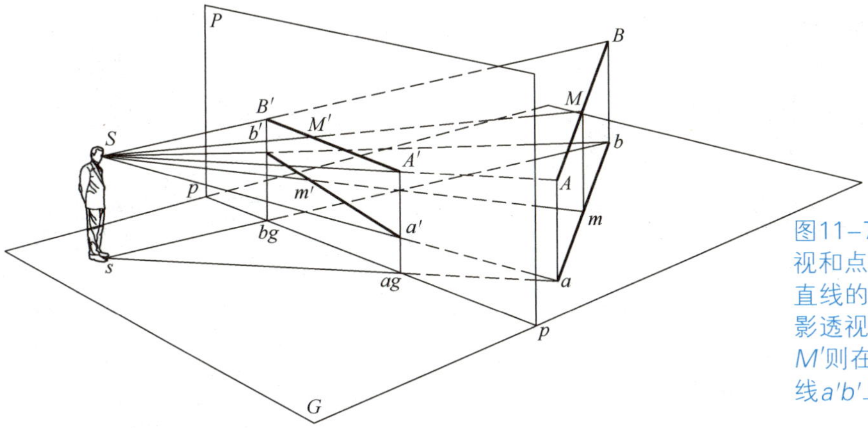

图11-7：点在直线上，则点的透视和点在基面上的投影透视也在直线的透视和直线在基面上的投影透视上。点M在直线AB上，点M′则在直线A′B′上，而点m′在直线a′b′上。

图 11-7　直线上点的透视

3. 迹点

直线与画面相交的点在透视图中称为直线的迹点。由于迹点是属于画面中的点，所以迹点的透视就是它本身（图 11-8）。

4. 灭点

在透视投影中，直线上距离画面无穷远点的透视称为直线的灭点，以点 F 表示。

直线的迹点和灭点的连线，称为直线的全长透视，图 11-9 中的 A′F 连线即是如此。直线的透视必然在直线的全长透视上。直线的透视消失于灭点，但是直线的位置不同，灭点也不一样，各种不同位置的直线透视投影都各自消失于自己的灭点。灭点的主要特性有以下几点。

（1）位于画面上的铅垂线反映真实高度。利用这种特性在画面上确定的物体真实高度，通常称为真高线。

（2）一切与画面平行的直线没有灭点。由于从视点引出的平行视线同样与画面平行，因此它们之间不能相交，所以没有灭点。与画面平行的直线如果同样长短的话，距离画面或者视点越近则透视长度越长，反之距离画面或者视点越远则直线的透视长度越短（图 11-9）。

（3）与画面相交的水平线有共同的灭点。一切与画面相交的水平线，它的灭点都在视平线上（图 11-10）。

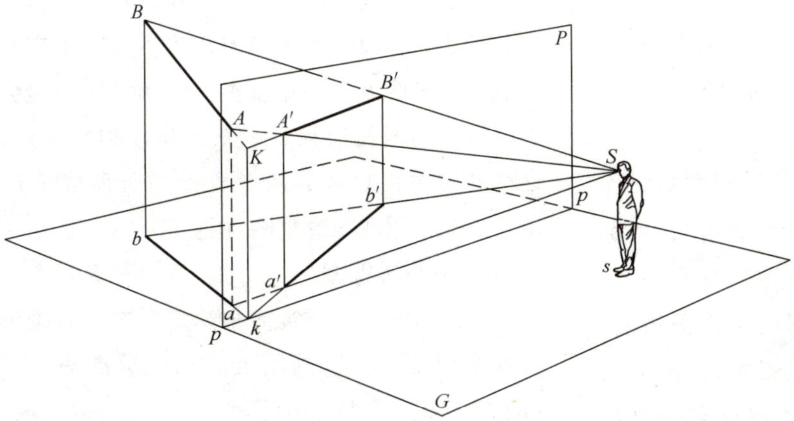

图11-8：迹点K的透视就是它本身，其在基面上的投影透视是点k。直线的透视必然通过直线的迹点k，直线在基面上的投影透视必然通过该迹点基面上的正投影。

图 11-8　直线迹点的透视

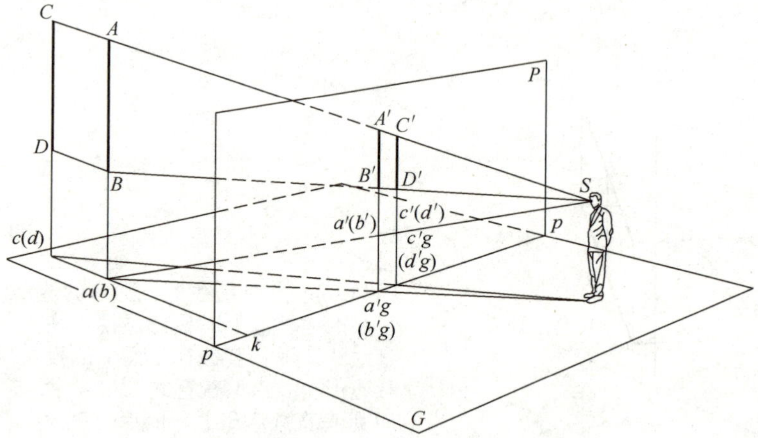

图11-9：已知直线AB为铅垂线，则AB必然平行于画面P，其透视A′B′//AB，也就是说，AB的透视亦为铅垂线，所以A′B′必然垂直于基线。同样道理，CD也是平行于画面的铅垂线，但与AB相比距离画面较远，所以其铅垂线长度相对较短。

图 11-9　与画面平行的铅垂线透视

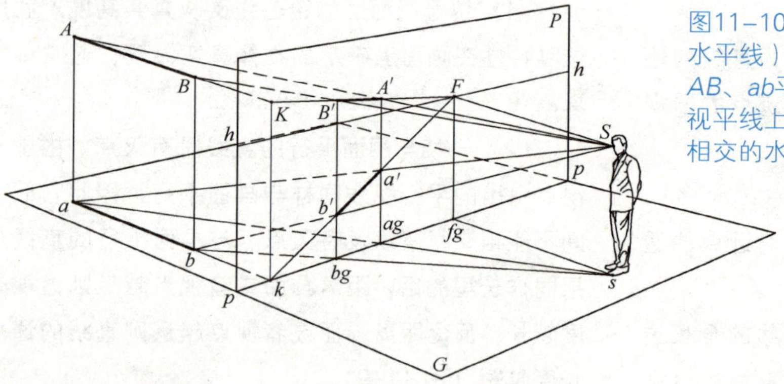

图11-10：已知直线AB平行于基面G（即AB为水平线），其在基面上的投影为ab。过视点S与AB、ab平行的视线只有一条，且与画面相交于视平线上，即灭点F。因此，相互平行且与画面相交的水平线，其透视投影线有共同的灭点。

图 11-10　与画面相交的水平线透视

11.1.3　透视图类型与特征

根据设计对象与画面相对位置的不同，以及画面上灭点的不同，透视图一般分为三种类型。

1. 一点透视图

一点透视是常用的透视技法，设计对象的立面与画面平行所形成的透视图称为一点透视图，也称为中心透视图或平行透视图。由于这种位置关系，设计对象的长度方向、高度方向同时平行于画面，但都没有灭点。设计对象侧面的进深方向，则会向远处延伸形成一个灭点 s'。一点透视只有一个灭点，利用这一个消失点作出的投影图就是一点透视图（图 11-11、图 11-12）。

2. 两点透视图

两点透视是运用较多的一种透视投影技法。在绘制图样时，设计对象仅有高度方向的轮廓线平行于画面，长度方向与宽度方向的透视轮廓线会消失于视平线的两侧灭点 F_1、F_2，所以称为两点透视。这种透视中，物体的两个立面与画面成一定的倾角，因此也叫成角透视图（图 11-13、图 11-14）。

3. 三点透视图

三点透视中，建筑或物体三个方向的轮廓线均与画面相交，所以画面上有三个灭点 F_1、F_2、F_3（图 11-15、图 11-16）。

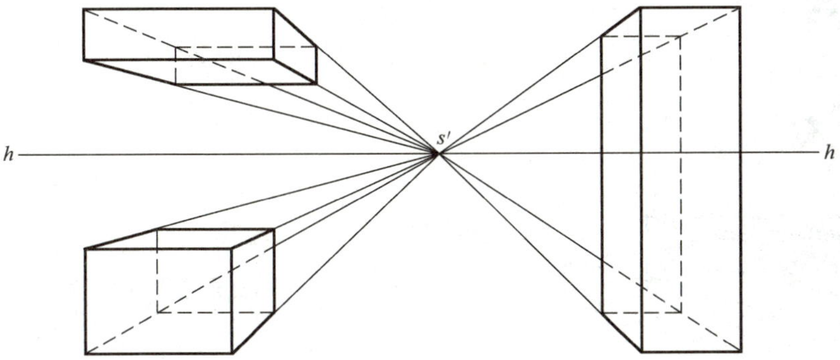

图 11-11　一点透视示意

图11-11：一点透视投影图的主要特点是绘制方便，立体感较强，能够真实反映物体的实际形态。它的高度方向和宽度方向都平行于画面，这些直线都没有灭点。除了进深方向的视线和面是倾斜于画面以外，其余方向的线与面都与画面平行，但是具有近大远小的变化。

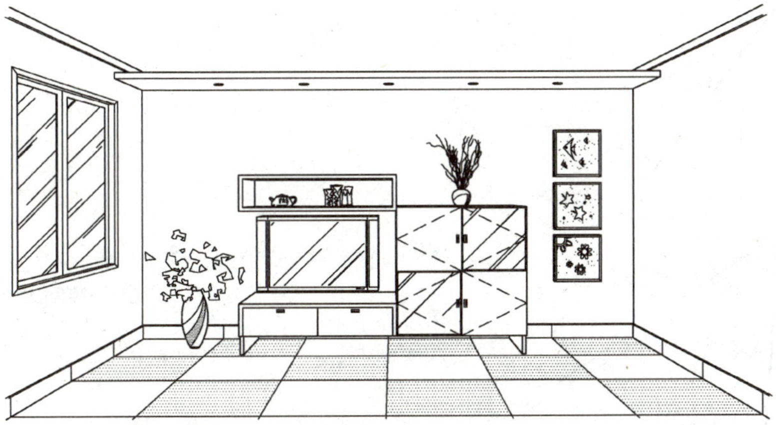

图 11-12　室内一点透视图

图11-12：绘制一点透视图比较容易，但是距离视点较近的物体，其侧面的投影形态容易失真。

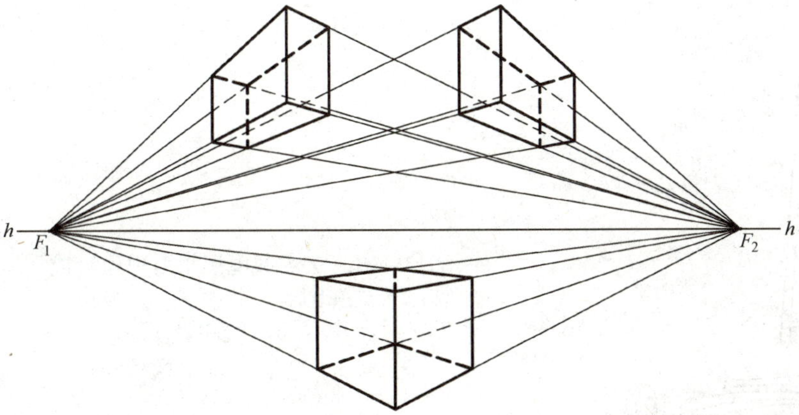

图 11-13　两点透视示意

图11-13：两点透视图比较符合人的正常视觉观察状态，观察视域开阔，绘图时视点的位置选择灵活，立体感强。其缺点是在绘制图样时，如果物体形态较为复杂，一旦选择的视高不合适，则极容易引起设计对象的顶界面或底界面透视失真。

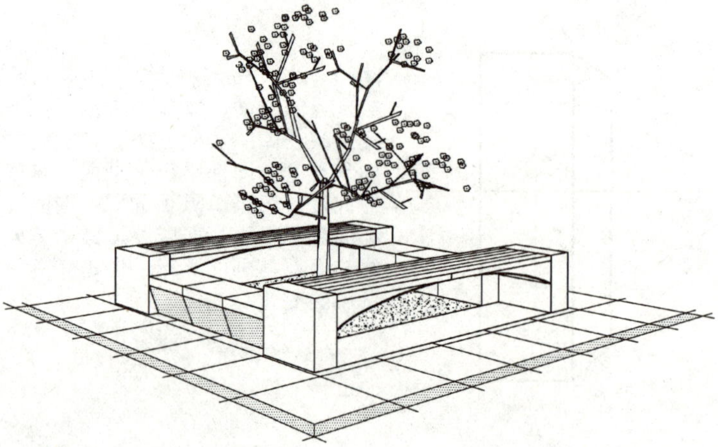

图11-14：两点透视图比较适合绘制空间中的某一角或局部场景，也可以用来绘制视点较远或两个透视投影灭点都较远的建筑或构造。

图 11-14　庭院景观两点透视图

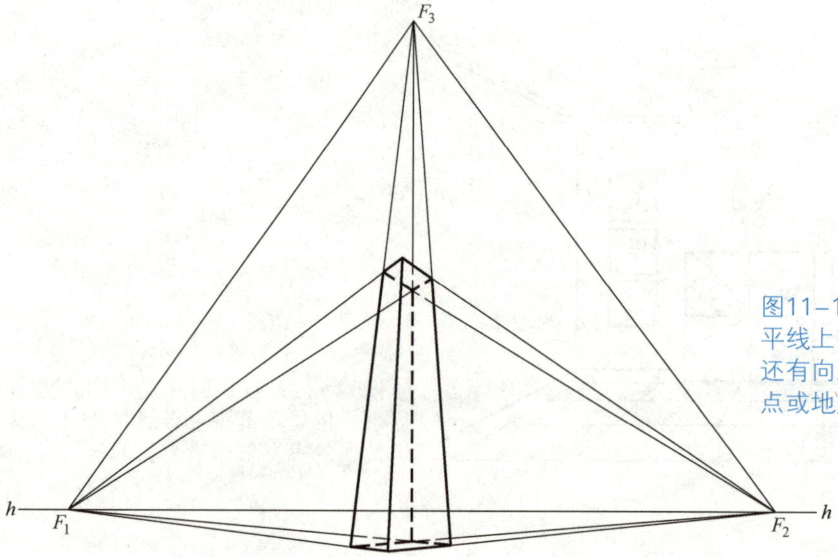

图11-15：三点透视投影图样除了在视平线上有两个灭点之外，在垂直方向上还有向上或向下消失的灭点，又称为天点或地点。

图 11-15　三点透视示意

图11-16：三点透视用于表现建筑或物体的透视图有一种挺拔、高耸的感觉，宜表现较高大的建筑和空间。

图 11-16　建筑外观三点透视图

11.1.4 透视图选用

学习透视制图，不仅要熟练掌握各种透视画法，还要掌握合理选用透视图，这包括透视类型、视点、画面位置、观看角度、幅面尺度、配景内容等。当视点、画面和表现对象三者的相对位置不同时，透视图将呈现不同的形状，表现良好的透视图应当符合读图者的视觉审美，因此，这三者的相对位置不能随意确定。

1. 选定视角

当视点过偏、视距过近时，视角就会增大，透视易产生失真现象。在实际生活中，我们都可以体会到，若头部不动，以一只眼睛观看前方时，上下、左右能看到的范围构成一个以眼睛为顶点的椭圆形的视锥（图 11-17～图 11-19）。

图11-17：水平视角α一般为110°～130°，清晰可见的视角为60°，最清晰的视角在28°～38°范围内。

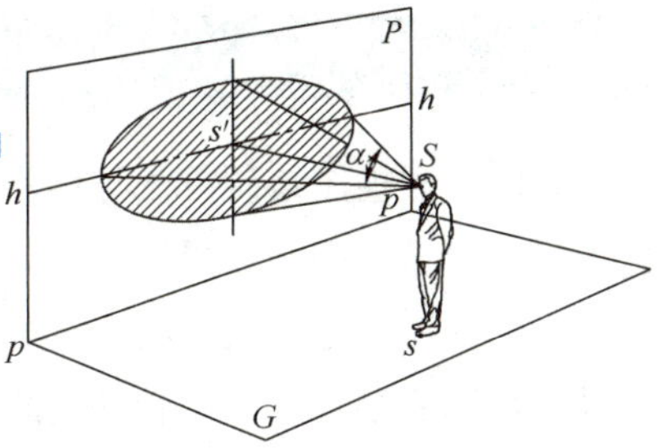

图 11-17 人眼视觉范围

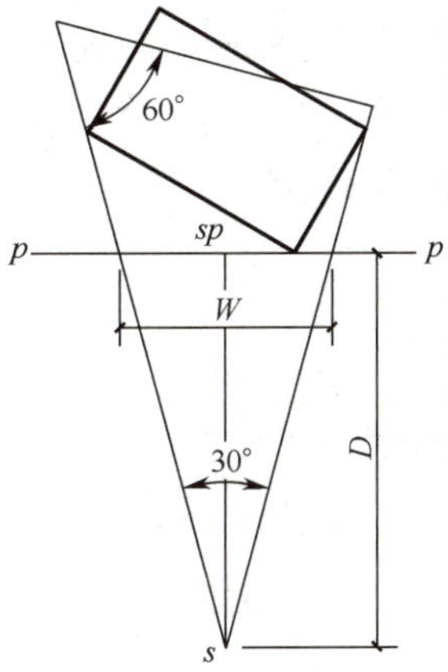

图11-18：绘室外透视，水平视角一般采用30°。以视中线为对称轴(ssp)，将30°三角板的斜边和所夹30°角的直角边靠在平面图的最左和最右边角点，这时30°三角板顶点位置即为理想的站点s位置。

图 11-18 水平视角 30°选定站点的方法

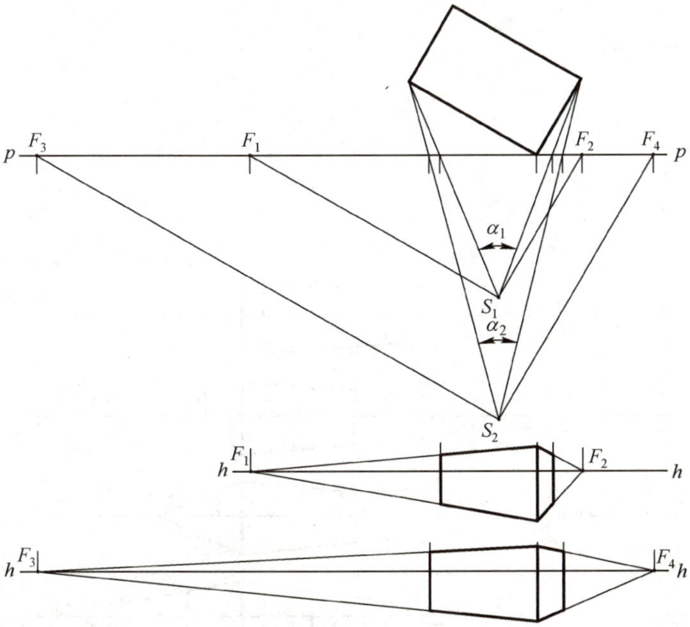

图11-19：视角大小对透视图有重要影响：视距近，视角大，表现对象就小，图像易发生失真；视距正常，视角适中，图像就不容易失真。

图 11-19 视角大小对透视图的影响

★补充要点——透视图中角点代号的编制

分析透视图绘制方法与步骤时，一般会在图稿中标注大量角点代号，以区分彼此间的关系，代号运用过多会造成图面效果混乱，也不方便识读。

透视图中角点代号的编制要有规律，平面图或主要立面图上的角点一般选用英文大写字母，按逆时针方向顺序编号，投射后生成的透视图采用相对应的小写字母标注，出现纵向多个角点，可以在字母后增加上标°、′、″来补充。如果同类角点数量过多，也可在字母后增加下标 1、2、3 或 *a*、*b*、*c* 等。编制角点代号时还要注意回避使用特定代号，避免重复，如 *s* 表示视点， *h* 表示视平线， *p* 表示画面线， *g* 表示基线， *s*′、*F*/*f* 表示灭点等。如果角点落在视平线 *h*、画面线 *p*、基线 *g* 上，也可以采用相关字母与线代号相组合的形式来编制，如 *ap*、*bg* 等。角点代号应分类标注，同类角点最好指定核心字母，然后依次作变化，如 *B*、*B*°、*b*、 *b*°、*b*′、*b*°、b_1、b_2、b_3、*bp*、*bg* 等。此外，在透视图中不可见且无实际用途的角点可以不作编号。

2. 选定站点位置

选择站点位置应该保证透视图具有一定的立体感，如果形体、画面位置、视角都已经确定，还要考虑站点的左右位置，为了保证能看到长方体的两个面，可以通过左右移动站立位置来获得最佳站点（图 11-20、图 11-21）。

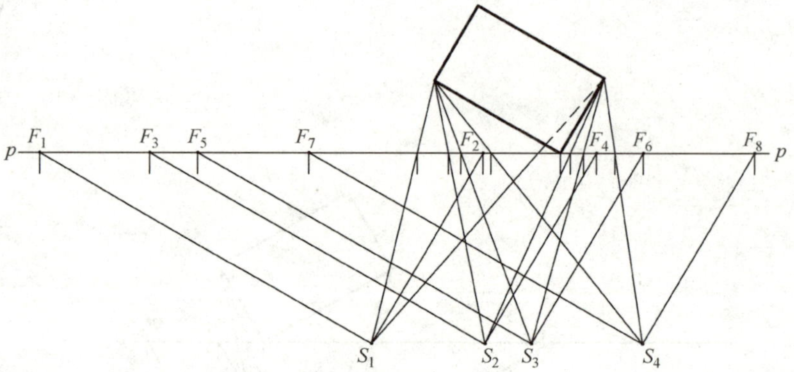

图 11-20　视点位置对透视图的影响（一）

图 11-20：通过左右移动点位置来比较所得透视图的差别。

图 11-21：由站点 s_1 所得透视图的灭点 F_2 在透视图中，只能见到形体的一个面，完全没有立体感。

由站点 s_2 所得的透视图的灭点 F_4 过于靠近右侧面，不能充分表现形体的体量感。

s_3 的位置最好，体量感强。

s_4 站点太偏右，使透视图长面变短，短面变长，严重失真。

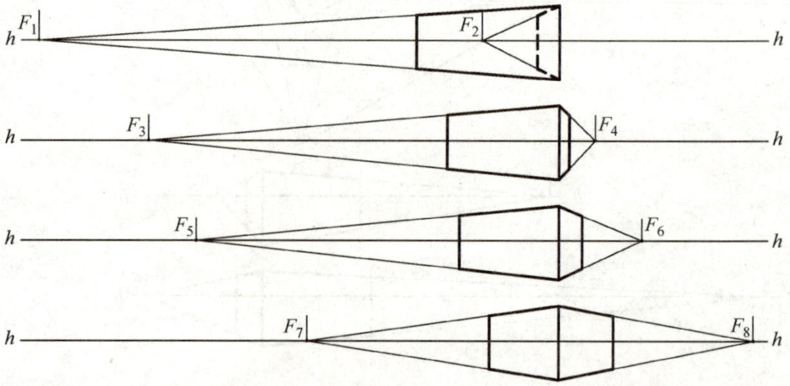

图 11-21　视点位置对透视图的影响（二）

站点的选择以视中线 *ssp* 垂直于 *p-p* 线，垂足 *sp* 在画面宽度 *W* 的中心为最佳位置，也允许在中间 1/3*W* 范围内移动，偏移不宜超出 *W* 宽度范围，否则会严重失真（图 11-22、图 11-23）。

3. 选定视高

视高即视平线的高度，在室外透视中，通常以人眼到地面的高度作为视高，约 1.6m 左右，改变视高会影响透视效果（图 11-24）。

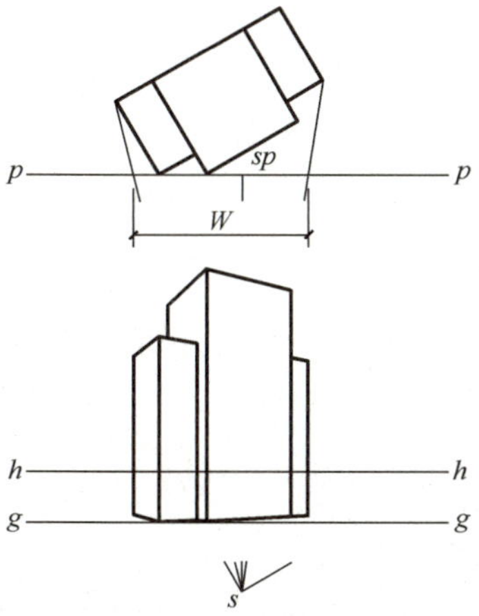

图 11-22　视点居中

图 11-22：形体由三个体块组合而成。视点居中，*sp* 在画面宽度 *W* 的中间，使透视图中能看到三个体块。

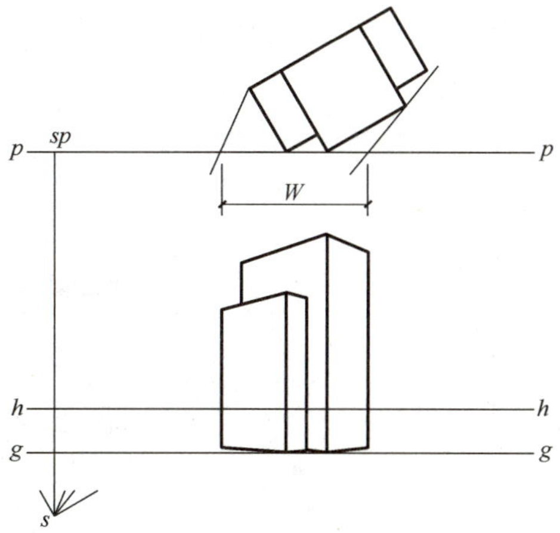

图 11-23　视点偏移

图 11-23：视点偏移，*sp* 在 *W* 宽度范围之外，透视图中只能看到两个体块，严重失真，影响表现效果。

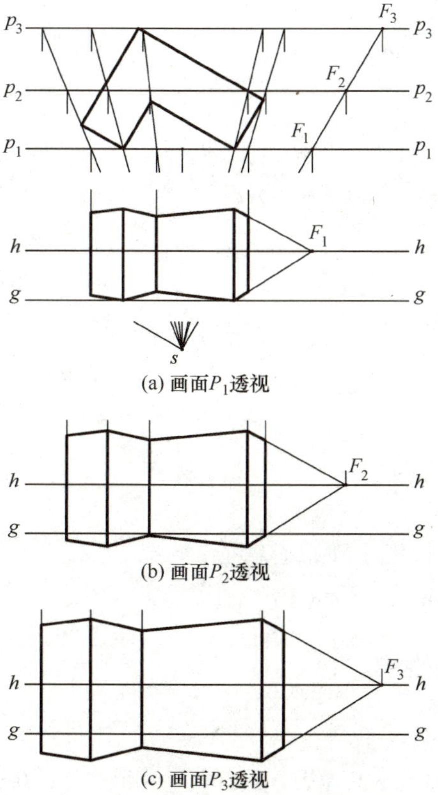

图 11-25　画面位置对透视图的影响

图11-25（a）：画面 P_1 在形体之前，所得的透视图为缩小透视。通常取缩小透视，并且使设计对象一角紧靠画面，能反映出真高线，方便绘制。

图11-25（b）：画面 P_2与形体相交，所得的透视图为放大透视。

图11-25（c）：画面 P_3在形体之后，所得透视图继续放大透视。

4. 画面位置

当画面平行移动时，所得透视图将不改变形状，只改变大小。如果视点与设计对象的相对位置关系不变，将画面前后移动到 P_1、P_2、P_3 的位置则得出图 11-25 所示透视图。

5. 表现对象与画面的夹角

设计对象的主要面与画面的夹角通常取较小值，如 30°。这时透视平缓，符合设计的实际尺度，可较好地表现设计对象的主要面、次要面（图 11-26）。

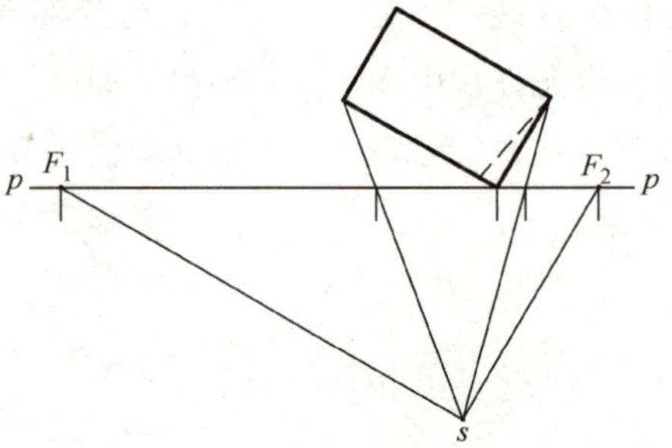

(a) 平面图

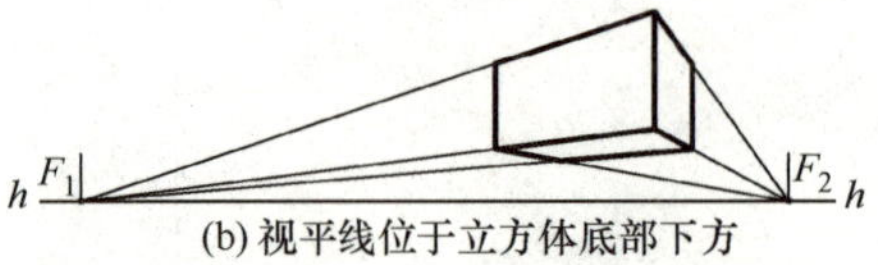

(b) 视平线位于立方体底部下方

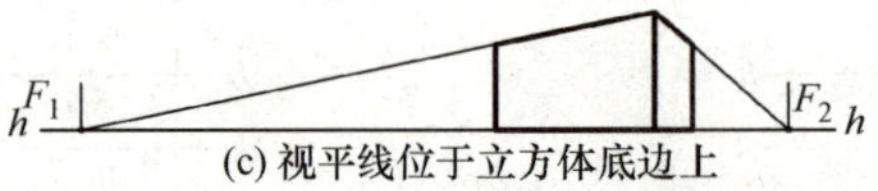

(c) 视平线位于立方体底边上

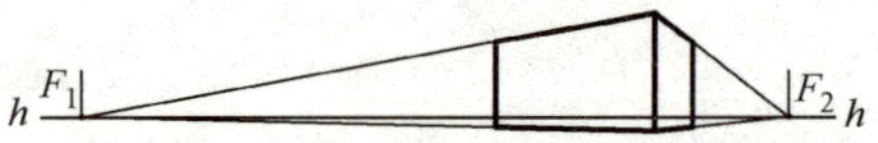

(d) 视平线位于立方体高度中央偏下且接近底边

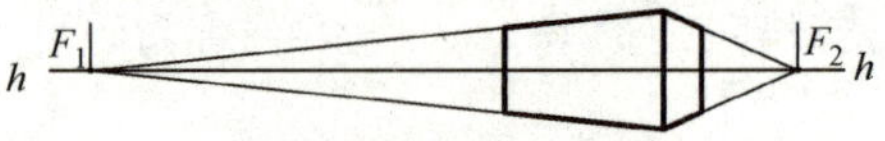

(e) 视平线位于立方体高度正中

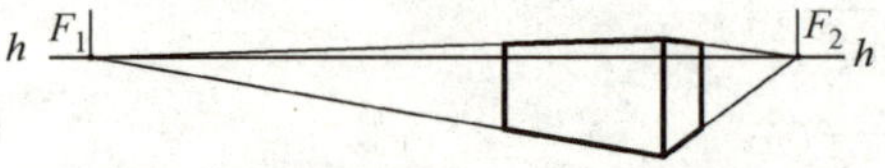

(f) 视平线位于立方体高度中央偏上且接近顶边

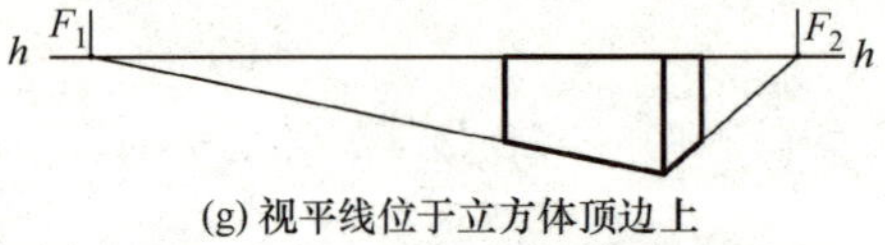

(g) 视平线位于立方体顶边上

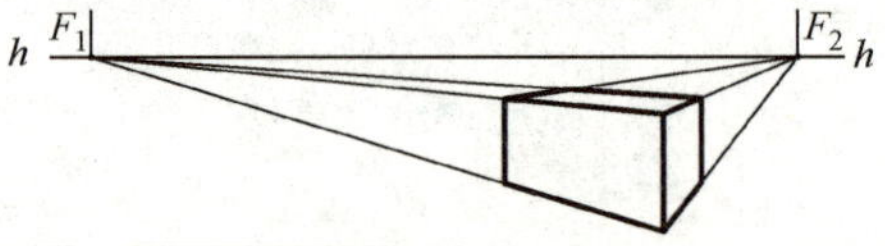

(h) 视平线位于立方体顶部上方

图 11-24　视点高度对透视图的影响

图 11-24（a）：平面图是透视图的基础，确定 s 点与物体之间的距离。

图 11-24（b）：能看到立方体的底面，一般用于绘制悬挂在空中的设计对象，如墙面悬挂吊柜等。

图 11-24（c）：能表现出立方体稳重、雄伟的感觉，适用于绘制纪念碑、塔楼等。

图 11-24（d）：适用于表现室外建筑的立面形体。

图 11-24（e）：上下透视感觉相同，表现效果呆板、僵硬，一般不建议选用。

图 11-24（f）：能较全面表现设计对象的全貌，适用于室内空间透视图。

图 11-24（g）：适用于表现去除顶棚的室内空间，它的全局包容性会更好。

图 11-24（h）：能看到立方体的顶面，一般用于绘制建筑场景、园林景观的鸟瞰图，更有利于表示室外道路、广场及建筑群之间的相互关系。

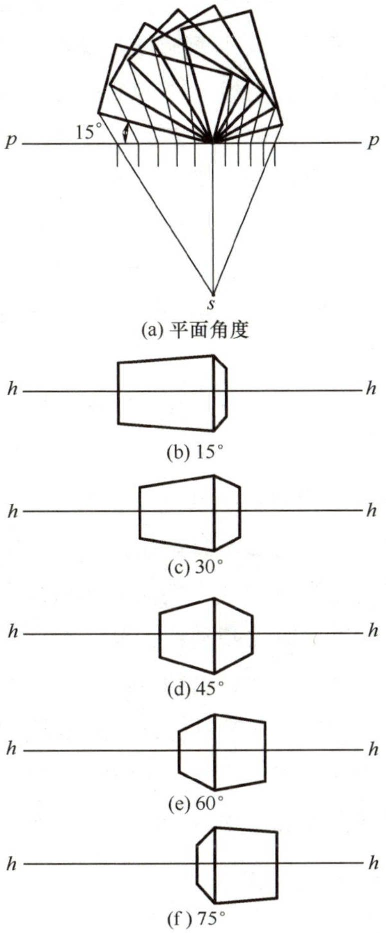

图11–26（a）：在平面图中绘制出不同角度的长方体。并统一s点距离立方体的距离。
图11–28（b）：15° 夹角的形体透视中较大面表面过于突出，失去了长方体的固有特征。
图11–26（c）：30° 夹角的形体透视中两个面的形态较适中，是常见的透视表现角度。
图11–26（d）：45° 夹角的形体透视中两个面的形态非常近似，难以区分长、短边长。
图11–26（e）：60° 夹角的形体透视中较小面的表面比较突出，不能正确表现长方体的特征。
图11–26（f）：75° 夹角的形体透视中较小面的表面过于突出，失去了长方体的固有特征，透视严重失真。

图 11–26　表现对象位于不同角度对透视图的影响

正确、合理选择透视图表现角度有助于提升透视图的品质，能清晰、准确反映设计对象的重点部位。在绘制透视图之前，先要认真考虑选择怎样的方向，再开始绘图，并运用正确的透视原理，绘制出优质透视图就很容易了。

11.2　一点透视图

在一点透视中，空间物体的主要面平行于画面，因此一点透视又称为平行透视，适用于横向面积宽广且需要表现纵深空间的设计对象。一点透视图由于只有一个灭点，绘制起来较为简单，前部立面为二维投影视图的绘制方法，可以直接抄绘正立面图，关键在于确定纵深方向的空间距离。常见一点透视图的绘制方法主要有灭点法和量点法两种，这里就以一组几何形体为例，详细讲述用灭点法绘制一点透视图的基本原理与绘制方法。

11.2.1　灭点法

灭点法将设计对象平面图中的各点与视点 s 相连接，连线与画面 P 形成交点，再将这些交点投射

至基面 *G* 上形成形体的竖向高度位置线，最后连接灭点 *s′* 来完成整个透视图。使用灭点法作一点透视图，要预先绘制设计对象的立面图与平面图，复杂构造更需要绘制多个立面，并标注较详细的尺寸数据。

1. 确定视点与视高

绘制设计对象的平面图与立面图（图 11-27）。

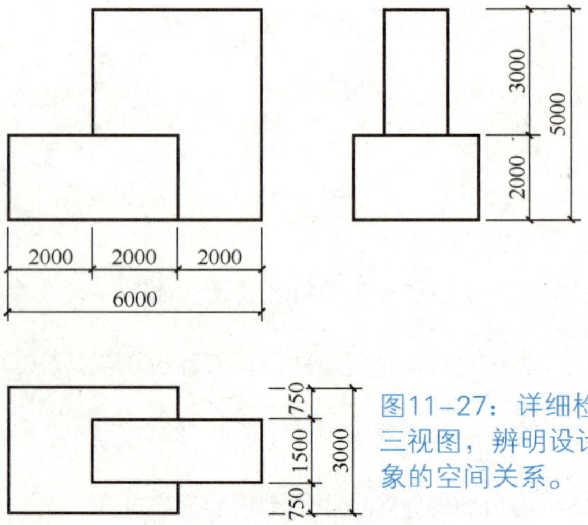

图11-27：详细检查三视图，辨明设计对象的空间关系。

图 11-27　几何形体三视图（上：立面图；下：平面图）

平面图中将视点 *s* 定在距画面线 *p* 下方 13200mm 处，距平面图边缘 *CK* 右侧 6500mm 处，能较好地反映设计对象的全貌。视点 *s* 距画面线 *p* 的直线距离为设计对象平面形体长或宽的 2~3 倍。然后利用视点 *s* 与画面线 *p* 之间的空白区域绘制基线 *g* 与视平线 *h*，两者的间距即为视高，视高尺寸也需根据设计对象的特征来定，这里以能看到左侧立方体的上表面为佳，视高定为 3200mm，再作视点 *s* 至视平线 *h* 的垂直连线 *ss′* 交视平线 *h* 于点 *s′*，点 *s′* 即为该一点透视图中的灭点（图 11-28）。

2. 求真高线

在基线 *g* 上抄绘或复制正立面图，正立面图既可以画在左侧，再延伸至平面图下方，也可以直接画在与平面图纵向对齐的位置上。其中由 *GI* 投射下来的面域 *gg°I°i* 为真实投影面，*gg°* 与 *I°i* 就是设计对象的可见原位真高线，而 *a′m* 与 *c′cg* 为不可见真高线，故采用双点长划线绘制。真高线是求得透视效果的基准参考线，它的存在数量与画面线 *p* 的位置相关。因此，一般应将画面线 *p* 设定在平面图的下部边缘上，与平面图的直线边重合。这样，真高线就出现在透视图中的最前端，方便后期制图参照。

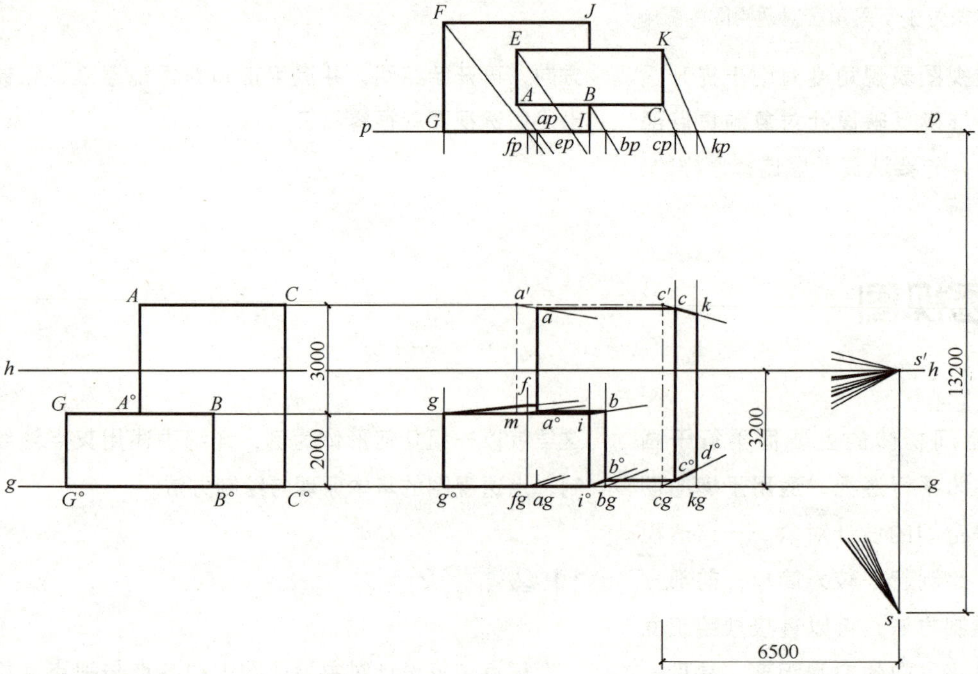

图11-28：引用平面图，将其抄绘或复制至图稿中央，并通过下部直边GI作画面线p，设视点s于平面图的右下方，具体位置可以根据设计对象的特征和绘制需要来定。

图 11-28　灭点法绘制一点透视图

3. 投射透视图

首先，分别连接 Fs、As、Bs、Cs、Ks，交平面图上画面线 p 于点 fp、ap、bp、cp、kp。

然后，再将这些交点向下投射到基线 g 上，分别得出点 fg、ag、bg、cg、kg 与相关垂直连线。这些垂直连线就是设计对象立方体纵向边角的透视轮廓线，它们与真高线一同形成了一点透视图的纵深轮廓。纵深轮廓线有可见与不可见两类，绘图时一般只需绘制可见线，如 fpfg、apag、bpbg、cpcg、kpkg。对于透视图中看不到的角点与轮廓线可以不画，如立方体后方角点 E、J 的透视轮廓线，但是初学者也可以画出来作为辅助参考。

最后，将真高线上的点 g、i、i°、a′、m、c′、cg 等分别与灭点 s′相连接，其连线与刚才绘制的纵深轮廓线分别相交，得出点 f、b、b°、a、a°、c、c°、k、d°，这些交点即是设计对象在透视图中的边角点，根据设计对象形体结构，连接这些角点，即得出设计对象的一点透视图。

使用灭点法绘制一点透视图，原理比较简单，只是将平面角点与视点 s 相连，得出透视图中的纵深轮廓线，即纵线；再通过真高线与灭点 s′相连，得出透视图中的透视线，即横线。纵、横线相交就得出透视图中的边角点，连接边角点即完成一点透视图。

11.2.2 一点透视图实例

为了强化对一点透视图的理解，这里再列举某电梯间室内设计方案，详细讲解一点透视图的绘制方法。由于幅面有限，避免角点代号占据过大图面面积，故省略各构造角点的标识。

1. 分析空间关系

首先，根据设计要求完整绘制电梯间的平面布置图、顶棚平面图与两个主要立面图（图 11-29）。

然后，运用灭点法来绘制该电梯间的一点透视图，由于细节构造较多，可以分为墙面、地面和顶棚三个界面依次绘制。

2. 绘制界面

首先，需要简化电梯间平面图，只保留墙体结构，抄绘或复制在图稿上方（图 11-30）。

然后，运用同样的方法将右侧墙面上电梯门的形态也绘制出来，注意电梯门的门套具有一定厚度，这在透视图中不能有遗漏，需要完整表现。凡是在平面图中有所反映的形体结构，都要求投射到透视图中绘制，透视图中的纵向尺寸都在远处墙面上测量，并与灭点 s′相连，远处墙面高度线即是真高线。当左侧墙面上的石材铺装网格与右侧墙面上的电梯门绘制完成后，即可左右镜像复制，同时得出左右两面墙上的形体结构。

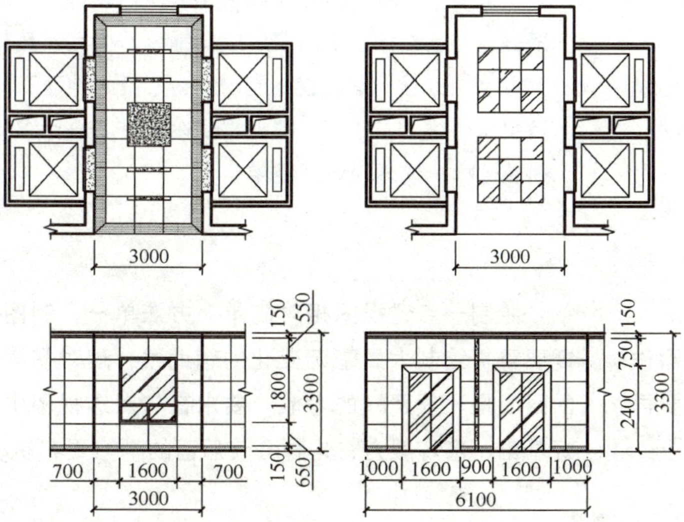

图 11-29　电梯间平面图与立面图

图11-29：从施工图中描绘或复制至图稿中央。简化原因的尺寸标注，只保留即将要绘制的尺寸，如电梯间平面空间的长、宽尺寸及立面图中主要构造的尺寸。该电梯间纵深较大，需表现左、右墙面上的电梯门，选用一点透视比较适宜，且两侧完全对称，形成稳重的视觉感受。室内设计顶棚高度为3150mm，视高可定为1200mm，画面线p定在远处内墙边缘线上，视点s距画面线p为10000mm。

接着，在透视图下方对齐绘制地面铺装图，这里可只绘制地面铺装形体，省略墙体构造（图 11-31）。

最后，可以将透视图抄绘或复制一份，继续绘制顶棚构造，具体方法与地面一致。

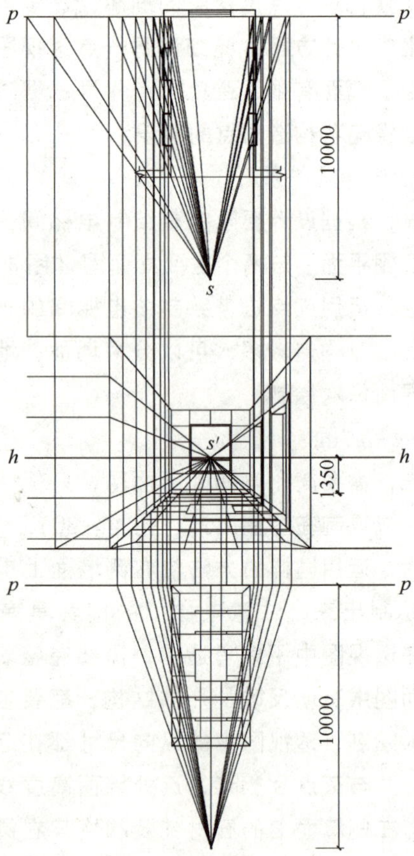

图 11-30　电梯间一点透视图绘制步骤一

图 11-30 画面线 *p* 定在远处内墙边缘线上，视点 *s* 距画面线 *p*10000mm。将视点 *s* 分别与左侧墙面上石材铺装网格点相连接，从而投射到下方透视图中，结合真高线上的铺装网格点，纵横交错地绘制出左侧墙面石材铺装透视线。

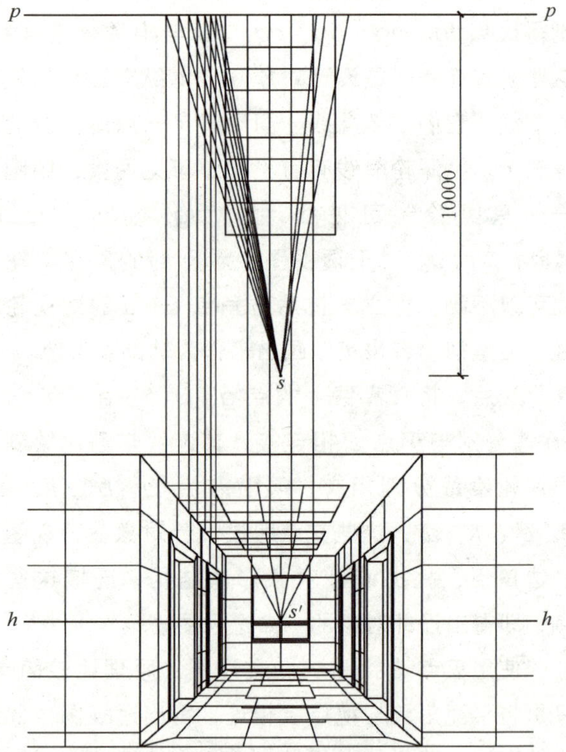

图 11-31　电梯间一点透视图绘制步骤二

图 11-31：在同样的位置设定点 *s*，将点 *s* 与地面石材网格的横向边缘线或延长线相连接，并延伸到画面线 *p* 上，在透视图中投射出地面铺装材料横向网格。在远处墙面上测量出纵向铺装网格点，且与灭点 *s*′相连接，这样就绘制出纵横交错的地面石材铺装网格线了，还可以根据需要在地面上设计绘制拼花图样，使透视效果更丰富。

3. 添加填充装饰

当一点透视图中的结构全部绘制完成后，需作全面检查，发现图线错误或视觉上的不良感受要再次核对，及时纠正错误（图 11-32）。

绘制一点透视图相对简单，方法单一，制图中需要重复绘制大量毫无变化的辅助线，这对初学者的耐心是一项严峻的考验，要求在一点透视图中打好基础，磨炼毅力，这样会使后面的学习更容易。

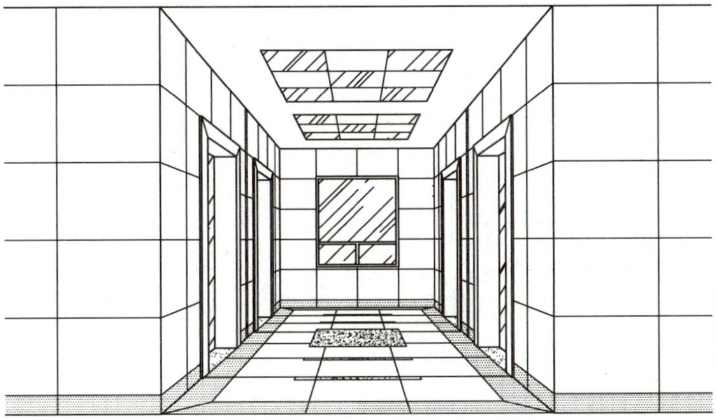

图11–32：将图稿描绘或复制至质地较好的绘图纸上，并为踢脚线、窗户玻璃、地面铺装等构造添加必要的填充，使图面形成黑、灰、白三个层次。

图 11–32　电梯间一点透视图绘制步骤三

11.3　两点透视图

相对于一点透视图而言，两点透视图的表现效果更丰富些，它能着重表现设计对象的两个面，较符合人在日常生活中的观看习惯。因此，两点透视的使用频率会更高些。两点透视图的绘制方法主要有灭点法和量点法两种，这里以一组几何形体为例详细讲解灭点法的基本原理与绘制方法。

11.3.1　灭点法

在两点透视图中，灭点法运用最普及，将设计对象平面图中的各点与视点 s 相连接，连线与画面线 p 形成交点，再将这些交点投射至画面上形成形体的竖向高度位置线，最后连接两个灭点 f_1 与 f_2，最终完成整个透视图。

1. 确定视点与视高

绘制设计对象的平面图与立面图后，需作详细检查，辨明设计对象的空间关系（图 11–33）。

引用平面图，将其抄绘或复制至图稿中央。为了获得良好的两点透视效果，特将平面图原地顺时针旋转 30°，并通过点 A 作画面线 p，设视点 s 于平面图点 A 正下方 9000mm 处，并连接点 s 与点 A 为 sA。视点 s 距画面线 p 的直线距离为设计对象平面形体长或宽的 2~3 倍。经过旋转后的设计对象须以其中一个角点位于画面线 p 上，对于视点 s 而言，这个角点最好是设计对象中距离视点 s 最近的角点，它就位于该透视图的真高线上（图 11–34）。

2. 求灭点与真高线

过视点 s 作 AD、AB 的平行线，交画面线 p 于点 F_1 与点 F_2，点 F_1 与点 F_2 即为该两点透视图中的两个灭点，sF_1 与 sF_2 之间的夹角为 90°。灭点 F_1 与 F_2 的具体位置与表现对象的旋转角度有关，或者说与视点 s 的具体位置有关，视点 s 距离设计对象或远或近，偏左偏右，都直接影响最终的透视效果。在画面线 p 上确定了灭点 F_1 与 F_2 后，可以将其垂直引至视平线 h 上，即得出透视图中的灭点 f_1 与 f_2。

由于该设计对象是两个立方体的组合，于是需要求得两条真高线，为后期形成透视图打好基础。先将 A 向下延伸至基线 g 上，得出交点 a'，过点 a' 向上作垂线 $a'a$，且 $a'a$ 的绘制长度为 2000mm，与该立方体在立面图中的高度一致，即 $a'a$ 为右侧立方体的真高线。再将左侧立方体上的前方直边 JK

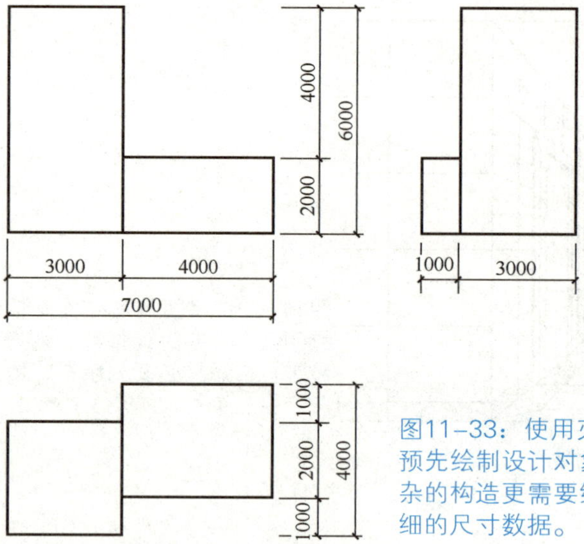

图11–33：使用灭点法作两点透视图，要预先绘制设计对象的立面图与平面图，复杂的构造更需要绘制多个立面，并标注详细的尺寸数据。

图 11–33　几何形体三视图

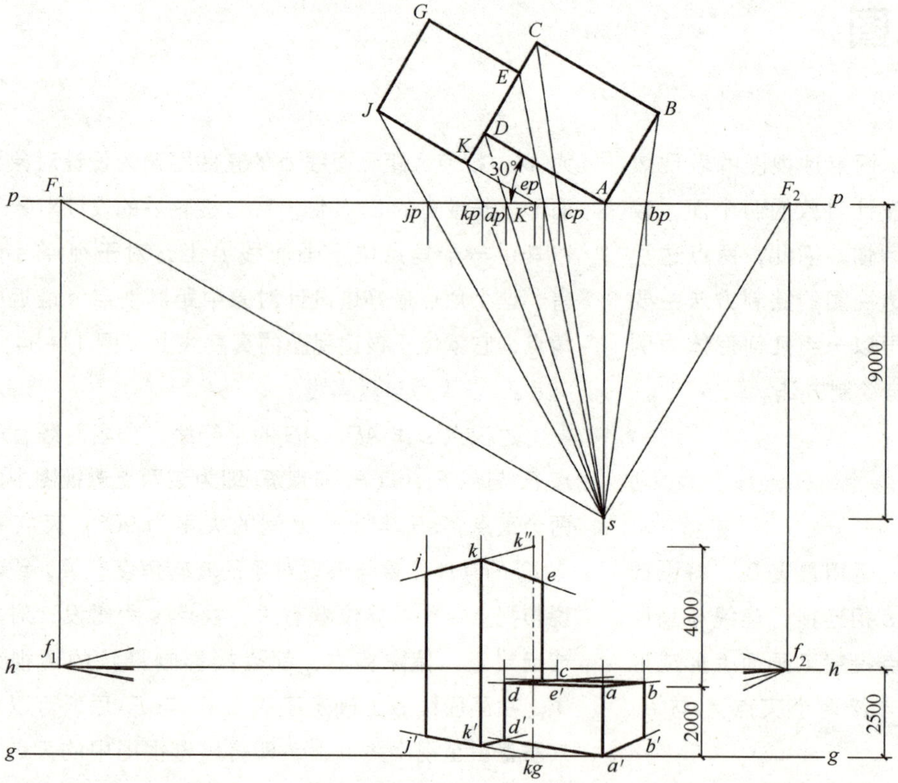

图11–34：在视点s下方空白区域绘制基线g与视平线h，如果平面图上视点s与画面线p之间有足够大的区域，也可以放置在其间，或者在平面图上方绘制透视图。要尽量缩短基线g与画面线p之间的距离，方便绘制辅助线与参考线。基线g与视平线h的垂直连线即为视高，视高尺寸也需根据设计对象的特征来定，这里以能看到右侧立方体的上表面为佳，视高定为2500mm。

图 11–34　灭点法绘制两点透视图

延伸至画面线 *p* 上，交画面线 *p* 于点 *K*°，过点 *K*° 向下作垂线至基线 *g*，得出交点 *kg*，过 *kg* 向上作垂线至点 *k*″，且 *kgk*″的绘制长度为6000mm，*kg k*″与该立方体在立面图中的高度一致，即 *kgk*″为左侧立方体的真高线，并采用双点长划线绘制。

真高线是求得透视效果的基准参考线，通常在两点透视图中，每个独立形体都应该寻找至少一条真高线，它的存在与画面线 *p* 的位置有关。因此，一般应将画面线 *p* 设定在平面图的下部边角点上，这样，真高线就会出现在透视图中的最高端，方便后期制图参照。

3. 投射透视图

首先，分别连接 *Js*、*Ks*、*Ds*、*Es*、*Cs*、*Bs*，交画面线 *p* 于点 *jp*、*kp*、*dp*、*ep*、*cp*、*bp*，再将这些交点向下投射到透视图中，得到 *jpj*、*kpk*、*dpd*、*epe*、*cpc*、*bpb* 等相关垂线，这些垂线就是设计对象立方体纵向边角的透视轮廓线，它们与真高线一起形成了两点透视图的纵深轮廓。纵深轮廓线有可见与不可见两类，绘图时一般只需绘制可见线与可见角点，透视图中看不到的轮廓线与角点可以不画，如左侧立方体后方角点 *G* 的透视轮廓线。但是对于初学者，也可以画出来作为辅助参考。

其次，将真高线上的点 *a*、*a*′、*k*″、*kg* 4 点分别连接灭点 f_1 与 f_2，这 4 点与灭点 f_1、f_2 间的连线会和刚才绘制的纵深轮廓线分别相交，得出点 *d*、*d*′、*b*、*b*′、*j*、*j*′、*k*、*k*′，其中再将点 *d* 与灭点 f_2 相连，交 bf_1 于点 *e*′和点 *c*，将点 *k* 与灭点 f_2 相连，交 *epe* 于点 *e*，这些交点即是设计对象在透视图中的边角点。

最后，根据设计对象形体结构，连接这些角点，最终得出设计对象的两点透视图。

使用灭点法绘制两点透视图，原理比较简单。只是将平面角点与视点 *s* 相连，得出透视图中的纵深轮廓线，即纵线；再通过真高线与灭点 f_1、f_2 分别相连，得出透视图中的透视线，即横线。纵、横线相交就得出透视图中的主要边角点，其余边角点可以由已知点继续延伸得出，连接这些边角点即得出两点透视图。

11.3.2 两点透视图实例

为了强化对两点透视图的理解，这里再以某报刊亭外观设计方案为例，详细讲解两点透视图的绘制方法。由于幅面有限，避免角点代号占据过大图面面积，故省略各构造角点的标识。

1. 分析空间关系

首先，根据设计要求绘制报刊亭的平面图、正立面图与侧立面图，这些图也可以从施工图中描绘或复制到图稿中来（图 11-35）。为了获得适宜的观看视角，可以将平面图旋转 30°，使其顶棚角点落在画面线 *p* 上，设有门窗的正立面为主要观看对象，无门窗的侧立面为次要观看对象。视点 *s* 与顶棚角点相连，其连线与画面线 *p* 垂直，视距为 9000mm，形成较合适的视角。

其次，分别绘制画面中的视平线 *h* 与基线 *g*，报刊亭全高 3400mm，视高可定为 1200mm。过视点 *s* 向画面线 *p* 引出灭点 F_1 与 F_2，再过点 F_1 与 F_2 作垂线延伸至视平线 *h* 上得到透视图的灭点 f_1 与 f_2，做好准备工作。这里运用灭点法来绘制该报刊亭的两点透视图，由于细节构造较多，可以分为基础构造与门窗装饰两个部分先后绘制。

2. 绘制构造

将平顶图中各主要角点分别与视点 *s* 连接，将这些连线与画面线 *p* 形成的交点向下延伸到透视图中。报刊亭的真高线仅为顶棚厚度垂直轮廓线，因此，要以此为参照推引出其他构造的纵向轮廓线。

报刊亭的顶部为斜面，顶面左侧透视线需要分别求出两端斜面角点的高度后依次连接完成。

完成基础构造绘制后要仔细检查透视形体，发现图线错误或混淆不清，要及时修改（图 11-36）。

接着绘制门窗等构造。门窗构造是正立面中的主要表现内容，分为玻璃、边框、门窗套等多个层次，应先绘制主要轮廓，再分别向内绘制边框线，向外绘制门窗套线（图 11-37）。报刊亭中的主体构造采用中实线绘制，辅助构造与装饰构造采用细实线绘制，明确透视图中的层次。当构造细节过多时，可以在绘图中分阶段描绘或复制图纸，避免过多参考线干扰思维。

3. 添加填充装饰

将图稿描绘或复制至质地较好的图纸上，并为报刊亭添加相关配景，如树木、花草、地面铺装等，这些形体的透视仍需严谨绘制。

最后，为门窗玻璃、墙面材质、地面铺装等构造添加必要的填充，使图面形成黑、灰、白三个层次，甚至可以着色渲染（图 11-38）。

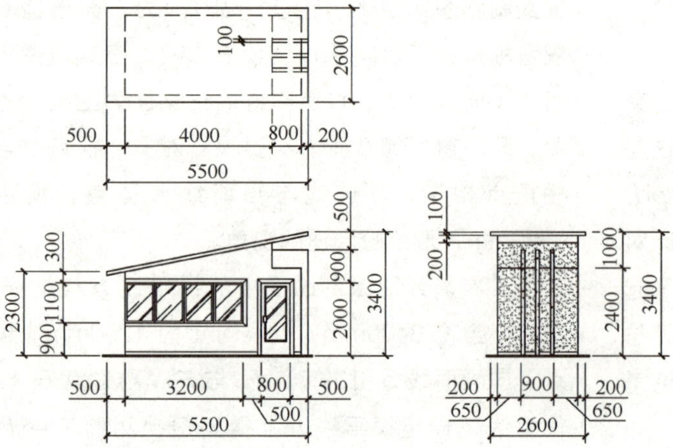

图11-35：简化原图的尺寸标注，只保留即将要绘制部位的尺寸，如报刊亭中主要形体构造与装饰构造的尺寸。

图 11-35　报刊亭平面图与立面图

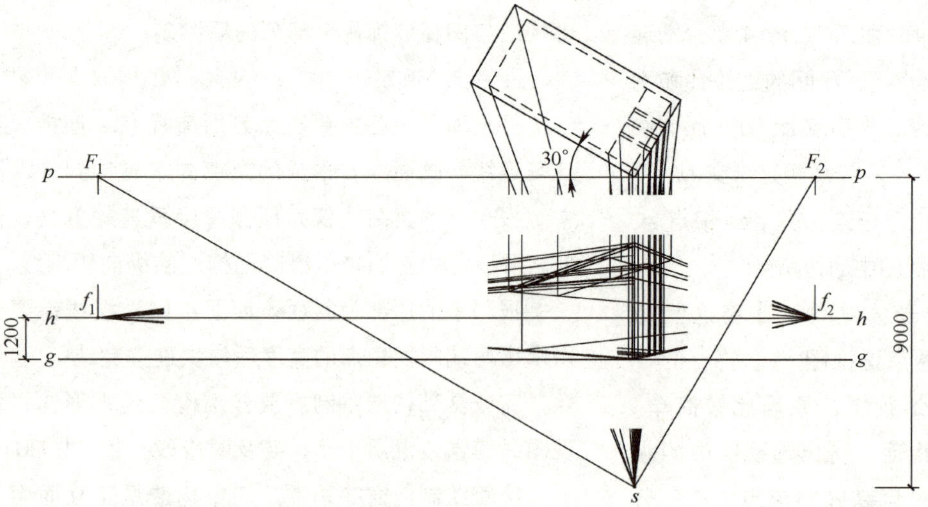

图11-36：报刊亭基础构造创建形式与立方体类似，在透视图中要把控好顶部斜面的高度，将画面线p上的交点准确投射到透视图中。

图 11-36　报刊亭两点透视图绘制步骤一

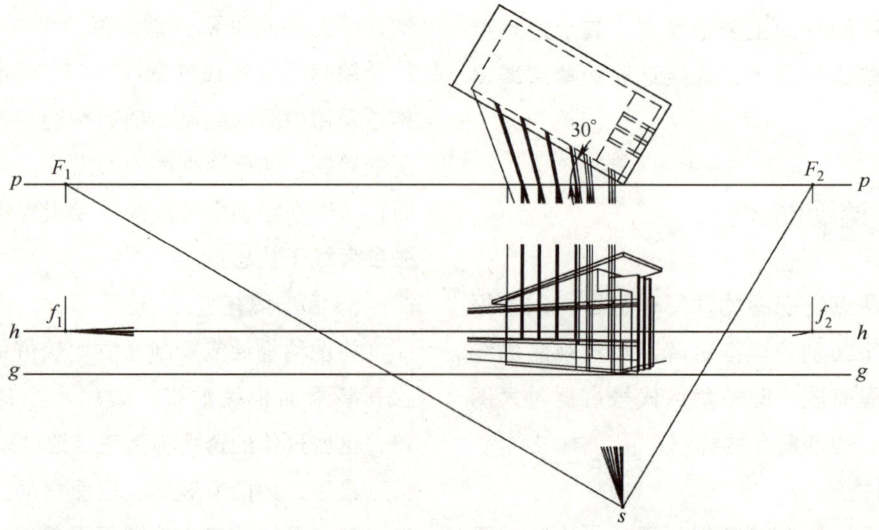

图 11-37　报刊亭两点透视图绘制步骤二

图 11-37：报刊亭中所有细节构造，均逐一投射，直至完成所有构造的透视。

图 11-38　报刊亭两点透视图绘制步骤三

图11-38：绘制两点透视图比较复杂，需要严密的逻辑思维能力作保障。

11.4　圆的透视图

现代环境艺术设计图中的曲面造型越来越多，它与直线造型相互配合，能使设计对象更加新颖独特。曲面体透视图的绘制比较烦琐，目前多用电脑绘图即可得到完美的图面效果，故此处只讲述最基础的圆的透视绘制方法。

圆是一种二维图形，一般作为形体结构的组成部分出现在透视图中，根据它与画面 P 之间的关系，可以分为平行于画面的圆和不平行于画面的圆。

1. 平行于画面的圆

当圆的平面与画面 P 平行时，其透视仍是一个圆，只是圆与视点 s 的距离不同会导致经透视后圆的半径不同，即圆的大小不同。近处的圆大，远处的圆小，这也是透视图中的普遍规律（图 11-39）。

首先，连接 sO_2 交画面线 p 于点 O_2p，将点 O_2p 垂直向下引至视平线 h 上，交视平线 h 于点 o_2，即得出圆 O_2 在透视图中的圆心 o_2。

其次，再将视点 s 与圆 O_2 的直径边缘点 C 相连，使 sC 交画面线 p 于点 cp，将点 cp 垂直向下引至视平线 h 上，交视平线 h 于点 c，则 o_2c 即为透视图中圆 o_2 的半径，以点 o_2 为圆心，o_2c 为半径作图即得出圆 O_2 的透视图圆 o_2。采用同样的方法绘制出圆 o_1。

最后，圆 o 由于在画面上，可以直接由平面图投射下来。圆 o、o_1、o_2 即为圆 O、O_1、O_2 的透视图，这 3 个圆在透视图中的位置关系很有规律，这与它们在平面图中间距相等有关。绘制出平行于画面线 p 的圆比较简单，但它是曲面体透视的基础。

2. 不平行于画面的圆

当圆所在平面不平行于画面时，其透视一般为具有透视性质的椭圆，尤其是处于不同位置的水平圆与铅垂圆，它们的透视形态各不相同，一般通过圆的外切正方形 4 边的中点（切点）与正方形对角线与圆周的 4 个交点来求得，这种制图方法称为八点法（图 11-40）。

现在采用八点法分别绘制水平圆与铅垂圆的透视图（图 11-41）。

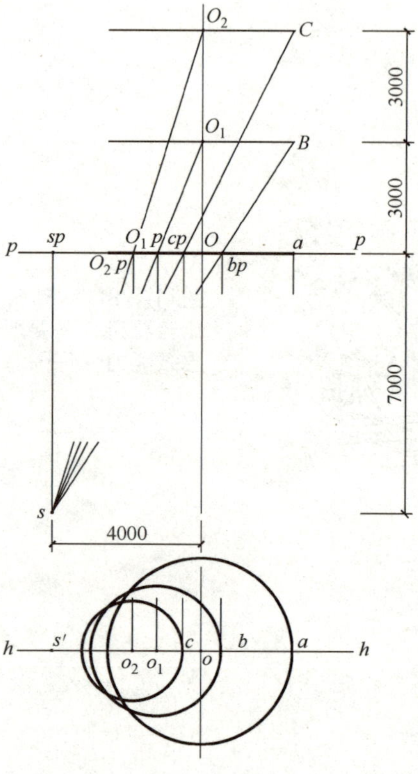

图11-39：作与视点s距离不同的3个圆，圆O、O_1、O_2的直径相等，它们的圆心连线垂直于画面线p-p，其中圆O与画面线p重合，OO_1 =3000mm，O_1O_2=3000mm。设定视点s于画面线下方7000mm处，向左侧偏移4000mm，在平面图下方任意空白区域绘制视平线h-h，灭点s位于视平线h-h上。

图 11-39　平行于画面的圆的透视

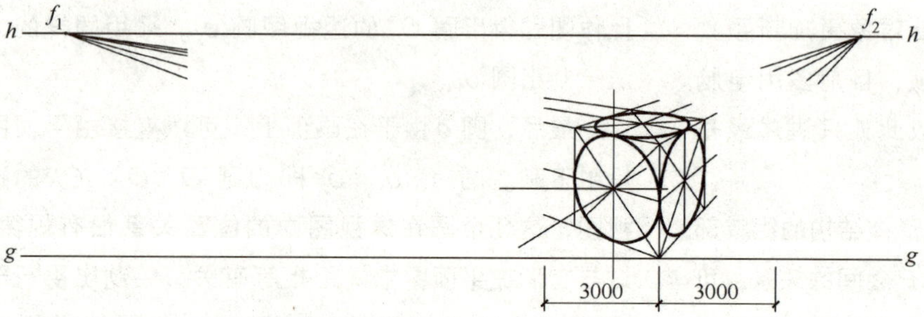

图11-40：不平行于画面的图可将其置于正方形轮廓中，先作出正方形的透视图，再在正方形透视图中采用平滑曲线作出透视的图。

图 11-40　不平行于画面的圆的透视

（1）水平圆的绘制方法

首先，作圆 O 的水平透视图，绘制圆 O 的平面图并增加该圆的外切正方形 ABCD，连接正方形对角线 AC、BD，分别交圆 O 于点 A°、C°、B°、D°，再分别纵向和横向连接这 4 点，得出圆 O 内接正方形 A°B°C°D°。过圆心 O 作水平线交外切正方形于点 E、F，作铅垂线交外切正方形于点 I、J。过点 A、B 作画面线 p，将视点 s 设定在画面线下方 10000mm 处并偏圆心 O 左侧 1000mm。这样，基本制图环境就创建好了。

其次，在画面线 p 下方任意空白区域绘制基线 g 与视平线 h，两线间距为 5000mm。过视点 s 向视平线 h 上作垂线，交视平线 h 于点 s′，点 s′即是透视图中的灭点。采用前文中绘制一点透视图的方式，在平面图中连接视点 s 与点 D，与画面线 p 的交点引向画面。

再次，将点 A、I、B 分别向下引垂线至基线 g 上，交基线 g 于点 a、i、b，连接 as′交上述垂直引线于点 d，过点 d 作水平线交 bs′于点 c，则点 a、b、c、d 即是外切正方形在透视图中的 4 个角点。

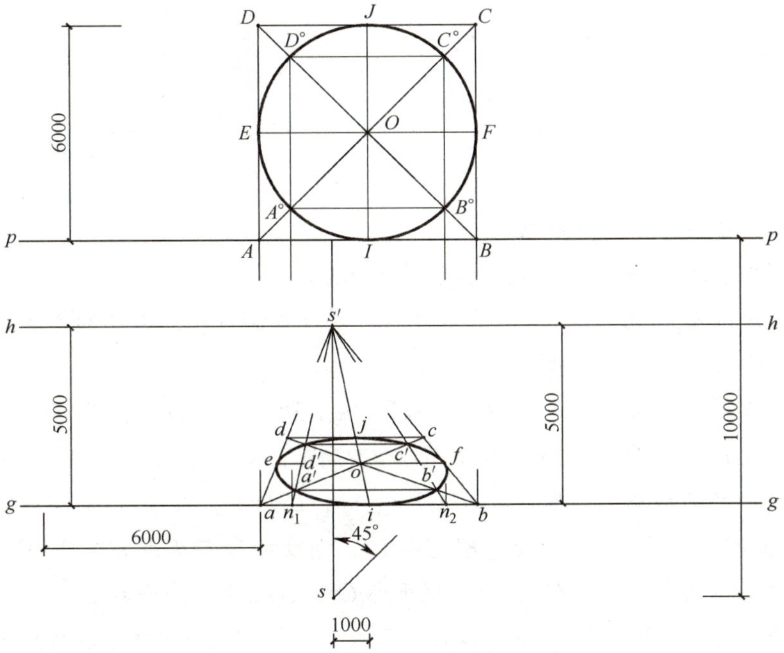

(a) 水平圆透视图

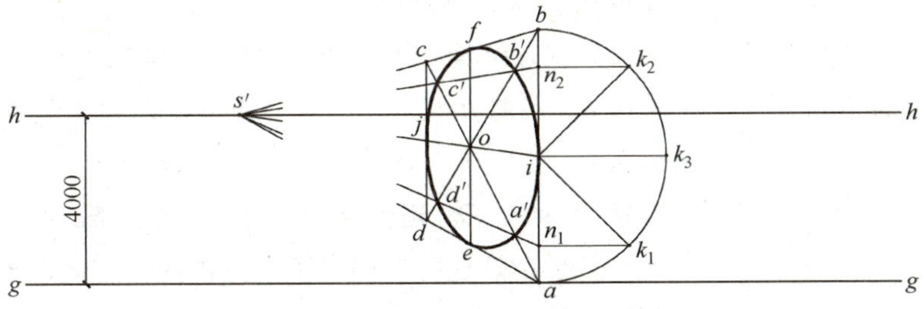

(b) 垂直圆透视图

图 11-41　八点法作圆的透视图

图11-41：使用八点法绘制透视图难度不大，只需注意圆的外切正方形与内接正方形的定位，然后将其主要角点投射至透视图中即可按常规透视方法绘制出圆的透视图。平时需对平滑曲线多作练习，尺寸较小的圆可直接徒手绘制，尺寸较大的圆需要曲线板来拼接绘制，切不可过于草率，要保证图面效果。

再将 $D^{\circ}A^{\circ}$、$C^{\circ}B^{\circ}$ 分别向下延伸至基线 g 上，交基线 g 于点 n_1、n_2，再连接 n_1s'、n_2s'，交 ac 于点 a'、c'，交 bd 于点 b'、d'，这 4 点即是内接正方形在透视图中的 4 个角点。过点 o 作水平线 ef 交 ad 于点 e，交 bc 于点 f，连接 is' 交 cd 于点 j。这样，透视圆中的点 a'、b'、c'、d' 与点 e、i、f、j 共 8 个点全部求得。

最后，使用平滑曲线按圆周顺序连接这 8 个点即得不平行画面的圆透视图［图 11-41（a）］。

（2）铅垂圆的绘制方法

采取上述方法也可以绘制出铅垂圆的透视图，当然也可以简化绘制，省略圆的平面图。

首先，采用上述方法绘制圆的外切正方形 $abcd$。连接对角线 ac、bd 交于点 o，连接 os' 交 cd 于点 j，反向延长 os' 交 ab 于点 i。接着过点 o 作垂线交 cb 于点 f，交 ad 于点 e。

其次，以点 i 为圆心，真高线 ab 为直径绘制半圆弧，过点 i 作该半圆弧的半径交半圆弧于点 k_3，再以 ik_3 为参照，分别作+45°半径和−45°半径分别交半圆弧于点 k_1、k_2，分别过点 k_1、k_2 作水平线交真高线 ab 于点 n_1、n_2。

最后，连接 n_1s' 交 ac 于点 a'，同时交 bd 于点 d'，连接 n_2s' 交 bd 于点 b'，交 ac 于点 c'。这样，透视圆中的点 a'、b'、c'、d' 与点 e、i、f、j 共 8 个点全部求得。使用平滑曲线按圆周顺序连接这 8 个点即得铅垂圆的透视图［图 11-41（b）］。

11.5 倒影与虚像

在日常生活中，我们常看到平静的水面或光滑的地砖上呈现出对称于水平面的图像。如果在设计空间中挂有镜子，则在镜子里又可以看到物体的形象。水面、镜子等反射媒介统称为反射平面 R，当反射平面 R 为水平时，将物体对称于反射平面 R 的图像称为倒影；当反射平面 R 为非水平的镜面时，镜子里的图像称为虚像。倒影与虚像的成像原理都属于物理学中光的镜面成像原理，物体在平面镜中的形象与物体自身大小相等，相互对称。对称点的连线垂直于对称面，如水面、地面、镜面等，且对称点到对称面的距离相等。

在环境艺术设计制图中，绘制设计对象的倒影与虚像，实际上就是绘制该设计对象对称于反射平面 R 的对称图形的透视。

11.5.1 倒影

1. 倒影的原理

空间中的构造轮廓点与其在水中倒影的连线是一条垂直于水平面的铅垂线（图 11–42）。当镜面是铅垂面时，实物与倒影的轮廓点连线垂直于镜面。

2. 倒影的绘制方法

下面运用一点透视绘制 3 个立方体的倒影透视图（图 11–43）。

首先，测量 Aa、Bb、Kk、Ll 的实际长度，分别过点 a、b、k、l 向下绘制垂线，使 $A^{\circ}a=Aa$，$B^{\circ}b=Bb$，$K^{\circ}k=Kk$，$L^{\circ}l=Ll$，连接点 A° 与点 B°，连接点 K° 与点 L°，连接点 B° 与灭点 s'，使 $B^{\circ}s'$ 交 Cc 的延长线于点 C°，连接点 K° 与灭点 s'，使 $K^{\circ}s'$ 交 Jj 的延长线于点 J°，则得出左右两个垂直立方体在基线 g 以下的倒影轮廓。

其次，延长 ED 交 Bb 于点 m，延长 $s'd$ 交 Bb 于点 n，测量 mn、nb 的实际长度，在 $B^{\circ}b$ 上标绘出点 m° 与点 n°，连接 $n^{\circ}s'$ 交 Dd 延长线于点 d°，连接 $m^{\circ}s'$ 交 Dd 延长线于点 D°，延长 Ec 可以交 $n^{\circ}s'$ 于点 e°。这样就得出了中央横向立方体左侧的倒影轮廓点。

再次，分别过点 D°、d° 向右侧作水平线交 Ii 的延长线于点 I°、i°，过点 e° 向右侧作水平线交 Jj 的延长线于点 f°。

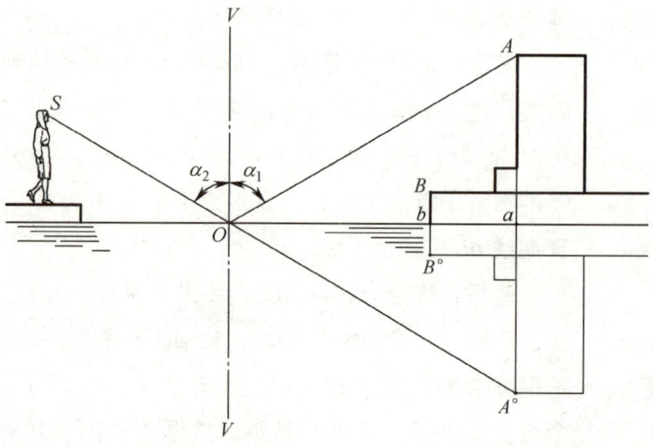

图11–42：当人站在水岸边观看岸对面的设计构造时，既能看到构造轮廓点A与点B，又能看到它在水中的倒影点A°与点B°。连接视点S与倒影点A°，则SA°与水平面交于点O，过点O作垂线V，则垂线V就是水平面的法线。AO为入射线，AO与法线V的夹角为入射角α_1；SO为反射线，SO与法线V的夹角为反射角α_2，而且$\angle\alpha_1=\angle\alpha_2$，$Aa=A^{\circ}a'$，相应的其他构造轮廓点也对应呈现，如点$B$与点$B^{\circ}$，$Bb=B^{\circ}b$。可见设计对象中的构造轮廓点都能在水平面中找到倒影，它们都以水平面为对称。

图 11–42　水中倒影原理

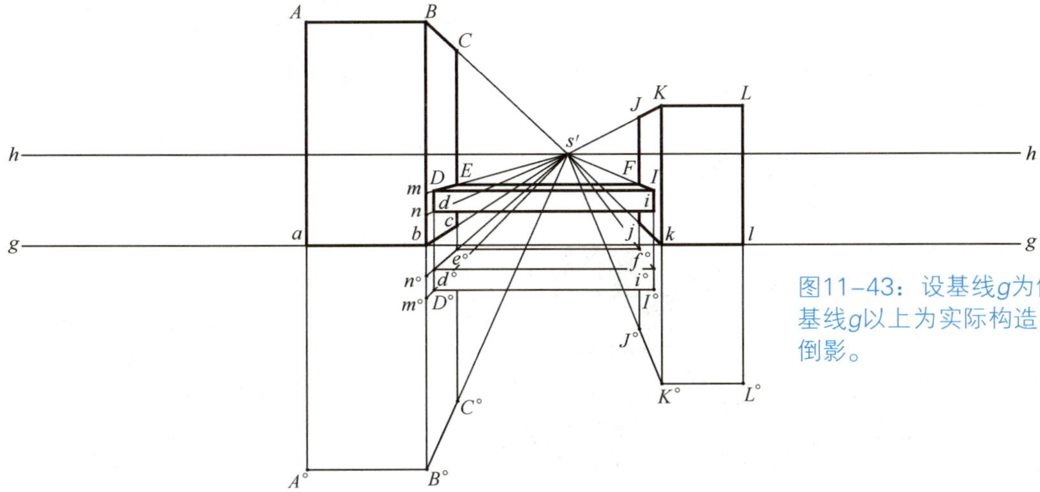

图11-43：设基线g为倒影水平面，即基线g以上为实际构造，基线g以下为倒影。

图 11-43　倒影透视图

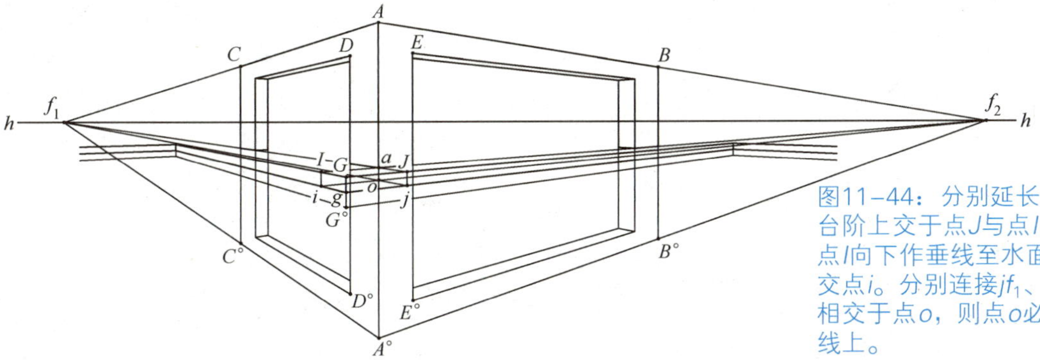

图11-44：分别延长da、ea至水岸台阶上交于点J与点I，分别过点J与点I向下作垂线至水面，得到交点j与交点i。分别连接jf_1、jf_2，使jf_1与jf_2相交于点o，则点o必定在Aa的延长线上。

图 11-44　倒影透视图绘制步骤一

最后，连接上述绘制所得到的轮廓点，即得出该设计对象在基线 g 以下的倒影轮廓形体。

3. 倒影绘制实例

为了强化倒影绘制方法的学习，这里列举一项水岸边建筑小品的倒影绘制实例。

首先，分析设计对象，这个小品构造设立在水岸台阶上，根据上述倒影成像原理，这个台阶的厚度也需要绘制在内（图 11-44）。

绘制 Ao 的延长线至点 $A°$，测量并得出 $Ao=A°o$，即 $A°o$ 为 Ao 在水中的倒影，采用相同的方法得出点 $B°$、$C°$、$D°$、$E°$、$G°$，从而得出建筑小品在水中的倒影轮廓点。求得点 o 是标绘倒影轮廓点的前提，点 o 位于真实的水面线中，在绘制侧影时一定要排除水岸台阶的干扰，准确标绘侧影轮廓点，所得到的轮廓点也可以通过连接灭点 f_1 与 f_2 来检验。

最后，以同样的方法绘制出装饰细节与周边环境（图 11-45）。

11.5.2　虚像

1. 虚像的原理

由于虚像形成于非水平面上，一般称反射面为镜面，会有以下 4 种形式。

（1）镜面既垂直于画面又垂直于地面（图 11-46）。

（2）镜面倾斜于地面而垂直于画面（图 11-47）。

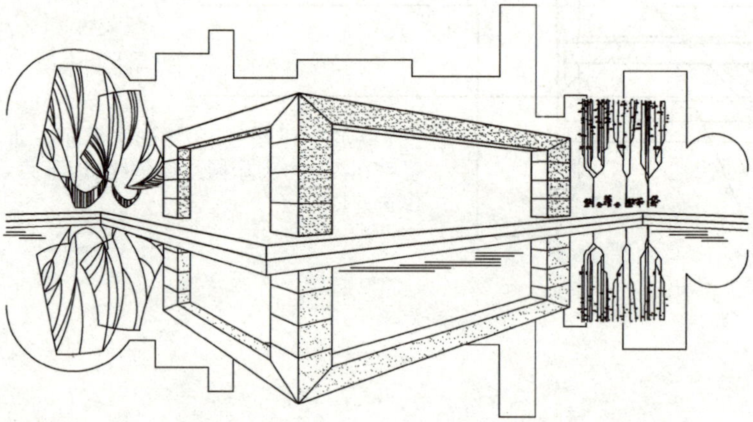

图11-45：一切物像都要以透视中的水平面为反射基面，最终形成倒影的灭点与实际物像相同。一般而言，倒影的高度要比实际物像短，短出的那段倒影其实是被水岸构造（如台阶）的高度或宽度所遮挡。

图 11-45　倒影透视图绘制步骤二

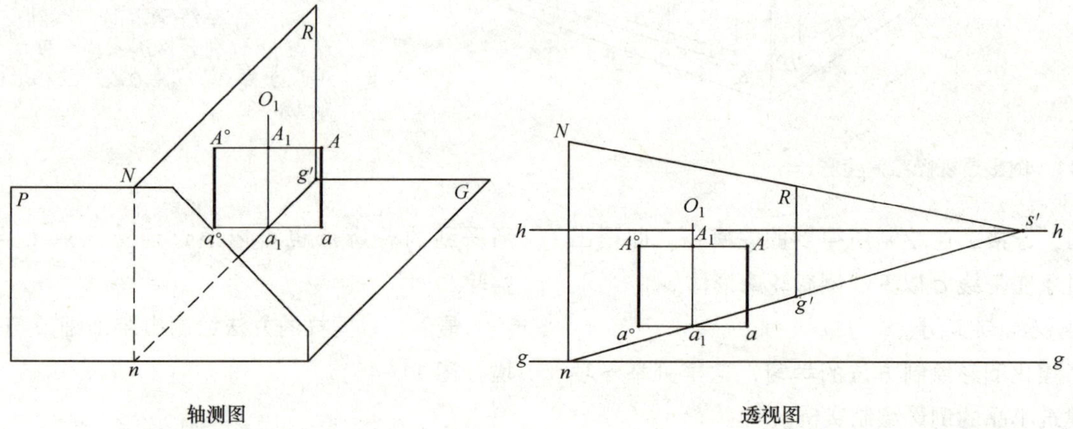

图 11-46　镜面既垂直于画面又垂直于地面

图 11-46：根据光的镜面成像原理，求铅垂线 Aa 在镜面 R 中的虚像 $A^\circ a^\circ$，可过 a 作平行于画面的直线（平行于视平线 h），与镜面 R 和基面 G 的交线 ng' 交于 a_1，过 a_1 作铅垂线，此铅垂线为镜面上的对称轴线，在 aa_1 的延长线上测量截取 $a_1a^\circ=aa_1$，得出点 a°。过 a° 向上作铅垂线，使 $a^\circ A^\circ=Aa'$ $Aa a^\circ A^\circ$ 为矩形，由于镜面 R 垂直于画面，$Aa a^\circ A^\circ$ 又垂直于镜面 R，所以矩形平面 $Aa a^\circ A^\circ$ 平行于画面，在透视图中仍为矩形，即 $AA^\circ /\!/ aa^\circ /\!/$ 视平线 h。

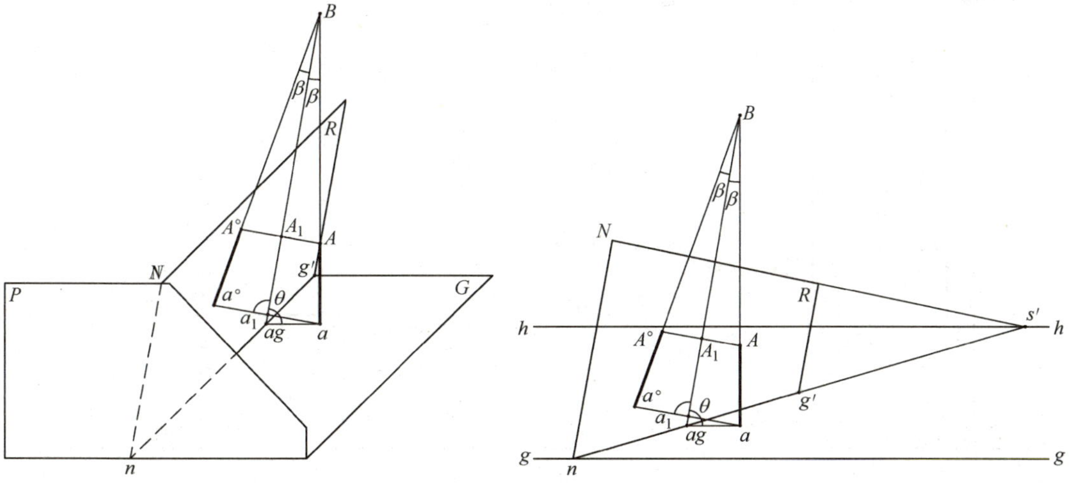

轴测图　　　　透视图

图 11–47　镜面倾斜于地面而垂直于画面

图 11–47：镜面 R 垂直于画面，倾斜于地面，倾角为 θ，现求铅垂线 Aa 在镜面 R 中的虚像 $A^{\circ}a^{\circ}$。由于过铅垂线 Aa 和虚像的平面仍平行于画面，故 A 与 A° 到对称轴的距离相等，并在透视图中保持不变。现过 a 作水平线，与镜面和基面交线 ng' 交于点 ag，过点 ag 作与 aga 成 θ 角的直线，即为镜面上的对称轴。延长 aA，与对称轴交于点 B，aA 与 agB 夹角为 β 角，再过 B 点在对称轴的另一侧作与 agB 夹角为 β 的直线，过 a 作直线垂直于 agB 轴，且与 agB 交于点 a_1，取 $aa_1=a^{\circ}a_1$。过 A 作直线垂直于 agB，与 agB 交于 A_1，取 $AA_1=A_1A^{\circ}$，得 A°，即得 Aa 的虚像 $A^{\circ}a^{\circ}$。由于 $\triangle Baa^{\circ}$ 平行于画面 P，$\triangle Baa^{\circ}$ 与镜面 R 的交线 agB，必平行于 R 面在画面上的迹线 Nn（两平行平面被第三平面相交，交线必互相平行）。平行于画面的图形其透视图与原形相似，故反映 θ、β 角的实形。在透视图中 $A_1A=A_1A^{\circ}$，$a_1a=a_1a^{\circ}$。

（3）镜面平行于画面（图 11–48）。

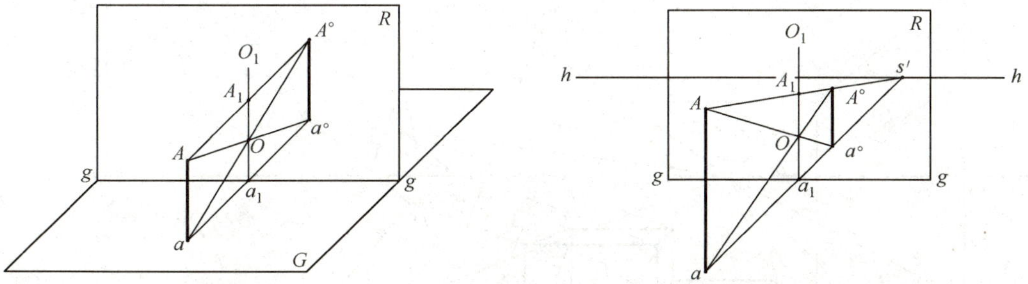

轴测图　　　　透视图

图 11–48　镜面平行于画面

图 11–48：镜面 R 平行于画面，空间直线 Aa 与虚像 $A^{\circ}a^{\circ}$ 组成的平面，垂直于画面，而且 AA°、aa° 都灭于点 s'。但在透视中，aa_1 不等于 a_1a° 了。现利用矩形的透视特性，连接点 s' 与点 a，$s'a$ 与镜面和地面的交线交于点 a_1，过点 a_1 作铅垂轴线，即为对称轴 a_1O_1。连接点 A 与点 s'，As' 与 a_1O_1 交于点 A_1，取 a_1A_1 中点 O°，连接点 A 与点 O°，延长 AO° 与 $s'a$ 交于点 a°，过点 a° 作铅垂线，与 $s'A$ 交于点 A°，$A^{\circ}a^{\circ}$ 即为所求的虚像。

（4）镜面倾斜于画面而垂直于地面（图 11–49）。

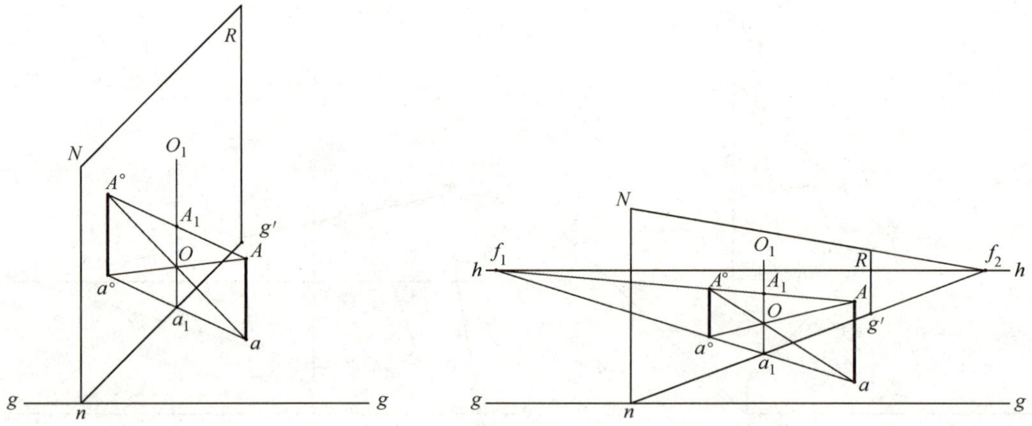

轴测图　　透视图

图 11–49　镜面倾斜于画面而垂直于地面

图 11–49：镜面 R 为铅垂面，其上下边为水平线，灭点在视平线上，铅垂线 Aa 与其虚像 $A°a°$ 组成的平面垂直于镜面，但倾斜于画面，$AA°$ 与 $aa°$ 的灭点也在视平线上，镜面上的对称轴线 a_1O_1 为铅垂线。在透视图中镜面上下边的灭点是 f_2，$AA°$、$aa°$ 的灭点是 f_1。根据矩形对角线交点仍然为透视矩形对象线交点的特性求作 $A°a°$，连接灭点 f_1 与点 a，f_1a 与镜面和地面交线 ng' 交于点 a_1，过点 a_1 作铅垂线，与 f_1A 相交于点 A_1，取 A_1a_1 的中点 O，连点 A 与点 O，AO 与 aa_1 延长线交于点 $a°$，过点 $a°$ 作垂线与 f_1A 相交于点 $A°$，$A°a°$ 即为铅垂线 Aa 的虚像。

2. 虚像的绘制方法

下面运用一点透视绘制一个室内空间（图 11–50）。

图11–50：左侧墙面R为垂直状态，右侧墙面R'向内倾斜20°，空间中央放置大小两个立方体，根据实际物体分别在左、右墙面上绘制出虚像。

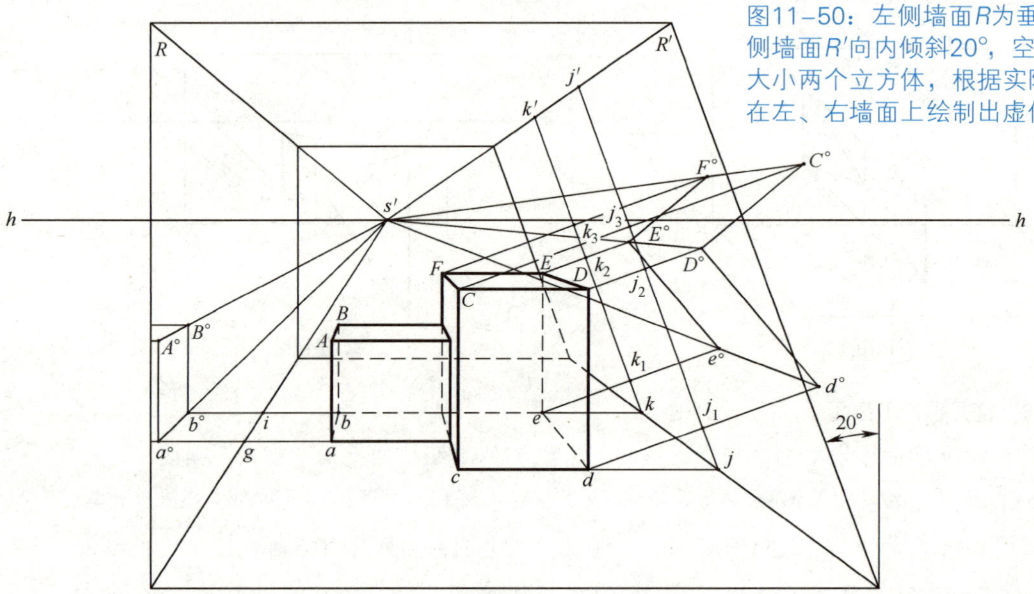

图 11–50　虚像透视图

首先，分别过小立方体的底边角点 a、b 向左侧墙根线作水平线，得到交点 g 与交点 i，并继续延长至点 a° 与点 b°，经过测量使 $ag=a^\circ g$，$bi=b^\circ i$，再分别过点 a° 与点 b° 向上作垂线，经过测量标绘 $a^\circ A^\circ=aA$，$b^\circ B^\circ=bB$，连接点 A° 与点 B°，连接点 a° 与点 b°，且 $A^\circ B^\circ$ 与 $a^\circ b^\circ$ 都必定能相交于灭点 s'，过点 a°、$A^\circ B^\circ$ 向左侧作水平线，直到画面框线，则左侧小立方体在墙面 R 中的虚像即绘制完成。

其次，过大立方体的底边角点 d 向右侧墙根线作水平线，得到交点 j，过点 j 向上作向内倾斜 20° 斜线交墙顶线于点 j'，则 jj' 即为墙面 R' 上的镜像轴线。分别过点 d 与点 D 向 jj' 作垂线，交 jj' 于点 j_1 与点 j_2，并分别延长 dj_1 与 Dj_2 至点 d° 与点 D°，经过测量使 $dj_1=d^\circ j_1$，$Dj_2=D^\circ j_2$。采用同样的方法可以得出点 e°、E°、F°、C°。

最后，根据结构连接各求得的轮廓点，即得出右侧大立方体在墙面 R' 中的虚像，其中，$C^\circ F^\circ$、$D^\circ E^\circ$、$d^\circ e^\circ$ 的延长线必定相交于灭点 s'。

11.6 快速透视技法

前面章节关于透视制图的方法已经讲述得比较详细了，总结起来主要分为灭点法与量点法两大类，这两种方法的绘制原理非常科学，可有效解决各类制图问题，能满足绝大多数制图需求，但是灭点法与量点法的绘制效率较低，需要绘制大量辅助线，要求绘图者保持清晰的逻辑思维。这里再介绍几种快速透视技法，供实践参考，希望能提高绘图效率。

11.6.1 视平线比例法

透视制图大多数情况下用于表现单一室内外空间，如住宅、店铺、办公室、餐厅、户外景观中某一局部空间，这类空间的形体结构比较独立，长宽比一般为 3：2 或 4：3 左右。很多绘图者在长期制图实践中总结出一系列规律用于快速起稿定位。视平线比例法就是其中一种。

绘制一点透视时可以先绘制视平线 h、灭点 s' 与基线 g，视平线 h 与基线 g 之间距离即为视高。在基线 g 上测量确定空间的宽度 K 并垂直测量确定空间的高度 Aa，即 Aa 为空间的真高线（图 11–51）。

绘制两点透视图时可以先绘制视平线 h、灭点 f_1、灭点 f_2 与基线 g，视平线 h 与基线 g 之间的距离即为视高（图 11–52）。

视平线比例法仅用于快速创建透视空间，而且是比较标准的矩形空间，至于内部细节还需通过真高线来获取，这种方法可以省略平面图、立面图而直接进入透视图，但是这种方法不具备科学性，只是经验规律的总结。

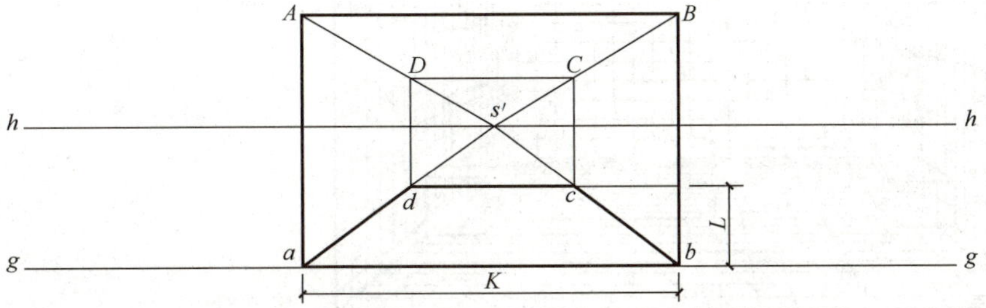

图 11–51　一点透视视平线比例法

图 11–51：视距越远，空间纵深 L 就越小；视距越近，空间纵深 L 就越大。

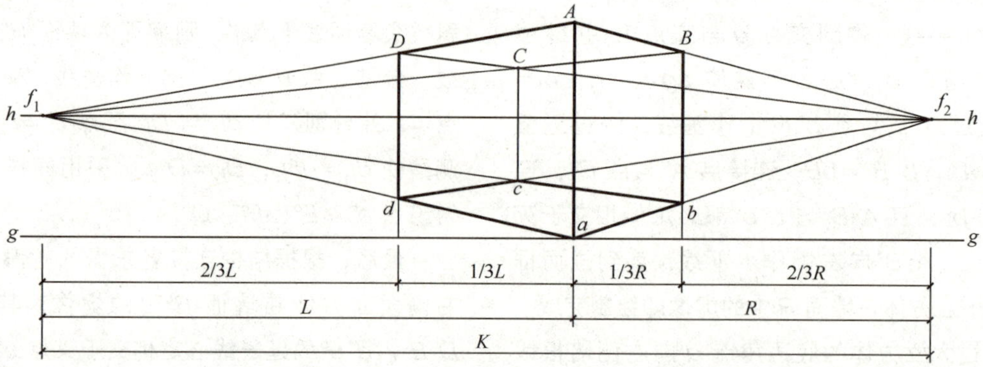

图 11–52　两点透视视平线比例法

图 11–52：在视平线 h 上测量确定灭点 f_1 与 f_2，$f_1f_2≈3～4Aa$，即两灭点的间距为 3～4 倍真高线的长度，且真高线定在 f_1f_2 中约 6：4 的位置，即 $L:R≈6:4$。一般而言，6 为长边 AD 方向，4 为短边 AB 方向。接着将真高线上的点 A 与点 a 分别连接灭点 f_1、f_2，在长边 Af_1 与 af_1 上测量标绘 Dd，使 $AD≈1/3Af_1$，$ad≈1/3af_1$。运用同样的方法在短边 Af_2 与 af_2 上测量标绘 Bb，使 $AB≈1/3Af_2$，$ab≈1/3af_2$。最后，将点 B、b、D、d 分别连接灭点 f_1、f_2，得到交点 C 与点 c，即完成整个空间的轮廓形体。

11.6.2　网格定位法

当设计对象的平面形态比较复杂时，或者空间中需要绘制的构造比较多时，可以采用网格定位法来确定设计对象的具体位置。这种方法虽然需绘制很多纵、横向透视引线，但是在绘制过程中无需太多思考，绘制过程简单机械，也有其可取之处。

在一点透视图中，可以先确定基本空间构造，再根据具体情况在基线 g 与真高线上测量标绘网格点（图 11–53）。

两点透视图中采用网格法与一点透视相似，真高线 AA' 确定后仍需向灭点 f_1 与灭点 f_2 投射，只不过室外场景可以根据需要来取定高度数字（图 11–54）。

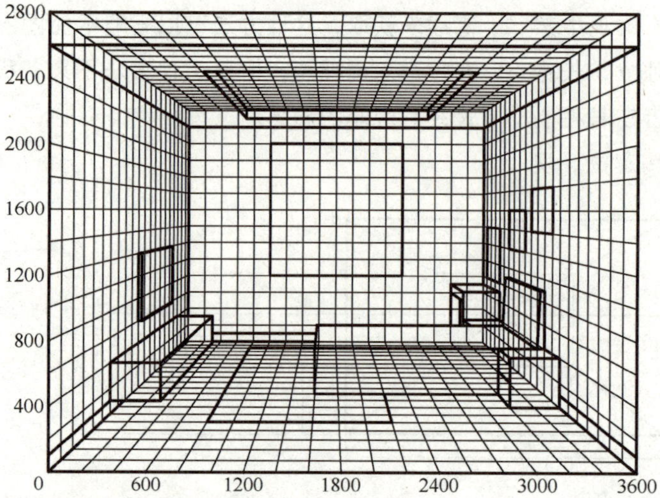

图11–53：将网格标绘点分别连接灭点 s'，这样就可以在网格空间中边计格数边绘制设计对象了。为了方便观察，可以在纵、横向上标注数字，以便随时核对。

图 11–53　一点透视网格定位法绘制步骤

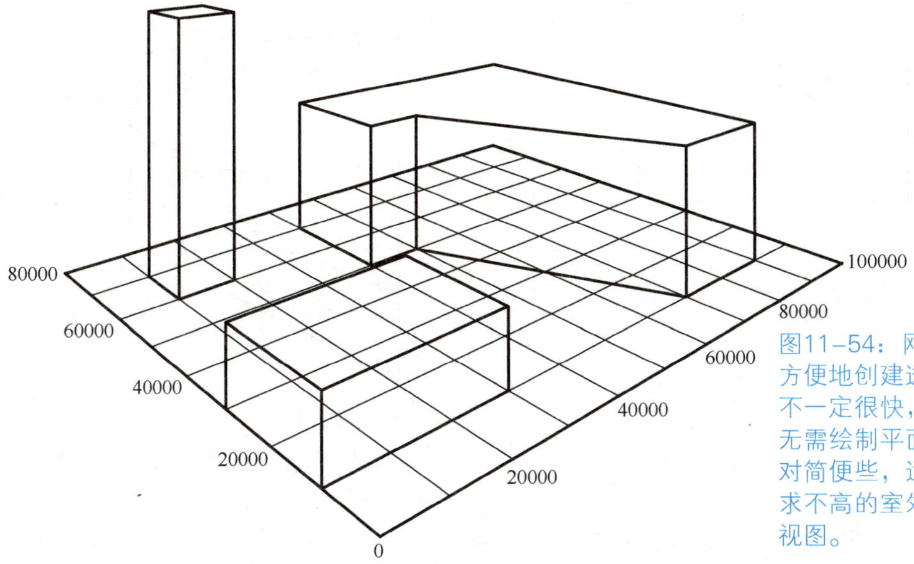

图11–54：网格定位法能机械、方便地创建透视空间，绘制速度不一定很快，但是不易出错，也无需绘制平面图，总体而言，相对简便些，适用于表现对细节要求不高的室外景观或建筑鸟瞰透视图。

图 11–54　两点透视网格定位法绘制步骤

11.6.3　直线等分法

在透视图绘制中，很多地方都需要对纵深空间作线段等分处理（图 11–55）。

在透视制图中，当直线 *As′* 不平行于画面时，直线上各线段长度就会发生变形，与实际分段产生差异（图 11–56）。

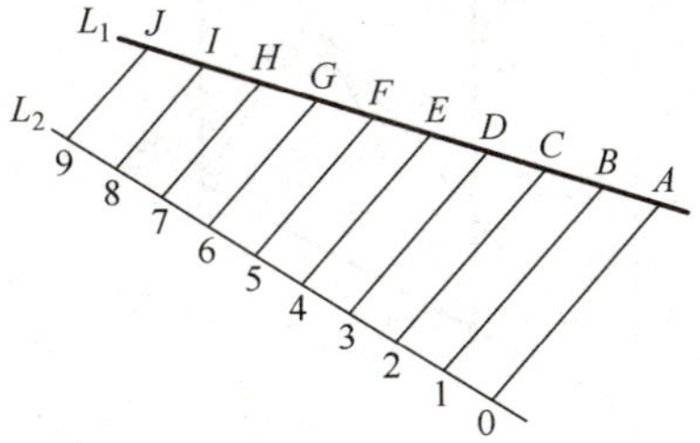

图 11–55　线段的分割

图 11–55：在这些线段上不能直接测量标绘，需要通过其他等分线段来投射中转。根据平面几何原理，运用一组平行线可以将任意两条直线分割成比例相等的线段

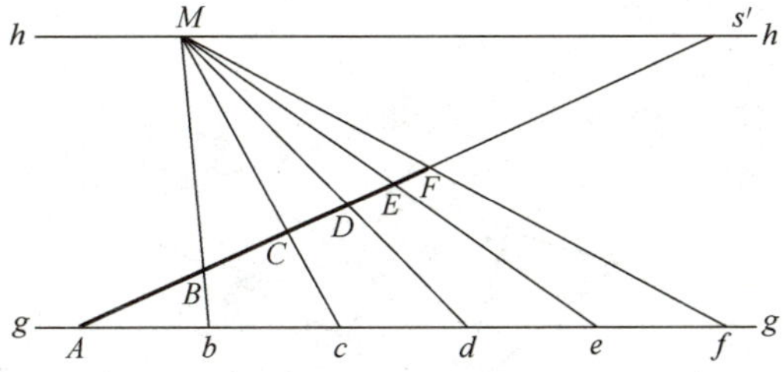

图 11–56　直线等分透视

图 11–56：先在基线 *g* 上从点 *A* 开始向右侧测量标绘出等长线段，使 *Ab* = *bc* = *cd* = *de* = *ef*，再将点 *b*、*c*、*d*、*e*、*f* 分别连接量点 *M*，各连线在 *As′* 上就形成了交点 *B*、*C*、*D*、*E*、*F*，这些所得到的交点即将 *As′* 划分为具有透视效果的等分线段。

11.6.4　透视图缩放法

当透视图需要根据实际情况作缩放或重复绘制某一局部构造时，可以采用缩放法来绘制。

1. 透视形体等分缩放

现在已经根据透视原理绘制出垂直透视矩形 *AabB*，将其等分放大 3 倍（图 11–57 ~ 图 11–60）。

透视形体的等分缩放方法很多，但基本原理相同，除上述举例外还能绘制出更多图样的变化，这里就不再赘述。

2. 透视形体非等分缩放

现在已经根据透视原理绘制出垂直透视矩形 *AabB*（图 11–61），需要将其左右对称放大。

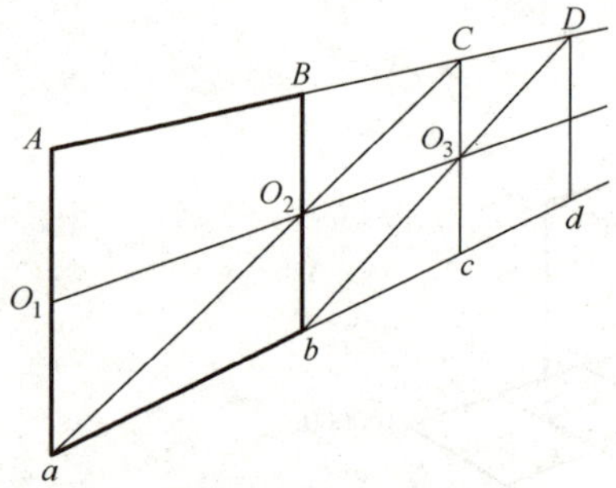

图 11-57　线段的分割

图 11-57：先将 Aa 的中点 O_1 与灭点连接，其连线交 Bb 于点 O_2，连接 aO_2 并延长交 AB 的延长线于点 C，过点 C 向下作垂线交 ab 的延长线于点 c，则面域 AacC 就是原有矩形 AabB 的 2 倍透视矩形。再连接点 b 与 Cc 的中点 O_3 并延长交 AC 的延长线于点 D，过点 D 向下作垂线交 ac 的延长线于点 d，则面域 AadD 就是原有矩形 AabB 的 3 倍透视矩形。

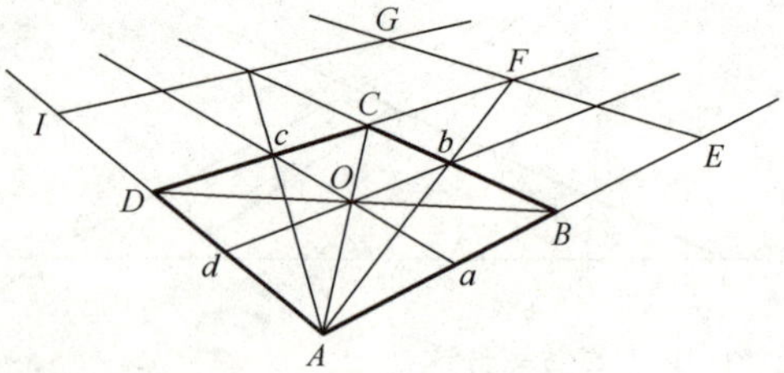

图 11-58　直线等分透视

图 11-58：采用同种方法还可以作水平面域的等分放大。

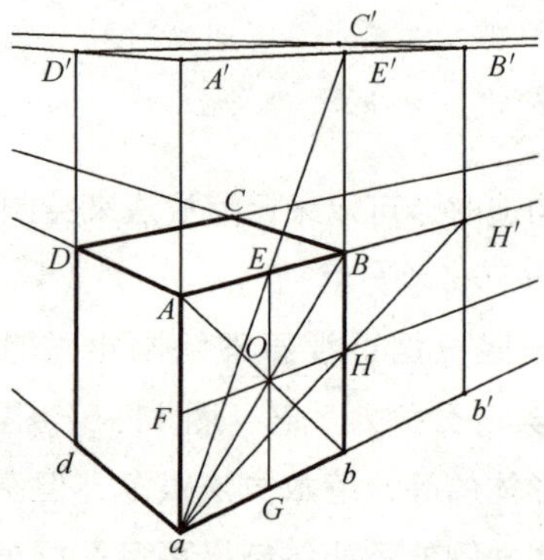

图 11-59　线段的分割

图 11-59：对立方体作等分放大，其原理相同，都是运用形体的角点连接对边中点并延长，从而得出等倍大小的透视形体。

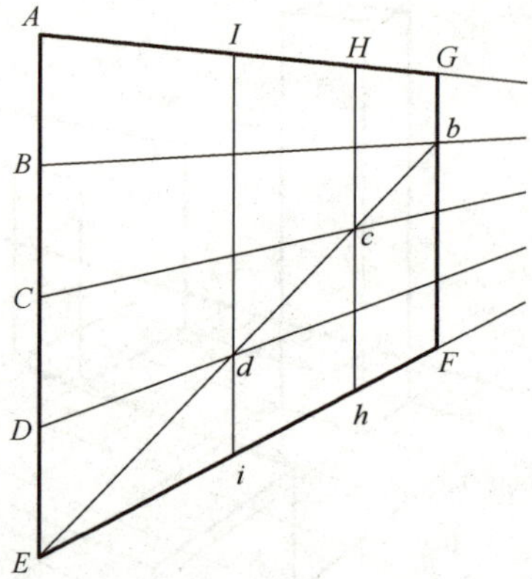

图 11-60　直线等分透视

图 11-60：可以根据设计需要将透视形体等分缩小，现已经根据透视原理绘制出垂直透视矩形 AEFG，要将其横向缩小 1/3 或 2/3，可以将 AE 当作真高线，在 AE 上测量等分 4 段，即 AB=BC=CD=DE，分别将点 B、C、D 与灭点连接，点 B 与灭点的连线交 GF 于点 b，连接点 E 与点 b，则 Eb 交点 C 与灭点的连线于点 c，Eb 交点 D 与灭点的连线于点 d，分别过点 c 与点 d 作垂线交 AG 于点 I、H，交 EF 于点 i、h。最后，所得到的面域 AEiI 为原有矩形 AEFG 的 1/3 倍透视矩形，面域 AEhH 为原有矩形 AEFG 的 2/3 倍透视矩形。

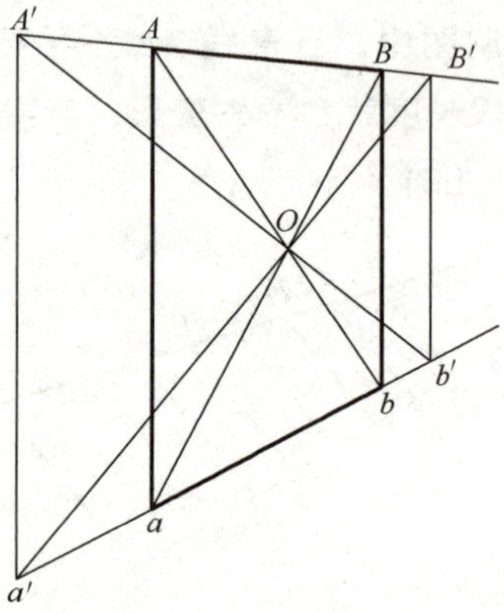

图 11-61　矩形透视非等倍放大

图 11-61：首先，连接对角线，使 Ab 与 Ba 相交于点 O。其次，根据设计测量要求，过点 O 向任意方向作斜线，如向左上方作斜线交 BA 的延长线于点 A'，则 A'A 即 AB 的放大透视长度。

再次，过点 A' 向下作垂线交 ba 的延长线于点 a'，连接点 a' 与点 O 并延长，交 A'B 的延长线于点 B'，过点 B' 向下作垂线交 a'b 的延长线于点 b'。

最后，所得到的面域 A'a'b'B' 为原有矩形 AabB 的非等分透视矩形。其中 A'A 的长度要根据实际情况与需要来标绘或投射，而非随意绘制。

此外，还可以将结构不同的非等分透视形体连接绘制，现已根据透视原理绘制出垂直透视矩形 *AabB* 与 *BbcC*，两者之间无等分关系，需要对其连续放大（图 11–62）。

透视形体非等分缩放相对复杂，运用同样的原理既可以放大增多，也可以缩小减少。注意随时变换思维，不宜按部就班影响制图效率。任何快速透视技法都是建立在熟练掌握灭点法之后所形成的，只要打好基础，自主制造适宜的快速技法并不难，透视制图效率也会随之提高。

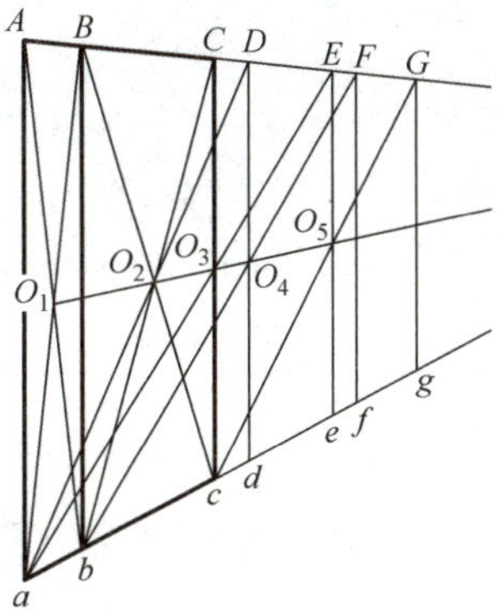

图11–62：首先，将两个矩形的对角线各自相连，得出点 O_1 与点 O_2 并相连，则 O_1O_2 的延长线必定交于灭点。连接点 *a* 与点 O_2 并延长交 *AC* 的延长线于点 *D*，过点 *D* 向下作垂线交 *ac* 的延长线于点 *d*。

其次，延长 O_1O_2 交 *Cc* 于点 O_3，连接点 *a* 与点 O_3 并延长交 *AD* 的延长线于点 *E*，过点 *E* 向下作垂线交 *ad* 的延长线于点 *e*，这样就得出面域 *CcdD* 为原有矩形 *AabB* 的连续透视矩形，面域 *DdeE* 为原有矩形 *BbcC* 的连续透视矩形。

最后，根据同样的方法可以继续绘制，以得到更多符合设计需求的透视形体。

图 11–62　非等分组合矩形透视连续绘制

本章小结

绘制透视图要求设计者保持头脑高度清醒，善于逻辑推理，在制图过程中要多想多思考，初学者能根据本章中的案例举一反三，熟悉绘制原理后再根据创意绘制各种透视图。本章讲述的透视制图方法力求简明，列举的案例具有典型性，目的在于使读者建立完整的透视思维模式，方便实践工作。

课后练习

1. 什么是透视图？
2. 轴测图的特性是什么？
3. 什么是视点、灭点？
4. 什么是地平线、视平线、主视线？
5. 什么是真高线？
6. 一点透视、两点透视的特征分别是什么？
7. 测量并绘制一圆形树池的一点透视图。
8. 考察水面上的建筑倒影，拍摄照片，绘制建筑在水中倒影的透视图。

第12章 优秀图纸解析

识读难度：★★☆☆☆
核心概念：施工、构造、节点

章节导读：

优秀的设计图纸无处不在，书籍、杂志、网络等都是来源，对于图面信息丰富、制图手法规范、视觉效果良好的设计图纸应该及时保存下来，复印、扫描、拍摄均可。关键在于日常养成良好的收集习惯，将设计制图与识读由专业学习转变为兴趣爱好。

12.1 实景施工图

实景施工图是将传统施工图与实景对应，形成相互补充的表现效果。其中实景图可以是既往设计施工的案例，也可以是三维软件设计的效果图，二维图与三维图相辅相成，能直观地传达设计思想，是目前主要的设计制图形式。

12.1.1 展柜设计图

博物馆展柜构造复杂，要满足展示、储存、安保等多种功能，绘制图纸首先要表明顶视图、正立面图、侧立面图，再表现出其中能开启的构造节点，标注出详细的材料型号与工艺特征，配上效果图或实景照片生动形象地表达设计方案（图12-1）。

12.1.2 公园景观步道设计图

公园景观地面铺装材料丰富，在室外地形地貌复杂的环境下变化出步道、台阶、景观地面等多种造型，需要对设计构造进行剖切，绘制出全面的构造详图（图12-2、图12-3）。

12.1.3 住宅小区景观地面设计图

住宅小区景观地面设计追求平整，且带有一定装饰造型，地面铺装材料丰富，当地面具有高差时，可设计缓坡与台阶来过渡（图12-4、图12-5）。

12.1.4 门房建筑设计图

门房建筑是环境艺术设计中较复杂的构造，涉及一定的建筑学常识，但是整体构造体量不大，可以全部采用钢筋混凝土浇筑成型，合理选配钢筋与混凝土级别标号，表面外挂或贴石材，施工图着重表现地面铺装与绿化植物，表面所铺装的材料规格要清晰标注（图12-6、图12-7）。

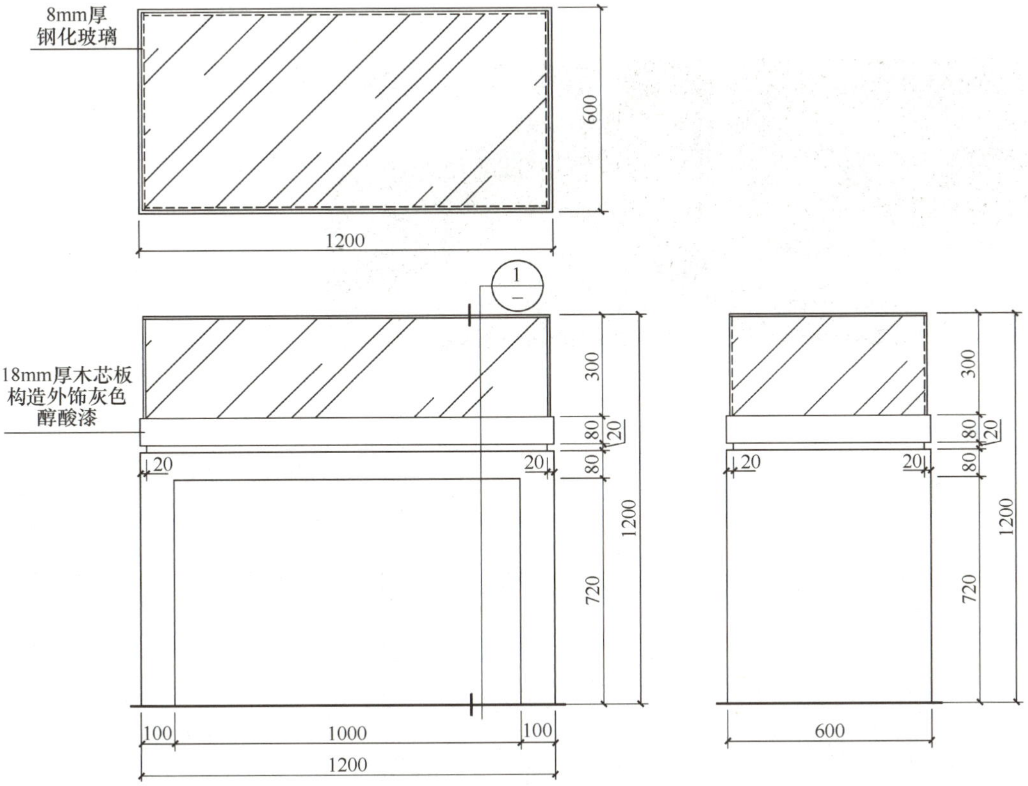

(a) 三视图

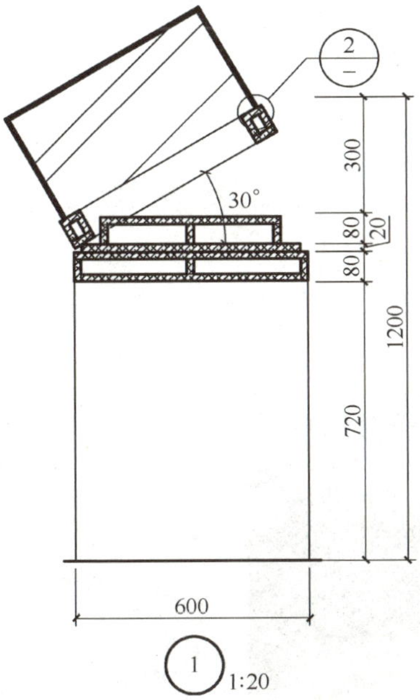

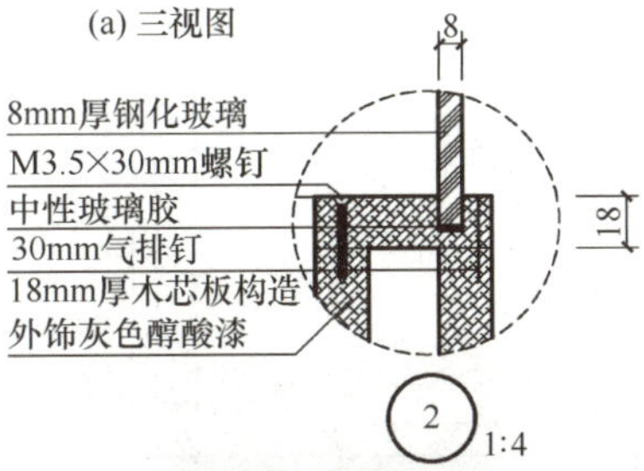

注：
1.液压铰链安装品牌不限，采取暗装方式，不外露。
2.展柜安装2只暗锁，位置自定。

(b) 构造详图

(c) 实景图

图 12-1　展柜设计方案施工图

图 12-1（a）：展示柜三视图绘制的位置上下左右对齐，除了图形对齐外，标注线也要保持对齐。将可以开启的活动构造局部放大，标注出材料文字说明。

图 12-1（b）：构造详图从立面图中引出，对立面图进行剖切并放大局部复杂造型。

图 12-1（c）：实景图是根据设计图制作完毕的构造形体。

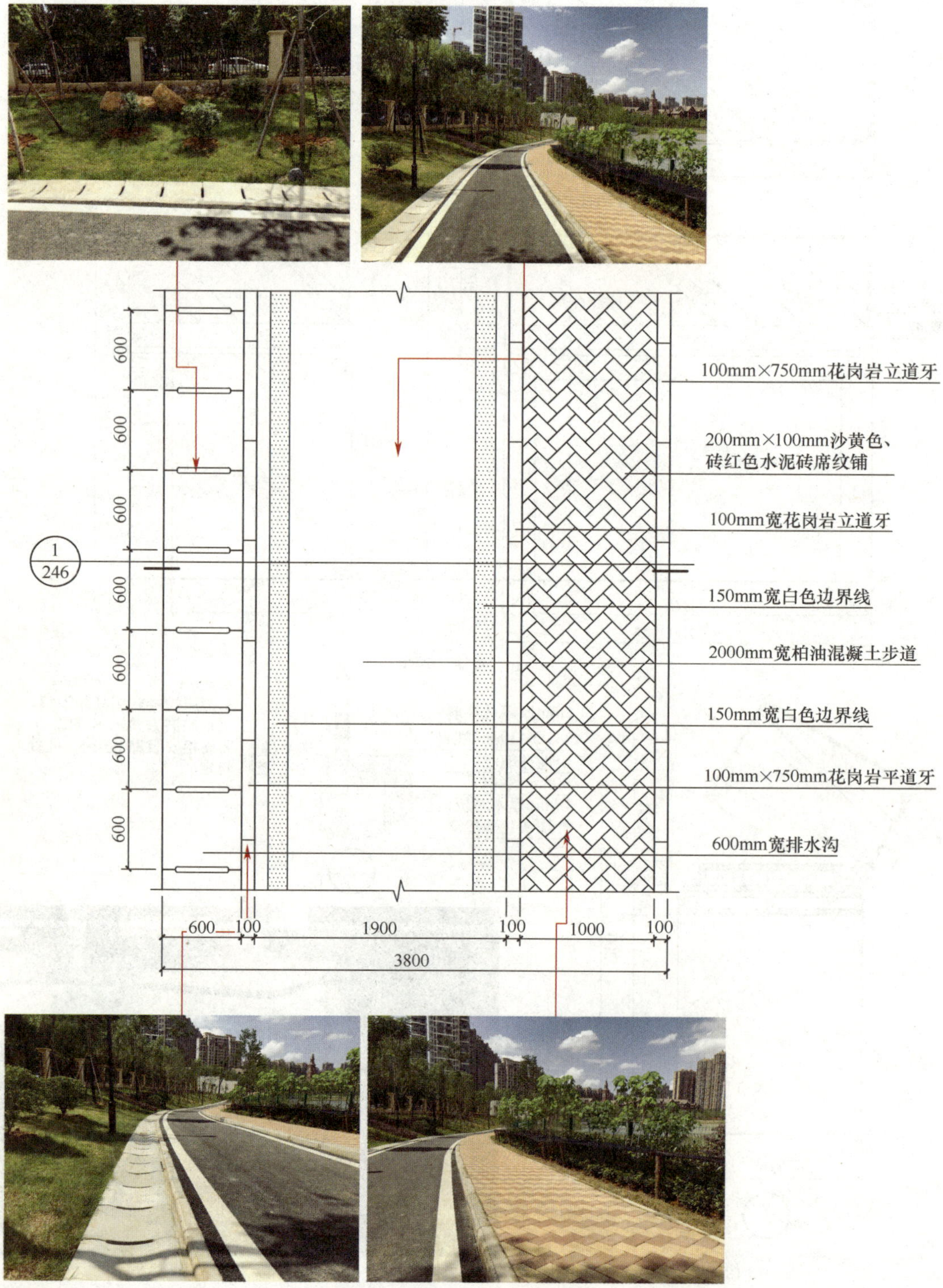

图 12-2　公园景观步道设计图

图 12-2：步道分为车道与人行道两种，其中车道供骑行或维修车辆通行，人行步道铺装材料，满足行走功能。路边设计排水沟，路面形成一定的坡度，能将水流集中至排水沟中。

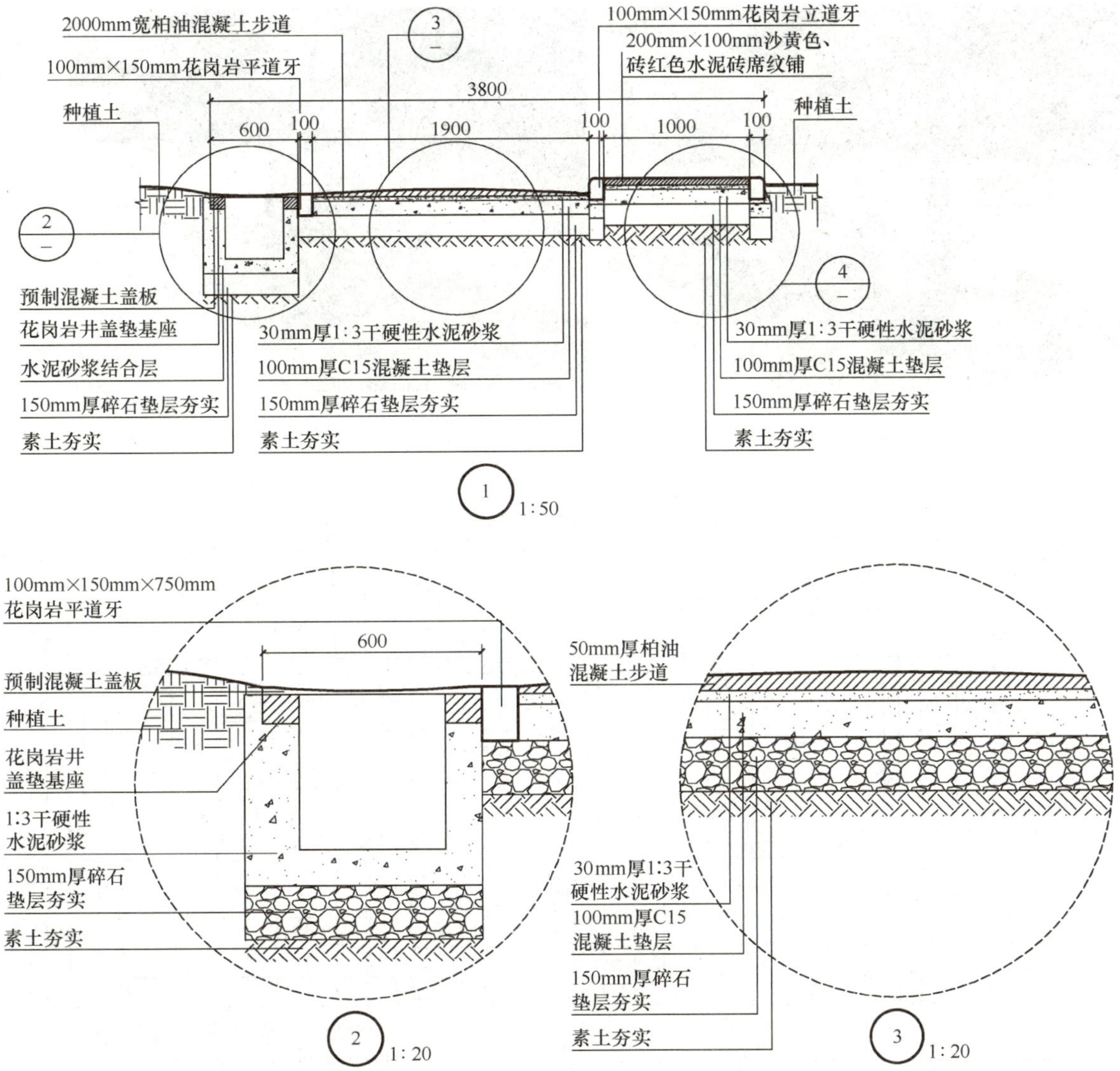

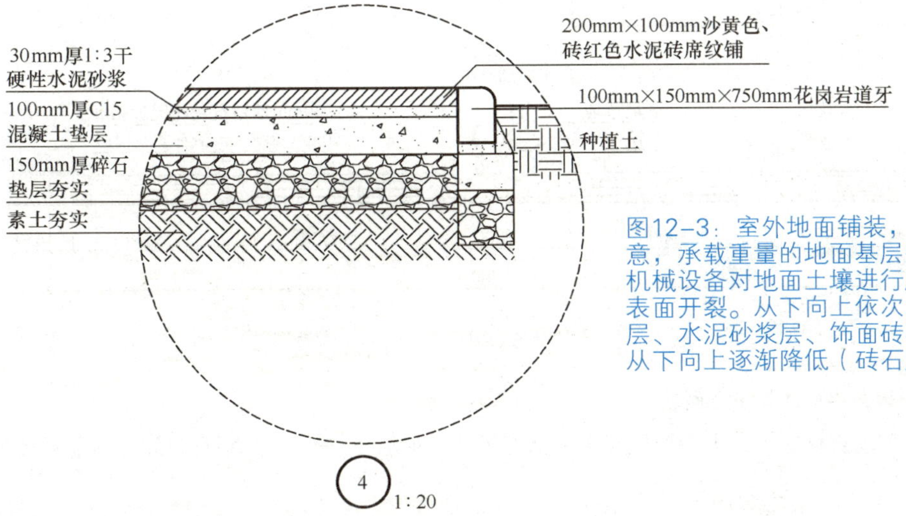

图12-3：室外地面铺装，在设计制图时要注意，承载重量的地面基层需要夯实，即采用机械设备对地面土壤进行压实，否则会造成表面开裂。从下向上依次为碎石层、混凝土层、水泥砂浆层、饰面砖石层，每层的厚度从下向上逐渐降低（砖石层除外）。

图 12-3　步道构造详图

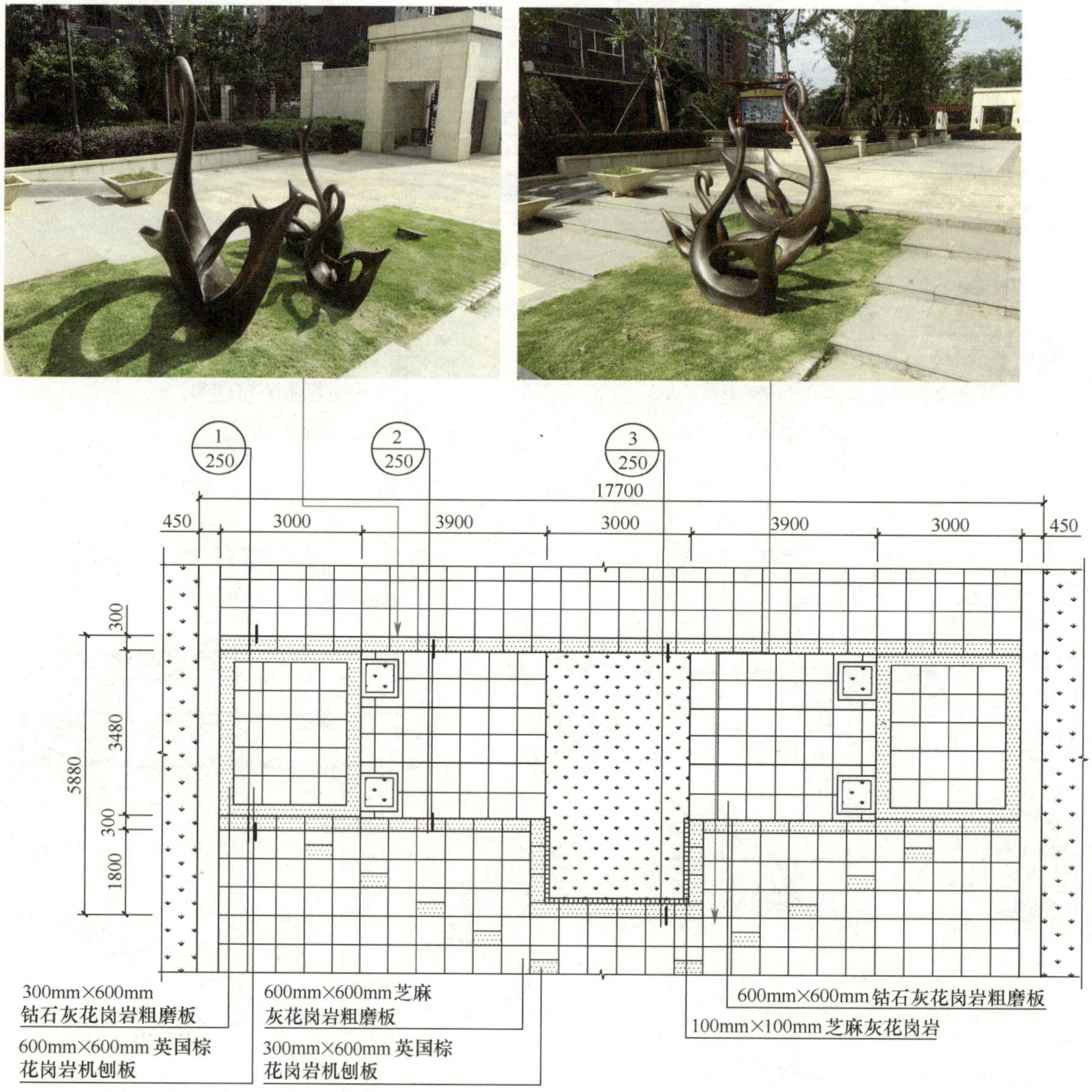

(a) 平面图

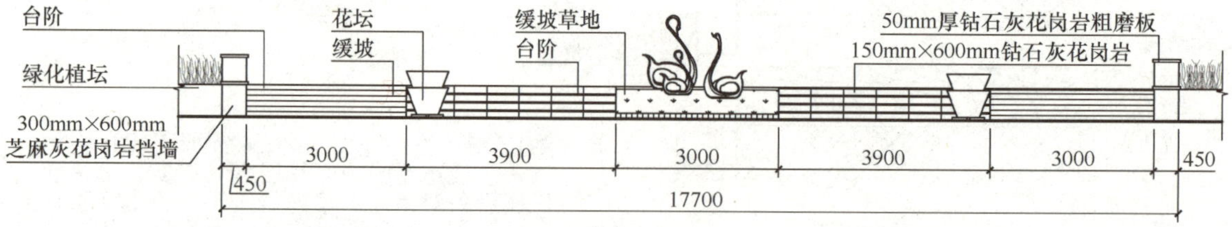

(b) 正立面图

图 12-4　住宅小区景观地面平面图与正立面图

图 12-4（a）：地面铺装以石材为主，中央镶嵌草坪，搭配较缓和的坡道与台阶，地面铺装材料需要绘制出铺装规格与造型，标注详细尺寸与材料说明。

图 12-4（b）：正立面图能表现出平面图的高度尺寸，并增补平面图中无法标识的立面材料。

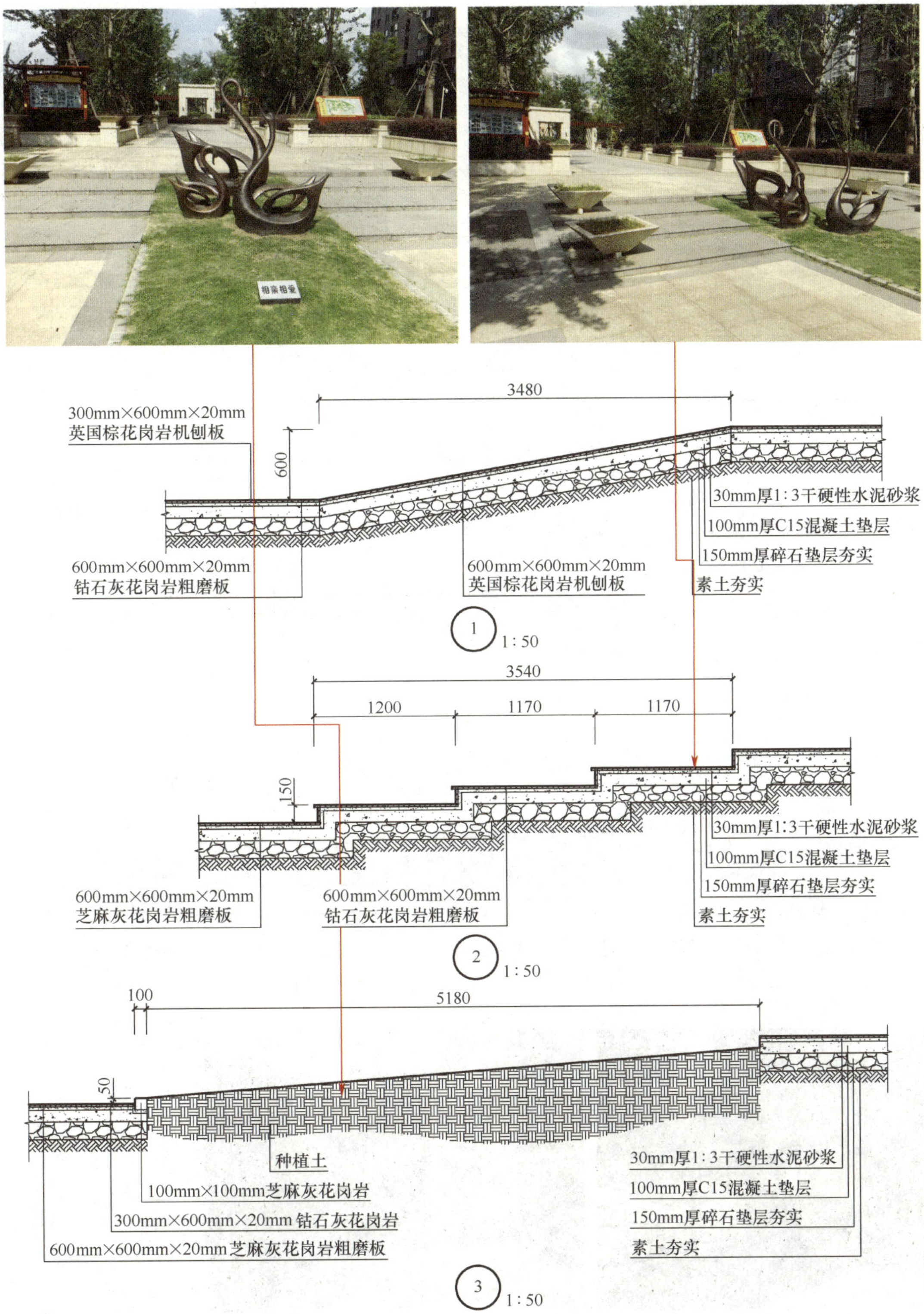

图 12-5　住宅小区景观地面剖面图

图 12-5：铺装面积较大，所选择的构造详图面积也相对较大。铺装较丰富的地面基础材料，每层材料需填充图案来区分彼此。详细标注每种材料、工艺的技术要求。

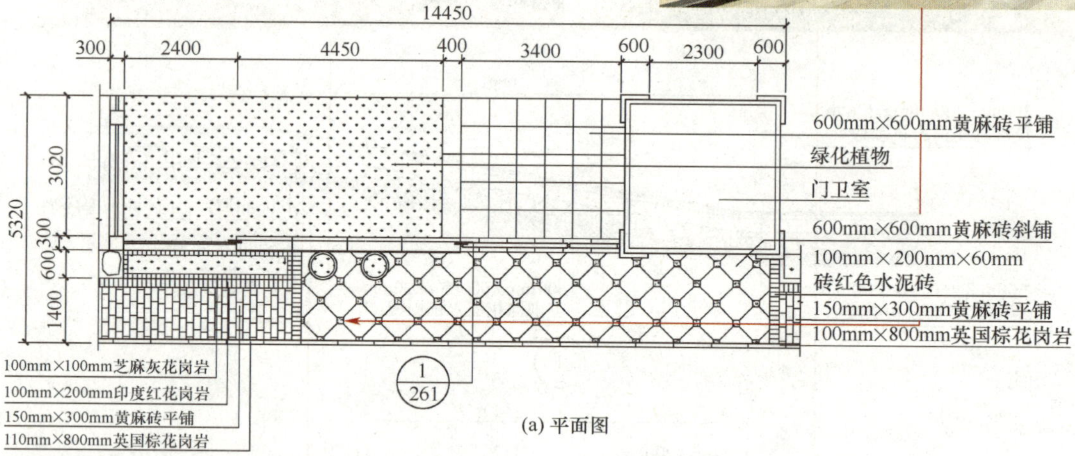

(a) 平面图

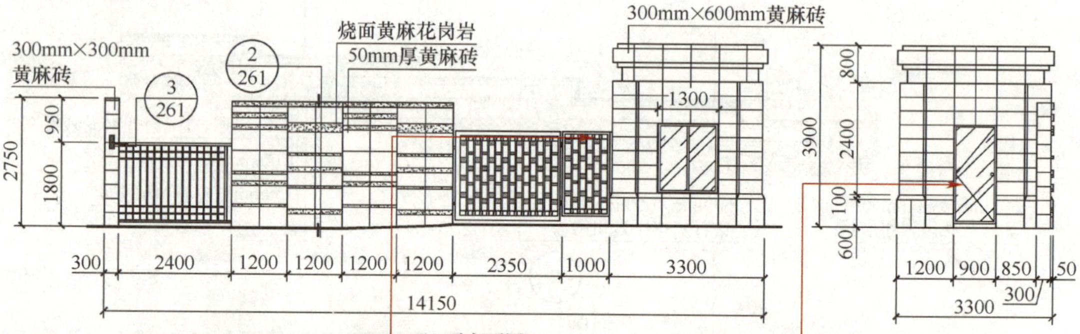

(b) 正立面图

(c) 侧立面图

图 12-6　门房建筑平面图与立面图

图 12-6（a）：详细绘制建筑平面，标注尺寸与材料说明，文字说明尽量排列整齐。

图 12-6（b）：正立面图主要表现外立面造型、墙面铺装材料造型，内部构造图线选用细实线。

图 12-6（c）：侧立面图主要表现右侧建筑的侧面造型，并与正立面图保持横向对齐。

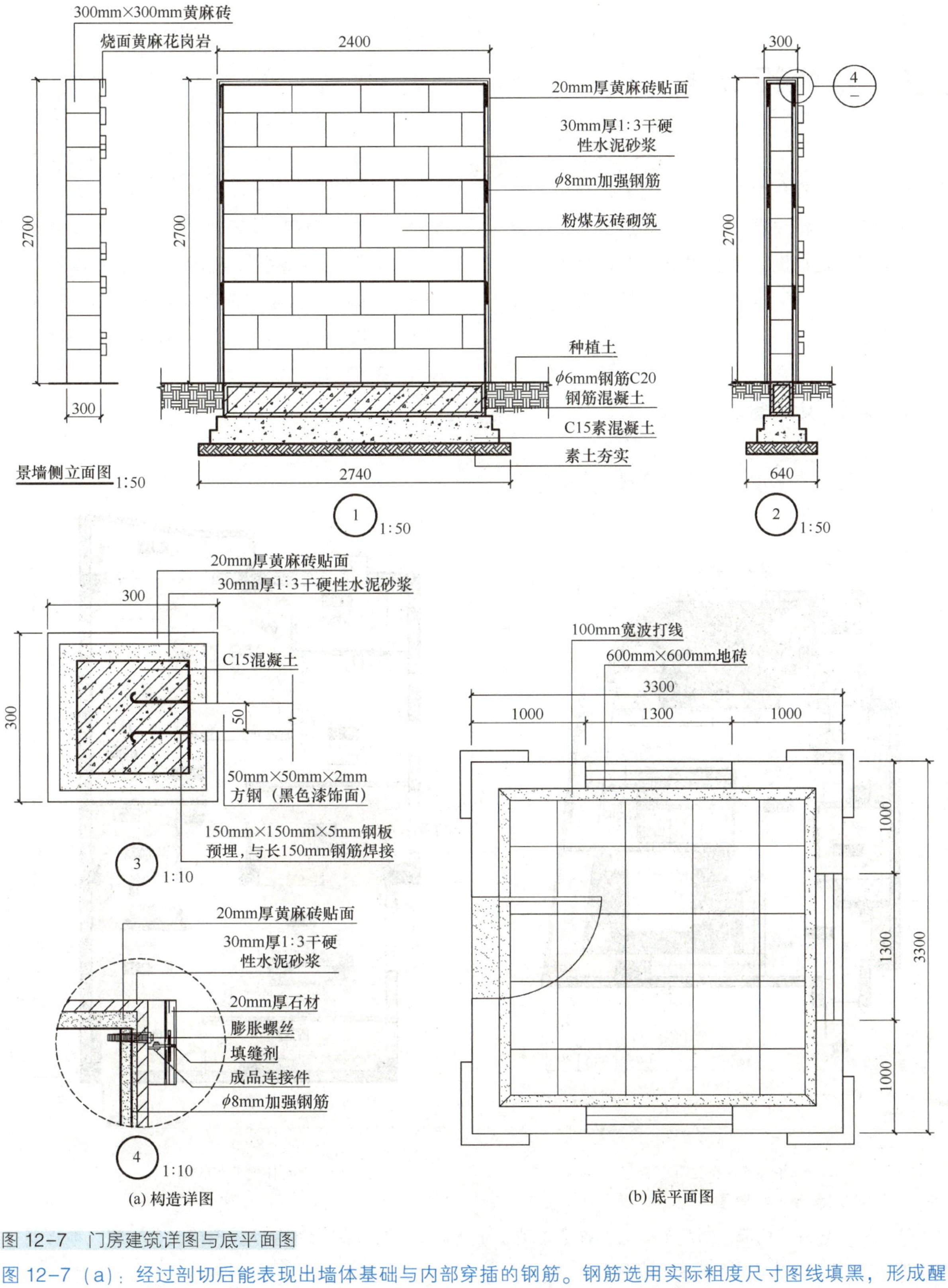

(a) 构造详图　　(b) 底平面图

图 12-7　门房建筑详图与底平面图

图 12-7（a）：经过剖切后能表现出墙体基础与内部穿插的钢筋。钢筋选用实际粗度尺寸图线填黑，形成醒目的图线造型。

图 12-7（b）：底平面图需要细化地面铺装材料的形态，地砖铺装完全居中。

12.2 彩色设计图

彩色设计图是在传统制图的基础上，采用二维或三维制图软件对传统图纸进行二次加工，形成具有色彩、质感的设计图。主要用于重点设计项目或构造的表现，是当今环境艺术设计工程项目招投标的主要形式。

12.2.1 彩色设计图纸

彩色设计图纸先采用黑色线条绘制，再进行填充，提升了设计制图的观赏价值。彩色设计图纸绘制软件多样，可根据自己熟悉或专业方向来选择。彩色设计图纸能清晰表现设计构造的层次关系，丰富的色彩材质也能使读图者准确辨认设计构造，领悟设计者的创意思想，具有丰富的视觉效果（图 12-8～图 12-10）。

(a) 84m²住宅平面布置图　　(b) 118m²住宅平面布置图

图 12-8　住宅彩色平面布置图

图 12-8（a）：客厅、门厅、厨房等公共区域地面铺装浅色地砖，与房间内深色地板形成对比，深色地板能衬托浅色填充家具，形成鲜明的视觉对比效果。

图 12-8（b）：书房与主卧室地面虽然使用的是常规木纹颜色，但是住宅空间内整体家具丰富，仍然有较清晰的识别度。可以根据实际运用材料来选配色彩、图案，形成丰富的局部对比效果。

(c) 87m²住宅平面布置图

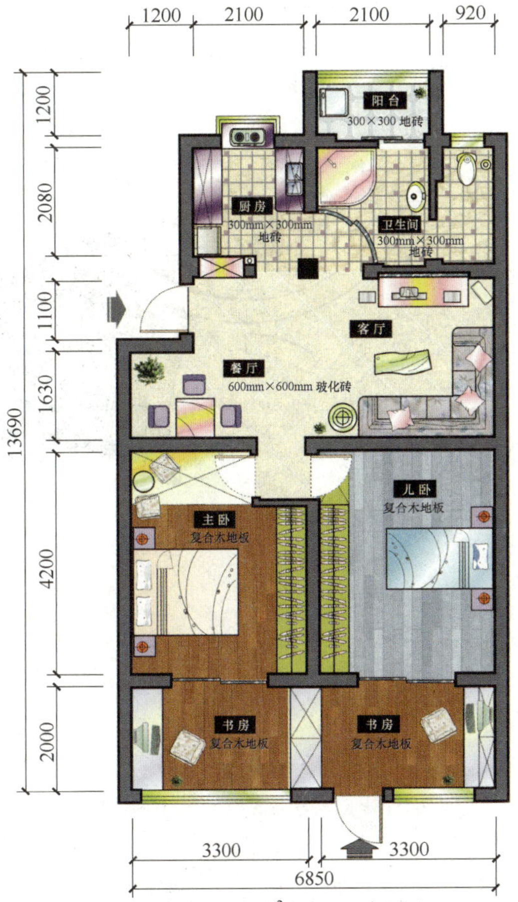

(d) 89m²住宅平面布置图

图 12-8　住宅彩色平面布置图（续）

图 12-8（c）：较深色的地板能衬托出浅色家具，家具色彩可选择渐变过渡色，由彩色渐变至白色，或由深色渐变至浅色，形成一定的光泽效果。

图 12-8（d）：地面铺装材料较丰富，地面铺装应当选择低纯度的材质，与家具的高纯度色彩形成纯度对比。

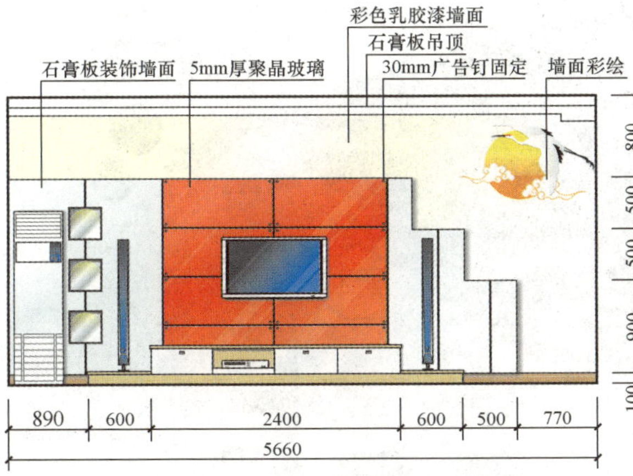

(a) 电视背景墙立面图

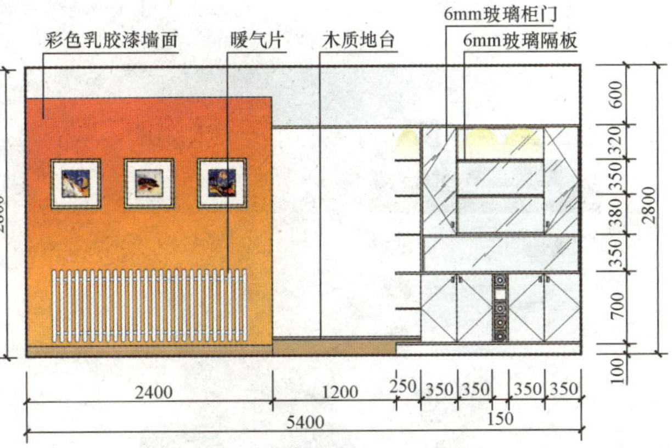

(b) 装饰酒柜立面图

图 12-9　住宅彩色立面图

图 12-9（a）：电视背景墙上的光亮材质要表现出光泽，在右上方配置图案表现墙面彩绘。

图 12-9（b）：彩色乳胶漆墙面可采用缓和的色彩渐变，表现出灯光整体照明环境下的光晕效果。

图12-10：住宅小区规划总平面图又称为规划图，识读对象是设计消费者或使用者，为了提升图面的认知效果，在原有黑白线型图的基础上增加了彩色渲染，使图面层次更加丰富，建筑与绿化之间的位置关系显得更加明确。组成图面的每部分元素采用单色填充，彼此间分配色彩不同，形成色相、明度、纯度综合对比，让每一处构造均有所表现。

图 12-10　住宅小区规划总平面图

12.2.2　彩色设计图版面

多种设计图绘制完成后装订成册，读图者在翻阅过程中难以进行前后对比，因此可以为图纸设计版面，方便读图者建立清晰、直观的阅读体验。将多种图纸集合在同一版面中，相互穿插、排列，可提高图纸的可读性（图 12-11～图 12-13）。

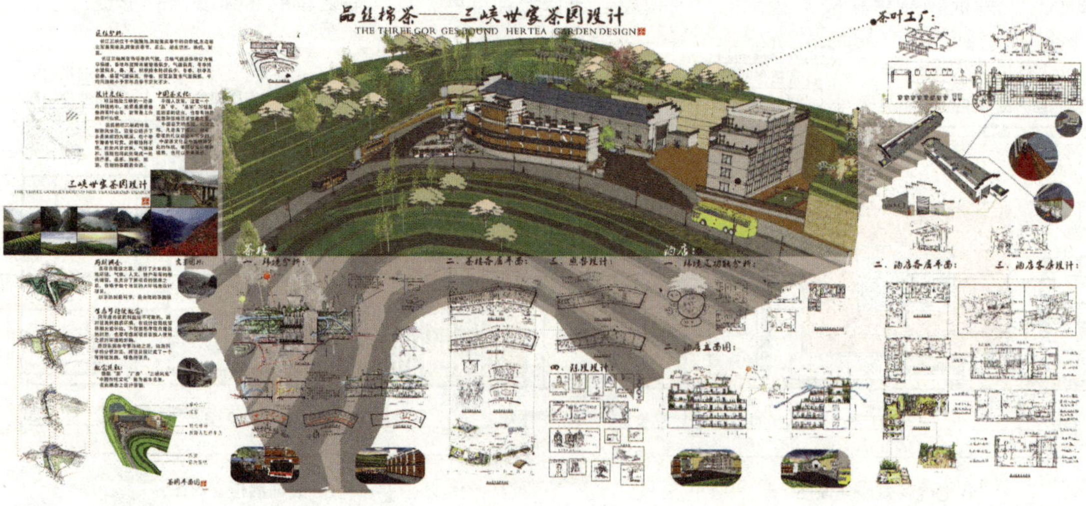

图 12-11　茶园建筑规划设计图（闫永祥）

图 12-11：以整体空间鸟瞰图为中心，在图纸版面展开多张图纸，将有关联的图纸组合排列。为了避免彩色图与黑白图之间叠加发生遮挡，可在彩色图非重点部位上方覆盖白色半透明图层，能衬托出黑线设计图。

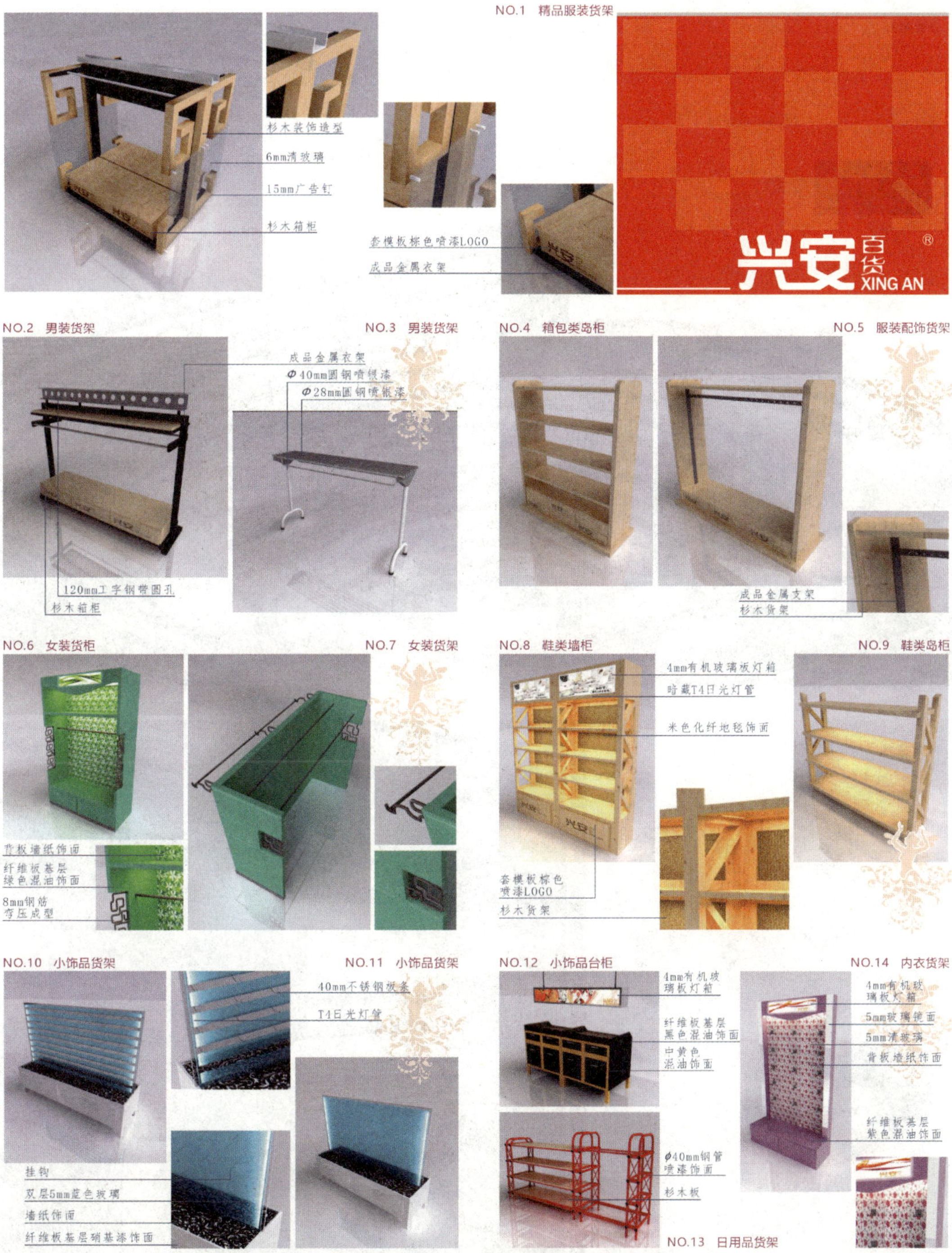

图 12–12 百货公司货架设计图（杜海）

图 12–12：所有货架全部为三维图，标注详细材料与工艺，从整体到局部进行高清渲染出图，最后将图纸拼接在设计版面上，集中打印输出。目前，这是传统平、立面图的进一步扩展，在基础图纸的支持下增加透视效果图能使设计表意更全面。这类单一货架的透视效果图无需绘制空间背景、界面形态，灯光、材质、视角都呈模式化布置，绘制效率很高，对于局部细节还可以任意放大渲染。此外，基础模型还能保存下来供后期制作场景效果图使用。版面中不同货架被有效分隔，各自独立，识读便捷，在工程招投标竞争中具有显著优势。

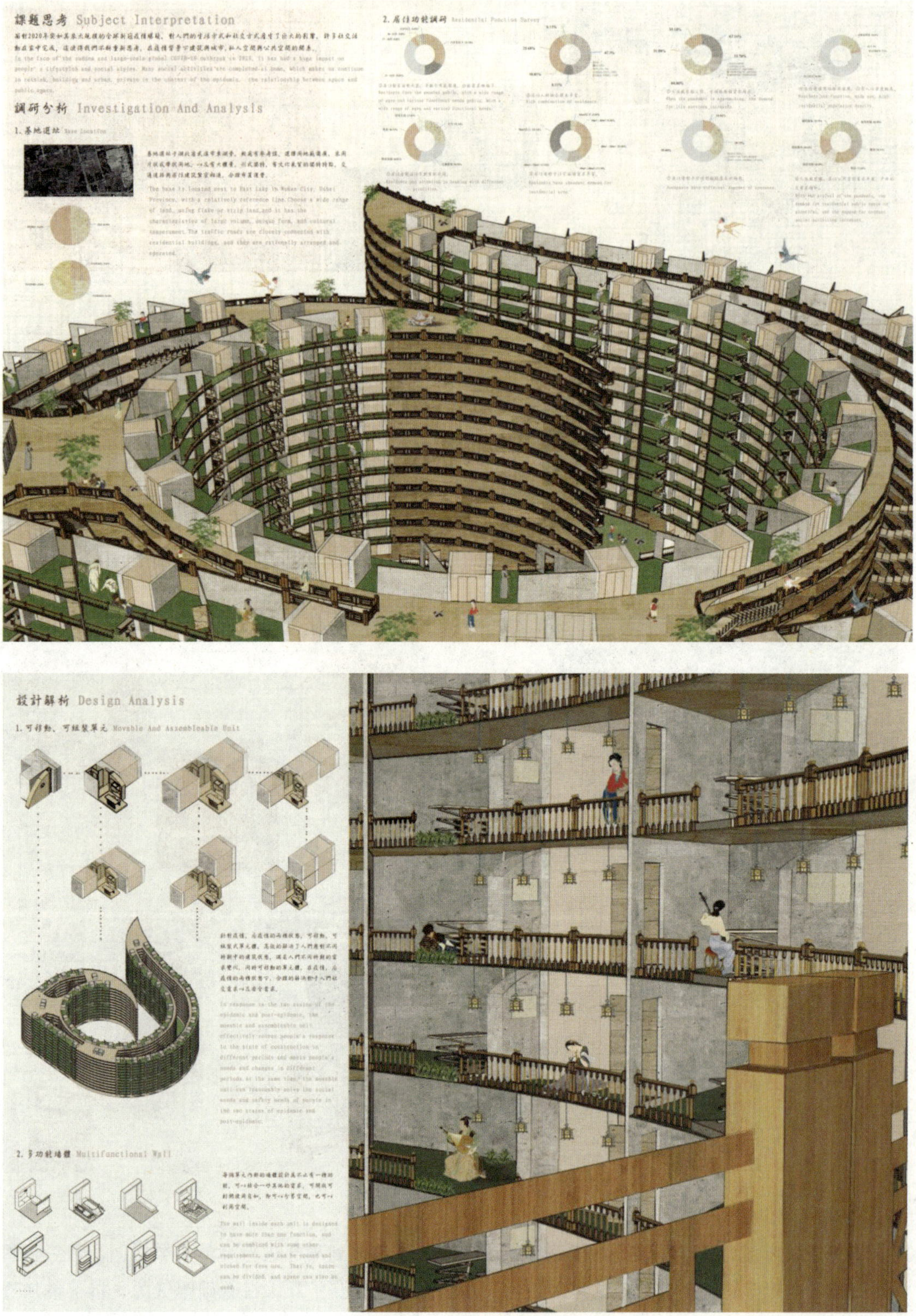

图 12-13　建筑创意设计图（缪琲琳）

图 12-13：采用大面积空间透视图作为版面设计核心，搭配空间造型创意方案与思维过程图示，采用虚线连接相关图片，整体版面设计具有极强的装饰效果，在识读过程中能感受建筑设计作品的风格与意境。

本章小结

优秀的设计图纸能够帮助我们吸取前辈的经验，对于实际的设计和现场施工操作也会有很大的帮助，但是要注意筛选图纸。在查看相关图纸时注意记录知识点，以做备用。

课后练习

1. 参考图 12-1，前往当地博物馆拍摄展柜照片，并测量尺寸，绘制一件展柜的施工图。

2. 参考图 12-6，考察周边一处门房建筑，并测量尺寸，绘制门房建筑施工图。

3. 上网搜索更多彩色平面图，自学一款彩色平面图制图软件，并绘制一幅住宅彩色平面布置图。

4. 上网搜索环境艺术专业毕业设计作品，挑选优秀的版面设计作品归档保存。

参 考 文 献

［1］ 中华人民共和国住房和城乡建设部. GB/T 50001—2017 房屋建筑制图统一标准［S］. 北京：中国建筑工业出版社，2018.

［2］ 中华人民共和国住房和城乡建设部. GB/T 50104—2010 建筑制图标准［M］. 北京：中国建筑工业出版社，2011.

［3］ 中华人民共和国住房和城乡建设部. GB/T 50103—2010 总图制图标准［M］. 北京：中国建筑工业出版社，2010.

［4］ 中华人民共和国住房和城乡建设部. GB/T 50106—2010 建筑给水排水制图标准［M］. 北京：中国建筑工业出版社，2010.

［5］ 中华人民共和国住房和城乡建设部. GB/T 50114—2010 暖通空调制图标准［M］. 北京：中国建筑工业出版社，2011.

［6］ 中华人民共和国国家发展和改革委员会. NB/T 10883. 5—2022 水电工程制图标准［S］. 北京：中国电力出版社，2007.

［7］ 郭志强. 装饰工程节点构造设计图集［M］. 南京：江苏科学技术出版社，2018.

［8］ 曾华斌. 室内设计施工图绘制［M］. 北京：经济管理出版社，2015.

［9］ 装饰装修施工图识读［M］. 北京：中国建筑工业出版社，2015.

［10］ 刘克明. 中国工程图学史［M］. 武汉：华中科技大学出版社，2003.

［11］ 何铭新，郎宝敏，陈星铭. 建筑工程制图［M］. 北京：高等教育出版社，2004.

［12］ 沈百禄. 建筑装饰装修工程制图与识图［M］. 北京：机械工业出版社，2007.

［13］ 高祥生. 房屋建筑室内装饰装修制图标准实施指南［M］. 北京：中国建筑工业出版社，2011.

［14］ 曾华斌. 室内设计施工图绘制［M］. 北京：经济管理出版社，2015.